卫星通信系统

Satellite Communication Systems

甘良才　熊俊俏　邓在辉　茹国宝　甘光明　编著

电子工业出版社
Publishing House of Electronics Industry
北京·BEIJING

内 容 简 介

卫星通信是一种新的通信方式，是现代通信技术的重要成果，而由卫星通信发展起来的卫星通信系统则是近代先进通信系统之一。卫星通信系统具有频带宽、频谱利用率高、通信容量大、传输距离远、覆盖范围广、性能稳定可靠、不受具体地理环境限制、机动灵活、通信距离与其成本无关等特点。本书共 12 章，主要内容包括绪论、通信卫星轨道及参数、地球站、卫星通信系统、卫星通信链路设计、大气层对卫星通信链路的影响、卫星通信多址技术、VSAT 网络、NGSO 卫星通信系统、卫星电视广播及导航与 GPS 定位、卫星通信网、卫星通信未来的发展。

本书适合作为电子信息类专业及相关专业本科生的教材，也可供相关技术人员参考使用。

未经许可，不得以任何方式复制或抄袭本书之部分或全部内容。
版权所有，侵权必究。

图书在版编目（CIP）数据

卫星通信系统 / 甘良才等编著. -- 北京 : 电子工业出版社, 2025. 6. -- ISBN 978-7-121-50421-1
Ⅰ. TN927
中国国家版本馆 CIP 数据核字第 2025CR0306 号

责任编辑：谭海平　　文字编辑：张萌萌
印　　刷：三河市兴达印务有限公司
装　　订：三河市兴达印务有限公司
出版发行：电子工业出版社
　　　　　北京市海淀区万寿路 173 信箱　　邮编：100036
开　　本：787×1092　1/16　　印张：15.75　　字数：466 千字
版　　次：2025 年 6 月第 1 版
印　　次：2025 年 6 月第 1 次印刷
定　　价：59.00 元

凡所购买电子工业出版社图书有缺损问题，请向购买书店调换。若书店售缺，请与本社发行部联系，联系及邮购电话：(010) 88254888，88258888。
质量投诉请发邮件至 zlts@phei.com.cn，盗版侵权举报请发邮件至 dbqq@phei.com.cn。
本书咨询联系方式：(010) 88254552，tan02@phei.com.cn。

序

  人造地球卫星作为天基平台，可实现多种信息获取、传递、测量和处理等功能，已在世界许多行业得到广泛应用，是信息科学创新与发展的一个重要方面，是多学科交叉融合的体现，为人类进入空间、利用空间奠定了基础和提供了技术保障。随着人类信息活动的日新月异，现在的地面信息网络必然向天空中的卫星通信网络延伸和融合，卫星通信系统将与地面光纤通信系统、移动通信系统一起逐渐形成天地一体化的网络。

  卫星通信系统的构成包含卫星和地球站两部分，涉及的科学理论和工程技术知识很广泛，包含空间物体运动的动力、轨道、测量、控制、能源等科学技术，以及空间无线电传播、天象、气象和通信的频谱利用、调制、编码、抗干扰和安全等许多科学问题。

  卫星通信仍在不断发展。例如：卫星的体积和质量向增大与缩小两个方向的努力已取得显著成果；多轨道与低轨道的开发利用使得卫星信号可以无缝覆盖地球上的任何一个地方；波束形成技术可在特定地区形成点波束或蜂窝小区；一个星群（座）包含的卫星数不断增多，一个低轨道系统的卫星数可高达几百甚至几千颗；地面站有大型固定站和机载、船载、车载的移动站，还有个人穿戴用户站；卫星通信不仅使用了微波频段，还扩展到了激光、红外和光量子等频段；应用多址技术和宽带技术大大提高了通信容量等。

  在信息与信号数字化的基础上，数字卫星通信将与计算机技术、网络技术和人工智能技术深度融合，从而更高效地为用户提供远程、快速、精准和安全可靠的信息服务，可见卫星通信仍然具有广阔的发展前景。

  本书是编著者在多年教学、研究与实践的基础上编写的，在基础性、系统性、实用性和近代前沿科技知识等方面为读者提供了丰富的学习内容，对高等院校相关专业的学生和从事卫星通信等的科研工作者是一本开卷有益的图书，也是我重新系统地学习卫星通信及其相关近代科技知识的一本好参考书。

  是为序。

中国科学院院士 朱中梁

前 言

卫星通信是一种新的通信方式，是现代通信技术的重要成果，而由卫星通信发展起来的卫星通信系统则是近代先进通信系统之一。自1957年人们发射第一颗人造地球卫星以来，卫星通信经过几十余年的飞速发展，已在国际通信、国内通信、国防通信、多种移动通信和电视广播等领域获得了日益广泛的应用。其中，卫星国际通信的发展尤其引人注目。卫星通信之所以成为目前强大的现代通信手段之一，是因为它是微波通信的继续与发展：频带宽、频谱利用率高、通信容量大；能够远距离传输，适于各种通信业务；覆盖范围广、性能稳定可靠；不受具体地理环境限制、机动灵活；通信距离与其成本无关。

卫星通信是在地面微波通信与空间技术的基础上发展起来的，广泛结合、运用了各种通信领域及其他领域的理论与技术。反过来，它所形成的理论与技术也已应用于其他通信领域。目前，卫星通信的有关理论与技术还在不断地发展。随着用户对多种业务不断提出新的要求，以及航天技术的进步及大规模集成电路技术和计算机技术、互联网技术、物联网技术的飞速发展，卫星通信正在向新频段、新体制、新业务及卫星与地球站的新技术等方面进行扩展，并且进行了各种现场测试。

20世纪70年代初，我国对卫星通信进行了工程性的研究，研制出了各种类型的地球站。1970年4月24日，我国成功发射了第一颗人造地球卫星——东方红1号（DFH-1），并于1984年4月8日发射了东方红2号（DFH-2）——第一颗对地静止轨道通信卫星，从而开启了我国用自己的通信卫星进行卫星通信的历史，并初步建立了卫星通信网。今后，随着我国通信及广播业务日益发展的需要，卫星通信一定会得到进一步的发展和广泛的应用。显然，卫星通信是我国高等院校电子信息类专业本科高年级学生应当掌握的专业基础知识。

鉴于此，武汉大学电子信息学院自1991年起在电子信息类专业设置了近代通信系统课程，该课程包括光纤通信系统、卫星通信系统和移动通信系统三部分内容。本书编著者在武汉大学负责讲授这门课程，且讲授两届后，光纤通信系统、卫星通信系统和移动通信系统均独立设课，仅卫星通信系统由本书编著者继续讲授。本书编著者在讲授卫星通信系统课程的基础上，编写了卫星通信系统的讲义，历经多次修改形成了卫星通信系统的教材，并于2002年由武汉大学出版社出版。在此基础上，本书的编写还参考了国内外的相关文献资料。

本书共12章：第1章为绪论，第2章为通信卫星轨道及参数，第3章为地球站，第4章为卫星通信系统，第5章为卫星通信链路设计，第6章为大气层对卫星通信链路的影响，第7章为卫星通信多址技术，第8章为VSAT网络，第9章为NGSO卫星通信系统，第10章为卫星电视广播及导航与GPS定位，第11章为卫星通信网，第12章为卫星通信未来的发展。甘良才负责全书的编写、文字润色和统稿工作；熊俊俏、邓在辉、茹国宝、甘光明参与了部分章节的编写，其中熊俊俏还负责全书的附录和参考文献的整理工作。

在以上章节中，第1章至第9章是卫星通信系统的基本内容，也是重点讲授的内容。第10章至第12章可以酌情选择，重点讲授。本书每章末均配备了适量的习题，书末附有参考文献，供学生学习时参考。

在本书的成稿过程中，本书编著者始终遵循"打好基础、精选内容、逐步深入、利于教学"的原则来阐明基本概念，力求理论联系实际，使学生通过本课程的学习，掌握卫星通信系统的基本概念、基本原理和工程设计中应考虑的主要技术问题，建立卫星通信系统的完整概念，初步具备分析卫星通信系统的能力。

本课程是继信息论与编码、通信原理、锁相原理等课程后的一门专业课，有关编译码与纠错技术等方面的内容均在上述课程中详细论述过，因此本课程仅应用上述课程中的有关理论与技术，而对上述课程中的具体内容不再赘述。由于本书编著者水平有限，书中难免存在不足之处，殷切希望读者批评指正，以便进一步修正和提高。

值本书付梓之际，承蒙中国科学院院士朱中梁先生在百忙之中为本书作序，并给出有益的指导和建议，在此深表谢意和敬意。同时，对电子工业出版社谭海平编审在本书出版过程中给予的鼎力支持和帮助，表示最诚挚的感谢。

最后，对已故著名电子学家、我敬爱的老师张肃文教授和爱妻柴琴丽表示深深的感谢！

2024 年 5 月于武汉大学珞珈山

目 录

第1章 绪论 ··· 001
- 1.1 概述 ··· 001
- 1.2 卫星通信发展史 ··· 001
- 1.3 卫星通信综述 ··· 003
- 1.4 本章小结 ··· 003
- 习题 ··· 003

第2章 通信卫星轨道及参数 ··· 004
- 2.1 概述 ··· 004
- 2.2 卫星轨道 ··· 004
- 2.3 仰角的确定 ··· 012
- 2.4 轨道摄动力 ··· 015
- 2.5 卫星轨道的确定 ··· 018
- 2.6 轨道对通信系统性能的影响 ··· 018
- 2.7 本章小结 ··· 021
- 习题 ··· 021

第3章 地球站 ··· 023
- 3.1 概述 ··· 023
- 3.2 地球站的分类、组成和性能要求 ··· 023
- 3.3 地球站的天线馈电系统 ··· 026
- 3.4 地球站的发射系统 ··· 028
- 3.5 地球站的接收系统 ··· 030
- 3.6 地球站的回波抑制和抵消设备 ··· 031
- 3.7 本章小结 ··· 034
- 习题 ··· 034

第4章 卫星通信系统 ··· 035
- 4.1 概述 ··· 035
- 4.2 卫星子系统 ··· 035
- 4.3 姿态和轨道控制系统（AOCS） ··· 036
- 4.4 遥测、跟踪、指挥和监测系统 ··· 040
- 4.5 电源系统 ··· 041
- 4.6 通信系统 ··· 042
- 4.7 天线系统 ··· 046
- 4.8 本章小结 ··· 050
- 习题 ··· 050

第5章 卫星通信链路设计 ··· 052
- 5.1 概述 ··· 052
- 5.2 基本传输理论 ··· 053
- 5.3 系统噪声温度和 G/T ··· 056

5.4 下行链路设计 ··· 061
5.5 上行链路设计 ··· 063
5.6 实际 C/N 的链路设计：结合卫星通信链路中的 C/N 和 C/I 进行设计 ········· 065
5.7 系统设计实例 ··· 068
5.8 本章小结 ·· 078
习题 ··· 078

第 6 章 大气层对卫星通信链路的影响 ·· 080
6.1 概述 ··· 080
6.2 量化衰减和去极化的影响 ·· 082
6.3 与水汽凝结体无关的传播效应 ·· 086
6.4 降雨衰减预测 ··· 090
6.5 XPD 的预测 ··· 095
6.6 电波传播衰减损耗的对策 ·· 101
6.7 本章小结 ·· 102
习题 ··· 102

第 7 章 卫星通信多址技术 ·· 104
7.1 概述 ··· 104
7.2 频分多址（FDMA） ··· 105
7.3 时分多址（TDMA） ··· 112
7.4 星上处理 ·· 122
7.5 按需分配多址接入（DAMA） ·· 124
7.6 随机多址（RA） ··· 128
7.7 各种分组无线系统及协议 ·· 128
7.8 码分多址（CDMA） ·· 130
7.9 本章小结 ·· 136
习题 ··· 136

第 8 章 VSAT 网络 ··· 138
8.1 概述 ··· 138
8.2 VSAT 网络综述 ··· 139
8.3 网络体系结构 ··· 140
8.4 接入控制协议 ··· 142
8.5 基本技术 ·· 145
8.6 VSAT 地面站工程 ·· 153
8.7 星形 VSAT 网络链路裕量的计算 ··· 156
8.8 一些新进展 ··· 157
8.9 本章小结 ·· 158
习题 ··· 158

第 9 章 NGSO 卫星通信系统 ··· 161
9.1 概述 ··· 161
9.2 轨道因素 ·· 162
9.3 覆盖和频率因素 ·· 170
9.4 可操作 NGSO 星群设计 ·· 175
9.5 本章小结 ·· 180

习题 ………………………………………………………………………………………… 180

第 10 章 卫星电视广播及导航与 GPS 定位 …………………………………… 182

10.1 概述 …………………………………………………………………………… 182
10.2 C 频段和 Ku 频段家用卫星电视 …………………………………………… 182
10.3 数字 DBS 电视 ……………………………………………………………… 182
10.4 DBS-TV 系统设计 …………………………………………………………… 185
10.5 DBS-TV 链路预算 …………………………………………………………… 185
10.6 卫星无线广播 ………………………………………………………………… 186
10.7 卫星导航与 GPS 定位 ……………………………………………………… 187
10.8 无线电导航 …………………………………………………………………… 188
10.9 GPS 定位原理 ………………………………………………………………… 190
10.10 GPS 接收机和编码 ………………………………………………………… 192
10.11 卫星信号获取 ……………………………………………………………… 194
10.12 GPS 导航信息 ……………………………………………………………… 196
10.13 GPS 信号电平 ……………………………………………………………… 196
10.14 定时精度 …………………………………………………………………… 198
10.15 GPS 接收机操作 …………………………………………………………… 198
10.16 GPS 的 C/A 码精度 ………………………………………………………… 201
10.17 差分 GPS …………………………………………………………………… 202
10.18 本章小结 …………………………………………………………………… 203
习题 ………………………………………………………………………………… 204

第 11 章 卫星通信网 ……………………………………………………………… 205

11.1 概述 …………………………………………………………………………… 205
11.2 卫星通信的网络结构 ………………………………………………………… 205
11.3 卫星通信网与地面通信网的连接 …………………………………………… 206
11.4 VSAT 卫星通信网 …………………………………………………………… 209
11.5 低轨道卫星移动通信网 ……………………………………………………… 224
11.6 本章小结 ……………………………………………………………………… 229
习题 ………………………………………………………………………………… 229

第 12 章 卫星通信未来的发展 …………………………………………………… 230

12.1 概述 …………………………………………………………………………… 230
12.2 卫星通信新技术 ……………………………………………………………… 231
12.3 卫星频谱资源 ………………………………………………………………… 232
12.4 卫星通信的近期发展 ………………………………………………………… 233
12.5 本章小结 ……………………………………………………………………… 235
习题 ………………………………………………………………………………… 235

参考文献 ……………………………………………………………………………… 236

附录 术语和缩写词汇编 …………………………………………………………… 238

第1章 绪 论

1.1 概述

1945 年,阿瑟·克拉克最早提出了卫星通信的设想,他认为,若能够在赤道上空设置一颗与地球相对静止、周期为 24h 的无线电中继卫星,则可以实现远程无线通信。1957 年 10 月,人们成功发射了 Sputnik 1 卫星,克拉克的设想变成了现实。1965 年,世界上第一颗对地静止轨道(GEO)卫星晨鸟 1 号开始提供跨大西洋的电话业务,实现了 20 年前克拉克的预言。

20 世纪 60 年代末,随着运载工具的发展,人们成功将一颗质量为 500kg、能容纳 5000 条电话线路的卫星送入 GEO,这揭开了卫星通信快速发展的序幕。随后,GEO 卫星很快被用于越洋和洲际电话业务,并且首次实现了跨大西洋和太平洋的新闻与体育赛事广播。

当卫星处于 GEO 上时,由于其与地面上的某一点是保持相对静止的,因此,几乎所有大容量的卫星通信系统均优先选择 GEO 作为卫星的运行轨道。若地面站采用固定天线,则单颗卫星的覆盖面积可达地球总表面积的三分之一,即利用一颗卫星便可以实现对整个大陆的电视广播。尽管电视广播是 GEO 卫星的主要业务,但是国际和地区电话、数据传输和互联网接入等业务也日益占据重要的地位。在人口稠密地区,GEO 上每隔经度 2°或 3°便有一颗卫星,各系统的工作频率几乎覆盖整个可用频段。

近年来,GEO 卫星的质量、体积、使用寿命和费用与日俱增,面临着来自光纤通信系统在语音、数据和视频传输方面的激烈竞争。光纤的传输速率可达 4.5Gbps,这几乎是 GEO 卫星可以达到的最大传输速率。然而,光纤通常是以束为单位进行传输的,换言之,光纤的传输速率远不止 4.5Gbps。尽管如此,卫星通信系统仍然可以在传输点的灵活性上与光纤通信系统竞争。例如,利用卫星通信系统与某地进行通信时,只需要在当地安装一个地面终端,而光纤通信系统则需要在当地铺设光纤,形成通信网才能完成通信。不过,对系统容量有较高要求或者用户密度超过经济底线时,光纤通信是比卫星通信更有效的通信方式。

目前,轨道上存在三种卫星,除 GEO 卫星,还有低高度地球轨道(LEO)卫星和中高度地球轨道(MEO)卫星,这是对 GEO 卫星的有益补充,通常用于提供专门业务的服务。LEO 卫星可以提供大陆或全球的电话和数据业务服务。截至 2021 年 9 月,共有约 7500 颗人造地球卫星在 LEO 上绕地球运行。此外,LEO 卫星也用于地面摄像和侦察。MEO 卫星的典型应用系统有美国的全球定位系统(GPS)和我国的北斗卫星导航系统(BDS),两者均已成为智慧交通和工农业发展的利器。

1.2 卫星通信发展史

1957 年,人们发射了一颗名为 Sputnik 1 的卫星,这标志着卫星通信的开始。Sputnik 1 只配备了一台反馈发射机,不具备通信能力,但它证明了利用大功率火箭是有可能将卫星送入轨道的。1958 年,美国在卡纳维拉尔角成功地发射了探险者 1 号卫星。1958 年 12 月升空的 Score 卫星发回了时任美国总统艾森豪威尔的一段圣诞致词录音。Score 卫星实际上是前端带有小型负载的 Atlas 洲际弹道导弹(Atlas ICBM)的核心部分。Score 卫星配置的录音机可以存储约 4min 时长的信息,然而,在运行 35 天后,由于携带的电池电量耗尽,这些信息已失效。

此后,人们曾经尝试利用大型气球(Echo I 和 Echo II)作为通信信号的无源反射体,并且发射了几颗试验卫星。最终,在 1962 年 7 月和 1963 年 5 月成功发射了第一批真正实用的通信卫星:电星 1 号(Telstar I)和电星 2 号(Telstar II)。该卫星是贝尔实验室研制的,采用的是 C 频段转发器,该收发机是根据陆上的微波链路设备改装而成的。上行链路频率为6389MHz，下行链路频率为4169MHz，带宽为50MHz。该卫星配有可供收发机连续工作的太阳能电池。当时，该卫星横跨大西洋成功进行了实况电视链路和多路电话环路测试，这些测试有力地证实了卫星通信的可行性。

当年两颗电星卫星的运行轨道就是现在所说的MEO，其环绕周期分别是158min和225min。由于电星卫星在大西洋两岸均可见的时间约为20min，因此建立跨大西洋通信链路的时间只有20min。尽管卫星的运行轨道跨越了几个高能量辐射区，且发射初期曾经导致工作站的电子器件发生故障，但电星卫星的发射证明了通信卫星的价值，人们也由此开始研制能够将有源卫星运载到GEO上的发射设备和能够提供有效通信的卫星。

1963年中期，LEO上的卫星已占卫星发射总数的99%。就当时所能制造的小型运载火箭而言，将卫星送入更高一些的MEO比送入GEO更容易。最终，人们将讨论的重点集中在研究运载火箭的可靠性上，而非卫星的负载能力上。火箭研制的风险很大，一般每四次发射只有一次能够完全成功。最初设计的商用卫星通信系统是由12颗位于MEO上的卫星联合组成的，按照当时的发射失败率，为了保证成功发射12颗卫星，必须预计发射48次。当在轨道上运行的卫星不足12颗时，系统就无法提供24h的连续覆盖。任何卫星通信系统都必须保证每天24h的全天候工作，而GEO系统只需要采用1颗卫星便可覆盖全球1/3面积的地区，而覆盖全球1/3的面积预计只需要发射4次，则覆盖全球预计只需要发射12次。尽管当时GEO系统的技术还不成熟，但Intelsat仍然选择了GEO。

第一颗Intelsat卫星Intelsat I（晨鸟1号）是于1965年4月6日发射升空的。该卫星的质量仅有36kg，包含两台带宽为25MHz的6/4GHz转发器。同年6月28日，欧洲和美国之间的商业运作正式开始，GEO卫星通信也变成了现实，而此时距克拉克提出的设想已经过去了20年。随着时间的流逝，越来越多的国家认识到了卫星通信不但在国际通信方面存在着巨大的价值，而且对国土面积较大的国家而言，卫星通信可以提供高质量的国内通信，这使得Intelsat取得了巨大的成功，且发展速度十分迅速。

20世纪七八十年代，用于国际地区和民用电话业务以及电视广播的卫星通信系统得到了迅速发展。由于大容量、低延迟的光纤广泛铺设，到1985年，几乎所有的电话业务均转换到了陆上通信线路中。然而，在这段时期内，人们对卫星通信系统的要求也在不断提高，C频段很快就被占满，从而不得不向Ku频段延伸。在美国，1985年以后扩展的频段多用于进行电视广播和VSAT（极小孔径终端）网络业务。1995年，Ku频段也面临用完的局面。为了满足日益扩展的数字业务的需要，特别是满足高速互联网数据的宽带传输业务的需要，人们开始研制Ka频段卫星通信系统。在Luxemburg基础上建立的SES于2001年开始采用Astra 1H卫星在欧洲西部和中部地区开展双向多媒体和互联网接入业务。2014年，我国自主研制成功的Ka频段宽带卫星投入使用，标志着我国正式步入了使用国产Ka频段宽带卫星进行多媒体通信的崭新时期。

人们很早就已认识到利用卫星通信系统提供移动通信的能力。LEO卫星一直被视为建立全球卫星电话系统的一种方式。20世纪90年代，人们对此提出了许多方案，到2000年，最终有三个LEO系统（铱星系统、全球星系统和Orbcomm系统）投入使用。建立用于移动通信的LEO和MEO卫星通信系统的实际费用比预算的费用要昂贵得多，而且与GEO卫星通信系统相比，LEO和MEO卫星通信系统的容量相对较小，传输每比特的费用也更高。卫星电话系统的这种高费用、低容量的缺点使得它很难与蜂窝电话竞争。例如，建立铱星系统所能向美国提供的电话线路还不到10000条。由于未能建立足够大的用户群来回收投资资金，铱星公司于2000年年初宣告破产，其他LEO和MEO卫星通信系统的命运如何还很难预测。

卫星导航系统给导航和勘测方法带来了革命性的变化。目前运行的卫星导航系统有美国的全球定位系统（GPS）、俄罗斯的格洛纳斯系统（GLONASS）、欧洲的伽利略系统（GALILEO）和我国的北斗卫星导航系统（BDS）。它们被广泛应用于航空、航海、通信、人员跟踪、消费娱乐、测绘、授时、车辆监控管理、汽车导航与信息服务等领域。

GEO卫星一直是商用卫星通信业的支柱，大型GEO卫星可为地球上1/3的地区提供服务，数据传输速率可达 4Gbps，也可用于传输高功率广播卫星电视（DBS-TV）信号，信号路数可达 16 路（每路信号包含若干频道）。GEO 卫星性能在逐步提高的同时，正朝着更高功率、更低质量的方向发展。

1.3 卫星通信综述

卫星通信系统之所以存在，是由于地球是一个近似的球体，而用于宽带卫星通信的无线电信号是以微波频率沿直线传播的。因此，远距离通信需要利用中继器传输信号。卫星可以连接地球上相距数千千米的地点，十分适合作为长途通信中继器的安装点，而 GEO 卫星是最合适的一种。

由于无线电信号传播按传输距离的平方衰减，因此到达卫星的信号十分微弱。同样，由于受到 GEO 卫星的质量及太阳能电池的输出功率的限制，地面上接收到的卫星信号也十分微弱。因此能够接收微弱信号是卫星通信系统的一个基本要求。在卫星通信系统发展的早期，为了聚集足够的能量来驱动视频信号和多路电话信号，通常需要采用 30m 的巨型接收天线。随着卫星的质量、体积和功率日益增大，地面站所用的天线也可相应减小，如 DBS-TV 接收系统只需要采用 0.5m 的碟形天线。

卫星通信系统工作在微波和毫米波频段，所用的频率为 1～50GHz。当系统频率高于 10GHz 时，降雨会导致信号严重衰减；当系统频率高于 20GHz 时，雷暴雨会导致极大的信号衰减，甚至导致链路中断。因此，在进行系统设计时，需要考虑卫星与地面站路径中降雨导致的影响。

在卫星通信发展的最初 20 年里，广泛采用调频（FM）方式的模拟信号。宽带调频可在载噪比（C/N）较低（5～15dB）的情况下工作，并且可以一定程度地提高信噪比（S/N），如将视频信号和电话信号的传输信噪比提高到 50dB。不过，信噪比的改善是以牺牲带宽为代价的（宽带调频信号的带宽远大于基带信号的带宽）。在卫星通信中，由于信号十分微弱，信噪比的改善对于信号的接收至关重要。因此，宽带调频方式对卫星通信信噪比的改善作用十分有效。

1.4 本章小结

卫星通信系统已成为世界电信的重要组成部分，并且一直在为全球几十亿人提供电话、数据和视频服务。尽管更高容量、更低比特费用的光纤通信系统正在不断发展，但卫星通信系统仍然能够生存下来，而且人们仍在不断地对新系统进行投资和建设。随着电视广播逐渐成为更有价值的业务，卫星业务将逐渐由电话业务向数据和视频业务过渡，特别是面向家庭的卫星电视广播已经成了卫星通信系统中最有潜力的应用。当地面站使用高增益固定天线时，GEO 卫星的容量可以更大，目前大多数业务均是由 GEO 卫星承担的。在这几十年里，卫星通信系统由采用大型地面站天线逐步向着采用高功率卫星、小用户天线的方向发展。LEO 和 MEO 卫星主要用于移动通信和导航系统中，而且随着地理信息系统（GIS）的广泛应用，低轨遥感卫星有可能在可见的将来创造极大的经济效益。

习 题

01. 利用三颗 GEO 卫星进行卫星通信的设想是哪年由谁提出来的？
02. 卫星通信工作于什么频段？
03. 为什么说卫星通信是微波通信的继续和发展？
04. 试述卫星通信的发展史。

第 2 章　通信卫星轨道及参数

2.1　概述

卫星是卫星通信系统的关键部分。卫星在轨道上运行，需要遵循轨道理论。依据轨道理论建立轨道方程，其中轨道方程中有若干轨道参数，以保证卫星在其轨道上正常运行。为此，本章首先介绍卫星轨道方程的建立，然后分析讨论影响卫星轨道的相关参数，最后讨论卫星轨道对卫星通信系统性能的影响。

2.2　卫星轨道

1. 卫星轨道方程

本节主要介绍卫星轨道方程的形成过程、卫星在太空中的运行原理，以及利用描述卫星轨道的实时数据确定地面到卫星视角的方法。

飞行器要实现轨道上的稳定运行，必须先被发射到地球大气层以外，即被发射到太空中。为了更好地描述天体运动的基本方程，下面首先介绍描述物体运动的基本牛顿方程，然后给出一些坐标系，并利用这些坐标系确定卫星的轨道及卫星所承受的各种力。

基本牛顿方程可以概括为如下四个方程：

$$s = ut + \tfrac{1}{2}at^2$$
$$v^2 = u^2 + 2at$$
$$v = u + at$$
$$P = ma$$

式中，s 为从 $t=0$ 开始的位移，u 为 $t=0$ 时物体的初始速度，v 为物体在时刻 t 的瞬时速度，a 为物体的加速度，P 为作用在物体上的力，m 为物体的质量。

需要注意的是，加速度可正可负，具体取决于其与速度的相对方向。在以上四个方程中，最后一个方程可以帮助人们理解卫星在稳定轨道上的运行情况（忽略空气阻力和其他摄动力的作用）。卫星在稳定轨道上运行时，主要受如下两个力的作用：一个是卫星因具有动能而产生的离心力，它使卫星具有向更高轨道运行的趋势；另一个是卫星环绕地球受到的地球引力，它使卫星具有向地心方向移动的趋势。如果这两个力大小相等，则卫星可在稳定轨道上运行。实际上，卫星沿轨道运行时，它是在不断向地面移动的，但由于环绕速度的作用，它可以运行足够长的距离来补偿其向地面的下降程度，从而保持不变的运行高度。在稳定轨道上运行的卫星的受力情况，如图 2.1 所示。

地球引力与卫星到地心的距离的平方成反比，地球引力 F_{IN} 是指向地心的。离心力 F_{OUT} 方向与地球引

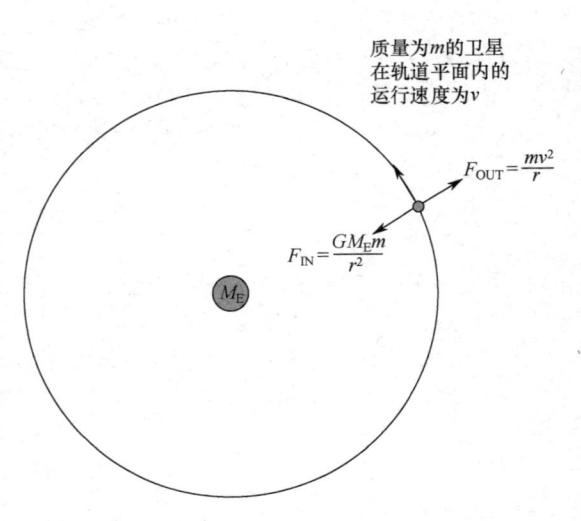

图 2.1　在稳定轨道上运行的卫星的受力情况

力的方向正好相反。当这两个方向相反的力平衡时，则卫星按照"自由落体"轨迹运行，而这个轨迹就是卫星的轨道。

距地心 r 处的重力加速度 a（单位为 km/s²）为

$$a = \frac{\mu}{r^2} \tag{2.1}$$

式中，常数 μ 为引力常量 G 和地球质量 M_E 的乘积 GM_E。

乘积 GM_E 通常称为开普勒常数，其值为 $3.986004418 \times 10^5 \text{km}^3/\text{s}^2$。引力常量 $G = 6.672 \times 10^{-11} \text{Nm}^2/\text{kg}^2$。因为力=质量×加速度，所以作用在卫星上的 F_{IN} 为

$$F_{IN} = m\frac{\mu}{r^2} = m\frac{GM_E}{r^2} \tag{2.2}$$

同理，离心加速度可由下式确定：

$$a = \frac{v^2}{r} \tag{2.3}$$

则 F_{OUT} 为

$$F_{OUT} = m\frac{v^2}{r} \tag{2.4}$$

若卫星处于受力平衡状态，即 $F_{IN} = F_{OUT}$，则由式（2.2）和式（2.4）可得

$$m\frac{\mu}{r^2} = m\frac{v^2}{r}$$

则可以求出在圆形轨道上运行的卫星的速度为

$$v = (\mu/r)^{1/2} \tag{2.5}$$

若卫星运行轨道的形状为圆形，则卫星环绕地球运行一周的距离为 $2\pi r$，其中 r 为轨道的半径，即卫星到地心的距离。由于距离除以速度等于运行这段距离所花的时间，因此卫星的轨道周期 T 为

$$T = \frac{2\pi r}{v} = \frac{2\pi r}{(\mu/r)^{1/2}} = \frac{2\pi r^{3/2}}{\mu^{1/2}} \tag{2.6}$$

表 2.1 给出了使用 LEO、MEO 和 GEO 的四种卫星通信系统的速度 v 和轨道周期 T。

表 2.1　四种卫星通信系统的速度 v 和轨道周期 T

卫星通信系统	轨道高度（km）	轨道速度（km/s）	轨道周期（h, min, s）
Intelsat（GEO）	35786.03	3.0747	23　56　4.1
New-ICO（MEO）	10255	4.8954	5　55　48.4
Skybridge（LEO）	1469	7.1272	1　55　17.8
Iridium（LEO）	780	7.4624	1　40　27

GEO 半径（卫星到地心的距离）为 42164.17km，轨道形状均为圆形。

描述卫星运行轨道的坐标系和参考面有多种形式，其中一种为笛卡儿坐标系，它以地球为中心，参考面与地球赤道和地轴保持一致。通常称这种以地球为中心的坐标系为地心坐标系，如图 2.2 所示。

笛卡儿坐标系是一种最简单的坐标系。它以地球的地轴为主轴，将地球的旋转轴记为 C_z，其中 C 为地心，C_z 穿过地球北极。C_x，C_y，C_z 两两正交，且 C_x，C_y 穿过赤道平面。矢量 r 表示卫星到地心的距离。

假设卫星的质量为 m，它与地心的距离矢量为 r，按图 2.2 建立坐标系，则卫星受到的地球引

力 F 为

$$F = -\frac{GM_E m r}{r^3} \tag{2.7}$$

式中，M_E 为地球的质量，$G = 6.672 \times 10^{-11}$ Nm²/kg²，则式（2.7）可以写为

$$F = m\frac{d^2 r}{dt^2} \tag{2.8}$$

根据式（2.7）和式（2.8），可得

$$-\frac{r}{r^3}\mu = \frac{d^2 r}{dt^2} \tag{2.9}$$

即

$$\frac{d^2 r}{dt^2} + \frac{r}{r^3}\mu = 0 \tag{2.10}$$

式（2.10）是一个二阶微分方程，其解包含六个称为轨道参数的未定常数。由这六个轨道参数所确定的轨道位于一个平面内，具有恒定的角动量。由于 r 的二阶微分包含单位矢量的二阶微分，因此求解式（2.10）是比较困难的。为了避免求解 r 的微分，可以选择轨道平面坐标系，使三个轴方向的单位矢量均为常量。该坐标系以卫星轨道平面为参考面，如图2.3所示。

在轨道平面坐标系中，正交轴 x_0, y_0 位于轨道平面内，z_0 轴则与轨道平面垂直。z 轴（穿过地心 C 和地球北极）只有在卫星轨道平面和赤道平面重合时，才与 z_0 轴方向一致。在新坐标系中，式（2.10）可表示为

$$\hat{x}_0\left(\frac{d^2 x_0}{dt^2}\right) + \hat{y}_0\left(\frac{d^2 y_0}{dt^2}\right) + \frac{\mu(x_0 \hat{x}_0 + y_0 \hat{y}_0)}{(x_0^2 + y_0^2)^{3/2}} = 0 \tag{2.11}$$

在极坐标系中求解式（2.11）要比在笛卡儿坐标系中容易得多，卫星轨道平面内的极坐标系如图2.4所示。

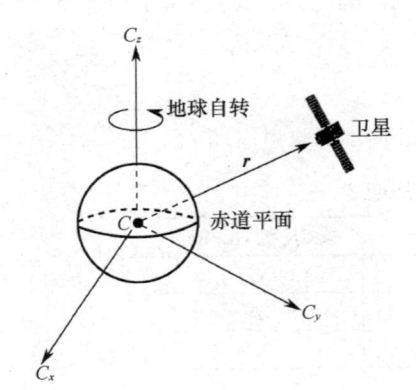

图2.2 地心坐标系 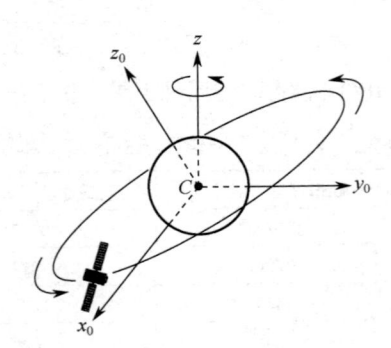　　图2.3 轨道平面坐标系 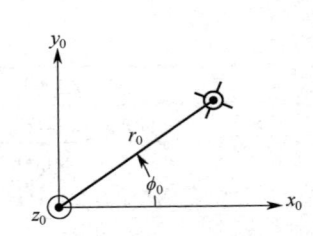　　图2.4 卫星轨道平面内的极坐标系

轨道平面与纸面重合，z_0 轴经地心沿垂直穿出纸面的方向与轨道平面正交。卫星的位置由其到地心的距离半径 r_0 与 x_0 轴的夹角 ϕ_0 确定。

根据图2.4所示的极坐标系，利用变换即可得到

$$x_0 = r_0 \cos\phi_0 \tag{2.12a}$$

$$y_0 = r_0 \sin\phi_0 \tag{2.12b}$$

$$\hat{x}_0 = \hat{r}_0 \cos\phi_0 - \hat{\phi}_0 \sin\phi_0 \tag{2.12c}$$

$$\hat{y}_0 = \hat{\phi}_0 \cos\phi_0 + \hat{r}_0 \sin\phi_0 \tag{2.12d}$$

利用 r_0 和 ϕ_0 表示式（2.11），可得

$$\frac{d^2 r_0}{dt^2} - r_0 \left(\frac{d\phi_0}{dt}\right) = -\frac{\mu}{r_0^2} \tag{2.13}$$

和

$$r_0 \left(\frac{d^2 \phi_0}{dt^2}\right) + 2\left(\frac{dr_0}{dt}\right)\left(\frac{d\phi_0}{dt}\right) = 0 \tag{2.14}$$

利用标准数理推导，可以得出卫星轨道半径 r_0 的方程为

$$r_0 = \frac{p}{1 + e\cos(\phi_0 - \theta_0)} \tag{2.15}$$

式中，θ_0 为常数，e 为椭圆的偏心率，椭圆的半焦弦 p 为

$$p = h^2/\mu \tag{2.16}$$

式中，h 为卫星环绕角动量的大小。

轨道方程是椭圆方程，即开普勒行星运动第一定律。

2. 开普勒行星运动三大定律

约翰尼斯·开普勒是一位德国天文学家和科学家，他根据多年来观测太阳系内行星运动得到的数据及匈牙利天文学家第谷·布拉赫提供的一些详细观测数据，推导出了行星运动定律。开普勒行星运动三大定律如下：

（1）任何物体环绕较大物体的运行轨道都是椭圆轨道，且较大物体的中心位于椭圆的一个焦点上。

（2）较小物体在相等的时间内扫过的轨道平面面积相等。

（3）物体环绕较大物体运动周期的平方（轨道周期的平方）等于一个常数与长半轴的三次方的乘积，即

$$T^2 = \frac{4\pi^2 a^3}{\mu}$$

式中，T 为轨道周期，a 为椭圆轨道的长半轴，μ 为开普勒常数。

如果轨道是圆形轨道，则 a 就是前面定义的半径 r，T 的表达式为式（2.6）。

通过求解卫星轨道，可以推导出开普勒行星运动第二定律。

卫星环绕地球运动，运行轨道为 E。该轨道是一个偏心率较高的椭圆。图 2.5 展示了在卫星运动的椭圆轨道内画出了两个阴影部分，一个是靠近地球的区域，包含一个近地点；另一个是距地球较远的区域，包含一个远地点。在近地点附近，卫星在 t_1 到 t_2 的时间内扫过的面积用 A_{12} 表示；在远地点附近，卫星在 t_3 到 t_4 的时间内扫过的面积用 A_{34} 表示。如果

$$t_1 - t_2 = t_3 - t_4$$

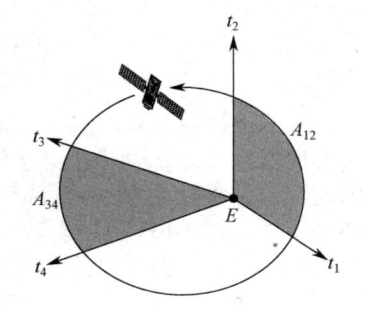

则 $A_{12} = A_{34}$。

图 2.5 开普勒行星运动第二定律图解

3. 卫星轨道的推导

式（2.15）中的参数 θ_0 是以轨道平面中 x_0 轴和 y_0 轴为参考的椭圆参数。由于已知轨道为椭圆，因此选择 x_0 和 y_0 可以使 θ_0 等于零。在以下讨论中，假设已选择 x_0 和 y_0 使 θ_0 等于零。于是，轨道方程可以表示为

$$r_0 = \frac{p}{1+e\cos\phi_0} \tag{2.17}$$

卫星在轨道平面内运动的轨迹如图 2.6 所示。

长半轴 a 和短半轴 b 的值分别为

$$a = p/(1-e^2) \tag{2.18}$$

$$b = a(1-e^2)^{1/2} \tag{2.19}$$

卫星与地球距离最近的点称为近地点，卫星与地球距离最远的点称为远地点。一般而言，近地点和远地点正好相反。为了使 θ_0 等于零，必须适当地选择 x_0 轴，使近地点和远地点位于 x_0 轴上，即选择椭圆的长半轴作为 x 轴。

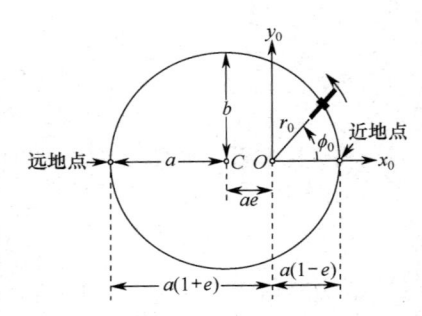

图 2.6 卫星在轨道平面内运动的轨迹

点 O 是地心，点 C 是椭圆中心。只有当椭圆的偏心率 e 等于零（椭圆为圆形，$a=b$）时，这两个点才重合为一点。图 2.6 中的 a 和 b 分别是椭圆轨道的长半轴和短半轴。

自卫星运动开始，在 t 时间内扫过的微分面积为

$$dA = 0.5 r_0^2 \left(\frac{d\phi_0}{dt}\right) dt = 0.5 h dt \tag{2.20}$$

式中，h 为卫星环绕角动量的大小。

由式（2.20）可见，在相等的时间内，扫过的面积是相等的，这表示为开普勒行星运动第二定律。卫星扫过轨道一周的面积就是椭圆的面积（πab），此时轨道周期平方的表达式为

$$T^2 = \frac{4\pi^2 a^3}{\mu} \tag{2.21}$$

上式就是开普勒行星运动第三定律的数学表达式：轨道周期的平方与长半轴的立方成正比 [注意，该式是式（2.6）的平方，在式（2.6）中，轨道被假设为圆形，即长半轴 $a=$ 短半轴 $b=$ 以地心为圆心的圆形轨道半径 r]。开普勒行星运动第三定律将由式（2.6）推出的结论扩展到了更为普遍的椭圆轨道。式（2.21）在卫星通信系统中极为重要，只有这样，才能保证卫星在赤道上的某点时与地球保持相对静止状态。

要特别注意的是，式（2.21）中的轨道周期 T 是以惯性空间为参考的，即是以银河系为参考的。轨道周期是指环绕物体相对于银河系中的某一参考点，再次回到该参考点所用的时间。一般而言，因为被环绕的中心体也在不停地旋转，所以卫星的轨道周期与站在中心体上观测到的周期是不同的，这一点在 GEO 卫星上表现得尤为明显。GEO 卫星的轨道周期与地球的自转周期是相等的，即 23h 56min 4.1s，但对地面上的观测者而言，GEO 卫星的轨道周期似乎是无穷大的——它总是位于空中的同一位置。

卫星轨道要保持完全对地静止，就必须满足如下三个条件：① 轨道形状必须为圆形（偏心率等于零）；② 轨道必须位于正确的纬度上（轨道具有正确的周期）；③ 轨道必须位于赤道平面内（与赤道平面的夹角为零）。如果某个卫星轨道与赤道平面的夹角不为零，或者其偏心率非零，但其轨道周期正确，通常就称该卫星为 GEO 卫星。地面上的观测者观测到的 GEO 卫星的位置会在一个视角均值左右摆动。GEO 卫星的轨道周期是一个恒星日，为 23h 56min 4.1s。一个恒星日是除太阳外的恒星连续两次

经过地球上的某一经度所用的时间。太阳日是太阳连续两次经过地球上的某一经度所用的时间，其值为 24h，这也是在地球上某点观测到的相邻两次日出时间间隔的年平均值。

4. 确定轨道中卫星的位置

下面讨论轨道中卫星的定位问题。联立式（2.17）和式（2.18），可将轨道方程写为

$$r_0 = \frac{a(1-e^2)}{1+e\cos\phi_0} \tag{2.22}$$

在图 2.6 中，ϕ_0 自 x_0 轴开始，一般称为异常角。若定义穿过近地点的方向为 x_0 轴的正方向，则 ϕ_0 代表卫星瞬时位置与近地点的夹角。于是，可以得到

$$x_0 = r_0 \cos\phi_0 \tag{2.23}$$

$$y_0 = r_0 \sin\phi_0 \tag{2.24}$$

前面说过，轨道周期 T 是卫星在惯性空间中旋转一周所用的时间，一周内旋转的弧度为 2π，则平均角速度 η 为

$$\eta = \frac{2\pi}{T} = \frac{\mu^{1/2}}{a^{3/2}} \tag{2.25}$$

若轨道的形状为椭圆，则卫星在轨道上各点的瞬时角速度各不相同。在椭圆外形成一个半径为 a 的外接圆，如图 2.7 所示。其中，以平均角速度 η 环绕该圆运动的物体的运动周期与卫星环绕椭圆轨道运行一周的时间 T 完全相同。

在图 2.7 所示的外接圆中，将通过卫星的垂线与外接圆的交点记为 A，将通过椭圆中心 C 与 A 的直线与 x_0 轴的夹角记为 E。E 通常称为卫星的中心异常角。E 与半径 r_0 的关系为

$$r_0 = a(1-e\cos E) \tag{2.26}$$

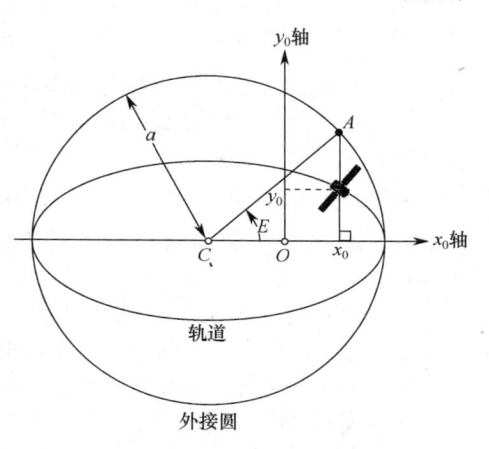

图 2.7 外接圆和中心异常角 E

有

$$a - r_0 = ae\cos E \tag{2.27}$$

同时，还可推导出中心异常角 E 与平均角速度 η 的关系式为

$$\eta dt = (1-e\cos E)dE \tag{2.28}$$

设 t_p 为近地点时刻，该时刻不仅是卫星距离地球最近的时刻，也是卫星穿过 x_0 轴的时刻及 $E = 0$ 的时刻。对式（2.28）两边同时积分，可得

$$\eta(t-t_p) = E - e\sin E \tag{2.29}$$

通常称式（2.29）左边的项为平均异常角，记为 M，即

$$M = \eta(t-t_p) = E - e\sin E \tag{2.30}$$

平均异常角 M 是卫星经过近地点后，以平均角速度 η 沿外接圆运动的弧长（单位为弧度）。

在图 2.7 中，点 O 为地心，点 C 为椭圆中心（也是外接圆的中心）。卫星在轨道平面坐标系中的位置用 (x_0, y_0) 表示，且穿过卫星的垂线与外接圆相交于 A。中心异常角 E 是 x_0 轴与 CA 连线的夹角。

若已知近地点时刻 t_p、偏心率 e 和长半轴 a，则可确定卫星在轨道平面内的位置坐标 (r_0, ϕ_0) 和 (x_0, y_0)。具体求解步骤如下：

(1) 根据式（2.25）计算出 η。

(2) 根据式（2.30）计算出 M。

(3) 解式（2.30），求出 E。

(4) 根据求得的 E，利用式（2.27）求出 r_0。

(5) 解式（2.22），求出 ϕ_0。

(6) 利用式（2.23）和式（2.24）计算出 x_0 和 y_0。

5. 以地面为参考，确定卫星的位置

上一节的最后总结了在轨道平面坐标系中确定卫星位置的方法，它是以地心为参考的。但是，在多数情况下，由于需要知道的是卫星相对于观测点的位置，而观测点与地心一般是不重合的，因此有必要推导出卫星相对于地面位置的变换公式。若以地心赤道坐标系为基础，则地球的旋转轴是穿过地球北极的 z_i 轴，x_i 轴自地心指向白羊宫第一星，如图 2.8 所示。

这种坐标系在太空中不是静止不动的，当地球沿绕日轨道运动时，它会逐渐变化，但不随地球旋转。无论地球运动到轨道上的什么位置，x_i 轴始终指向白羊宫第一星。由于 (x_i, y_i) 平面包含地球赤道，因此通常称其为赤道平面。

在该坐标系中，可以利用右上升角 RA 和倾角 δ 确定物体的位置。赤道平面内从 x_i 轴向东测得的角距离称为右上升角，用 RA 表示。轨道平面与赤道平面垂直相交的两个交点称为极点，在上升极点，卫星穿过赤道平面向上运动；在下降极点，卫星穿过赤道平面向下运动。注意，此时地球按照常规北极朝上，即沿地心坐标系的正 z 轴方向。其实，在太空中是没有上下之分的，只是在地面上由于重力的作用才有上下之分。对太空中的失重物体（如环轨运动的飞船）而言，除非以某个固定点为参考点，否则区分上下是毫无意义的。地心赤道坐标系中卫星位置的确定如图 2.9 所示。上升极点的右上升角为 Ω。轨道平面与赤道平面（两平面的交线即为两极点的连线）所夹的角为倾角 i，它可进一步确定相对赤道平面的轨道平面。要确定以地心赤道坐标系为参考的轨道坐标系，还要引入近地点参数 ω。这个角是轨道上升极点与近地点所成的夹角。

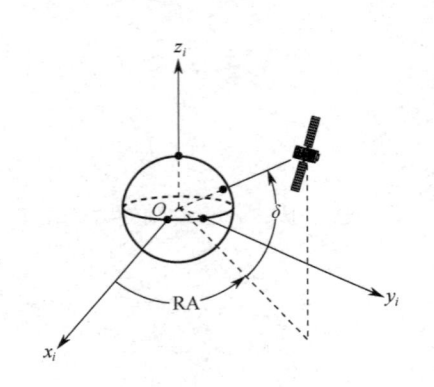

图 2.8 地心赤道坐标系

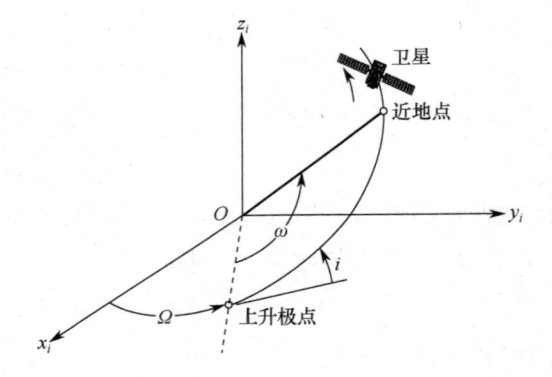

图 2.9 地心赤道坐标系中卫星位置的确定

6. 轨道参数

要确定 t 时刻卫星的绝对（惯性）坐标，正常需要六个已知参数（关于这一点，前面推导卫星轨道方程时已进行了说明）。这些参数即所谓的轨道参数。其实，描述某个特定轨道的参数可以远多于六个，而且具体采用哪六个参数也没有明确的规定。一般选择卫星通信中常用的一些参数：偏心率 e、长半轴 a、近地点时刻 t_p、上升极点的右上升角 Ω、倾角 i，以及近地点参数 ω。此外，通常使用某时刻的平均异常角 M 求解 t_p。

【例 2.1】GEO 半径

地球自转一周的时间是一个恒星日，即 23h 56min 4.1s。利用式（2.21），求表 2.1 中的 GEO 半径。

解：式（2.21）给出了轨道周期平方的求解式，单位为 s：

$$T^2 = \frac{4\pi^2 a^3}{\mu}$$

将上式变形，可得

$$a^3 = \frac{T^2 \mu}{4\pi^2}$$

对一个恒星日，$T = 86164.1$s，所以有

$$a^3 = (86164.1)^2 \times 3.986004418 \times 10^5 / 4\pi^2 = 7.496020251 \times 10^{13} \text{km}^3$$

$$a = 42164.17 \text{km}$$

【例 2.2】LEO 卫星

太空舱是 LEO 卫星的一个典型例子。有时，其环绕高度离地球仅 250km，在此高度的大气层中仍有一定数量的气体分子。平均地球半径约为 6378.14km。利用以上数据，估计太空舱环绕高度为 250km 时的轨道周期（假设轨道形状为圆形）及其沿轨道切线方向的速度。

解：环绕高度离地球 250km 的太空舱的轨道半径为

$$a = r_e + h = 6378.14 + 250 = 6628.14 \text{km}$$

根据式（2.21），可求得轨道周期 T 如下：

$$T^2 = \frac{4\pi^2 a^3}{\mu} = \frac{4\pi^2 \times (6628.14)^3}{3.986004418 \times 10^5} = 2.88401145 \times 10^7 \text{s}^2$$

$$T = 5370.3\text{s} = 89\text{min } 30.3\text{s}$$

该轨道周期值可以说非常小。由于环绕高度很低，太空舱很容易与地球大气中的微粒发生摩擦而逐步减速，最终坠落至地面，因此位于稳定地球轨道上的太空舱的轨道周期一般都超过 89min 30.3s（5370.3s）。

轨道周长为

$$2\pi a = 41645.83 \text{km}$$

太空舱在轨道中的速度为

$$2\pi a / T = 41645.83 / 5370.3 = 7.755 \text{km/s}$$

也可利用式（2.5），即 $v = (\mu/r)^{1/2}$ 求解，式中，

$$\mu = 3.986004418 \times 10^5 \text{km}^3/\text{s}^2$$

$$r = 6628.14 \text{km}$$

求得 $v = 7.755$ km/s。

注意：若 μ 和 r 的单位分别选为 km³/s² 和 m，则速度最终的单位是 m/s。

由结果可得，约 7.8km/s 是 LEO 卫星的典型速度。随着环绕高度的增加，其速度随之减小。

【例 2.3】椭圆轨道的卫星

某卫星运行在一个椭圆轨道上，其近地点为 1000km，远地点为 4000km。地球平均半径为 6378.14km，求轨道周期和轨道的偏心率。

解：如图 2.7 所示，椭圆轨道的长半轴是近地点和远地点之间的连线。设长半轴为 a，地球半径为 r_e，近地

点高度为 h_p，远地点高度为 h_a，有

$$2a = 2r_e + h_p + h_a = 2 \times 6378.14 + 1000 + 4000 = 17756.28 \text{km}$$

已知，轨道的长半轴 $a = 8878.14$km。将该值代入式（2.21），便可求出轨道周期 T 如下：

$$T^2 = \frac{4\pi^2 a^3}{\mu} = \frac{4\pi^2 \times (8878.14)^3}{3.986004418 \times 10^5} = 6.930872802 \times 10^7 \text{s}^2$$
$$T = 8325.19\text{s} = 138\text{min } 45.19\text{s} = 2\text{h } 18\text{min } 45.19\text{s}$$

设轨道的偏心率为 e，利用式（2.26）来研究卫星处于近地点时的情况。卫星位于近地点时，中心角 E 等于零，$r_0 = r_e + h_p$。根据式（2.26），有

$$r_0 = a(1 - e\cos E)$$

因为
$$\cos E = 1$$

有
$$r_e + h_p = a(1-e) \Rightarrow e = 1 - (r_e + h_p)/a = 1 - 7378.14/8878.14 = 0.169$$

∎

2.3 仰角的确定

利用相互正交的经度线和纬度线可将地球表面划分成网状结构，使得海上导航定位更准确。纬度是距赤道以北或以南的角距离，单位为度；经度是以某经线为基准测得的角距离，单位也为度。人们常以格林尼治子午线作为 0°经线。如果将地球 1/4 的区域视为 90°，那么经度共有 360°（0°经线始于北极，穿过格林尼治，终于南极），纬度正负各 90°，其中自赤道向北为正，自赤道向南为负。90°N（或+90°）为北极点的纬度，90°S（或-90°）为南极点的纬度。为清楚起见，采用东经来表示系统的子卫星在赤道上的位置。地面站要跟踪卫星的运动，就需要确定点坐标，这时地面站一般是用其所在地的经纬度来表示的。

为了与卫星建立通信，地面站天线指向的坐标称为仰角，通常表示为地平经度角（A_z）和仰角（E_l）。例如，右上升角和倾角是无线电天文天线的标准描述。地平经度角是自地球北极到卫星在地面站平面的投影向东（顺时针方向）测得的角。仰角是沿地面到卫星方向与水平面所成的夹角，如图 2.10 所示。

求解仰角时，关键是要确定卫星的位置，在许多情况下，这就是卫星投影点的位置。

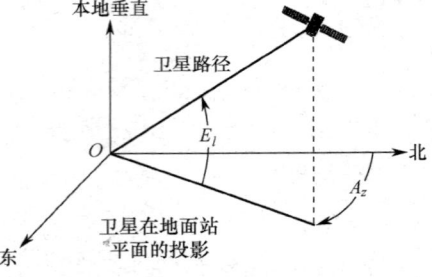

图 2.10 A_z 和 E_l 的示意图

1. 星下点

星下点是地心与卫星的连线和地面的交点，它位于卫星的垂直下方。对位于赤道上空的卫星而言，其星下点一般位于赤道上。由于 GEO 卫星位于赤道上，对地保持静止，因此常用星下点表示它们在赤道上的位置。

对站在星下点的观测者而言，卫星位于其正上方，沿天顶方向。天顶方向和天底方向位于一条直线上，方向相反，如图 2.11 所示。

卫星天线的设计人员将天线波束设计为沿天底方向。卫星的地面覆盖范围由卫星天底到覆盖边缘所成的夹角表示，但地面站天线的设计人员无须将天线瞄准天顶方向。前面说过，常用地面站所在的水平面来确定仰角，利用地理方位点来确定水平经度，进而确定地面站天线对卫星的两个视角（A_z, E_l）。卫星与地心 C 的连线交地面于星下点。卫星位于该点的正上方，站在该点的观测者观察到此时卫星位于天顶（$E_l = 90°$）方向。卫星指向星下点的方向是卫星的天底方向。若卫星天线波束瞄准的地面点不是投影点，则瞄准方向由偏离天底方向的角度表示。一般而言，有以下两个偏离角：北偏（或南偏

角和东偏（或西偏）角，其中东、南、西、北是地球的地理方向。

2. 仰角的计算

计算 E_l 的几何图如图 2.12 所示。

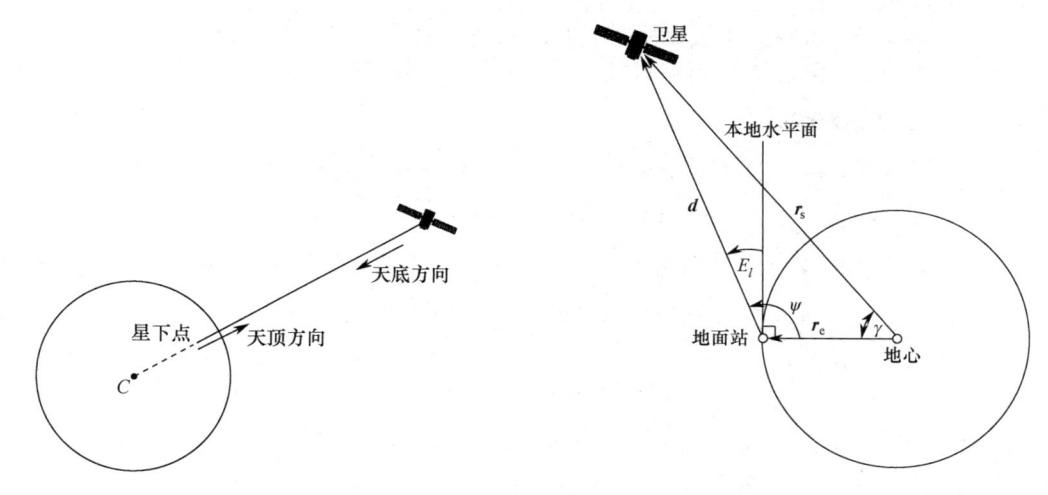

图 2.11　天顶方向和天底方向

图 2.12　计算 E_l 的几何图

r_s 为自地心指向卫星的矢量，r_e 为自地心指向地面站的矢量，d 为地面站到卫星的矢量，这三个矢量位于同一平面内，形成一个三角形。r_e 和 r_s 形成的中心角 γ 是地面站和卫星之间的夹角。三角形内角 ψ 是 r_e 与 d 形成的夹角。这样定义后，γ 就总是非负的。利用地面站的北纬 L_e（地面站距赤道以北的纬度）、西经 l_e（地面站距格林尼治子午线以西的经度）以及星下点的北纬 L_s 和西经 l_s，可将 γ 表示为

$$\cos\gamma = \cos L_e \cos L_s \cos(l_s - l_e) + \sin L_e \sin L_s \tag{2.31}$$

纸面是由地心、卫星和地面站确定的平面，中心角为 γ，E_l 是地面站处自水平面向上测得的角。

根据余弦定律，将连接地心、卫星、地面站的矢量幅值代入式（2.31）得

$$d = r_s\left[1 + \left(\frac{r_e}{r_s}\right)^2 - 2\left(\frac{r_e}{r_s}\right)\cos\gamma\right]^{1/2} \tag{2.32}$$

因为地面站水平面与 r_e 垂直，所以 E_l 与 ψ 的关系可以表示为

$$E_l = \psi - 90° \tag{2.33}$$

根据正弦定律，得到

$$\frac{r_s}{\sin\psi} = \frac{d}{\sin\gamma} \tag{2.34}$$

联立式（2.32）、式（2.33）和式（2.34）得

$$\cos E_l = \frac{r_s \sin\gamma}{d} = \frac{\sin\gamma}{\left[1 + \left(\frac{r_e}{r_s}\right)^2 - 2\left(\frac{r_e}{r_s}\right)\cos\gamma\right]^{1/2}} \tag{2.35}$$

使用式（2.31）和式（2.35），便可根据星下点、地面站坐标等求解出 E_l。地球半径的精确值为 6378.137km。

3. 方位角的计算

由于地面站、地心、卫星和星下点位于同一平面内，因此地面站到卫星的方位角 A_z 和地面站到星下点的方位角 A_z 是一样的。同时，由于计算 A_z 的具体图形要考虑星下点是位于地面站以东还是位于地面站以西，以及地面站和投影点是位于北半球还是位于南半球，因此 A_z 的计算较 E_l 要复杂得多。对 GEO 卫星而言，问题可以简化，详见后面的讨论。通常情况下，特别是在 LEO 卫星的情况下，可用许多商业软件简化对各个仰角的复杂计算，显然这些软件可以预测轨道动力学的各种情况和求解方式。

4. GEO 卫星的特殊情况

对大多数 GEO 卫星而言，卫星的投影点位于赤道上，其 L_s 为 $0°$，此时，式（2.31）可以简化为

$$\cos\gamma = \cos L_e \cos(l_s - l_e) \tag{2.36}$$

已知 r_s = 42164.17km，r_e = 6378.137km，则式（2.32）和式（2.35）可以简化为

$$d = 42164.17 \times (1.02288235 - 0.30253825\cos\gamma)^{1/2} \tag{2.37}$$

$$\cos E_l = \frac{\sin\gamma}{(1.02288235 - 0.30253825\cos\gamma)^{1/2}} \tag{2.38}$$

由上述条件可知，r_s/r_e = 6.6107345，于是有

$$E_l = \arctan[(6.6107345 - \cos\gamma)/\sin\gamma] - \gamma \tag{2.39}$$

要求解 A_z，可以先定义一个中间角 α。因为 A_z 总在 $0°$（地理北向）和 $360°$（再次返回北向）之间，所以利用中间角 α 可以划分出 $90°$ 的象限。中间角 α 定义为

$$\alpha = \arctan\left(\frac{\tan|l_s - l_e|}{\sin L_e}\right) \tag{2.40}$$

求出中间角 α 后，就可按如下方法求得 A_z：

（1）地面站位于北半球。
    (a) 卫星位于地面站东南方向：$A_z = 180° - \alpha$ （2.41a）
    (b) 卫星位于地面站西南方向：$A_z = 180° + \alpha$ （2.41b）

（2）地面站位于南半球。
    (a) 卫星位于地面站东北方向：$A_z = \alpha$ （2.41c）
    (b) 卫星位于地面站西北方向：$A_z = 360° - \alpha$ （2.41d）

5. 可视性测定

地面站要观测到某颗卫星，该卫星的仰角 E_l 就要大于或等于某个最小值（至少为 $0°$）。要使 $E_l \geq 0°$，就必须满足

$$r_s \geq \frac{r_e}{\cos\gamma} \tag{2.42}$$

可视性计算的几何图如图 2.13 所示。

换言之，地面站与星下点所形成的中心角的最大值为

$$\gamma \leq \arccos\left(\frac{r_e}{r_s}\right) \tag{2.43}$$

对 GEO 卫星而言，卫星可见的中心角 $\gamma \leq 81.3°$。

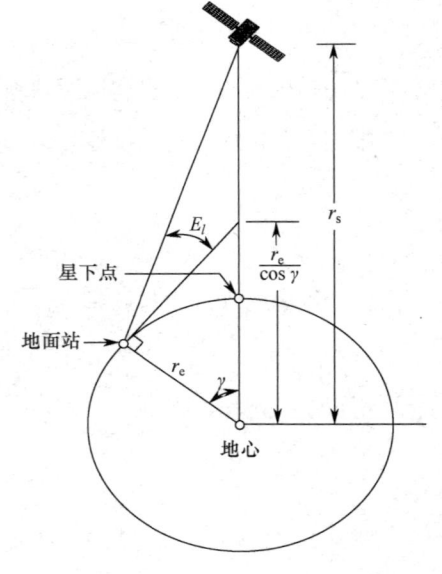

图 2.13 可视性计算的几何图

当 E_l 为正时,卫星在地面站是可见的。这就要求 r_s 大于 $r_e/\cos\gamma$,其中 r_e 为地球半径,γ 为中心角。

【例 2.4】 GEO 卫星的视角

某地面站位于英国伦敦的码头区,计算其对 Intelsat 在印度洋上空的 GEO 卫星的视角。地面站和卫星的具体位置如下:地面站的纬度和经度分别是 52°N 和 0°;卫星的经度(星下点)是 66°E。

解: 步骤 1:求中心角 γ,
$$\cos\gamma = \cos L_e \cos(l_s - l_e) = \cos 52° \cos 66° = 0.2504 \quad \Rightarrow \quad \gamma = 75.4981°$$

因为中心角 γ 满足小于 81.3° 的条件,所以卫星在该地面站是可见的。

步骤 2:求 E_l,
$$E_l = \arctan[(6.6107345 - \cos\gamma)/\sin\gamma] - \gamma$$
$$= \arctan[(6.6107345 - 0.2504)/\sin 75.4981°] - 75.4981°$$
$$= 5.847°$$

步骤 3:求中间角 α,
$$\alpha = \arctan\left(\frac{\tan|l_s - l_e|}{\sin L_e}\right) = \arctan[\tan(66° - 0°)/\sin 52°] = 70.667°$$

步骤 4:求方位角 A_z。

地面站位于北半球,且卫星位于地面站的东南方向。根据式(2.41a),求得
$$A_z = 180° - \alpha = 180° - 70.667° = 109.333° \text{(地理北向顺时针方向)}$$

∎

注意,上例中求得的仰角是相对较低的(约 5.85°)。大气折射不但会使地面站到卫星的平均传播路径在海平面内发生折射(使卫星看起来比实际高),而且会使信号的幅度随时间衰减。这些影响将在后续关于传输影响的章节中介绍。不过,一般不会使卫星在 E_l 小于最小仰角(一般 C 频段为 5°,Ka 频段和 Ka 频段以上为 20°)的情况下工作,因为在这种情况下是不可能建立通信的。一般来说,高纬度地区和 GEO 卫星覆盖范围的东西边缘地区会出现这种情况。要判断卫星在某处能否向某区域提供服务,可以用前面提到的可视性测定,详见式(2.42)和式(2.43)。

2.4 轨道摄动力

在 2.2 节中推导轨道方程时,是将卫星和地球视为只受引力作用的质点。在这种理想情况下,卫星轨道为开普勒轨道,即不随时间改变的椭圆轨道。但在实际情况中,卫星和地球会受到许多其他方面的影响,包括地球引力的不对称作用、太阳和月球的引力作用,以及太阳的辐射压力。对 LEO 卫星而言,还要考虑大气阻力的影响。这些阻力使得实际轨道不再是简单的开普勒轨道。如果不对其进行校正,就可能导致同步卫星的星下点随时间逐步移动。

长期以来,人们一直致力于寻找能够综合考虑各种摄动力影响的轨道设计方法。卫星通信常采用的方法是:首先利用轨道参数 $(a, e, t_p, \Omega, i, \omega)$ 推导出某些时刻的轨道方程(假设飞行器不受任何摄动力作用时所环绕的开普勒轨道)。假设摄动力会引起轨道参数随时间变化,则任意时刻轨道和卫星的位置均是根据轨道参数的瞬时值利用密切轨道计算得到的。为清楚起见,假设 t_0 时刻的轨道参数为 $(a_0, e_0, t_p, \Omega_0, i_0, \omega_0)$。然后,假设轨道参数随时间线性变化,变化率为 $(\mathrm{d}a/\mathrm{d}t, \mathrm{d}e/\mathrm{d}t, \cdots)$,则利用开普勒轨道可以算出卫星在任意 t_1 时刻的位置为

$$a_0 + \frac{\mathrm{d}a}{\mathrm{d}t}(t_1 - t_0), e_0 + \frac{\mathrm{d}e}{\mathrm{d}t}(t_1 - t_0), \cdots$$

以上方法在实际工作中十分有用，它综合运用了理论推导和卫星观测得到的经验值。

由于有阻轨道不再为椭圆，因此在定义其周期时需要特别注意。考虑卫星环绕一周并不回到起点，通常利用所谓的近地点周期作为卫星轨道周期。近地点周期是指卫星连续两次通过近地点的时间间隔。除了轨道形状不是正开普勒椭圆，还有许多因素会造成 GEO 卫星的位置随时间发生变化，包括卫星经度的改变和轨道倾角的改变。

1. 经度变化：地球的扁球体形状造成的影响

地球既不是一个正球体，也不是一个椭球体，可以说地球是一个三轴椭球体，其两极较平，而赤道直径比极直径长出约 20km。地球的赤道半径不是一个常数，不过半径的变化很小，一般相差不超过 100m。此外，地球的密度分布也不均匀，有些区域的平均密度较高，称为质量集中区域。受地球的非球状、赤道的非正环状和质量集中区域的影响，地球周围的引力场分布不均匀，导致卫星受力随着位置的变化而变化。

对 LEO 卫星而言，卫星相对地面位置的快速变化会产生摄动力逐步偏离轨道的速度矢量。不过对 GEO 卫星而言，情况却并非如此。由于 GEO 卫星在轨道中运行时处于失重状态，因此很小的力便可使之加速，进而偏离其设定的位置。卫星通常被要求固定在赤道上空的恒定经度处，但卫星还受到沿轨道向东或向西指向距其最近的赤道凸起区的作用。通常，该力与指向地心的引力是不重合的，即该力可以分解出一个与卫星速度方向相同或相反的分量，至于该分量的具体方向，则要根据卫星在 GEO 上的准确位置确定，即该分量是加速分量还是减速分量要视卫星位置的经度而定。

根据质量集中区域和赤道凸起区的位置，可以在 GEO 上确定四个平衡点：两个稳定点和两个不稳定点。稳定点位于 75°E 和 252°E 附近，不稳定点位于 162°E 和 348°E 附近。若卫星在稳定点受到摄动力，则无须点燃推进器，卫星便可漂移到稳定点。若卫星位于不稳定点，则少许的摄动力便会使其向最近的稳定点加速，一旦运动到稳定点，卫星便会在该经度左右移动，直到固定在该稳定点。这些稳定点有时被称为 GEO 墓地点（不要与 GEO 卫星的墓地轨道相混淆，墓地轨道是专门用于发射废弃卫星的轨道）。注意，由于地球非球状等因素的影响，两个稳定点的经度之差并非刚好是 180°，稳定点和不稳定点的经度之差也非刚好是 90°。

2. 倾角变化：太阳和月球的影响

地球环绕太阳的轨道平面（黄道面）与太阳赤道平面的夹角为 7.3°，如图 2.14 所示。

地球赤道平面与黄道面的夹角为 23°，月球轨道平面与地球赤道平面的夹角为 5°。由于存在各种各样的平面——太阳赤道平面、黄道面、地球赤道平面等，因此，绕地运行的卫星会受到各种轨道平面之外的力的作用。换言之，卫星会受到一个轨道平面之外的加速力的作用，使卫星轨道倾角发生变化。在这种情况下，轨道会逐渐变化，倾角也相应地发生改变。

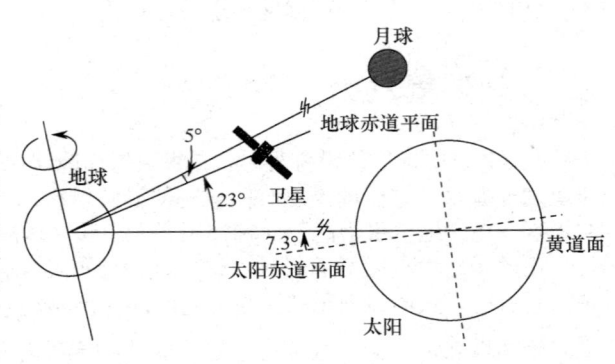

图 2.14 太阳、月球和地球轨道平面之间的关系

由于地球赤道平面与黄道面的夹角为 23°，因此在夏至和冬至时期，卫星受到地球赤道平面之外的合力达到最大。月球每 27.3 天绕地球一周，地球（和 GEO 卫星）每 24h 自转一周，每 365.25 天绕太阳一周。由于轨道的倾角差异，会出现某些时刻平面之外的所有力的方向均相同的情形，以及某些时刻各力又相互抵消的情形，因此 GEO 卫星轨道偏离地球赤道平面的摄动力会随时间不断变化。

虽然太阳的质量远大于月球的质量，但月球距地球的距离远近于太阳，如表 2.2 所示。

表 2.2　太阳、月球和地球的数据比较

	平均半径	质量	平均轨道半径	轨道周期
太阳	696000km	333432 单位	30000 光年	25.04 地球日
月球	3476km	0.012 单位	384500km	27.3 地球日
地球	637814km	1 单位	149597870km	1 地球日

由于 GEO 卫星受到月球作用力约是受到太阳作用力的 2 倍，因此月球和太阳产生加速力的最终效果表现为 GEO 卫星轨道平面自地球赤道平面以 0.85°/年的平均速率变化。

轨道半径对太阳而言以银河系中心为中心，对月球而言以地心为中心，对地球而言则以太阳中心为中心。

当太阳和月球处于卫星轨道的同侧时，GEO 卫星轨道平面的变化速率高于平均值；当两者处于卫星轨道的异侧时，GEO 卫星轨道平面的变化速率则低于平均值。例如，变化速率最大（0.94°/年）的年份是 1988 年和 2006 年，变化速率最小（0.75°/年）的年份是 1997 年和 2015 年。变化速率不仅随时间的不同而不同，还随倾角的变化而变化。当倾角为 0°时，其值达到最大；当倾角为 14.67°时，其值变为零。GEO 卫星轨道倾角由 0°变化到最大值 14.67°约需要 26.6 年。当倾角达到最大时，作用在卫星上的加速力的方向开始发生变化，经过 26.6 年，倾角变为 0°，再经过 26.6 年，倾角又变为 14.67°，如此周而复始。

在有些情况下，为了延长卫星在固定燃料下的使用寿命，需要有意地将初始轨道倾角设置得比常规值大 0.05°。卫星发射及产生必要的渐变力均是经过严格定时的，渐变力可以在规定时间内自动地减小倾角向 0°靠近的"错误"，而无须借助飞行器上的推进器。不过，这样做的代价也较大，例如在卫星运行的第一年，需要采用更大的地面终端以更快的跟踪速度与卫星"连接"。

通常情况下，地面站要求飞行器自动纠正卫星的平面内变化（经度变化）和平面外变化（倾角变化），以便使卫星保持正确的运行轨道。对 GEO 卫星而言，即通过控制倾角、偏心率和经度的变化，使卫星处在一个以星下点经纬度±0.05°为边界的"盒子"里。有的飞行器在卫星运载火箭第一次点火时便开始纠正倾角和经度的变化。其他一些情况下，两个飞行器是分离的：第一次点火时纠正偏心率和经度变化，第二次点火时纠正倾角变化。这种控制方式的运用日趋普遍，其主要原因有如下两点。

首先，当改变轨道平面所需要的速度增量远大于改变轨道偏心率/经度所需要的速度增量时，两者所需要的能量比约为 10:1，则对倾角和平面内变化分开进行校正不仅可使卫星的纬度保持不变，还便于飞行器使用不同的推进器。

其次，人们正越来越多地采用两种截然不同的推进器来分别控制 N-S 飞行器和 E-W 飞行器。20 世纪 90 年代中期，大型卫星升空时携带了用于轨道提升和轨道控制的燃料。卫星进入轨道后，差不多 90%的燃料均用于卫星倾角的控制。目前研制出的新型火箭发动机，尤其是电弧喷气式发动机和离子推进器，质量更轻、效率更高。N-S 飞行器一般采用低推力、高效率的火箭发动机，高推力、低效率的液体燃料推进器则常用于控制轨道提升和平面内变化。要计算某颗卫星所需要的轨道控制的燃料，控制站就要精确地掌握卫星轨道的情况。

【例 2.5】GEO 卫星的漂移

准 GEO 卫星是运行轨道接近地球同步轨道（轨道倾角与地球赤道平面相近）的卫星，其运行周期不是一个恒星日，而是 24h，即一个太阳日。试解决以下问题：① 计算轨道半径；② 计算星下点每天沿赤道漂移的速率（对地球上的观测者而言，卫星在天空中处于漂移状态）；③ 卫星是向东漂移还是向西漂移？

解：① 根据式（2.21）可以求出轨道半径。式（2.21）给出了轨道周期平方的表达式（注意，其中的 T 是一个太阳日）：

$$T^2 = \frac{4\pi^2 a^3}{\mu}$$

整理上式便可得到轨道半径如下：

$$a^3 = \frac{T^2 \mu}{4\pi^2} = 86400^2 \times 3.986004418 \times 10^5 / 4\pi^2 = 7.5371216 \times 10^{13} \text{km}^3 \Rightarrow a = 42241.095 \text{km}$$

② 卫星的轨道周期比一个恒星日长 3min 55.9s = 235.9s，导致星下点以 0.983°/天的变化速率漂移。

③ 地球向东运动的速率比卫星快，因此地球上的观测者会观测到卫星向西漂移。∎

2.5 卫星轨道的确定

要确定卫星的轨道，就需要获得足够多的测量值来确定计算轨道方程所需要的六个参数，进而算出保持轨道位于正常位置所需要的调整量。通常，需要测定三个角的位置，由于共有六个参数，因此每个测量值可代入两个方程。显然，求解这两个方程可以分别求出方位角和仰角。方位角和仰角可视为六个参数的函数。

负责卫星角位置测量的地面站通常还要负责测距工作。测距通常是用遥测数据流或通信载波中的特定时标来实现的。这些地面站一般称为卫星网络的 TTC&M（遥测、跟踪、指挥和监测）站点。目前，主要的卫星网络在世界各地均建有 TTC&M 站点。当系统中的卫星总数少于三颗时，设立 TTC&M 站点是不经济的，小型系统一般选择租用飞行器制造商或大型系统运营商的 TTC&M 站点。

2.6 轨道对通信系统性能的影响

1. 多普勒频移

对静止的观测者而言，运动中的无线电发射机的频率会随其相对于观测者速度的变化而变化。如果发射机的实际频率（发射机静止不动时的发射频率）为 f_T，则当其向观测者运动时，接收频率 f_R 大于 f_T，当其背离观测者运动时，接收频率 f_R 小于 f_T。从数学上讲，收发频率之间的关系为

$$\frac{f_R - f_T}{f_T} = \frac{\Delta f}{f_T} = \frac{V_T}{v_p} \tag{2.44a}$$

或

$$\Delta f = V_T f_T / c = V_T / \lambda \tag{2.44b}$$

式中，V_T 为发射机沿接收机方向的速度分量，$v_p = c$ 为光速（在自由空间中为 $2.9979 \times 10^8 \approx 3 \times 10^8$ m/s），λ 为发射信号的波长。

当发射机远离接收机运动时，V_T 为负值。通常称这种由运动引起的频率变化为多普勒频移。对于 LEO 卫星，可以利用频率跟踪接收机精确地估计出多普勒频移的大小，而对于 GEO 卫星，多普勒频移可以忽略不计。

【例 2.6】 LEO 卫星的多普勒频移。

某 LEO 卫星在高度为 1000km 的圆形轨道上运动，卫星上的发射机的频率为 2.65GHz。① 求卫星的运动速度。② 设某地面站观测者位于卫星轨道平面内，当卫星位于地平面上方时，求沿观测者方向的速度分量。③ 根据以上结果，求地面站接收信号的多普勒频移。利用平均地球半径 r_e = 6378km 计算。④ 若卫星上还有一台频率为 20GHz 的 Ka 频段发射机，求相对于同一观测者的多普勒频移。

解： ① 根据式（2.21）可以求出卫星的轨道周期为如下：

$$T^2 = \frac{4\pi^2 a^3}{\mu} = \frac{4\pi^2 \times (6378 + 1000)^3}{3.986004418 \times 10^5} = 3.977754 \times 10^7 \text{s}^2 \Rightarrow T = 6306.94 \text{s}$$

轨道周长为 $2\pi a = 46357.3\text{km}$，故卫星的速度 v_s 为

$$v_s = 46357.3/6306.94 = 7.35\text{km/s}$$

② 当卫星位于地平面上方时，沿观测者方向的速度分量可由 $v_r = v_s\cos\theta$ 求得，其中 θ 为卫星速度方向和卫星与观测者之间的连线所成的夹角。θ 的大小可以根据几何关系求得，即

$$\cos\theta = \frac{r_e}{r_e + h} = \frac{6378}{7378} = 0.8645$$

则卫星观测者方向的速度分量为

$$v_r = v_s\cos\theta = 6.354\text{km/s} = 6354\text{m/s}$$

③ 根据式（2.44b）可以求出接收信号的多普勒频移。本题中发射机的频率为 2.65GHz，$\lambda = 0.1132\text{m}$，而接收信号的多普勒频移为

$$\Delta f = V_T/\lambda = 6354/0.1132 = 56130\text{Hz} = 56.13\text{kHz}$$

④ 频率为 20GHz 的 Ka 频段发射机的信号波长为 0.015m，对应的多普勒频移为

$$\Delta f = V_T/\lambda = 6354/0.015 = 423.6\text{kHz}$$

可见，工作频段位于 Ka 频段的 LEO 卫星的多普勒频移相当大，需要采用快速频率跟踪接收机。Ka 频段的 LEO 卫星较适合传输宽带信号。∎

2．距离变化

对 GEO 卫星而言，即使采用现有最好的站点保持系统，卫星相对于地面的位置仍会出现以天为周期的变化。这种位置的变化将导致卫星与用户终端距离的变化。如果系统采用时分多址（TDMA）方式，就特别要注意 TDMA 突发中的帧定时问题，以保证用户帧能按照正确的顺序和时刻到达卫星。距离变化和路径损耗变化一样，会对 LEO 卫星造成严重影响。虽然增加突发间的保护时间可以减小距离/定时误差，但这样做会显著降低转发器的容量。某些卫星既可以提供突发的定时控制，又可以为用户提供功率控制。

3．星蚀

当地球挡住阳光而使得卫星处于地球阴影区域中时，卫星便处于星蚀状态。对 GEO 卫星而言，星蚀发生在每年的春分和秋分前后各 23 天内，如图 2.15 所示。

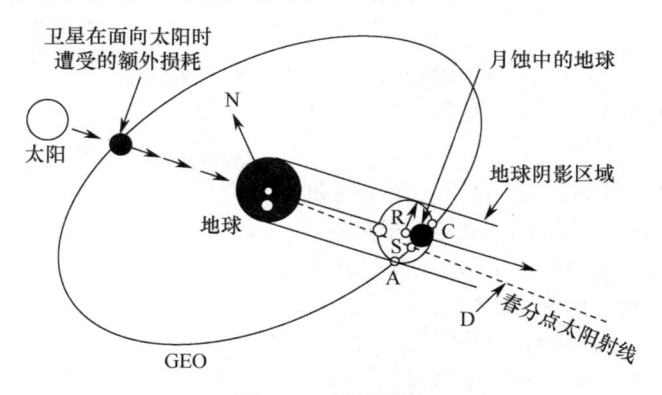

图 2.15　星蚀图解

图 2.15 中说明了星蚀的几何图和时长情况。星蚀一般发生在春分和秋分前后，此时太阳、地球和卫星几乎处于同一平面内。春分和秋分时期，GEO 平面正好位于地球的阴影区域中。当卫星沿轨道运行时，会穿过阴影区域，经历星蚀期。星蚀期的持续时间从几分钟到 1h 不等，如图 2.16 所示。

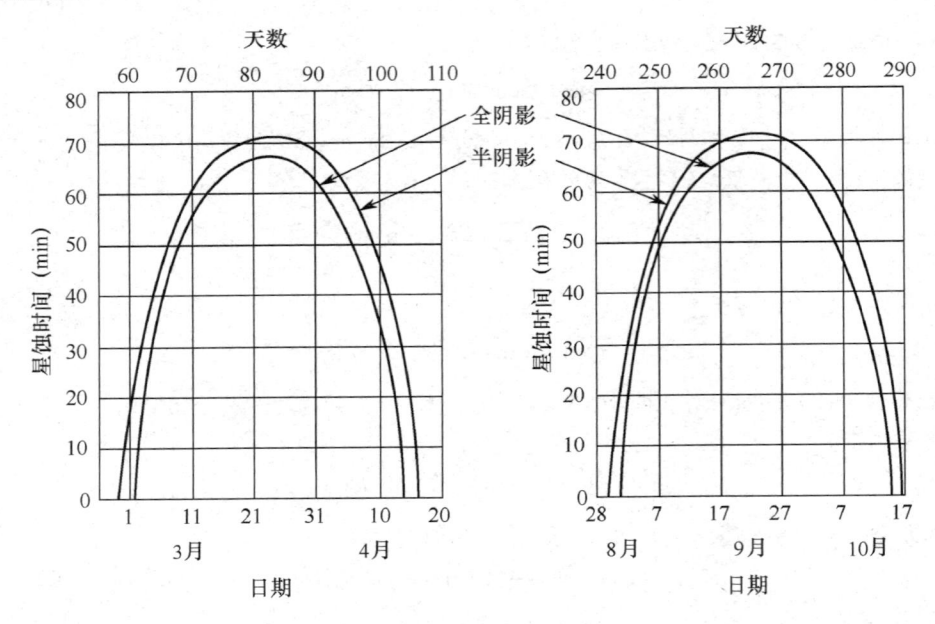

图 2.16 星蚀日期和时间

星蚀时长主要视轨道平面与地球阴影区域中心的距离远近而定。在星蚀期间，卫星上的太阳能电池不能正常工作，整颗卫星所需要的能源需要由携带的蓄电池供给。电池性能可以用最大放电深度来衡量，电池质量越好，放电深度的百分比就越小。如果电池放电量超过最大放电深度，则在再次充电后，电池无法恢复正常的工作性能。显然，放电深度对星蚀期间的功耗进行了限制。镍氢电池可在70%的放电深度下工作，充电后可以完全恢复，且在将来很长的一段时间内仍然可为通信卫星所采用。星蚀发生前，地面控制者可以采取电池调节措施来保证星蚀期间的电池工作性能。调节措施主要是先将电池放电到接近最大放电深度，然后在星蚀前夕对电池进行完全充电。

对设计人员而言，星蚀期是一个很大的挑战。显然，在星蚀期间不但无法使用主要电源（太阳），而且卫星在出入阴影区域的短时间内要承受功率和热效应的巨变，就像灯泡在刚打开开关时比一直点亮时容易烧坏那样。当工作环境发生巨变时，卫星上的许多器件都可能发生故障。因为多数设备故障都发生在星蚀期间，所以地面控制者一直都对星蚀期执行严密的监测。

4. 日凌中断

在每年的春分和秋分时期，卫星不但要穿过地球的阴影区域，而且要穿过地球与太阳的连线而位于地球和太阳之间，如图 2.17 所示。

太阳是一个"炽热"的微波源。在太阳黑子周期（11 年）的不同时间，太阳的温度不尽相同。因为在通信卫星的工作频段（4～50GHz）内，太阳表面温度在区间 6000K～10000K 内变化，所以地面站天线不仅会接收到卫星传输回的信号，同时还会接收到大量的太阳热噪声。此时，增加的太阳热噪声可能导致信号超过接收机的衰减门限，引起通信中断。地面站测得的具体温度与天线波束宽度是部分对准太阳还是完全对准太阳有关。不过，这些中断是可以精确预测的。对拥有两颗以上卫星的系统运营商而言，可将即将出现日凌中断的卫星上的业务转接到其他卫星上，以便将中断限制在单个用户范围内。然而，日凌中断仍然会对日间操作造成不利影响。

图 2.17 日凌中断发生条件图示

2.7 本章小结

本章首先介绍了卫星通信的轨道方程、轨道参数，以及它们之间的相互关系；其次介绍了 GEO 卫星的特殊情况及可视性测定；接着介绍了经度变化、倾角变化对卫星轨道的影响；最后介绍了卫星轨道的多普勒频移、距离变化、星蚀和日凌中断对卫星通信系统性能的影响。

习 题

01. 简述绕地卫星向心和离心的概念。
02. 某沿绕地圆形轨道运行的卫星，距离地面的高度为 1400km，试求：
    (1) 在轨卫星的向心加速度和离心加速度分别是多少（单位为 m/s^2）？
    (2) 在轨卫星的速度是多少（单位为 km/s）？
    (3) 在轨卫星的轨道周期是多少（采用 h, min, s 形式）？假设地球平均轨道半径为 6378.137km，开普勒常数为 $3.986004418 \times 10^5 km^3/s^2$。
03. 若某卫星位于 322km 高度的圆形轨道上，假设地球平均轨道半径为 6378.137km，开普勒常数为 $3.986004418 \times 10^5 km^3/s^2$。试求：
    (1) 角速度（单位为 rad/s）。
    (2) 轨道周期（单位为 min）。
    (3) 轨道速度（单位为 m/s）。
04. 若某卫星如习题 03 所述，且带有一台 300MHz 的发射机：
    (1) 求位于太空中的静态接收机在受多普勒频移影响下的接收信号的最大频率范围。注意，随着卫星靠近或远离观测者，频率偏移可正可负，此时根据多普勒频移（如 $2\Delta f$）确定频率的最大变化。
    (2) 若地面站位于距地心 6370km 的地面，且能以 0°仰角接收 300MHz 的信号，试计算该站所观测到的最大多普勒频移。注意，要考虑地球自转的影响及 322km 圆形轨道的最大多普勒频移。
05. 试说明开普勒行星运动三大定律的内容是什么？给出开普勒行星运动第三定律的数学表达式。当描述绕地卫星时，试说明近地点和远地点分别指的是什么？若某椭圆轨道卫星的远地点和近地点分别为 39152km 和 500km，试求卫星的轨道周期。注意，假设地球平均轨道半径为 6378.137km，开普勒常数为 $3.986004418 \times 10^5 km^3/s^2$。
06. 假设将某观测卫星发射到赤道圆形轨道上，并与地球保持相同的运动方向。利用合成孔径雷达系统，该卫星可以存储大气压等天气参数。卫星绕地运行一周后，这些参数需要被传回地面站。该卫星的轨道设计为可以使卫星每 4h 便能位于赤道地面站的正上方的圆形轨道。此外，地面站天线在仰角小于 10°时无法正常工作。地球自转周期为 24h，试求：
    (1) 角速度（单位为 rad/s）。
    (2) 轨道周期（单位为 h）。
    (3) 轨道半径（单位为 km）。
    (4) 轨道高度（单位为 km）。
    (5) 线速度（单位为 m/s）。
    (6) 卫星经过地面站上方时，两者的可通信时间（单位为 min）。
07. GEO 卫星的运行周期是多少？该周期的名称是什么？GEO 卫星的在轨速度是多少（单位为 km/s）？
08. 某 GEO 卫星通信系统建立在卫星间的链路（ISL）的基础上，这使得地面上不能同时看到同一颗卫星的两个地面站之间的信息传输成为可能。在下列问题中，可以不考虑信号的大气折射，并且假设地球是理想的球体，地面平坦，信号以光速传播。试求：
    (1) 两颗卫星之间不被地面阻隔的最大通信距离是多少？
    (2) 若两个地面站之间通过 ISL 连接存在最大单径延迟 400ms，则信号传输延迟之前两颗卫星之间的最大距离是多少？

（3）若（2）中的卫星采用星上处理增加了 35ms 的延迟，则此时 ISL 上 GEO 卫星之间的最大距离是多少？

（4）若（2）和（3）中的卫星必须再用 2500km 的光纤将信号传输到用户端（当然会增加延迟），则此时 ISL 上 GEO 卫星之间的最大距离又是多少？假设光纤的折射率为 1.5，且地面站设备和用户终端是零延迟的。

第3章 地 球 站

3.1 概述

地球站是卫星通信系统的重要组成部分,其主要作用有:① 向卫星发射信号;② 接收经卫星转发而来的来自其他地球站的信号。地球站的工作频段为微波频段(300MHz~300GHz)。下面分别介绍地球站的分类、组成和性能要求、地球站的天线馈电系统、地球站的发射系统、地球站的接收系统,以及地球站的回波抑制和抵消设备。

3.2 地球站的分类、组成和性能要求

1. 地球站的分类和组成

地球站可按不同的方法分类:

(1)按安装方式和设备规模分为固定站、移动站(船载站、车载站、机载站等)、可搬运站(短时间内能够拆卸转移)。在固定站中,根据规模大小又可分为大型站、中型站和小型站,如大型地球站天线的反射面口径为20~30m,中型地球站天线的反射面口径为7.5~18m,小型地球站天线的反射面口径为6m以下。

(2)按天线主反射面口径的大小分为30m、20m、15m、10m、5m、3m、1m等。

(3)按传输信号特征分为模拟站和数字站。

(4)按用途分为民用站、军用站、广播站、航空站、航海站和实验站等。

(5)按业务性质分为:① 遥测跟踪站,用于遥测通信卫星的工作参数,控制卫星的位置和姿态;② 通信参数测量站,用于监视转发器及地球站通信系统的工作参数;③ 通信业务站,用于电话、电报、数据和传真等通信业务。

下面以国际上规定的标准 A 型地球站为例,简要介绍完成通信业务的地球站的组成和其各部分的功能。

标准地球站的总体框图如图 3.1 所示。

由图 3.1 可见,标准地球站由天线系统、发射系统、接收系统、终端与通信控制系统、电源系统组成。这里以多路模拟电话信号的传输为例,说明地球站天线系统、发射系统、接收系统及其相关部分的功能。其他分系统与一般通信系统中的类似,此处不再赘述。

多路模拟电话信号的传输过程如下:由电信局经微波或同轴电缆等传输线路将电话信号送到地球站的电话终端设备,经基带转换装置变换成规定的基带信号,使它们适合在卫星线路上传输;然后将信号送到发射系统,进行调制(调频)、变频(如从 70MHz 变到 6GHz)和射频功率放大操作;最后将信号送到天线系统发射出去。通过卫星转发器转发而来的突发信号,由地球站的天线系统接收,经过接收系统中的低噪声放大器、下变频器(如从 4GHz 变到 70MHz)和解调器的处理,提取要发给地球站的基带信号,再经过基带转换装置送到终端设备,最后送至各个用户。控制系统用来监视、测量整个地球站的工作状态,它能够迅速进行自动或手动转换(将备用设备转换为主用设备),并及时建立勤务联络。

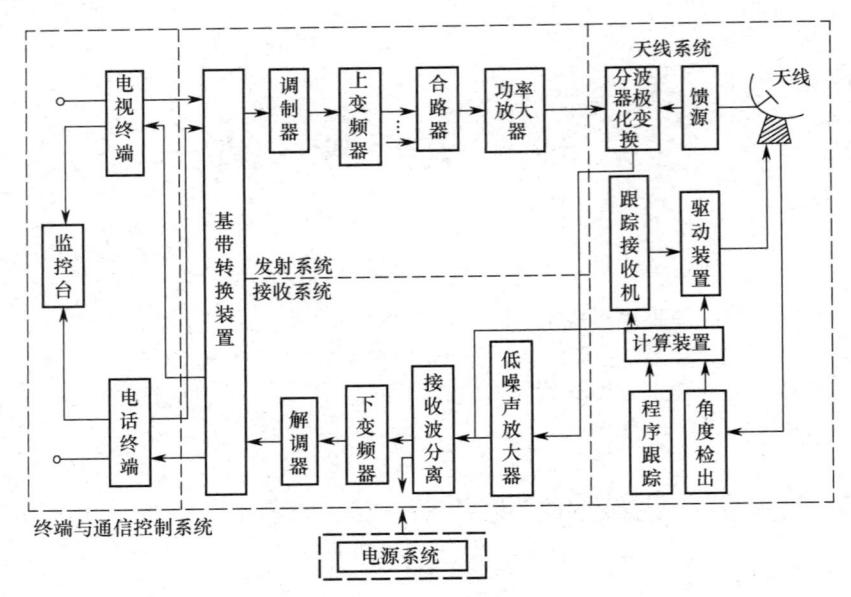

图 3.1　标准地球站的总体框图

2．地球站的性能要求

地球站的性能要求有：

（1）发射的信号应是宽频带的、稳定的、功率大的，能接收由卫星转发器转发而来的微弱信号；

（2）可以传输多路电话、电报、传真等多种业务的信号；

（3）性能稳定可靠，维修使用方便；

（4）建设成本和维护费用不应太高。

为便于维护现有地球站和新建地球站，国际卫星通信组织规定了标准地球站的性能条件。该规定强调，为了更有效地利用通信卫星，地球站应具有高灵敏度的接收系统，且规定了与该组织的卫星相连接的地球站应具备的最低性能要求。

标准地球站的电气性能包括必备特性和建议特性两种。必备特性是指标准地球站必须具备的特性；建议特性是指为了高效利用卫星转发器功率及考虑地球站未来的发展而期望的特性。

在必备特性中，对影响共同使用的转发器的特性（特别是影响多址连接的特性）做了严格的规定，其中的主要规定如下。

（1）地球站的品质因数 G/T。国际卫星通信组织规定了 A、B、C、D 四种类型的地球站，只有符合标准的地球站经申请、批准后才能使用国际通信卫星。

① A 型站：$f=6/4$ GHz，$D=29\sim32$ m，$G/T \geqslant 40.7+20\lg(f/4)$（dBK）

② B 型站：$f=6/4$ GHz，$D=10\sim13$ m，$G/T \geqslant 31.7+20\lg(f/4)$（dBK）

③ C 型站：$f=14/11$ GHz，$D=16\sim20$ m。G/T：在 11GHz 频段，晴天时，在 10%时间内，$G/T \leqslant 39+20\lg(f/11.3)$（dBK），在 0.017%时间内，$G/T \leqslant 6+20\lg(f/11.2)$（dBK）。西向点波束 $b=29.5$ dB，东向点波束 $b=32$ dB。

④ D 型站：$f=6/4$ GHz，$D=3\sim4.5$ m。如 3m 站：$G/T \geqslant 18.5$（dBK）；4.5m 站：$G/T \geqslant 22.2$（dBK）。

其中，f 为接收信号的频率；D 为天线的直径。

（2）有效全向辐射功率 EIRP 的稳定度。地球站的 EIRP 应保持在规定值的±0.5dB 内。为了减少频分多址方式的交调干扰，卫星转发器的行波管放大器均是在适当的输入补偿下工作的，EIRP 的大幅度变动会使交调干扰严重增加。

（3）载频精度。在传输电话信号时，地球站发射的载频的精度应在±150kHz 内；在传输电视信号时，地球站发射的载频的精度应在±250kHz 内。

（4）干扰波辐射。地球站的干扰波辐射应在 26dBW 以下，过强的干扰波辐射将对其他载波产生严重干扰。

（5）射频能量扩散。在传输电话信号时，对轻负荷时的能量密度要求如下：在最大负荷时，每 4kHz 的能量最大值相对于其能量密度的能量差异不超过 2dB。

（6）发射系统的幅度特性。地球站发射系统应有良好的幅度特性，以降低卫星转发器交调干扰的影响。

设计卫星通信系统时，必须合理地选择地球站的站址，这对地球站的工作条件有着决定性的影响，对固定式或可搬运式的大、中型地球站来说尤为重要。选择地球站站址时，一般要考虑如下因素。

1）与陆地微波通信系统的相互干扰

目前，卫星通信系统与陆地微波通信系统使用的频段相同，为了避免两者相互干扰，必须进行技术协调。在新建地球站或地球站附近有新的微波线路工作时，为了将干扰抑制到很小，必须慎重考虑地球站站址的选择。卫星通信系统与陆地微波通信系统之间的干扰途径如图 3.2 所示。

在图 3.2 中，A 和 B 表示陆地微波站和通信卫星之间的干扰。为了防止这种干扰，国际有关组织规定了陆地微波站和通信卫星之间的辐射功率谱密度的最大允许值。C 和 D 表示陆地微波站和地球站之间的干扰，为了减弱这种干扰，必须适当地选择地球站站址，使两者之间干扰波的传输损耗大于允许的最小值 L_b，已知

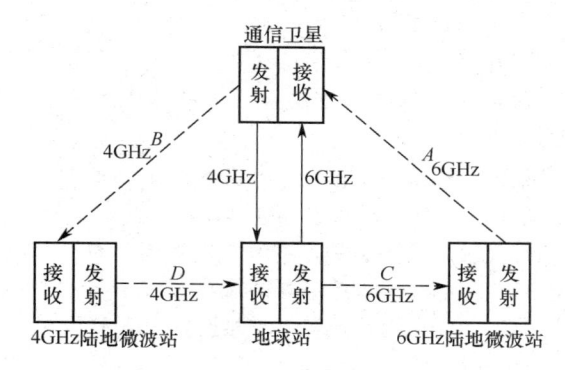

$$L_b = P_T + G_T - F_S + G_R - P_R \tag{3.1}$$

图 3.2 卫星通信系统与陆地微波通信系统之间的干扰途径

式中，P_T 为干扰站的发射功率，G_T 为干扰站发射天线在被干扰站方向上的增益，F_S 为干扰站或被干扰站的位置屏蔽系数，P_R 为被干扰站的接收机输入端的最大允许干扰功率，G_R 为被干扰站的接收天线在干扰站方向上的增益。

如果 P_T、G_T、G_R、P_R 的值已根据卫星通信系统和陆地微波通信系统的设计确定，那么由式（3.1）可知，要满足规定的传输损耗 L_b，必然存在一个规定的 F_S。

2）天际线仰角

从地球站向四周远望时，所看到的地面与天空的交界线，称为天际线。地球站的等效辐射中心点和天际线上任意一点的连线与地平面的夹角，称为地球站在该方向上的天际线仰角，如图 3.3 所示。

为了避免与陆地微波通信系统相互干扰，地球站最好建在离陆地微波站远的地方，或将地球站设在地形屏蔽效应大的地方。世界各国的地球站多建在盆地中，以便利用周围山峰对电波的屏蔽效应来减少相互干扰。这是一种减少干扰的有效方法。

为了避免相互干扰，地球站的天际线仰角选得越高越好，因为天际线仰角越高，就越有利于对电波的屏蔽。但是，随着天际线仰角的增大，地球站的外界噪声会增加，进而降低地球站的 G/T 值。天

际线仰角、天线仰角与天线系统噪声温度的关系曲线如图 3.4 所示。

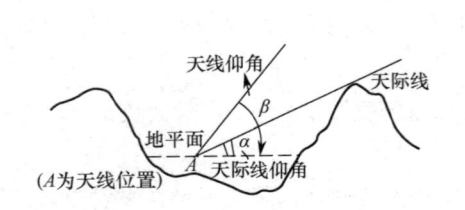

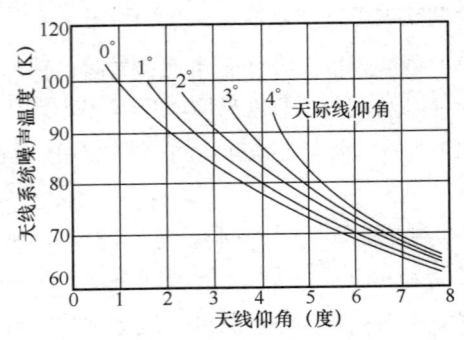

图 3.3　天际线仰角

图 3.4　天际线仰角、天线仰角与天线系统噪声温度的关系曲线

由图 3.4 可知，只要能避免与陆地微波通信系统相互干扰，地球站的天际线仰角就不宜选得过高。一般来说，天际线仰角选在 3° 以下。

3）气象条件

首先，一般情况下，剧烈的季风和降雨、降雪等的影响是使地球站不能工作的主要原因。标准地球站大口径天线主瓣半功率点宽度为 0.1°～0.2°。显然，季风的影响会导致天线摆动，当摆动幅度大于 0.05° 时，就会干扰通信的正常进行。因此，在设计地球站时，必须详细调查、统计当地的风场数据，并据此合理地设计天线的耐风性，以保证因强风导致的通信中断时间不超过规定值的 0.1%。

其次，降雨时，地球站接收系统的噪声温度会增加，这使得线路噪声增加。同时，降雨还会引起吸收损耗，导致来自卫星的载波接收功率降低。一般规定门限电平取 4～6dB 的降雨裕量。当气象条件良好时，很容易满足规定的要求。然而，对在气象条件极坏的地球站而言，为了满足国际电信联盟规定的噪声标准，要求地球站的 G/T 值高于一般标准值。G/T 值的提高会对地球站的建设费用产生很大的影响，因此在选择地球站站址时需要充分考虑。

4）其他条件要好

地球站应尽量避免人为噪声和飞机航线的影响，且水电供应要方便、放置设备的地质条件要好。在环境方面，主要考虑沙尘、腐蚀性气体和烟雾等的影响。

3.3　地球站的天线馈电系统

1. 主要性能要求

天线馈电系统是地球站的重要组成部分，其建设费用约占整个地球站建设费用的三分之一。一般来说，因为地球站的收发设备共用一副天线，所以收发电波要在馈线中很好地分离，设计天线时必须同时满足收发频带内的各种电气性能。对天线馈电系统的主要性能要求有如下几点。

1）高增益

天线增益是决定地球站性能的关键参数，其计算公式为

$$G_\mathrm{A} = \left(\frac{\pi D}{\lambda}\right)^2 \cdot \eta_\mathrm{A} \tag{3.2}$$

式中，D 为天线的直径，η_A 为天线的效率，λ 为天线的波长。

若将天线增益折算到接收机的输入端，并包含馈线损耗 L_F，则 G_A 的计算公式变为

$$G_A = \left(\frac{\pi D}{\lambda}\right)^2 \cdot \eta_A \cdot \frac{1}{L_F} \tag{3.3}$$

为了达到 A 型站的要求，天线增益 G_A 应在 57dB 以上。这就要求天线直径 D 大于 25m，但考虑风力负载、建设费用等因素，不能单从增大天线口径着眼，还要尽量提高效率 η_A（可达 75%），并使馈线损耗 L_F 尽可能接近 1。

2）噪声温度低

换算到接收机输入端的接收系统的总噪声温度可以写为

$$T_T = T_A + T_r = \frac{T_0}{L_F} + \left(1 - \frac{1}{L_F}\right)T_0 + T_r \tag{3.4}$$

式中，T_A 为在接收机输入端的天线噪声温度，T_r 为接收机噪声温度，T_0 也为天线噪声温度。

为了降低 T_0 值，需要提高天线的方向性，降低旁瓣电平和反射面的损耗。当天线仰角为 5°时，天线噪声温度 T_0 约为 50K，而当天线仰角为 90°时，天线噪声温度 T_0 约为 25K。

3）频带宽

因为地球站是多址连接的，所以要求天线有较大的带宽。通常要求标准地球站有 500MHz 以上的带宽，在此带宽内，应满足高增益、低噪声和匹配良好等要求。

4）旋转性好

国际卫星通信组织规定：地球站天线的旋转范围是以 GEO 卫星方向为中心，方位角和仰角至少均在 10°以上。但是，一般希望天线波束方向能在很大的范围内变化。一般将能指向天空中任何卫星轨道的天线，称为全向天线，仅能指向限定范围的卫星轨道的天线，称为有限指向天线。

5）对机械精密度要求较高

抛物面天线的半功率点波束宽度（单位为度）可近似写为

$$\theta_{1/2} \approx 70\lambda/D$$

通常要求天线指向精度在其波束宽度的十分之一以内。对于 $\lambda = 7.5$cm、$D = 27.5$m 的天线，波束宽度 $\theta_{1/2} \approx 0.2°$，此时的指向误差不能超过 0.02°，因此对其机械精密度要求较高。

2. 天线的选择

微波天线可分为直接辐射式天线（如喇叭天线）和反射式天线两大类。前者难以制成大型结构，往往不能满足地球站天线高增益的要求，因此很少使用。反射式天线在地球站中应用极为广泛。这类天线又可进一步分为号角反射式天线、抛物面天线和卡塞格伦天线。但是，目前广泛采用的是标准的卡塞格伦天线或做了改进的卡塞格伦天线。卡塞格伦天线的原理图如图 3.5 所示。

卡塞格伦天线由一个抛物面形的主反射镜、一个放在主反射镜焦点附近的副反射镜和一个放在主反射镜底部中心处的初级辐射器——馈源喇叭组成。馈源喇叭辐射的电波首先投射到副反射镜上，然后副反射镜将电波反射到主反射镜上。主反射镜将副反射镜反射来的波束变成平行波束后，反射出去，即将向四面八方辐射的球面波变成了朝某个方向辐射的平面波，因此显著增强了方向性。

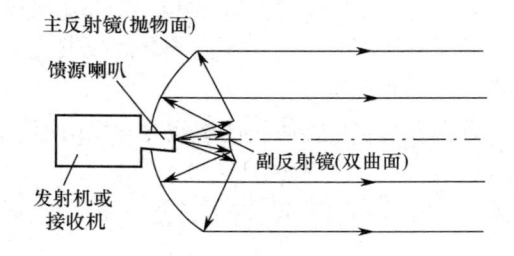

图 3.5 卡塞格伦天线的原理图

卡塞格伦天线的主要优点是，电波从馈源喇叭辐射出去，经副反射镜边缘漏出去的电波是射向天空的，而不像一般抛物面天线那样因其馈源装在抛物面焦点附近而射向地面，所以从接收的角度看会降低来自大地的反射噪声，从发射的角度看会减小其对其他通信系统的干扰。同时，卡塞格伦天线将大功率发射机或低噪声接收机直接与馈源喇叭相连，降低了因馈电波导过长（如抛物面天线）引起的损耗噪声。为了进一步提高性能（降低噪声，提高效率和增益），一般还要对主、副反射镜的形状进行修正。目前，改进后的卡塞格伦天线的效率可达 80%。

3．馈电系统

在收发天线共用的系统中，馈电设备的作用是将发射机的信号送给天线，或者将天线接收的信号送给接收机。为了高效率地传输能量，馈电系统的损耗必须很小。典型的馈电设备是由馈源喇叭、波导器件和馈线组成的。

馈源喇叭装在馈电设备的最前端，其作用是向副反射镜辐射能量和从天线收集电波。馈源喇叭的形式包括圆锥喇叭、喇叭形辐射器和波纹喇叭等。新式地球站多采用波纹喇叭作为馈源喇叭。

波导器件主要包括极化变换器和极化分离器等。馈电系统的组成框图如图 3.6 所示。

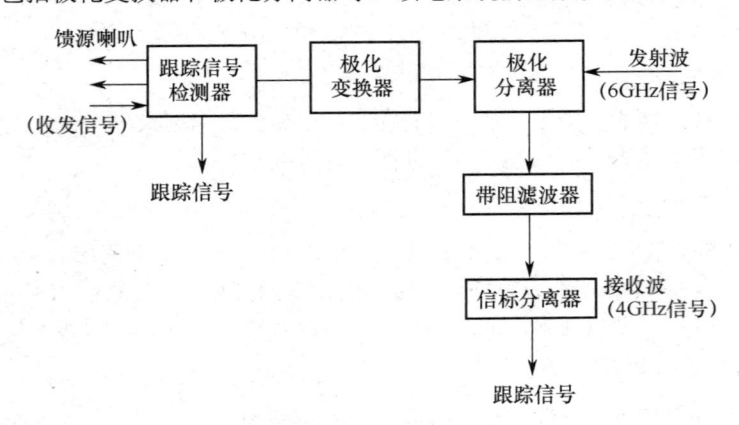

图 3.6　馈电系统的组成框图

6/4GHz 的卫星通信系统一般（如 IS-III、IS-IV）都使用圆极化波。例如，地球站使用左旋圆极化波发射，使用右旋圆极化波接收。地球站为了将发射机送来的直线极化波变换为按一定方向旋转的圆极化波，必须采用圆极化变换器。对接收波而言，极化变换器的作用是将按一定方向旋转的圆极化波变换为直线极化波，并送给接收机。然而，在 IS-I 和 IS-II 系列卫星中使用的是直线极化波，这时不用圆极化变换器，而用改变直线极化波的极化面方向的极化变换器。因为使用直线极化波时，随着卫星姿态的改变，极化面方向也发生改变，所以地球站应能适应所有方向。

极化分离器是利用极化波的正交性合成和分离收发信号的，因此要求这些电路能够满足收发频带各 500MHz 范围内所需要的特性，而且必须是低损耗的。极化分离器可以由环行器等微波分立器件构成。除了利用极化方式的不同来分离收发信号，还可以利用收发频率的不同来分离收发信号，即利用滤波器分离收发信号。

连接发射机或接收机的馈线通常采用矩形波导、椭圆波导或聚焦波束波导等。

3.4　地球站的发射系统

1．发射系统的组成和要求

地球站发射系统通常由高功率放大器、激励器、发射波合成装置、上变频器和自动功率控制电路等组成，如图 3.7 所示。

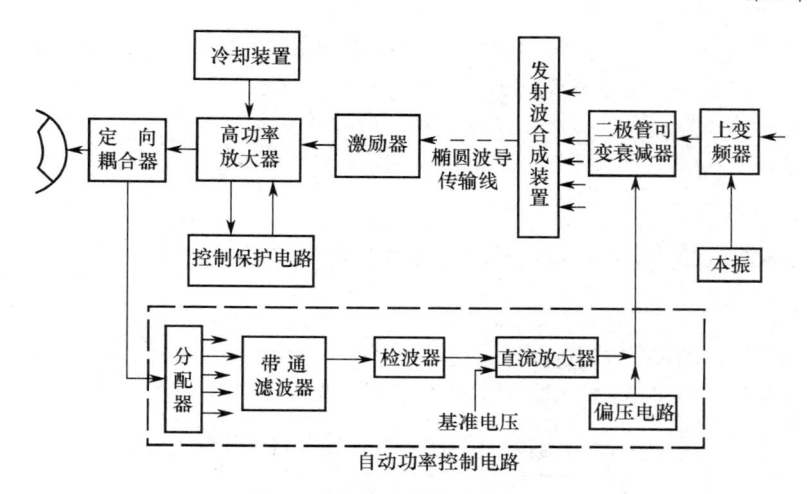

图 3.7 地球站发射系统的组成

对地球站发射系统的主要要求有如下几点。

1) 输出功率大

在标准地球站中，发射系统的发射功率一般为几百瓦到十几千瓦，这主要取决于转发器的 G/T 值及其所需要的输入功率谱密度 W_s，同时与地球站发射信道容量、天线增益有关。为了保证质量，应有 2～3dB 的裕量。

2) 频带宽

为了适应多址通信的特点和卫星转发器的技术性能，卫星通信中要求大功率发射系统有很宽的频带。例如，IS-IV 卫星通信系统规定，发射系统应能在 5.925～6.425GHz 内同时发射一个或多个载波。也就是说，该系统要求发射系统能在 500MHz 的范围内工作。

3) 增益稳定性高

为了保证通信质量，IS-IV 卫星通信系统规定，除了在气象条件恶劣时，卫星方向的有效全向辐射功率应该保持在额定值的±0.5dB 范围内。这个容差考虑了所有会引起变化的因素，如发射机射频功率电平的不稳定、天线发射增益的不稳定（由于天线抖动、风效应等）、天线波束指向误差等。为了确保大功率发射系统的放大器增益具有更高的稳定度，大多数地球站发射系统均装有自动功率控制电路。

4) 放大器线性要好

为了减小频分多址（FDMA）方式下放大多载波时的交调干扰，高功率放大器的线性要好。通常规定多载波交调分量的有效全向辐射功率在任意一个 4kHz 的频带内不超过 26dBW。

2. 高功率放大器

当要求高功率放大器多载波工作时，有两种放大方式：① 共同放大方式，即在末级功率放大器之前首先将多个载波合在一起，然后利用宽频带高功率放大器进行放大。此时，因为功率管的非线性特性会产生交调干扰，所以它不能工作在饱和点附近，而要工作在准线性区。一般来说，工作点的输出功率要比饱和点低 6～9dB。② 分别放大合成式，即首先将各个载波用窄带放大器放大，然后用混合接头将各个载波合路后送给反馈系统。这种方式避免了交调干扰（因为高功率放大器只工作于单载波状态），但其设备较复杂，且有合路时产生的损耗。

高功率放大器的功率增益为 30～50dB。当输出功率要求为十几千瓦时，需要加一个推动级。如果输出功率较小（百瓦以下），就可省去推动级。

目前，可用作高功率放大器的功率管有多腔速调管（KLY）和行波管（TWT）。KLY 的线性要比

TWT 的稍好，且装置简单、功率大、效率高、较为经济，但带宽较窄（30～50MHz）。TWT 的突出优点是频带宽（大于 500MHz），适合作为多载波、宽频带工作时的高功率放大器。因为近年来微波半导体功率管（如体效应管、雪崩管、微波场效应管等）取得了重大的进展，所以功率合成技术正引起人们的关注。

3．上变频器

因为参数变频器具有噪声小且能提供一定增益的优点，所以发射系统中通常采用这种上变频器。

4．本地振荡器

上变频器所用本地振荡器的输出频率高达数千兆赫兹。为了满足频率稳定度的要求，目前许多系统均采用锁相倍频方案。锁相倍频本地振荡器框图如图 3.8 所示。

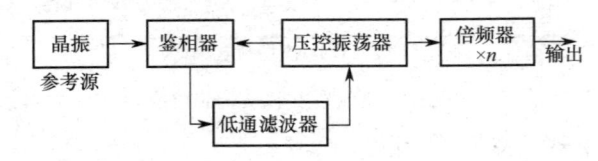

图 3.8　锁相倍频本地振荡器框图

3.5　地球站的接收系统

1．低噪声接收系统的组成和要求

地球站接收系统的作用是从噪声中接收来自卫星的信号。因为卫星转发器的发射功率一般只有几瓦到几十瓦，且卫星天线的增益小，所以卫星转发器的有效全向辐射功率较小。此外，因为卫星转发器转发而来的信号经下行链路约 40000km 的远距离传输后，要衰减约 200dB，所以信号到达地球站时变得极其微弱，一般只有 10^{-18}～10^{-17}W。一般来说，地球站接收系统的灵敏度必须很高，噪声必须很低，才能正常接收信号。低噪声接收系统的组成框图如图 3.9 所示。

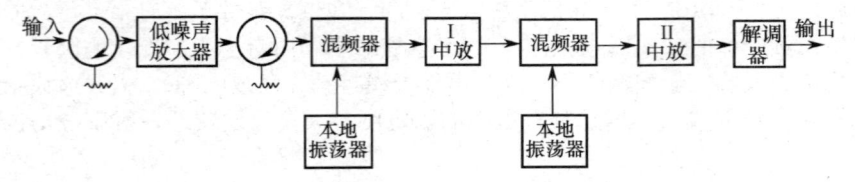

图 3.9　低噪声接收系统的组成框图

对低噪声接收系统的主要要求有如下几点。

1）噪声温度要低

为了保证地球站满足所要求的 *G/T* 值，必须采用低噪声放大器。接收机的噪声温度应控制在 20K 以下。

2）工作频带要宽

卫星通信的显著特点是能实现多址连接和大容量通信。因此，要求地球站接收系统的工作频带要宽，一般要求低噪声放大器必须有 500MHz 以上的带宽。

3）其他要求

为了保证卫星通信系统的通信质量，要求低噪声放大器增益稳定、相位稳定、带内频率特性平坦、交调干扰要小。

2. 低噪声放大器

目前可用作低噪声放大器的有低温致冷参数放大器（冷参）、常温参数放大器（常参）和微波场效应晶体管放大器（FETA）。一般情况下，国际卫星通信系统的卫星天线是宽波束的，转发器的有效全向辐射功率较小。为了获得大的通信容量，要求地球站的 G/T 值尽可能高，以降低对卫星功率的要求。实际应用中多采用高性能的低温致冷参数放大器。低温致冷参数放大器的组成如图 3.10 所示，其中参放表示参数放大器。

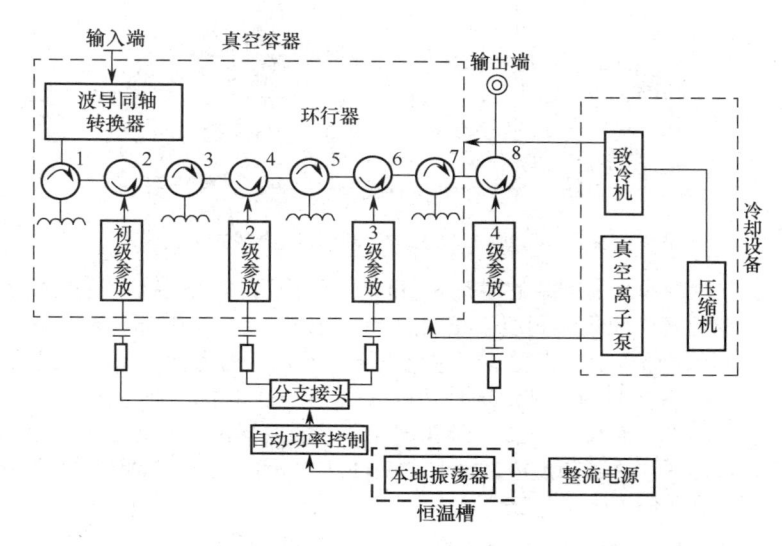

图 3.10 低温致冷参数放大器的组成

为了获得低噪声、宽频带和高增益，低温致冷参数放大器采用 2～4 级的级联形式。在图 3.10 中，有 8 个环行器，其中的 2、4、6、8 环行器直接和各级参数放大器相连，起分离输入和输出信号的作用。1、3、5、7 环行器接在各级参数放大器之间，起缓冲隔离的作用。为了使包括参数放大器和环行器在内的各级放大器热绝缘，通常将它们放在真空容器内，并由致冷机致冷。常用的小型氦致冷机可使低温致冷参数放大器冷却到 15K～20K。

参数放大器所用的本地振荡器可以使用反射速调管、雪崩管和耿氏管等振荡器。耿氏管振荡器具有体积小、工作稳定、寿命长、噪声电平低等优点，被许多地球站采用。

在某些小型地球站和国内的卫星通信系统中，因为卫星天线可以使用窄波束，星上的有效全向辐射功率较高，所以从经济性和可靠性方面考虑，可以采用常温参数放大器和高性能的 FETA。常温参数放大器的电路结构和低温致冷参数放大器的基本相同。

3. 下变频器

地球站接收系统都毫无例外地采用了超外差接收方式。在接收设备中，中频通常为 70MHz。如果采用二次变频，那么第一中频一般可以使用 1GHz、1.4GHz 或 1.7GHz，第二中频仍然使用 70MHz。

3.6 地球站的回波抑制和抵消设备

在卫星通信中，多路复用的终端设备大致与地面微波及电缆线路中的终端设备相同，这里不再赘述，但要特别提出的是回波抑制和抵消设备。

1. 回波的形成

在卫星电话信号传输系统中，用户的电话机是以二线制的连接方式与市话局等通信设备相连，进而连接到地球站的。在二线制中，收发共用一副天线，而地球站之间的收发是分两条路径（上行线、下行线）进行的，称为四线制。因为四线制收发分开，即可以同时工作，所以可以进行双工通信。

连接二线制和四线制时，交界处必须加一个混合线圈，如图 3.11 所示。

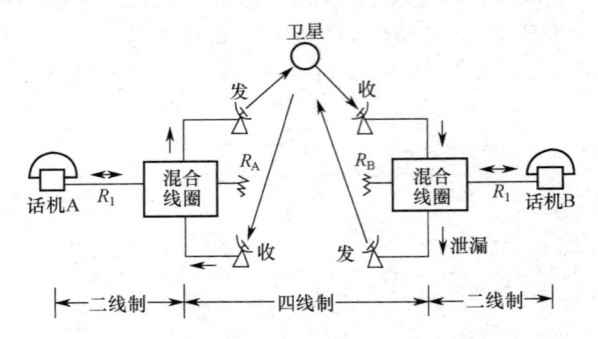

图 3.11 卫星电话线路二线制和四线制的构成

在图 3.11 中，当混合线圈平衡网络的阻抗 R_A 和 R_B 分别等于二线制线路的输入阻抗 R_1 时，如果 A 为发端，那么话机 A 的话音电流只流到混合线圈的上端而发向卫星。然后，对方端将卫星转发而来的信号从混合线圈的上端流向话机 B，收发之间完全隔离。但是，因为种种原因，线路阻抗 R_1 会发生变化，所以不能永远满足 $R_A=R_1$ 的匹配条件。这时话机 A 发出的话音电流通过卫星转发到话机 B 的同时，还会因 B 端混合线圈的不平衡而泄漏一部分到 B 端地球站的发端，接着通过卫星返回给话机 A。这就使得话机 A 自己听到自己的声音，即形成回波。图 3.11 中显示了 A 端发话时的回波路径。同样，如果 B 端发话，A 端混合线圈的不平衡也会形成回波。

虽然在国内长途电话线路上同样存在泄漏问题，但由于信号在四线制线路上的往返传输时间短，即使泄漏信号返加到发端，时间上也与通过自己的收话器听到的侧音几乎一致，所以发话用户察觉不到。然而，在卫星通信中，因为总路径长度高达 $4\times40000 = 160000$ km，所以回波延迟长达 0.5s 以上，对正常的通话影响很大。因此，设法抑制或消除回波对卫星通信的影响有着重要的意义。在卫星通信的早期常用回波抑制器，但目前出现了一种称为回波抵消器的回波控制设备。

下面介绍这两种设备的基本原理。

2．回波抑制器

回波抑制电路如图 3.12 所示。它由控制电路及两个开关 S_K 和 S_R 组成，其原理图如图 3.12(a)所示。控制电路对发端和收端信号进行检测，以控制两个开关的通断。单向通话时，回波完全被抑制；双向通话时，回波抑制达 6dB。

1）无通话

在图 3.12(b)中，控制电路检测到的发端和收端信号均小于-31dBm。在控制电路的作用下，开关 S_K 和 S_R 接通，发射支路和接收支路均不引入任何附加损耗。

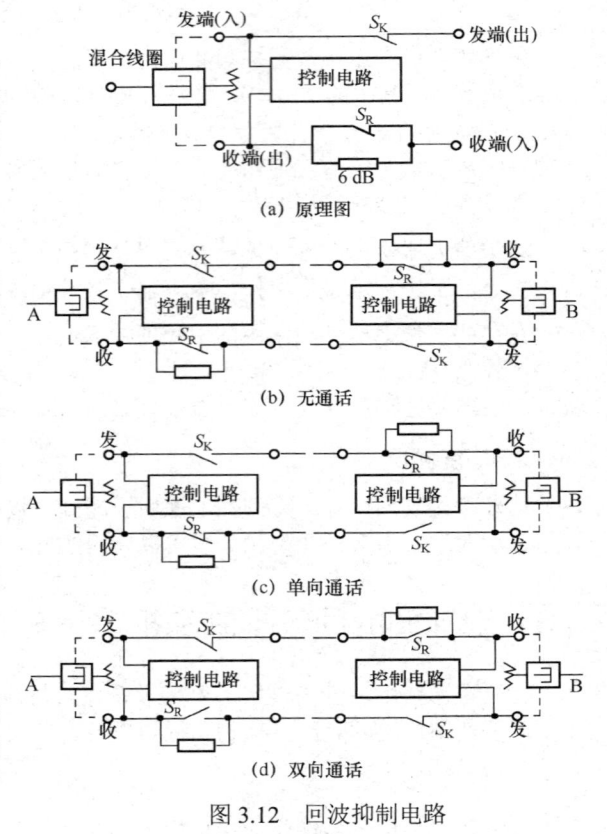

图 3.12 回波抑制电路

2）单向通话

在图 3.12(c)中，假设话音从 A 到 B，B 的收端有信号，在控制电路的作用下，S_K 断开，S_R 仍接通。B 的发射支路断开，A 收不到回声，正常的 A 到 B 通路无衰减。

3）双向通话

在图 3.12(d)中，双向通话时，发端电平高于收端电平，控制电路使 S_K 接通，S_R 断开。在每端的接收支路接入 6dB 损耗电阻时，可使回声减少 6dB。然而，这时信号也会受到相应的衰减，从而产生所谓的"削波"作用，这是回波抑制器的一个主要缺点。因此，回波抑制器现在逐渐由回波抵消器所取代。

3. 回波抵消器

回波抵消器概念图如图 3.13 所示。

回波抵消器的基本思想是，首先产生一个合成的回波复制信号，然后使用经过混合线圈回来的泄漏回波信号减去这个合成的回波复制信号。如果设计的自适应滤波器与回波通路的传递函数完全匹配，就能使回波完全抵消。为此，要求自适应滤波器的传输特性能够完全模拟回波通路的传输特性，即要求自适应滤波器与二线制线路的时变阻抗相匹配。最简单的自适应滤波器是横向滤波器，如图 3.14 所示。

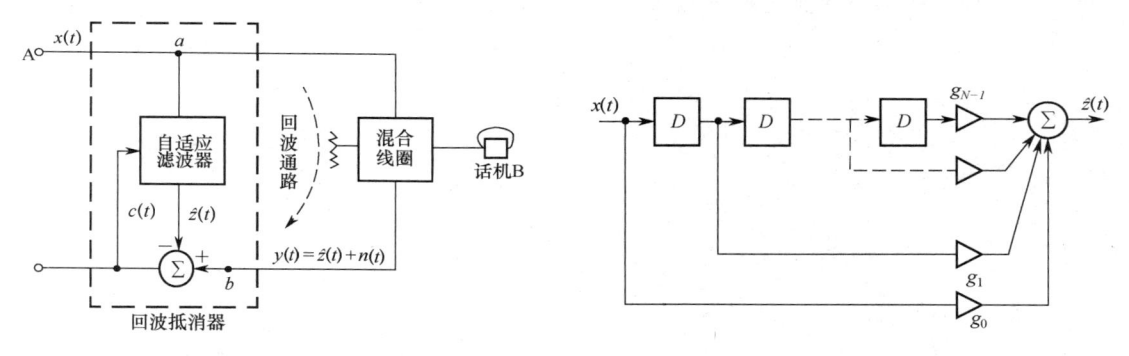

图 3.13　回波抵消器概念图　　　　图 3.14　横向滤波器

横向滤波器的输出 $\hat{z}(t)$ 为

$$\hat{z}(t) = \sum_{n=0}^{N-1} g_n X(t-nD) \tag{3.5}$$

式中，$X(t)$ 是 A 的话音信号，g_n 是加权系数，D 是延迟时间。

在图 3.13 中，A 的话音回波为 $\hat{z}(t)$，$y(t)$ 是分量 $\hat{z}(t)$ 和 $n(t)$ 之和。当 A 单独讲话时，$n(t)$ 表示低电平噪声；当双方同时讲话时，$n(t)$ 主要是 B 的话音。自适应滤波器可用 N 个可变系数 $h_0(t), h_1(t), \cdots, h_{N-1}(t)$ 来表示。N 是自适应滤波器的抽头数，N 最多可达 256 个。自适应滤波器产生的回波估值 $\hat{z}(t)$ 为

$$\hat{z}(t) = \sum_{n=0}^{N-1} h_n(t) X(t-nD) \tag{3.6}$$

式中，延迟时间 D 的典型值为 0.125ms。

为了圆满地实现回波抵消，要求回波通路的冲激响应是收敛的，即控制环路利用误差 $e(t) = y(t) - \hat{z}(t)$，使其不断地改变估值 $\hat{z}(t)$。这个系统本身最终应满足条件

$$e(t) = n(t) \tag{3.7}$$

因此，要求自适应滤波器的冲激响应和回波通路的冲激响应相等。

3.7 本章小结

本章首先介绍了地球站的分类、组成及其性能要求,其次介绍了选择地球站的原则和地球站天线的主要性能指标,同时介绍了地球站发射系统和接收系统的组成及其他各部分的功能与特点,最后介绍了地球站回波干扰的形成及其抵消回波干扰的方式,指出了回波抑制器与回波抵消器的作用和区别。

习 题

01. 何谓地球站?其作用是什么?
02. 地球站有哪些类型?它们各有哪些特点?
03. 地球站由哪些分系统组成?各分系统的功能是什么?
04. 选择地球站时一般依据哪些原则?为什么?
05. 地球站天线的重要性能指标有哪些?
06. 地球站发射系统和接收系统分别由哪些部分组成?试述各部分的功能和特点。
07. 地球站的回波干扰是怎样形成的?如何抵消回波干扰?
08. 卫星通信中为何要采用回波抑制器或回波抵消器?它们的区别是什么?

第4章 卫星通信系统

4.1 概述

在太空中建立微波通信系统并不简单，通信卫星的结构非常复杂，发射一颗通信卫星的费用也十分高昂。例如，发射一颗普通的大型 GEO 卫星的费用高达 1.25 亿美元。

通信卫星的使用寿命一般为 10~15 年，为此必须保证卫星在其工作期间能承受太空中剧烈的环境变化。要维持卫星通信系统运行，通信卫星必须为天线安装、站点保持、功率控制及环境温度控制提供一个稳定的控制平台。本章主要讨论卫星通信系统的各个子系统，并对它们进行详细介绍。

本章重点介绍 GEO 卫星。一般而言，LEO 卫星和小型 GEO 卫星在构造和性能要求上非常相近。

4.2 卫星子系统

卫星的组成分为五个主要的系统。

1. 姿态和轨道控制系统（AOCS）

姿态和轨道控制系统用来完成变轨和入轨任务，包括爬升和改变轨道倾角，以消除姿态静态误差，使卫星按预定姿态和轨道飞行。该系统由火箭发动机、喷气装置或惯性设备组成，其中火箭发动机用于有外力引起卫星漂离空间站时，将其拉回正确的轨道。喷气装置则用于控制卫星的姿态。

2. 遥测、跟踪、指挥和监测（TTC&M）系统

遥测、跟踪、指挥和监测系统一部分位于卫星上，另一部分则位于地面站中。遥测系统通过遥感链路将卫星上传感器的测量数据传输到地面站，从而对卫星状态进行监测。跟踪系统位于地面站中，主要负责提供有关卫星距离、方位角和仰角的信息。通过对这三个参数的不断测量，可以计算出轨道参数，从而确定卫星轨道的变化情况。根据遥测系统测得的卫星数据及跟踪系统测得的轨道数据，姿态和轨道控制系统对卫星的姿态和轨道进行纠正。此外，姿态和轨道控制系统还要根据业务需要及时调整天线方向和通信系统的配置，并负责卫星的开关控制工作。

3. 电源系统

所有通信卫星均是利用太阳能电池供电的，其中的大部分电能用于确保卫星通信系统的运行，特别是确保发射机的正常工作，只有小部分电能用于维持卫星上电源系统的运行。由于这些系统主要是为卫星通信系统服务的，因此一般称为辅助部分。

4. 通信系统

通信系统是通信卫星的主体部分，其他系统均用于支持该系统的工作。一般情况下，通信设备只占整颗卫星质量和体积很小的一部分，且主要由天线和收发机组成。收发机即通常所说的转发器，卫星上采用的转发器分为两种：线性转发器和基带处理转发器。线性转发器将接收的信号放大后，以一种一般低于接收频率的频率将信号再次发射出去；基带处理转发器主要用于处理数字信号，它将接收的信号转换到基带上进行处理，然后将得到的信号调制到新的载波上重新发射出去。

5. 天线系统

尽管天线系统是卫星通信系统的一部分，但是一般可以将它独立于转发器而单独地进行分析与研究。由于大型 GEO 卫星的天线系统通常十分复杂，因此必须根据卫星服务区的具体形状来准确地调整天线波束。多数天线是专用于某个特定频段的，如 C 频段或 Ku 频段。采用复合频段的卫星一般配备有四副天线或更多的天线。

本章将详细介绍上述子系统。然而，这里介绍的子系统并不全面，还有一些十分关键的子系统（如调节卫星内部温度的热控制系统）并未介绍。若读者对卫星设计方面的知识感兴趣，可查阅相关的卫星资料。

4.3 姿态和轨道控制系统（AOCS）

对卫星进行姿态和轨道控制主要是为了便于卫星天线对准地面站，以及便于用户对卫星进行定位。该系统对 GEO 卫星而言尤为重要，而 GEO 卫星的地面站通常采用定向天线。卫星在轨运行时同时会受到多种力的作用，如太阳和月球引力场的作用、地球重力场的不规则作用、太阳辐射及地球磁场的作用等，这些力的作用会改变卫星的姿态和运行轨道，而一旦卫星偏离其指定位置，则会造成很大的信号衰减。

当卫星穿过磁场时，作用在太阳能板和天线上的太阳辐射及地球磁场会在卫星的金属结构中产生旋流，使卫星具有转动的趋势。精心设计卫星结构可以在一定程度上降低该效应的影响，但由于卫星运动具有周期性，所以许多效应也具有周期性，这会引起卫星的摆动，因此卫星的姿态和轨道控制系统必须具有克服卫星摆动和转动的能力。

太阳和月球的引力场会引起 GEO 卫星轨道随时间不断变化。在 GEO 上，月球对该卫星产生的引力约是太阳引力的两倍。当月球轨道和地球赤道平面所成的夹角为 5° 时，月球对卫星的引力作用会产生一个垂直于卫星轨道平面的分量。此时，地球绕太阳的运行轨道与地球赤道平面所成的夹角为 23°。由于作用在卫星上的引力合力存在改变轨道倾角的趋势，即以 0.86°/年的变化速率将轨道向远离地球赤道的方向拉动。因此，该系统必须在轨道倾角变化过大时将卫星拉回地球赤道平面。对 LEO 卫星而言，由于距离地球较近，因此受到的地球引力较大，而受到太阳和月球的引力则较小，即太阳和月球的引力场对 LEO 卫星的作用较小。

地球并不是一个规则的球体，其在赤道上的 165°E 和 15°W 约凸起 65m，这使得卫星向位于 75°E 和 105°W 的两个静止轨道稳定点之一进行加速运动，如图 4.1 所示。

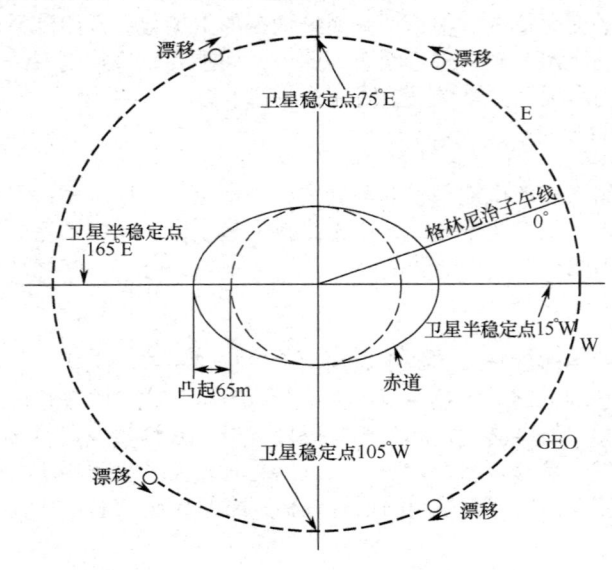

图 4.1 GEO 卫星受力分析

卫星姿态的控制通常由地面站 TTC&M 系统负责完成，如通过控制卫星上的小型火箭发动机（或喷气装置、惯性设备）工作，使卫星沿着与作用力相反的方向周期性地加速运动，以保持精确的站点。

1. 姿态控制系统

当卫星处于失重状态时，有两种保持卫星稳定的方法。一种方法是通过卫星的旋转产生一个回转力，保持旋转轴的稳定和保持旋转轴方向的稳定，转速一般为 30r/min 和 100r/min，这类卫星通常称为旋转式卫星，著名的 Hughes（Boeing）376 系列卫星即属于旋转式卫星。另一种方法是采用一个或多个动量轮来稳定卫星，这类卫星称为三轴稳定卫星，如 Hughes（Boeing）701 系列卫星。动量轮通常为一个由电机驱动的金属盘，动量轮的安装既可以在每个轴上均安装一个，也可以只安装在平衡环上，产生一个绕旋转轴的转动力。根据角动量守恒定律，提高动量轮的速度应该可以使卫星向相反的方向运动。

在发射阶段，当卫星运动到某个合适位置时，安装在圆柱体外表面上的星形燃气喷气装置启动，开始对卫星加速。同时，反旋转系统也相应地启动，使 TTC&M 系统天线可以指向地球。Intelsat 卫星的 TTC&M 系统主要工作在 6/4GHz，它通常备有一个 2GHz 的后备系统。后备系统主要在发射阶段工作。

卫星采用的火箭发动机分为两类：混合推进剂推进器和电弧喷气装置或离子推进器。GEO 卫星上携带燃料的目的为：① 点燃远地点推进发动机，将卫星送入最终运行轨道；② 用于维持卫星的正常工作。若发射过程十分精确，则将卫星送入最终运行轨道所消耗的燃料就较少；若发射的精度不高，则必须消耗额外的燃料来对卫星的位置进行调整，而这样势必会减少站点的可用燃料。目前研制的推进器一般利用高压对离子加速，离子具有极高的速度后，便可以产生推力来推动卫星运动。离子推进器体积小巧，通常由卫星上的太阳能电池驱动，无须消耗额外的燃料。此外，离子推进器还可将 GEO 卫星从转移轨道慢速提升到 GEO。相比普通火箭发动机（只需要几小时完成推进），离子推进器的工作持续时间较长，通常可达数月。

电弧喷气装置或离子推进器主要用于 N-S 站点的保持操作。N-S 站点保持是站点保持中最耗能的操作，Hughes（Boeing）600 系列卫星采用的就是此类推进器。虽然此类推进器的推力较小，不能快速地移动卫星，但其产生的连续推力正好可以满足 N-S 站点和 E-W 站点保持的要求。三轴稳定卫星的每个轴上都安装有一对燃气喷气装置，可在俯仰、翻滚和偏航各个方向上旋转。当需要向卫星提供 X, Y, Z 方向上的速度分量时，只需要开启相应轴上的单个喷气装置即可。卫星到达指定位置后，需要启动反向喷气装置使卫星的运动速度逐渐减小为零，其工作时间和正向喷气装置的工作时间相同。若卫星的移动速度较小，则其消耗的燃料就较少，但运动的时间会长一些。

以卫星为原点建立的笛卡儿坐标系(X_R, Y_R, Z_R)如图 4.2 所示，其中图 4.2(a)为卫星受力分析图，图 4.2(b)为卫星两个坐标系的关系示意图。

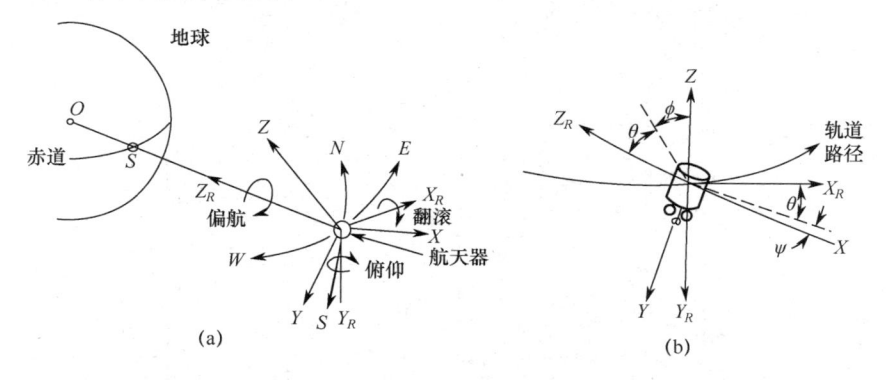

图 4.2 以卫星为原点建立的笛卡儿坐标系(X_R, Y_R, Z_R)

Z_R 轴指向地心，位于卫星轨道平面内过卫星投影点的垂线上；X_R 轴与卫星轨道平面相切，位于卫星轨道平面内；Y_R 轴与卫星轨道平面垂直。对位于北半球的卫星而言，X_R 轴和 Y_R 轴方向就是东方和南方。

通常，关于 X_R 轴，Y_R 轴和 Z_R 轴的旋转分别定义为关于 X_R 轴翻滚、关于 Y_R 轴俯仰和关于 Z_R 轴偏航。只有当卫星相对于各轴均保持稳定时，天线波束才可能保持精确的指向。X_R 轴，Y_R 轴和 Z_R 轴的定义是以卫星的位置为参考的，利用图 4.2(b)所示的笛卡儿坐标系(X, Y, Z)可以定义卫星的位置。当 X 轴，Y 轴和 Z 轴沿固定参考轴 X_R 轴，Y_R 轴和 Z_R 轴移动时，卫星姿态的变化会引起图 4.2(b)中的角 θ，角 ϕ，角 ψ 发生变化。通常，Z 轴指向地面上某个参考点时，一般称该参考点为 Z 轴截获点。Z 轴截获点用来定义卫星天线的指向，通过姿态控制系统改变卫星的姿态，可以移动 Z 轴截获点的位置，从而重新确定卫星天线的指向。

对于旋转式卫星，通常将其旋转轴选定为 Y 轴。Y 轴和 Y_R 轴十分接近，并与轨道平面垂直。需要说明的是，只有采用反旋转天线的系统才需要进行俯仰纠正。俯仰纠正可以通过改变反旋转发动机的速度来实现。旋转式卫星的翻滚和偏航一般是通过控制安装在卫星主体上的喷气装置的启动时间来实现的。

三轴稳定卫星姿态控制操作要求惯性轮具有一个速度变化量。假设卫星的某个轴受到了一个大小不变的扭动力的作用，若要求卫星能够保持正确的姿态，则需要给动量轮一个连续的增量或减量。当动量轮的速度达到临界值时，需要进行卸载操作，即启动一对燃气喷气装置，同时对动量轮加速或减速。卫星一般采用封闭环路控制方式保持正确的姿态。若系统采用大型窄带波束天线，则必须将卫星的稳定范围控制在各轴的±0.1°范围内。地面的外沿、太阳和其他的一颗或多颗恒星均可作为姿态控制系统的基准。

利用安装在卫星旋转部分上的红外线传感器控制天线的指向，其原理如图 4.3 所示。

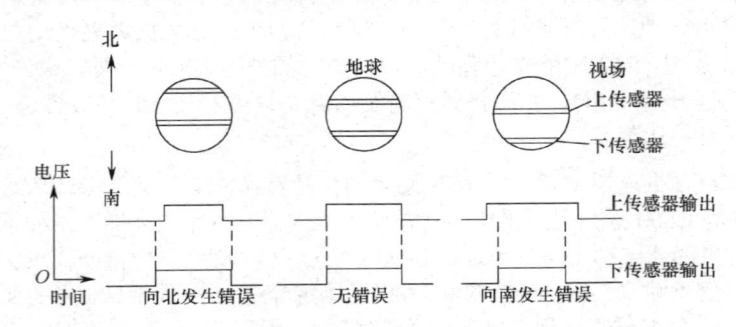

图 4.3 利用安装在卫星旋转部分上的红外线传感器控制天线的指向

基于图 4.3 所示的旋转式卫星上的典型机载控制系统如图 4.4 所示。

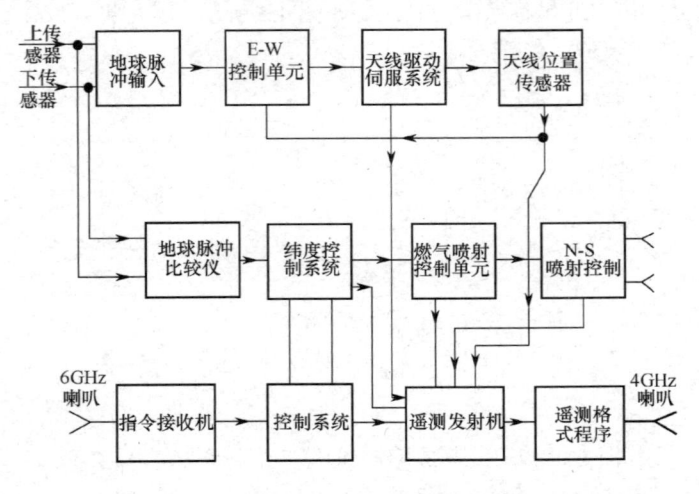

图 4.4 旋转式卫星上的典型机载控制系统

与此相比，三轴稳定卫星的控制系统更复杂，其传感器数据的处理及喷气装置和动量轮的控制工作均利用计算机完成。

2．轨道控制系统

GEO 卫星会受到太阳和月球的引力及由于地球赤道为非圆形所产生的作用力，前者会改变轨道平面的倾角，后者则会引起投影点的漂移。此外，还有其他多种因素会引起轨道变化。为了准确预估卫星在一周或两周内的位置，计算程序需要的输入参数多达 20 个。这里仅讨论两个主要因素的影响，卫星轨道为倾斜轨道的情况如图 4.5 所示。

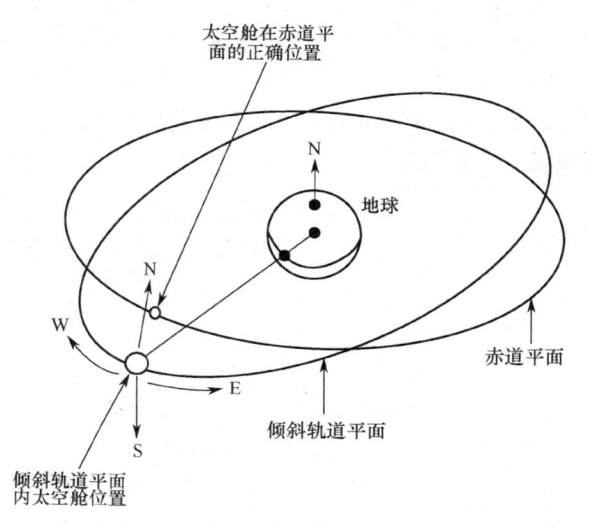

图 4.5　卫星轨道为倾斜轨道的情况

这个倾斜轨道平面与 GEO 平面非常接近。前面分析了 GEO 应该位于赤道平面内，其形状为圆形且具有正确的高度。卫星上的各种力的作用会使卫星逐渐离开正确的轨道，因此必须依靠轨道控制系统将卫星拉回正确的轨道。在这个过程中，为了实现线性加速，控制系统不能采用动量轮，而应该采用可将速度增量分解到三个参考轴方向的燃气喷气装置。

若卫星的轨道不是圆形，则其速度增量必须随着轨道的变化而变化，即沿图 4.2(b)中的 X 轴变化。在这一点上，旋转式卫星与三轴稳定卫星采用的方式各有不同。当旋转式卫星上的喷气装置位于 X 轴上时，喷气装置立即启动；三轴稳定卫星通常采用两对方向相反的 X 轴喷气装置，然后利用其中一对在预定时间内产生所需要的速度增量。一般而言，GEO 卫星的轨道在大部分时间内的形状均为圆形，并不需要经常利用速度纠正来保持形状。从轨道高度控制方面而言，高度纠正一般是利用 Z 轴燃气喷气装置完成的。

卫星轨道从 GEO 开始变化、轨道倾角以 0.85°/年的变化速率递增，而对位于赤道平面内的卫星而言，最初的倾角变化速率为 0.75°～0.94°/年。大多数 GEO 卫星在所在位置经度±0.05°的空间范围内变化，且每隔 2～4 周便要进行一次倾角纠正，这种倾角纠正通常称为 N-S 站点保持。通常习惯将 E-W 和 N-S 站点保持视为两种独立的操作，以 2 周为间隔单位，先后进行 E-W 站点保持和 N-S 站点保持。这种定期的纠正操作在卫星工作期间需要不断地进行。若卫星 N-S 站点保持采用的是电弧喷气装置或离子推进器，则其推力不及传统的液体燃料发动机，但整个纠正操作是持续进行的。

E-W 站点保持是保持相邻 GEO 卫星之间空间间隔必不可少的操作，其消耗的燃料很少。由于 GEO 卫星之间的间隔只有 2°或 3°，数量级为零点几度的 E-W 漂移是绝对不允许发生的，因此大多数 GEO 卫星均必须位于其位置经度±0.05°的范围内。

低高度地球轨道（LEO）卫星和中高度地球轨道（MEO）卫星也需要采用 AOCS 保持正确的姿态

和轨道。由于卫星在 LEO 上受到的地球引力较大，因此其姿态控制操作常采用一种由刚性材料制成的重力梯度杆进行。重力梯度杆是一根指向地心的长杆，它主要利用杆两端重力场的势差来减小卫星关于 Z 轴的漂移。

4.4 遥测、跟踪、指挥和监测系统

遥测、跟踪、指挥和监测（TTC&M）系统对通信卫星而言至关重要。该系统是卫星管理的一部分，它通常由具备专门职能的地面站及其工作人员组成。卫星管理的主要任务有：控制卫星的姿态和轨道、监测卫星上的传感器和子系统的工作情况、控制通信系统各部分的开关。TTC&M 系统的地面站可为卫星所有者所有，也可为第三方所有，并根据合约提供 TTC&M 业务。

利用 TTC&M 系统可以对大型 GEO 卫星上的独立天线进行一些再定向操作。跟踪操作主要由地面站负责。典型的 TTC&M 系统如图 4.6 所示。

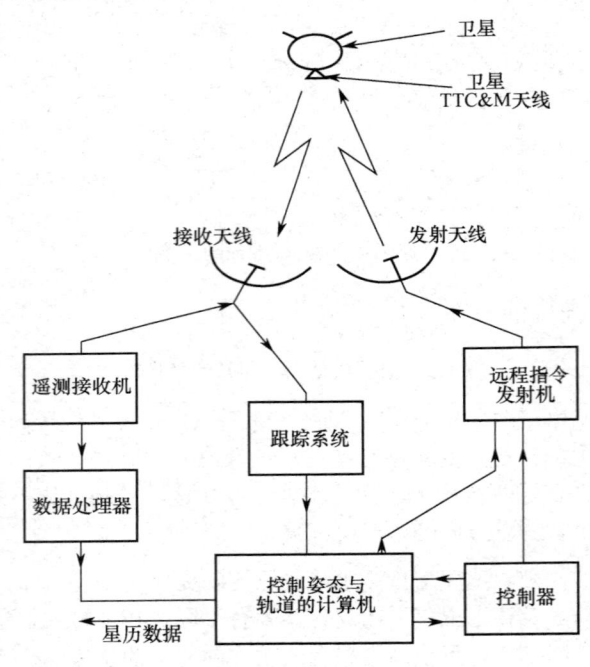

图 4.6 典型的 TTC&M 系统

1. 遥测和监测系统

监测系统主要负责卫星上传感器数据的收集和传输工作。卫星上安装的传感器可达数百个，主要负责监测燃料箱的压力、功率调节单元的电压和电流、各子系统的电流，以及通信器件的临界电压和电流情况。由于许多系统对温度的变化很敏感，对温度的变化范围也有一定的限制，为此卫星上还安装了许多温度传感器。传感器的数据、各子系统的状态及通信系统中各个开关的位置信息均由遥测系统负责传输到地面站。此外，可以利用遥测系统，通过控制卫星姿态的观测仪进行监测处理。若观测仪出现故障，则可能导致卫星指向发生错误。若确实发生了此类故障，则需要利用指挥系统断开默认单元并接入备用单元，或者采用其他的姿态控制方式。

2. 跟踪系统

确定卫星当前轨道的方法有多种，通过综合卫星速度和卫星上传感器的数据，可以计算出卫星相对上一位置的变化情况。地面站根据观测到的遥测载波或反馈发射载波的多普勒频移，即可确定卫星轨道的变化范围。然后，利用地面站天线测得的精确角度值，便可确定卫星轨道的各个参数值。通过

测量收发信号或信号序列的延迟，可以实时地确定参数的变化范围。此外，还可以利用多个地面站进行卫星轨道变化范围的测量。只要负责观测卫星的地面站足够多，根据这些地面站测量的瞬时值便可确定卫星的各个角度值，进而确定卫星的位置。若地面站设备的精度较高，则卫星的位置误差可控制在 10m 以内。

3. 指挥系统

安全有效的指挥系统对任何通信卫星的发射和运行均是至关重要的。指挥系统主要负责调整卫星姿态、纠正卫星运行轨道和控制卫星通信系统。在卫星发射阶段，指挥系统的任务是控制旋转式卫星远地点发动机的启动、旋转天线的起旋，或者控制三轴稳定卫星的太阳能板和天线的展开。

指挥系统必须具备防止非法改变卫星运行状态的企图，以及降低因接受错误指令而造成误操作的可能性。因此，目前一般采用对指令和回答进行加密的方法来提高指挥系统的安全性能。在图 4.6 所示的典型的 TTC&M 系统中，指令是由控制终端中的计算机产生的。其产生的控制码首先被转换成命令字，然后该命令字被插入 TDM 帧中，并发射给卫星。卫星接收到 TDM 帧后，首先验证指令的合法性，然后通过遥测系统将命令字发射回控制站，由控制站中的计算机对收发的命令字进行比较。若接收正确，控制站就向卫星发射一条"执行"指令，卫星接收到指令后便开始执行相应的命令。虽然这个过程的持续时间长达 5s 或 10s，但可大大降低错误指令造成卫星故障的可能性。

通常，指挥和遥测系统与通信系统是分开的，尽管两者可以采用相同的工作频段。Intelsat 卫星采用两级指挥系统：主系统的工作频段为 6GHz，其链路频率在两个相邻通信信道的频率之间；遥测主系统的工作频段为 4GHz，其链路间隔与主系统相似。6/4GHz 卫星通信系统的 TTC&M 系统天线采用地面覆盖的喇叭天线设计。只有当卫星姿态保持正确时，主系统才能正常工作。

在卫星发射及进入轨道阶段，由于卫星还不具备正确的姿态，或者其太阳能板还未展开，因此 TTC&M 系统还不能工作。卫星上一般会设置许多冗余设备或冗余量。例如，近全向天线既可工作在 UHF（超高频）频段，又可工作在 S 频段（2～4GHz）。卫星接收端的信噪比（S/N）留有较大的冗余量，以保证在最恶劣的条件下仍能对卫星进行控制。后备系统不仅负责控制远地点推进发动机、姿态控制系统、轨道控制推进器，还负责太阳能板的使用管理及功率调节单元的调控。在后备系统的控制下，卫星进入 GEO，逐步对准地球，并切换到全功率工作状态，从而实现后备系统到 TTC&M 系统的切换。此外，当 TTC&M 系统出现故障时，后备系统可用来保持卫星位置。当卫星的使用寿命达到终点时，后备系统将负责执行卫星的轨道脱离操作，并关闭所有发动机。

4.5 电源系统

所有卫星的电能均是由其配备的太阳能电池提供的，太阳能电池可将入射的光能转换为电能。有些用于探索宇宙行星的卫星是利用热核发生器提供电能的，但考虑该类卫星发射失败可能给人类生活带来巨大的危害，因此通信卫星一般不采用热核发生器。

太阳是一个巨大的能源，在完全真空的外太空中，太阳辐射到 GEO 上的卫星功率谱密度为 $1.39kW/m^2$。太阳能电池并不将所有的入射能量均转换为电能，在使用初期，其转换效率仅为 20%～25%。随着使用年数的增长，太阳能电池会渐渐老化，且其表面也会由于微波的作用而被慢慢腐蚀，这些都会导致能量转换效率逐渐下降。由于卫星在使用寿命完结时还需要足够的功率来支持系统运行，因此通常会多设置 15%面积的太阳能电池作为备用电池。

旋转式卫星的太阳能电池位于柱体表面，因此总是只有一半的电池处于有光照的状态。由于该部分太阳光的入射角较小，因此产生的电能十分有限。然而，与面积等于圆柱投影面面积的平板太阳能电池相比，这种电池的输出功率仍然要略高一些。柱体上无光照的电池正对着冰冷的太空，因此温度较低。通常，旋转式卫星的太阳能电池的温度比太阳能板上的温度要低一些，这在一定程度上提高了电池的转换效率。由于早期卫星的体积较小，因此太阳能电池的面积也较小。近年来用于直接广播的大型通信卫星的太阳能电池功率可达 6kW。

三轴稳定卫星的太阳能电池安装在平板上，所以通过旋转这些平板可以保证太阳光总是直接入射到电池上的。与旋转式卫星相比，这种安装方式使得电池的面积利用率更高。通常，只需要利用电池总面积的 1/3，三轴稳定卫星便能提供与旋转式卫星相同的电能，因此可以相应地减少一些质量。更重要的是，当卫星抵达 GEO 并完全展开太阳能板时，可以产生 10kW 的额外功率。相比之下，若要使旋转式卫星产生 10kW 的功率，其尺寸可能会超过运载火箭所能承载的最大体积限制。

为了保证太阳能电池的入射光始终处于全照射状态，卫星上安装了电机对电池进行旋转，每 24h 旋转一周。由于长期的太阳直射会使电池的温度升高（升高百分比一般为 50%~80%），这会使得输出电压降低（旋转式卫星因为总有一半电池处于阴影区域，因此温度一般为 20℃~30℃，转换效率较高）。此外，由于温度升高会使质子和电子对太阳能板的撞击更激烈，因此需要采用更厚的玻璃层来减缓电池的损坏速度，这增加了卫星的质量。每块太阳能板均安装有一个旋转接头，以便将太阳能板上的电流传输到卫星上。

在卫星发射期间和星蚀期间，必须利用其携带的蓄电池供电。蓄电池、功率调节单元和太阳能电池上的传感器通过遥测下行链路对温度、电流和电压进行监测，并将测量数据传输给卫星控制系统和地面站。蓄电池的电压一般为 20~50V，容量为 20~100Ah。

4.6 通信系统

1. 通信系统概述

在 GEO 上，通信卫星为语音、视频和数据通信提供了一个中继平台。卫星上其他子系统均是为通信系统服务的，它们的体积、质量和成本均只占整颗卫星的一小部分。设计卫星时的主要目标是尽可能地提高卫星的信道容量。

要使系统具有较好的工作性能，信号功率至少要比接收机内部噪声功率大 5~25dB，具体数值要视传输信号的带宽及信号调制的方式而定。若采用低功率发射机，则接收端需要采用窄带接收机，以维持所要求的信噪比。

早期通信卫星转发器的带宽为 250MHz 或 500MHz，天线增益较低，发射机的输出功率也只有 1~2W。当使用全带宽传输时，地面站接收机无法达到足够高的信噪比，因此当时的系统是功率受限的系统。以工作在 6/4GHz 频段、带宽为 500MHz 的卫星为例，要提高其信道容量，只能依靠增加带宽或频率复用的方法。目前，大容量卫星均向着频率复用的方向发展，即采用同频有向波束（空间频率复用）和同频极化波（极化频率复用）。也有一些大型 GEO 卫星同时采用 6/4GHz 和 14/11GHz 两个频段，因此增加了系统带宽，例如有些 GEO 卫星在 6/4GHz 频段的带宽为 500MHz，在 14/11GHz 频段的带宽为 250MHz，综合采用空间频率复用和极化频率复用后，总有效带宽可达 2250MHz。此外，最近几代 Intelsat 卫星的复用技术已达到七重频率复用。

卫星通信系统的频段和带宽并不是由设计者随意选择的，Intelsat 协议对用于各种业务的频段做了严格的规定，且各国均设有专门的部门或组织对使用条例进行管理。目前，大多数业务的频段均是 6/4GHz 和 14/11GHz，且逐渐采用 30/20GHz。1979 年，人们将 6/4GHz 频段向左右各扩展了 500MHz（总共扩展了 1000MHz），以便用于开展其他业务，但这可能会对卫星通信系统造成干扰。14/11GHz 频段的带宽和 6/4GHz 频段的带宽差不多。卫星采用不同的发射频率和接收频率（一般发射频率较高）是为了避免高功率的发射信号淹没低功率的接收信号。

最初为 6/4GHz 和 14/11GHz 卫星通信分配的 500MHz 带宽目前已十分拥挤，且在有些地区已被占满。将频段扩展了 1000MHz 后，出现了许多新的可用频率，这无疑会提供更大的容量。目前，许多采用 14/11GHz 的系统和采用 30/20GHz 的系统均开始利用 GEO 引入类互联网业务。GEO 卫星的最初标准间隔为 3°，但北美地区和世界上大多数地区均将间隔缩小为 2°，以便在 6/4GHz 和 14/11GHz 为新卫星提供更多的可用频率。

与 C 频段（6/4GHz）卫星相比，Ku 频段（14/11GHz）和 Ka 频段（30/20GHz）卫星通信系统的天线波束较窄，覆盖形状控制得较好。6/4GHz 和 14/11GHz 频段上的可用频率已基本用完，目前的卫星主要集中在 30/20GHz 频段上。本来在 Ka 频段上分配给卫星业务的带宽为 3GHz，但由于部分频段已分配给陆地多点分布业务（LMDS），因此 Ka 频段上用于卫星业务的实际带宽只有约 2GHz，它是 C 频段和 Ku 频段可用带宽的总和。然而，由于在频率高于 10GHz 后，降雨会对信号传播造成很大的影响，例如降雨衰减（单位为分贝）差不多随工作频率的平方增加，因此 20GHz 时的降雨衰减是 10GHz 时的 4 倍。几乎没有哪种系统能够提供 20dB 以上的降雨衰减裕量，当地面站采用小型天线时，多数 Ka 频段系统所能提供的裕量只有 4dB 或 5dB。

2．转发器

卫星采用区域波束天线和点波束天线共同接收地面站发射的信号（载波）。区域波束天线可以接收来自覆盖区内任何发射机的信号，而点波束天线的覆盖区则有一定的限制。接收信号经两路噪声放大器放大后，在输出端重新合并，从而提供一定的冗余。这样，当一路放大器出现故障时，另一路仍然可以保证正常运行。由于同一天线接收的所有载波均需要通过同一个低噪声放大器，因此，一旦放大器出现故障，就会对系统造成致命的影响。所以，为低噪声放大器设置一定的冗余是完全有必要的，这样可以尽可能地避免个别器件故障造成的卫星通信损失。卫星的转发器排列与频率设置（转发频率为 2225MHz）如图 4.7 所示。其中，信道中心频率下的数字表示转发器的标号。

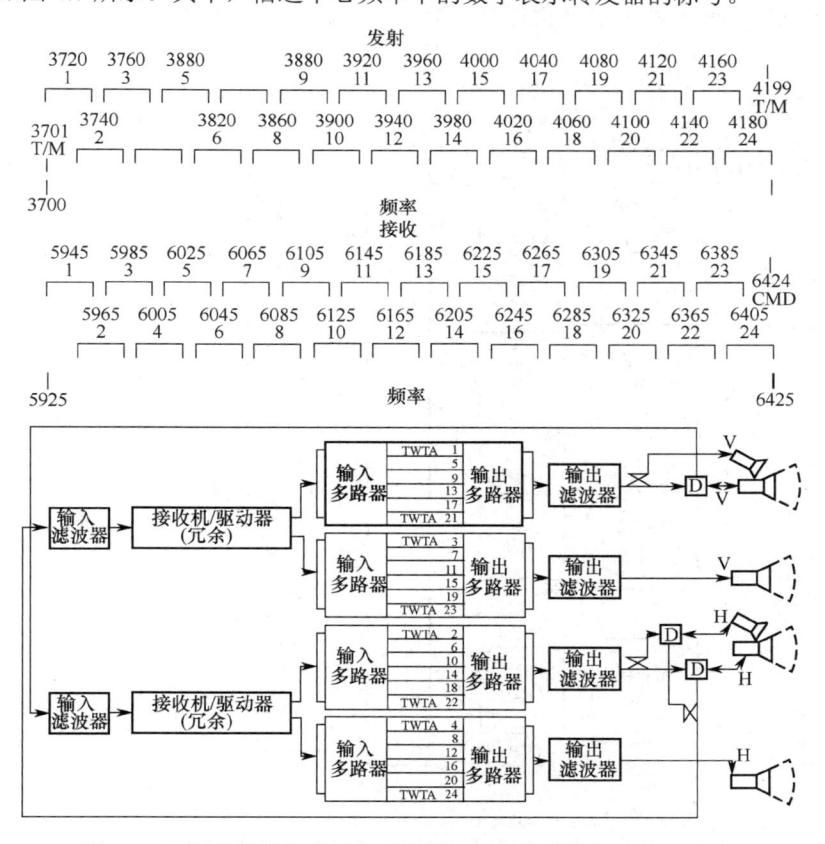

图 4.7 卫星的转发器排列与频率设置（转发频率为 2225MHz）

500MHz 被划分为若干带宽为 36MHz 的信道，每个转发器占用一条信道。转发器通常由一个带通滤波器、一个下变频器和一个输出放大器组成。带通滤波器用于特定信道带宽内的信号选择，下变频器负责将输入端的 6GHz 信号转换为 4GHz 信号。一个卫星通信系统可以配多个转发器，其中一些转发器甚至是空闲的。大容量卫星非空闲转发器的数量一般为 12~44 个。转发器的输入信号来自一个或多个天线的接收信号，输出信号则送入开关矩阵。开关矩阵是将不同频段的转发器与相应天线或天线波束对应起来的矩阵。在大型卫星中，一个转发器可以与 4 个或 5 个波束连接。开关矩阵的开关设置由地面站控制，以便可以根据业务区域的变化及时调整下行链路波束间的转发器分配情况。

诸如 Intelsat I 和 Intelsat II 的早期卫星一般只采用一个或两个 250MHz 带宽的转发器。然而，由于转发器输出端行波管的非线性，因此系统的性能并不令人满意。后来设计的 GEO 卫星一般采用 44 个转发器，带宽为 36MHz、54MHz 或 72MHz 不等。当高功率放大器的工作点接近饱和区时，容易发生交调干扰。采用窄带转发器主要是为了避免利用非线性发射机发射数个载波时出现交调干扰。既然希望利用一颗卫星实现向多个地面站传输信号，那么最直接的办法就是为每个地面站分配一个专门的转发器。以 Intelsat 系统为例，每颗卫星所需要的转发器可达 100 个。通常，多数转发器的带宽为 36MHz，仅有部分卫星采用带宽为 54MHz 或 72MHz 的转发器。

许多工作在 6/4GHz 频段的民用卫星配备了 24 个非空闲转发器。各转发器中心频率间隔为 40MHz，以便保留一定的保护频段（带宽为 36MHz）。当可用带宽为 500MHz 时，一颗单极化卫星可容纳 12 个转发器。当采用正交极化频率复用方式时，这个 500MHz 带宽内可容纳的转发器可达 24 个。目前，传统的线性转发器卫星在 C 频段可采用六重频率复用或七重频率复用。这种频率复用是通过子波束间的微波交换互联完成的。类互联网卫星需要许多波束互联——多数情况下需要 50 个以上。要达到这种波束互联，唯一的方法是进行星上处理。Intelsat V 卫星通信系统的简化方框图如图 4.8 所示。

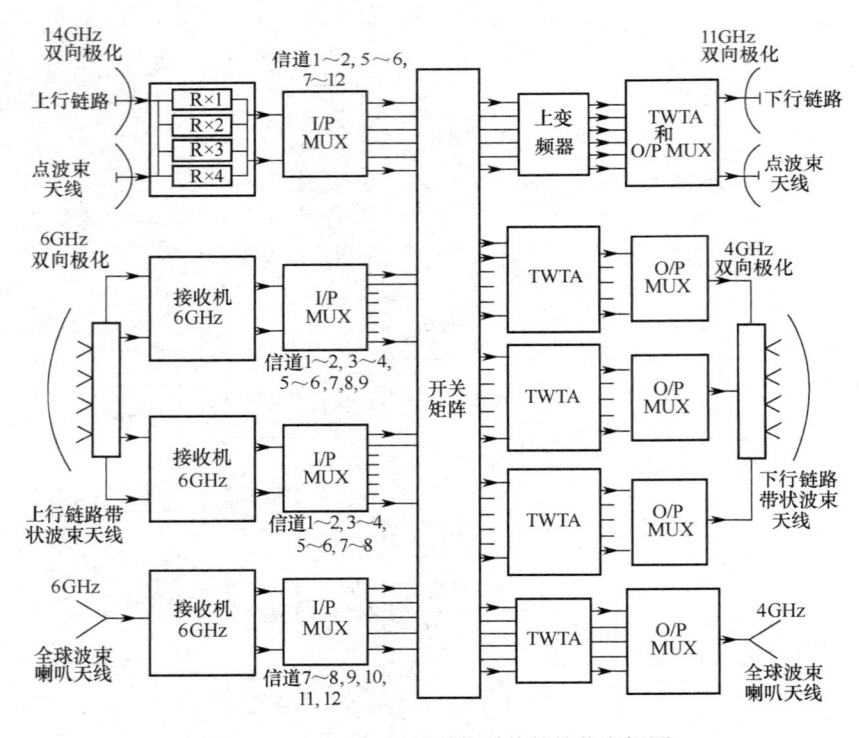

图 4.8 Intelsat V 卫星通信系统的简化方框图

注意，图 4.8 中开关矩阵允许上行链路和下行链路发射机之间的多种可能互联。

当转发器内有多路信号时，功率放大器的输出功率必须低于最大输出功率，以保持放大器的线性特性，进而减少交调干扰。发射机的输出功率与其峰值之差称为输出补偿。在频分多址（FDMA）系统中，一般将输出补偿限定为 2~7dB，具体大小要根据接入转发器路数的多少及高功率放大器（HPA）特性的线性程度而定。理论上讲，采用时分多址（TDMA）方式应该可以使转发器只有一路输入，从而提高输出功率。但是，多数 TDMA 系统均综合采用 FDMA-TDMA 方式，即多频率 TDMA（MF-TDMA）方式。显然，HPA 的线性特性仍然是 MF-TDMA 系统必须考虑的问题。6/4GHz 单变频线性转发器的简化图如图 4.9 所示。其中，LNA 表示低噪声放大器，BPF 表示带通滤波器。

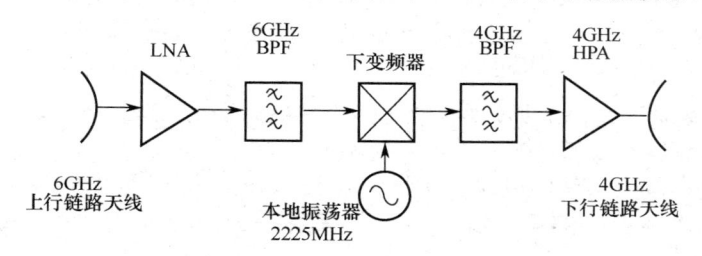

图 4.9 6/4GHz 单变频线性转发器的简化图

若不要求产生极高的输出功率（>50W），则输出功率放大器一般采用固态功率放大器（SSPA），否则采用行波管放大器（TWTA）。本地振荡器的频率为 2225MHz，用于将 6GHz 上行链路频率转换为 4GHz 下行链路频率。下变频器后面的带通滤波器（BPF）主要用于滤除频率转换操作中产生的无用频率。利用上行链路指挥系统设置转发器的增益，可以对衰减器进行控制。通过配置一个额外的 TWTA 或 SSPA，可为高功率放大器（HPA）提供一定的冗余，从而在主功率放大器出现故障时，可将备用功率放大器接入电路，保证系统的正常工作。HPA 的使用寿命有限，是多数转发器中可靠性最低的器件。增设一个 HPA 可使卫星在使用寿命完结时，提高转发器仍然保持正常工作的可能性。为了避免个别转发器故障导致整个系统失灵，一般会设置一些空闲转发器，这种方式通常称为 M/N 冗余。例如，通常采用的冗余量有 16/10 和 14/10，即将 16 个（或 14 个）输出放大器连接成环状，保证任意 10 路信号均能够通过，进而保障系统的正常运行，其中的 6 个（或 4 个）输出放大器作为备用放大器提供冗余。多数 HPA 的带宽远大于分配带宽，所以具体输入的是哪路信号并不会造成什么影响。Ku 频段仍采用圆环冗余，即一个活动单元配置一个空闲单元。14/11GHz 双变频转发器（弯管）的简化图如图 4.10 所示。

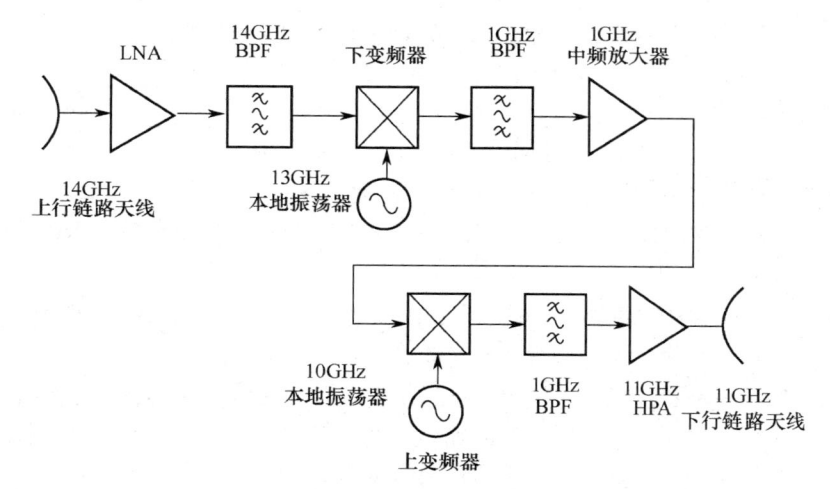

图 4.10 14/11GHz 双变频转发器（弯管）的简化图

由于在中频（如 1100MHz）制作滤波器、放大器和均衡器较在高频（如 14GHz 或 11GHz）容易得多。因此，一般选择在中频对信号进行处理，即首先将 14GHz 的输入信号下变频为 1GHz 的信号，然后经过中频放大器放大后，再将信号上变频为 11GHz，最后送入 HPA 放大输出。

通常，对转发器中滤波器的性能要求是十分严格的，它们必须能够良好地滤除无用频率的信号，且在频带内的幅度和相位变化必须足够小。通常，滤波器后面会接一个均衡器，主要用于平滑频带内的幅度和相位变化。相位变化会引起群延迟，而群延迟可能会对宽带频率调制信号和高速移相键控数据的传输造成不利影响。

将星上处理和交换波束技术结合起来便可使卫星的通信容量显著提高。交换波束卫星为每个与之通信的地面站均分配一个窄带传输波束，然后按照信号时分多址的顺序与各地面站逐一进行通信。窄带传输波束只覆盖一个地面站，因此与地区覆盖天线相比，这种卫星发射天线具有很高的增益。此外，还可采用窄带扫描波束与固定波束相结合的方式。

若卫星未采用地区覆盖天线，则其每次只能与一个地面站通信，为此必须加入数据存储工作。交换波束系统采用的高增益天线可以提高卫星发射机的有效全向辐射功率，从而提高下行链路的容量。GEO 卫星上的交换波束系统的最佳工作频段为 Ka 频段，该频段电磁波的波长足以使天线产生波束宽度小于 0.4° 的波束。GEO 和 LEO 卫星一般采用基带处理器和多波束天线向移动终端提供服务。

在上行链路和下行链路中采用不同的调制方式，且在卫星上设置基带处理器，可以保证上行链路的带宽。采用诸如 16-QAM 的高级调制方式可以提高频带利用率。

星上处理可用于加速上行链路接入技术（如 MF-TDMA）与下行链路接入技术（如 TDM）的转换，从而使各地面站可以通过卫星相互连接。基带处理器可以提供交换波束系统所需要的数据存储，也可对上行链路和下行链路分别进行纠错处理。采用星上处理的卫星的典型通信系统框图如图 4.11 所示。

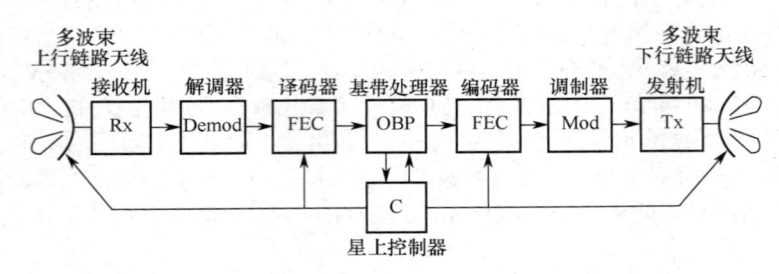

图 4.11 采用星上处理的卫星的典型通信系统框图

4.7 天线系统

1. 基本的天线类型及关系式

卫星上采用的天线主要有四种类型：① 线型天线：单极型和双极型；② 喇叭天线；③ 反射天线；④ 阵列天线。

线型天线主要工作在 VHF（甚高频）频段和 UHF（超高频）频段，用于向 TTC&M 系统提供通信。为了提供全向覆盖，线型天线在卫星上的安装位置十分讲究。

天线图案是天线被发射机激励时，天线在远场中的场强分布图，常以低于最大场强的分贝值来衡量。天线增益是指天线向某个方向辐射能量的能力，其详细定义可参见有关天线的书，本章仅讨论基于以上的定义。天线理论中的互易原理是指在任何给定的频率下，天线发射和接收时的图案与增益相同。天线用于接收时测得的天线图案和用于发射时测得的天线图案基本相同。典型的卫星天线图案和覆盖区如图 4.12 所示。

天线图案一般用 3dB 带宽表示，3dB 带宽是指信号功率下降到最大值一半时的频率范围。但是，通常希望利用卫星天线表示地面上的覆盖区，因此更常用天线增益等高线。大西洋上空 Intelsat 卫星的覆盖图案如图 4.13 所示。

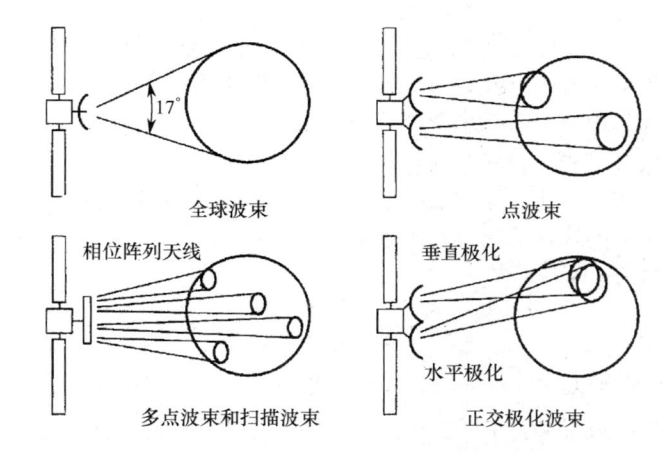

图 4.12 典型的卫星天线图案和覆盖区

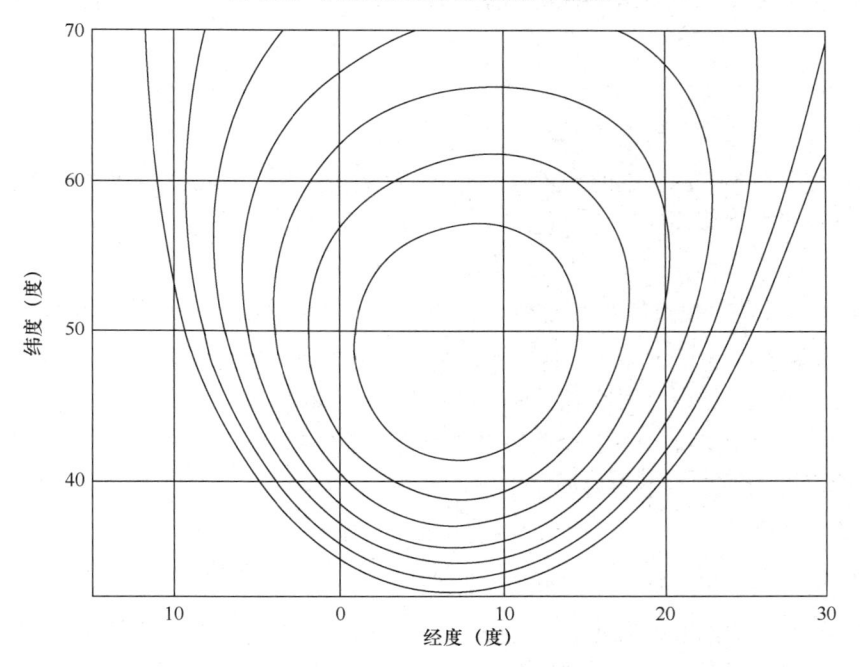

图 4.13 大西洋上空 Intelsat 卫星的覆盖图案

计算地面站接收到的信号功率，需要知道地面站在卫星发射天线等高线中的位置，进而计算出精确的有效全向辐射功率值。若图案未知，但已知天线视轴或波束轴方向及其波束宽度时，仍然可以估计天线在某个方向上的增益。全球波束通常采用波导喇叭天线，多点波束和扫描波束则采用相位阵列天线或带相控反馈的反射天线。

喇叭天线在微波频段要求在较宽波束的情况下使用。喇叭天线是波导的扩口端，其孔径只有几个波长宽，与波导阻抗和自由空间相匹配。此外，喇叭天线也可作为反射天线的反馈部分。喇叭天线的增益一般小于 23dB，或者说波束宽度一般大于 10°。在要求天线的增益更高或波束宽度更窄时，应该采用反射天线或阵列天线。

反射天线一般由几个喇叭天线组成，它可以提供比单个喇叭天线更大的孔径。为了获得最大的增益，必须在反射体的孔径中产生平面波。通常，选择反射天线的路径长度与馈源到孔径的距离相同，以使馈源辐射的能量和反射端反射的能量在到达孔径时具有相同的相角，从而产生统一的波前。这种天线通常以馈源为焦点，采用抛物面形状。抛物面天线是多数反射天线的基本形式，并常被作为地面站天线。卫星天线则通常采用修正的抛物面反射天线来指定覆盖区的波束图案。卫星上也常采用相位阵列天线从单一孔径产生多个波束。例如，Iridium 卫星系统和某些全球卫星 LEO 移动电话系统均采用了相位阵列天线，其单一孔径产生的波束数可达 16 个。

孔径天线有一些基本的关系式，可用来确定卫星天线的近似尺寸和天线增益。若要更精确地确定天线增益的大小、效率和天线图案，则必须进行更细致的计算，有兴趣的读者可以查阅相关的天线理论书籍。以下介绍一些可帮助选择通信卫星天线的近似关系式。

孔径天线增益 G 可由下式确定：

$$G = 4\eta_A \pi A / \lambda^2 \tag{4.1}$$

式中，A 为截面积，单位为平方米；λ 为工作波长，单位为米；η_A 为天线的孔径效率。

η_A 的值不容易确定，但单馈源反射天线的 η_A 通常在 55%～68%范围内变化。多点波束天线的 η_A 要稍低一些。喇叭天线的孔径效率比反射天线的要高一些，通常为 65%～80%。若孔径截面为圆形（最普遍的情况），则式（4.1）表示为

$$G = \eta_A (\pi D / \lambda)^2 \tag{4.2}$$

式中，D 为圆形孔径的直径，单位为米。

天线波束宽度与测量天线图案的平面内孔径尺寸的大小有关。天线的 3dB 波束宽度有一个常用的估计原则。设测量平面内的孔径大小为 D，则

$$\theta_{3dB} \approx 75\lambda / D \tag{4.3}$$

式中，θ_{3dB} 为天线图案半功率点的波束宽度，其单位为度；D 的单位与 λ 的单位相同。

注意，喇叭天线的波束宽度表达式与式（4.2）有很大区别。例如，利用式（4.2）在 E 平面内计算出的小型矩形喇叭天线的波束宽度偏窄，而在 H 平面内计算出的波束宽度偏宽。

既然式（4.2）和式（4.3）中均包含天线尺寸参数，那么天线增益和孔径天线的波束宽度就是相关的。对 $\eta_A \approx 60\%$ 的天线而言，其增益值为

$$G \approx 33000 / (\theta_{3dB})^2 \tag{4.4}$$

式中，θ_{3dB} 的单位为度，注意 G 的单位不是分贝。

若波束在正交平面内的波束宽度不等，则用两个 3dB 波束宽度的乘积代替 θ_{3dB}^2，以表示天线的波束宽度。若采用不同的激励，则式（4.3）中的常量值也有所不同，变化范围为 28000～35000，采用反射天线的卫星通信系统一般取 33000。

【例 4.1】全球波束天线

从 GEO 上看，整个地球正对的角度为 17°。若卫星的工作频率为 4GHz，为能提供全球覆盖，喇叭天线的尺寸和增益应该是多少？

解： 若产生的波束为圆对称波束，其 3dB 波束宽度为 17°，则利用式（4.3）得

$$D/\lambda = 75/17 = 4.4$$

工作频率为 4GHz，即波长 $\lambda = 0.075$m，所以 $D = 0.33$m。若采用 TE11 模式波作为激励，则所得 E 平面和 H 平面的波束宽度并不相等。为了保证 E 平面的覆盖面积，需要采用孔径比计算值稍小一些的天线。波导喇叭天线支持 HE 混合模式，并且能够产生圆对称波束，因此在本例中可以采用这种天线。当天线直径小于 8λ 时，反射天线的效率较低，而全球波束覆盖一般采用波导喇叭天线。

根据式（4.4）可以计算出喇叭天线波束中心的增益近似为 100，或者说 20dB。不过，设计通信系统时，需要采用波束边缘的增益值为 17dB。显然，从卫星上看，这些地面站的位置十分接近发射波束的 3dB 等高线。∎

【例4.2】区域覆盖天线

从 GEO 上看，美国大陆所对应的角度约为 6°×3°。若采用直径为 3°的圆形波束反射天线，其工作频率为 11GHz。要覆盖该区域的一半地区，天线的尺寸应为多少？反射天线可用于产生 6°×3°的波束吗？天线增益应为多少？

解：根据式（4.3），波束宽度为3°的圆形波束应满足

$$D/\lambda = 75/3 = 25$$

将 $\lambda = 0.0272$m 代入上式可得 $D = 0.68$m。利用式（4.4）可计算出天线增益约为35dB。

为了产生正交平面内波束宽度不同的波束，需要在两个平面内采用孔径大小不同的天线。在本例中，采用大小为 $25\lambda \times 12.5\lambda$ 的矩形孔径天线可以满足条件，其增益约为32dB。为了产生波束宽度不同的波束，一般选用矩形反射天线或更常见的椭圆形反射天线。然而，在发射和接收正交极化波时，采用外形扭曲的圆形反射天线较好，这样既可扩大其中一个平面内的波束宽度，又可在圆形反射天线上增加一个反馈串，进而改善天线的幅度和相位分布。 ∎

2. 实际工程中的卫星天线

卫星天线通常是制约整个通信系统的一个关键因素。对理想通信卫星而言，每个地面站会被分配两个与其他波束相互独立的波束，分别用于发射和接收。但是，如果两个地面站的地面距离为300km，那么当卫星位于 GEO 上时，这两个地面站在卫星处的角距离就为0.5°。$\theta_{3\text{dB}} = 0.5°$，即 4GHz 时天线的天线直径应为 11.3m。卫星上的确采用过如此大的天线，例如 ATS-6 卫星的工作频率为2.5GHz，天线的天线直径为10m。此外，用于移动业务的 GEO 卫星还用大型非折叠天线产生多点波束。不过，当频率为 20GHz 时，$D/\lambda=15$ 的天线孔径的直径仅为 1.5m，以便于卫星携带。相控阵列天线可产生许多 0.5° 的波束，将这些波束聚集起来便可服务于卫星的覆盖区。

若要利用单反射多反馈天线为每个地面站提供一个独立的波束，则必须为每个地面站设置一个反馈天线。许多卫星均采用单地面站单波束和多地面站单波束相结合的方法，即采用区域覆盖波束和同一波束中正交极化的方法增加卫星的信道数。ESA OTS 卫星的点波束的等高线如图4.14所示。最大的发射天线发射频率为 4GHz，波束形状为花生形，主要用来将能量集中在诸如北美这样的地区，以便满足这些区域繁忙的电信业务需求。小型天线通常用于提供圆形波束，当使用频率为 14/11GHz 时，则提供点波束。此外，喇叭天线通常用于提供全球覆盖。

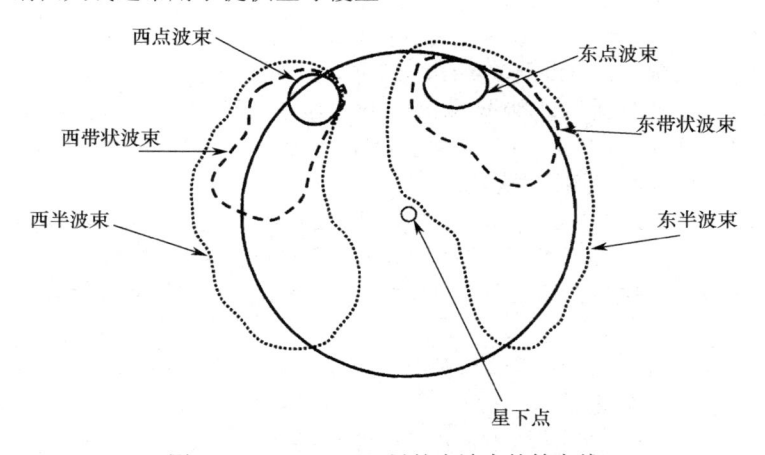

图4.14 ESA OTS 卫星的点波束的等高线

例如，截至 2000 年，GEO 上从 60°W 到 140°W，每隔 20°就有一个工作在 6/4GHz 和 14/11GHz 频段的民用卫星。为此，人们正逐渐利用正交极化和多波束的方法，采用频率复用天线、多级数字调制和 TDMA 等技术来提高系统的通信容量。

等高线以 1dB 为间隔,波束中心归一化为 0dB。要在小面积覆盖区内采用高增益窄带波束天线,卫星需要采用大型天线。通常,天线体积远大于运载工具的运载尺寸,因此在发射阶段必须将天线折叠起来,卫星进入轨道后,天线才开始工作。许多大型卫星的天线均采用凸凹抛物面反射天线,并且利用聚合馈源精确控制波束形状。馈源一般安装在卫星的主体上,接近通信系统,而反射天线一般安装在铰接支架上。

4.8 本章小结

本章简述了卫星通信系统的一般概念,重点介绍了 GEO 卫星;详细介绍了卫星子系统,包括姿态和轨道控制系统,遥测、跟踪、指挥和监测系统,电源系统,通信系统和天线系统的基本概念、工作原理及重要特性。

习 题

01. 若 GEO 卫星的遥测系统对太空舱上的 100 个传感器进行了数据采集。每个样本采用 8 比特 TDM 帧格式传回地面,并附加 200 比特用于传输同步和状态信息。数据传输速率为 1kbps,采用低功率载波 BPSK 调制方式。试求:
(1) 若要完成全部数据传输,则需要多长的时间?
(2) 若考虑传输延迟,当太空舱参数发生变化到通过遥测系统重新接收新参数时,地面站必须等待多长时间?假设路径长度为 40000km。

02. 若旋转式卫星采用直径为 3m、高度为 5m 的圆柱形太阳能电池。当该电池以相对于卫星 60r/min 的速度旋转时,电池在使用末期的传输功率仍要求达到 4kW。试求:
(1) 假设太阳的入射功率为 1.39kW/m^2,太阳的有效辐射面积等于圆柱体的横截面面积,计算使用末期太阳能电池的效率。
(2) 若电池使用末期的传输功率较初期下降 15%,则卫星发射时电池的输出功率是多少?
(3) 若采用太阳能板代替圆柱形太阳能电池,太阳能板的面积需要为多大?(假设由于高温,太阳能板只能产生相当于圆柱形太阳能电池 90% 的功率。)

03. 若某直播卫星电视(DBS-TV)卫星采用 GEO,卫星运行和发射所需要的功率为 4kW。在卫星设计过程中,采用了太阳能板三轴稳定卫星和旋转式卫星两种卫星。试求:
(1) 三轴稳定卫星采用两个等面积的太阳能板,两板采用旋转的方式保证始终面向太阳,使用末期的效率为 15%。计算 GEO 卫星所需要的电池面积,假设板宽为 2m。
(2) DBS-TV 旋转式卫星采用外圆柱形太阳能电池。圆柱体的半径为 3.5m,使用末期的效率为 18%。由于有一半的区域处于阴影区域,这类电池的有效工作面积等于卫星直径乘以圆柱体高度。试计算提供 4kW 功率所需要的圆柱体高度。

04. 电池组的质量占卫星质量的比重很大,但却是卫星运行必不可少的一部分。DBS-TV 卫星用于目标保持的功率需要 500W,而运行 16 个高功率转发器需要 5kW 的功率。星蚀期的最长时间约为 70min,卫星的所有功率必须由携带的电池提供,且电池的总放电量不能低于容量的 70%。卫星的工作电压为 48V。试求:
(1) 如果要保证卫星正常工作,那么功率调节单元提供的电流是多少?
(2) 电池的容量采用 Ah 度量,即电池可提供的电流和电池完全放电前工作时间的乘积。若星蚀期电池的总放电量不能低于容量的 70%,求该 DBS-TV 卫星所需要的电池容量是多少?
(3) 若每单位容量的电池质量为 1.25kg,求该卫星携带的电池质量占卫星总质量的比率是多少?
(4) 若在星蚀期,卫星关闭半数的转发器,则可减少携带多少质量的电池?

06. 某 GEO 卫星采用波束宽度为 1.8° 的天线即可覆盖其服务区。该 GEO 卫星携带有独立收发天线的 Ku 频段和 Ka 频段转发器,中心频率分别为 14/11.5GHz 和 30/20GHz。试求:

（1）两个发射天线的直径，并计算各频率对应的增益。

（2）两个接收天线的直径，并计算各频率对应的增益。

07. 若低轨道卫星群的高度为 1000km，每颗卫星采用了一个由两副天线组成的 16 个波束天线系统，它们的工作频率分别为 2.4GHz 和 1.6GHz。试计算：

（1）当地面站最小仰角为 10°时，卫星天线的覆盖角度是多少？（提示：绘制几何图，采用正弦定律计算）

（2）地面覆盖面积为多少平方千米？

（3）假设卫星天线 16 个波束的宽度相同，求单个波束的宽度是多少？

（4）卫星上每副天线的增益和尺寸各是多少？

第 5 章　卫星通信链路设计

5.1　概述

卫星通信链路设计中的关键因素之一是卫星的总尺寸受到运载工具的制约。通常，卫星直径不能超过 3.5m。多数大型 GEO 卫星均采用折叠式的太阳能电池和天线，但由于天线反射器对表面精度的要求较高，在发射期间是不可折叠的，因此，其最大孔径尺寸一般限制为 3.5m。对大多数无线电系统而言，天线是限制通信系统容量和性能的一个重要因素。

卫星的质量主要由两个因素决定：卫星上转发器的数量和输出功率，以及用于站点保持的燃料的质量。燃料的质量占卫星总质量的二分之一。高功率转发器需要大量的电能来维持正常工作，而电能只能依靠太阳能电池产生。因此，要提高转发器的输出功率，势必要提高对电功率的要求，即扩大太阳能电池的尺寸，而这会使得卫星的质量增加。

影响卫星通信链路设计的其他因素有频段的选择、大气传播的影响及多址技术的选择。这些因素相互关联，但频段主要是根据现有可用频段进行选择的。

6/4GHz、14/11GHz 和 30/20GHz 均是常用的频段（斜线前的数字表示上行链路频率，斜线后的数字表示下行链路频率）。不过，由于在 GEO 上每隔 2° 就有一颗工作频段为 6/4GHz、14/11GHz 的卫星，即 2° 的间隔是 GEO 卫星避免地面站上行链路干扰的最小间隔，因此，新设计的卫星只能采用 30/20GHz 频段。大气层降雨会使无线电信号受到衰减。随着频率的升高，降雨对信号的衰减显著增加，例如在 4GHz 和 6GHz，降雨产生的衰减几乎可以忽略，但当在 10GHz 以上时，衰减则非常明显。降雨产生的衰减（单位为分贝）差不多随着频率的平方增加，因此，卫星上行链路在 30GHz 时的降雨衰减约为 14GHz 时的 4 倍。

低高度地球轨道（LEO）和中高度地球轨道（MEO）卫星通信系统的制约因素与 GEO 卫星通信系统的制约因素相似，区别只是覆盖区所需要的卫星更多。由于 LEO 和 MEO 卫星的位置是不断变化的，因此地面终端需要采用低增益天线。尽管 LEO 和 MEO 卫星比 GEO 卫星更接近地面，信号也更强，然而在实际应用中它们并未体现出任何优势。LEO 和 MEO 卫星通常采用多波束天线来提高天线的增益，进而提供频率复用。

移动终端的移动单元必须采用低增益天线，且天线的射频（RF）频率要尽可能低。卫星和主要地面站（通常称为中心站）之间的卫星通信链路通常是固定链路，该链路通常采用与其他链路不同的频段。在海事卫星通信系统中，L 频段链路为 GEO 卫星与移动终端之间的卫星通信链路，C 频段链路为 GEO 卫星与中心站连接的固定链路，如图 5.1 所示。

卫星通信链路的设计要达到一定的性能指标。对数字链路而言，其性能指标通常是在基带信道上测得的比特误码率（BER）；对模拟链路而言，其性能指标则是在基带信道上测得的信噪比（S/N）。基带信道是产生或接收载波信号的信道。例如，电视摄影机可以产生基带视频信号，而电视接收机则可将接收到的基

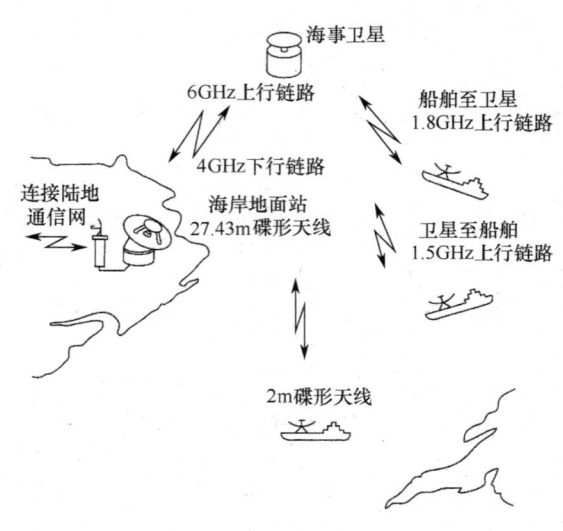

图 5.1　某海事卫星通信系统

带视频信号传输到显像管，形成观众可见的图像。数字数据是由计算机在基带上产生的，BER 也是在基带上测量的。

基带信道 BER 或 S/N 是由接收机解调器输入端的载噪比（C/N）决定的。大多数卫星通信均要求解调器输入端的 C/N 大于 6dB，以达到要求的 BER 或 S/N。当数字链路的 C/N 在 10dB 以下时，有必要采用纠错技术来提高 BER。采用调频（FM）的模拟链路则需要采用宽带调频来提高 S/N。

C/N 是在接收机的输入端和接收天线的输出端计算出来的。若采用无噪声接收机，则可将伴随信号接收到的 RF 噪声和接收机产生的噪声合并，合并后的噪声可视为接收机输入端的等效噪声。在无噪声接收机中，由于 RF 和中频（IF）链路上任意一点的 C/N 均为常数，因此解调器输入端的 C/N 和接收机输入端的 C/N 是相等的。卫星通信链路有两种信号路径：地面站到卫星的上行链路，以及卫星到地面站的下行链路。地面站的总 C/N 和这两种链路均有关系，两者均必须在规定的时间内达到要求的性能指标。降雨会加重地球大气层对信号的路径衰减，从而导致 C/N 降到最小允许值之下，尤其是采用 30/20GHz 频段时，降雨可能导致链路中断。

综上所述，在设计卫星通信系统时，需要预先知道上行链路和下行链路所要达到的性能指标、电波传播特性、各地面站所采用频段上的降雨衰减情况，以及卫星和地面站的特性参数等。此外，还要保留 RF 带宽，或者避免用户间干扰，同时对其他一些限制因素有所了解。但是，有时不可能得到以上的所有信息，这时就需要设计者对一些未知参数进行估计，并根据假设制定系统性能表。

5.2 基本传输理论

计算地面站接收到的信号功率是理解卫星通信的基础。本节讨论两种计算方法：通量密度计算法和链路方程计算法。

假设自由空间中有一个发射源，其向各方向辐射的总功率为 P_t（单位为 W），这种发射源称为各向同性源。各向同性源产生的通量密度如图 5.2 所示。

由于该信号源不能产生横向电磁波（物理上不可实现），因此它是一种理想化的信号源。在距离发射源 R（单位为 m）处穿过球面的通量密度（单位为 W/m²）为

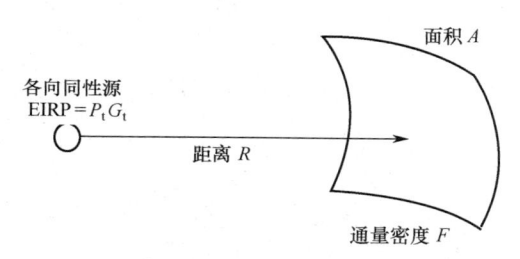

图 5.2 各向同性源产生的通量密度

$$F = \frac{P_t}{4\pi R^2} \tag{5.1}$$

实际天线一般均为定向天线，即在某方向上的辐射功率大于其他方向的辐射功率。实际天线的增益 $G(\theta)$ 定义为天线单位立体角在 θ 方向的辐射功率和单位立体角的平均辐射功率之比，即

$$G(\theta) = \frac{P(\theta)}{P_0/4\pi} \tag{5.2}$$

式中，$P(\theta)$ 为天线单位立体角在 θ 方向的辐射功率，P_0 为天线的总辐射功率，$G(\theta)$ 为天线在 θ 方向的增益。

通常以辐射功率最大的方向（一般称为天线的视轴方向）作为 θ 方向的基准。天线增益即 $\theta = 0°$ 时 G 的值，它可用来衡量天线辐射通量密度的大小。假设发射机的输出功率为 P_t，采用无损天线，天线增益为 G_t，则天线视轴方向上距离 R 处的通量密度为

$$F = \frac{P_t G_t}{4\pi R^2} \tag{5.3}$$

乘积项 $P_t G_t$ 此时称为有效全向辐射功率（EIRP），它将发射功率和天线增益结合起来，表示一个功

率为 P_tG_t（单位为 W）的等效各向同性源。

若采用有效孔径面积为 A（单位为 m^2）的理想接收天线，如图 5.3 所示，则可根据式（5.4）来计算接收功率 P_r（单位为 W）。

$$P_r = FA \tag{5.4}$$

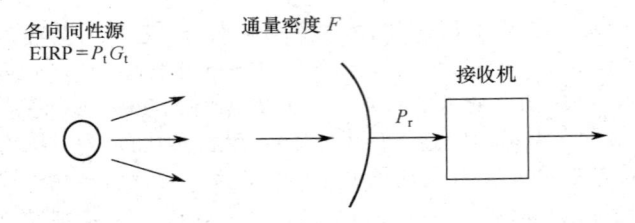

图 5.3　理想接收天线在有效孔径面积为 A（单位为 m^2）的区域内的接收功率

实际天线的接收功率是不能按上式计算的。在入射到天线孔径的能量中，一部分能量会被反射到自由空间中，一部分能量会被损耗器件吸收。利用有效孔径面积 A_e 可以表明效率降低的程度。假设实际天线的有效孔径面积为 A_r（单位为 m^2），则

$$A_e = \eta_A A_r \tag{5.5}$$

式中，η_A 为天线的孔径效率。

在谈论天线的孔径效率中涉及一些损失，包括照明效率等产生的损失，以及由溢出、阻塞、相位差错、衍射效应、极化和不匹配等产生的损失。对抛物面反射天线而言，η_A 通常为 50%~75%，小型天线的 η_A 要略小一些，大型卡塞格伦天线的 η_A 要略大一些，喇叭天线的 η_A 则接近 90%。有效孔径面积为 A_e 的实际天线的接收功率为

$$P_r = \frac{P_t G_t A_e}{4\pi R^2} \tag{5.6}$$

式中，若 G_t 和 A_e 在给定的频带内是常量，则式（5.6）与频率无关。接收功率与卫星的 EIRP、地面站天线的有效孔径面积及距离 R 等有关。

天线理论中的一个基本关系式是天线增益和有效孔径面积之间的关系式，即

$$G_r = 4\pi A_e/\lambda^2 \tag{5.7}$$

式中，λ 为工作频率所对应的波长，其单位为 m。

将 A_e 代入式（5.6），可得

$$P_r = \frac{P_t G_t G_r}{(4\pi R/\lambda)^2} \tag{5.8}$$

上式为著名的链路方程，是计算无线电链路接收功率的关键表达式。式（5.8）中出现了频率项（波长 λ），这是由于表达式中采用的是接收天线增益 G_r，而不是有效孔径面积 A_e。$(4\pi R/\lambda)^2$ 表示路径损耗 L_p。L_p 表示的不是由功率吸收产生的损耗，而是将能量视为一种电磁波在三维空间中传播时所造成的损耗。

综上所述，可写出

$$接收功率 = \frac{\text{EIRP} \times 接收天线增益}{路径损耗} \tag{5.9}$$

通信系统一般利用分贝来简化表达式，因此式（5.9）可以表示为如下形式，单位为 dBW。

$$P_r = \text{EIRP} + G_r - L_p \tag{5.10}$$

式中，$\text{EIRP} = 10\lg(P_tG_t)\text{dBW}$，$G_r = 10\lg(4\pi A_e/\lambda^2)\text{dB}$，同时 $L_p = 10\lg[(4\pi R/\lambda)^2] = 20\lg(4\pi R/\lambda)$ dB。

式（5.10）表示的是一种理想情况，它未考虑计算链路的其他附加损耗，描述的是两个理想天线在完全真空的空间内传播的情况。在实际工程中，还需要考虑更复杂的情况，例如考虑氧气、水蒸气和降雨产生的损耗，考虑链路两端天线产生的内部损耗，以及考虑由于指向错误而引起天线增益降低所产生的损耗等。通常利用系统裕量表示这些因素产生的损耗，但为了保证留有足够的系统裕量，仍需要进行仔细的计算。式（5.10）通常表示为如下形式，单位为 dBW。

$$P_r = \text{EIRP} + G_r - L_p - L_a - L_{ta} - L_{ra} \tag{5.11}$$

式中，L_a 为大气损耗，L_{ta} 为发射天线产生的损耗，L_{ra} 为接收天线产生的损耗。卫星通信链路中的各种损耗如图 5.4 所示，其中，LNA 表示低噪声放大器。

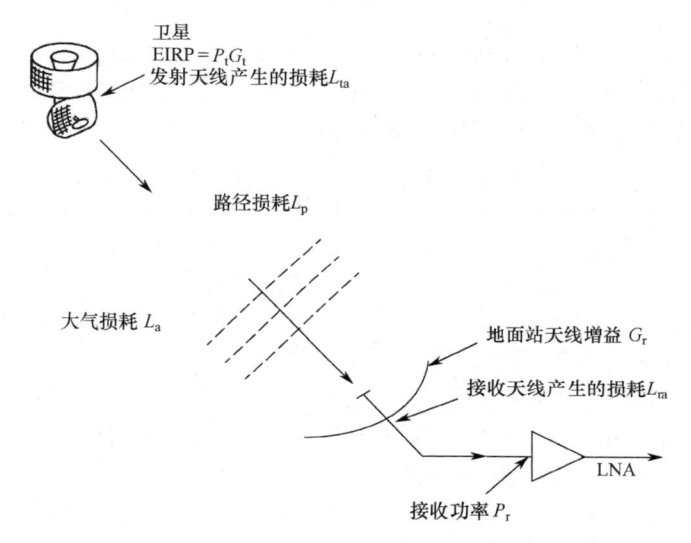

图 5.4 卫星通信链路中的各种损耗

dBW 和 dBm 为通信工程中广泛采用的单位，EIRP 通常以 dBW 为单位。

采用分贝作为单位可为计算卫星通信链路的设计参数提供很大的方便。一旦某个参数的大小被确定，当其他参数发生变化时，就可以很容易地计算出该参数的新值。例如，已经计算出某天线在工作频率为 4GHz 时的天线增益是 48dB，求 6GHz 时天线增益的大小。采用常规算法时，可让 G_r 乘以 $(6/4)^2$，而在以分贝为单位时，只需要简单地加上 $20\lg(6/4)$ 或 $20\lg3 - 20\lg2 = 9.5 - 6 = 3.5\text{dB}$，于是 6GHz 时天线的增益为 51.5dB。

【例 5.1】 卫星与地球上某点的距离为 40000km，辐射功率为 10W，天线指向观测者，增益为 17dB。求接收点的通量密度及在该点使用有效孔径面积为 10m² 的天线接收到的功率。

解：根据式（5.3）有

$$F = P_tG_t/(4\pi R^2) = 10 \times 50/[4\pi \times (4 \times 10^7)^2] = 2.49 \times 10^{-14}\,\text{W/m}^2$$

则有效孔径面积为 10m² 的天线接收到的功率为

$$P_r = 2.49 \times 10^{-13}\,\text{W}$$

在实际工程中，计算微波链路中的接收功率常用到式（5.10）及其他一些天线和传输损耗参数，且经常将链路功率预算表示为以分贝为单位的表示形式。这就使得系统设计者能够方便地调整诸如发射功率或天线增益之类的参数，进而快速算出天线接收功率的大小。

通常称用式（5.6）和式（5.8）计算出的天线接收功率 P_r 为载波功率 C，这是因为大多数卫星通信链路要么采用模拟传输中的频率调制方式，要么采用数字传输中的相位调制方式。在这两种调制系统中，载波的幅度均不因调制而发生变化，因此载波功率 C 通常等于天线接收功率 P_r。

5.3 系统噪声温度和 G/T

1. 噪声温度

噪声温度是通信接收机中的一个很有用的概念，它可以帮助人们确定接收系统中由有源和无源器件产生的热噪声的大小。物理温度为 T_p 的黑体辐射体在微波频率下会产生带宽很宽的电子噪声。

可测噪声功率表示为

$$P_n = kT_p B_n \tag{5.12}$$

式中，k 为玻耳兹曼常数，其值为 1.39×10^{-23} J/K = -228.6 dBW/(K·Hz^{-1})；T_p 为源的物理温度，单位为热力学温度；B_n 为噪声带宽，单位为 Hz；P_n 为可测噪声功率，单位为 W。只有当负载与噪声源阻抗匹配时，可测噪声才会传输到负载端。kT_p 为噪声功率谱密度。

当频率在 300GHz 以下时，功率谱密度的值不随频率的变化而变化。这里需要找到一种可以表示低噪声接收机内器件产生噪声的方法。通常，将器件等效为一个等效噪声温度为 T_n 的黑体辐射体，可以简便地解决这个问题。噪声温度为 T_n（单位为 K）的器件在输出端产生的噪声功率和噪声温度为 T_n 的黑体辐射体加上一个与原器件增益相同的无噪声放大器所产生的噪声功率是相等的。利用等效噪声源加上一个无噪声放大器来描述低噪声接收机内器件是十分有效的方法。在以下分析中可以发现，利用这种方法，可通过噪声温度来确定接收机的总噪声功率。注意，噪声温度的单位是热力学温度而不是摄氏温度，用户卫星广播接收设备制造商一般会忽略两者的区别。

卫星通信系统中的信号强度一般很低（因为通信距离很远），为了达到要求的 C/N，总要尽可能地降低噪声功率。降低噪声功率的一种常用方法是调整中频（IF）放大器的级数，将接收机带宽调整到刚好能让信号无阻碍地通过的宽度，进而尽可能地将进入接收机的噪声值降到最小。式（5.12）中的带宽指的是等效噪声带宽。由于通常并不知道等效噪声带宽的大小，因此常用接收系统的 3dB 带宽代替。当接收机滤波器具有陡峭的边沿时，采用 3dB 带宽引入的误差是很小的。

采用 GaAsFET（砷化镓场效应晶体管）放大器时，无须进行物理冷却即可将噪声温度控制为 30K～200K。在室温下，4GHz 时 GaAsFET 放大器的噪声温度为 30K，11GHz 时的噪声温度为 100K。当噪声温度随着频率的增加而增加时，20GHz 接收机中的低噪声放大器（LNA）的噪声温度可达 150K。若放大器不产生噪声，则其噪声温度为 0K。若放大器比相同物理温度下的匹配负载所产生的噪声小，则其噪声温度便低于其物理温度。

欲确定接收系统的性能，则必须求出热噪声总功率和待解调信号的功率之比，该比值通常是通过求解系统噪声温度 T_s 得到的。T_s 为位于无噪声接收机输入端的噪声源的噪声温度，该噪声源产生的噪声功率与接收机输出端所测得的噪声功率是相等的，且通常包括天线噪声。

假设接收机的端对端总增益为 G_{rx}（G_{rx} 为比值，单位不是 dB），最窄带宽为 B_n（单位为 Hz），则解调器输入端的噪声功率为

$$P_{no} = kT_s B_n G_{rx} \tag{5.13a}$$

接收机输入端的噪声功率 P_n（单位为 W）为

$$P_n = kT_s B_n \tag{5.13b}$$

假设天线传输到 RF 输入端的信号功率为 P_r，则解调器输入端的信号功率为 $P_r G_{rx}$，它表示在接收机内经放大和频率转换后，载波和边带所包含的功率。解调器输入端的载噪比为

$$\frac{C}{N} = \frac{P_r G_{rx}}{kT_s B_n G_{rx}} = \frac{P_r}{kT_s B_n} \tag{5.14}$$

在式（5.14）中，由于 G_{rx} 相互抵消，因此接收终端的 C/N 其实在天线输出端便可进行计算。这样，在天线输出端便可得到 P_r 的值，从而为后面的计算提供很大的方便。利用单一参数表示接收终端中的所有噪声源是一种十分有用的方法，采用该方法时，仅用单个系统噪声温度 T_s 便可代替接收机内的多个噪声源。

2. 系统噪声温度的计算

带有 RF 放大器和单一频率转换器的地面站接收机，从 RF 输入端到中频（IF）输出端的简化图，如图 5.5 所示，其中，BPF 表示带通滤波器，LNA 表示低噪声放大器。

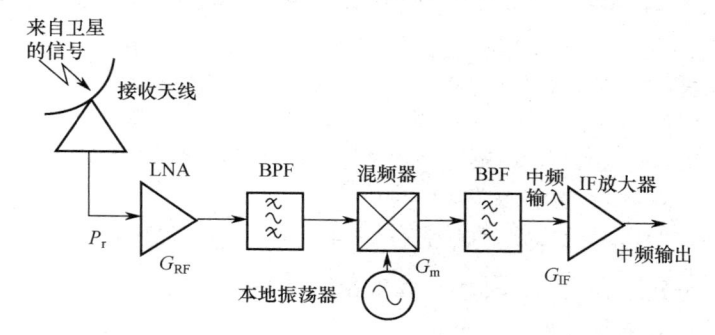

图 5.5 地面站接收机的简化图

多数地面站接收机均采用这种结构，通常称这种接收机为超外差接收机。超外差接收机有几个主要的子系统：前端（包括 RF 放大器、混频器和本地振荡器）、IF 放大器，以及解调器和基带部分。

卫星通信系统中地面站接收机的 RF 放大器的噪声必须尽可能低，因此它也称低噪声放大器（LNA）。混频器和本地振荡器组成一个频率转换部分，将 RF 信号下行转换为固定中频信号，以便信号能够更精确地放大和过滤。

许多地面站接收机均采用双变频超外差结构，即采用两级变频结构，如图 5.6 所示。

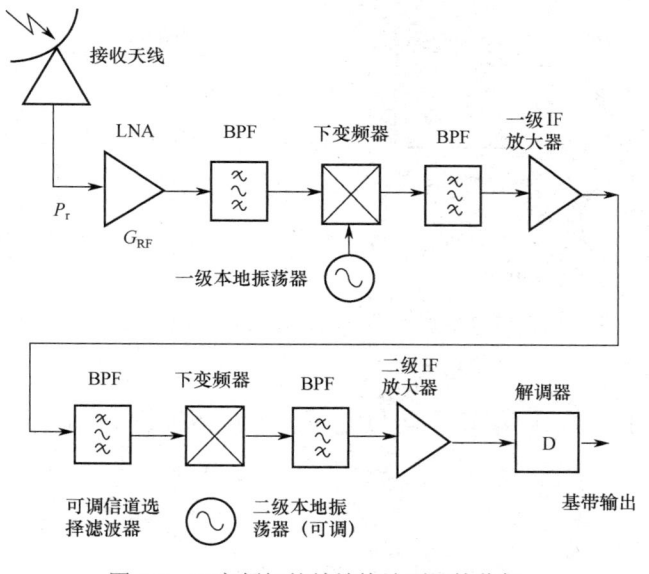

图 5.6 双变频超外差结构地面站接收机

第一级下变频器将具有 500MHz 带宽的 RF 信号下变频到 900~1400MHz 的中频频段上。第二级下变频器包含一个可调本地振荡器和一个可调信道选择滤波器,用于选择中心频率为 70MHz 的转发器信号。

接收机前端紧靠在天线馈源后面,负责将输入的 RF 信号下变频到 900~1400MHz 的中频频段上。该部分包括一个增益很高的 RF 放大器、一个混频器和一个 IF 放大器,通常称为低噪声变频器(LNB)。900~1400MHz 的输出信号经同轴电缆传输到一个置顶接收机中,该接收机包含一个下变频器和一个可调本地振荡器。通过调节本地振荡器,可将来自选定转发器的输入信号变频到第二中频频率。二级 IF 放大器具有与转发器信号频谱相匹配的带宽。Ku 频段直播卫星电视信号的接收机采用的就是这种匹配结构,其二级中频滤波器的带宽为 20MHz。

为便于进行噪声分析,两个接收机的噪声模型和一个损耗器件的噪声模型如图 5.7 所示。

图 5.7(a)和图 5.7(b)为两个不同的接收机噪声模型,图 5.7(c)为损耗器件的噪声模型。其中,利用了一个与原噪声器件增益相同的等效无噪声单元。当在这个单元的输入端加上一个噪声发生器,以模拟接收机中的噪声器件时,该单元输出端的噪声与原噪声器件产生的噪声是相等的。因此,整个接收机可简化为一个具有与原接收机相同的端对端增益的等效无噪声单元。在图 5.7(a)中,IF 放大器输出端的总噪声功率为

$$P_n = G_{IF}kT_{IF}B_n + G_{IF}G_mkT_mB_n + G_{IF}G_mG_{RF}kB_n(T_{RF} + T_{in}) \tag{5.15}$$

式中,G_{RF}、G_m 和 G_{IF} 分别为 RF 放大器、混频器和 IF 放大器的增益,T_{RF}、T_m 和 T_{IF} 为相应的噪声温度,T_{in} 为在天线输出端测得的噪声温度。

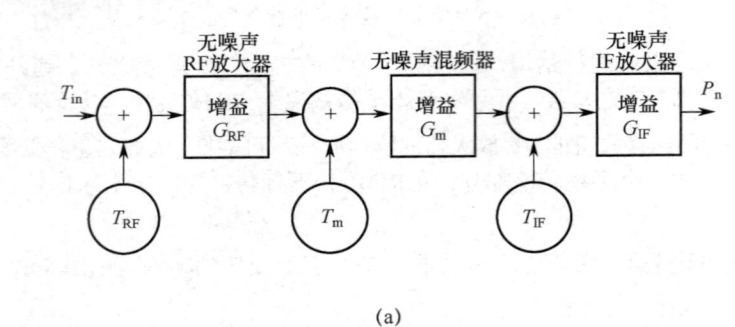

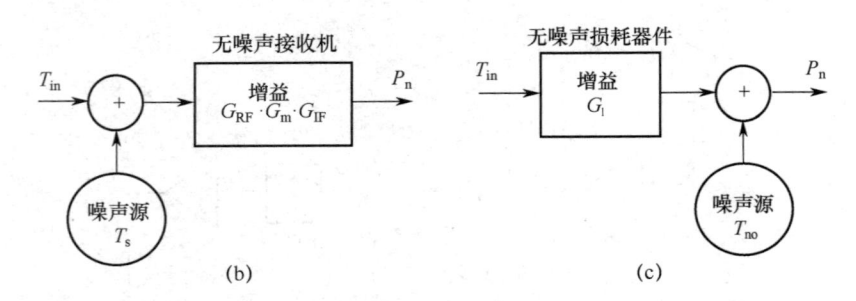

图 5.7 两个接收机的噪声模型和一个损耗器件的噪声模型

式(5.15)可表示为

$$\begin{aligned}P_n &= G_{IF}G_mG_{RF}\left[(kT_{IF}B_n)/(G_{RF}G_m) + (kT_mB_n)/G_{RF} + T_{RF} + T_{in}\right] \\ &= G_{IF}G_mG_{RF}kB_n\left[T_{RF} + T_{in} + T_m/G_{RF} + T_{IF}/(G_{RF}G_m)\right]\end{aligned} \tag{5.16}$$

如果满足

$$P_n = G_{IF}G_mG_{RF}kT_sB_n \tag{5.17}$$

则图 5.7(b)中 T_s 在输出端产生的噪声功率等于 P_n。

如果满足

$$kT_sB_n = kB_n[T_{in} + T_{RF} + T_m/G_{IF} + T_{IF}/(G_{RF}G_m)]$$

则图 5.7(b)中噪声模型输出端的噪声功率与图 5.7(a)中噪声模型输出端的噪声功率相同。同时，图 5.7(b)中 T_s 表达式为

$$T_s = T_{in} + T_{RF} + T_m/G_{RF} + T_{IF}/(G_{RF}G_m) \tag{5.18}$$

接收机的其他部分对系统噪声温度的影响很小，通常，当接收机前端 RF 放大器的增益很高时，IF 放大器和后续各级产生的噪声可以忽略，系统噪声温度可简化为天线噪声温度与 LNA 噪声温度之和，即 $T_s = T_{天线} + T_{LNA}$。注意，式（5.18）中的各个增益均为比值，单位不是分贝。

图 5.7(b)已将接收机中的所有噪声源等效为一个位于接收机输入端的单一噪声源。这里假设所有的噪声均来自天线输出或接收机内部。有时需要采用一个模型来描述噪声经有损介质到达接收机的情况。波导和降雨损耗便是两个很好的例子。降雨不仅会对信号产生衰减，还会辐射出一定的噪声，且这种噪声的功率与衰减强度有关。因此，可将降雨辐射的噪声建模为位于大气层"输出端"（天线开口处）的一个噪声源。图 5.7(c)给出了这种等效输出噪声源的噪声模型，其噪声温度 T_{no} 为

$$T_{no} = T_p(1 - G_l) \tag{5.19}$$

式中，G_l 为损耗器件或介质的增益比值（小于 1，单位不是分贝），T_p 为损耗器件或介质的物理温度，其单位为热力学温度。

若衰减为 A dB，则 G_l 的值为

$$G_l = 10^{A/10} \tag{5.20}$$

【例 5.2】 某 4GHz 接收机的增益和噪声温度值为：$T_{in} = 25K$，$G_{RF} = 23dB$，$T_{RF} = 50K$，$G_{IF} = 30dB$，$T_{IF} = 1000K$，$T_m = 500K$。设混频器增益为 $G_m = 0dB$，计算系统的噪声温度。当混频器的损耗为 10dB 时，重新计算系统的噪声温度。当混频器的损耗小于 10dB 时，如何才能使接收机的噪声温度减至最小？

解： 根据式（5.18）可求出系统的噪声温度为

$$T_s = 25 + 50 + 500/200 + 1000/200 = 82.5K$$

若混频器存在损耗，则中频（IF）放大器的影响会增大。G_m 的比值为 0.1，则

$$T_s = 25 + 50 + 500/200 + 1000/20 = 127.5K$$

采用高增益 LNA 可得到最低的系统噪声温度。若将本例中的 LNA 增益提高到 $G_{RF} = 50dB$，则有

$$T_s = 25 + 50 + 500/10^5 + 1000/10^4 = 75.1K$$

显然，采用高增益 LNA 后，系统噪声温度已尽可能降低。本例中为 $T_s = T_{in} + T_{RF} \approx 75K$。卫星接收机中采用的 LNA 增益通常为 40~55dB。∎

【例 5.3】 例 5.2 中系统采用的 LNA 增益为 50dB。若将部分衰减为 2dB 的有损波导插到天线和 RF 放大器之间，试求该系统的噪声温度，波导温度为 300K。

解： 波导的 2dB（比值为 1.58）损耗可视为小于 1 的增益 G_l（$G_l = 1/1.58 = 0.633$）。有损波导对输入噪声产生衰减，并加入自身电阻产生的噪声。波导输出端的等效噪声发生器代表波导产生的噪声，其噪声温度为

$$T_{wg} = T_p(1 - G_l) = 300 \times (1 - 0.633) = 110.1K$$

波导对天线的输出噪声产生衰减，则 $T_{in} = 0.633 \times 25 = 15.8K$。该系统的噪声温度为

$$T_s = 15.8 + 110.1 + 50 + 500/10^5 + 1000/10^4 = 176K$$

将上式所得结果除以 G_1，即可得到天线输出端系统的噪声温度为

$$T_s = 176/0.633 = 278 \text{ K}$$

3. 噪声系数和噪声温度

噪声系数常用来表示器件内部产生的噪声大小。常用的噪声系数表达式为

$$\text{NF} = \frac{(S/N)_{\text{in}}}{(S/N)_{\text{out}}} \tag{5.21}$$

在卫星通信系统中，由于采用噪声温度更方便，因此最好将噪声系数转换为噪声温度 T_d。两者间的关系为

$$T_d = T_0(\text{NF} - 1) \tag{5.22}$$

上述两式中，噪声系数采用比值形式，T_0 为计算标准噪声系数的参考温度，常取 290K。NF 一般以分贝形式表示，因此在计算式（5.22）时要先进行转换。

典型系统中噪声系数和噪声温度的对照如表 5.1 所示。

表 5.1 典型系统中噪声系数和噪声温度的对照

噪声温度（K）	0	20	40	60	80	100	120	150	200	290
噪声系数（dB）	0	0.29	0.56	0.82	1.06	1.29	1.5	1.81	2.28	3
噪声温度（K）	400	600	800	1000	1500	2000	3000	5000	10000	
噪声系数（dB）	3.8	4.9	5.8	6.5	7.9	9	10.5	12.6	15.5	

4. 地面站 G/T

链路方程可以表示为

$$\frac{C}{N} = \left(\frac{P_t G_t G_r}{kT_s B_n}\right)\left(\frac{\lambda}{4\pi R}\right)^2 = \left(\frac{P_t G_r}{kB_n}\right)\left(\frac{\lambda}{4\pi R}\right)^2 \left(\frac{G_r}{T_s}\right) \tag{5.23}$$

式中，$C/N \propto G_r/T_s$，括号中的所有项对给定卫星而言是固定不变的常数。G_r/T_s 通常简称为 G/T，单位为 dBK。当提高 G_r/T_s 可以提高接收 C/N 时，则可用 G/T 表示地面站或卫星接收系统的性能。

卫星终端表示为 G/T 是负数（在 0dBK 以下）的接收机。换言之，G_r 的数值比 T_s 的数值要小。

【例 5.4】某地面站天线直径为 30m，总孔径效率为 68%，接收信号的频率为 4150MHz。在此条件下，系统的噪声温度为 79K，天线指向卫星的仰角为 28°。求此时地面站的 G/T。若受降雨的影响，系统噪声温度上升到 88K，试重新求解 G/T 的值。

解：计算天线增益。对圆形孔径天线有

$$G_r = \eta_A 4\pi A/\lambda^2 = \eta_A(\pi D/\lambda)^2$$

当频率为 4150MHz 时，$\lambda = 0.0723$m，有

$$G = 0.68 \times (30\pi/0.0723)^2 = 1.16 \times 10^6 \text{ 或 } 60.6\text{dB}$$

将 T_s 转换为 dBK 的形式，有

$$T_s = 10\lg 79 = 19\text{dBK}$$

$$G/T = 60.6 - 19 = 41.6\text{dBK}$$

若降雨时 $T_s = 88$K，则 $G/T = 60.6 - 19.4 = 41.2$dBK。

5.4 下行链路设计

卫星通信系统设计主要有两个目标：① 在规定的时间比例内达到最小的 C/N；② 以最小的成本获得最大的业务收入。若要设计具有高 C/N 的卫星通信链路，则需要采用大型天线，而这样会使得系统的造价十分昂贵。最优的系统设计是用最低的成本使系统各部分实现最好的组合。例如，为了克服降雨衰减，将卫星通信系统的裕量设计为 20dB 而非 3dB，则地面站的天线直径必须扩大为原来的 7 倍。

降雨衰减会对卫星通信链路造成不良影响。6/4GHz 频段上的降雨衰减较小，但在 14/11GHz（Ku）频段或更高的 30/20GHz（Ka）频段上，降雨的影响会很严重。通常，卫星通信链路在一定时间（通常为一年）内的可靠性要达到 99.5%～99.99%。换言之，接收机的 C/N 降低到链路最低允许值以下的时间可能占总时间的 0.01%～0.5%。此时，称为链路发生中断。

由于 C 频段的降雨衰减一般不超过 1dB 或 2dB，因此链路的可靠性通常可达 99.99%。一年的 0.01% 差不多等于 52min。每年降雨衰减的统计数据不是一成不变的，而是在一个很大的范围内波动的。链路中断通常发生在雷暴雨的天气下，其发生时间很难确定。尽管系统设计时预计的中断时间为每年 52min，但实际情况可能出现较大波动，即既有可能一年内中断几小时，也有可能一整年都未发生中断。由于 Ku 频段上的降雨衰减一般超过 10dB，甚至经常达到 20dB，因此链路可靠性不可能达到 99.99%。在 Ku 频段链路设计中，中断时间达到每年的 0.1%～0.5%（8～40h）是可以容忍的。一般而言，链路可容忍的中断时间与系统开展的业务类型有关。例如，电话业务需要采用实时信道，中断时间必须控制得较小。通常通过设置合适的链路裕量，可以选择 C 频段或 Ku 频段作为语音信道。然而，由于链路中断对互联网业务造成的影响较小，因此通常不需要采用实时信道。Ka 频段比较适合互联网接入业务。

利用链路预算可以简化 C/N 的计算。链路预算是一种通过查表来估计无线电链路中接收功率和噪声功率的方法，且链路预算中所有的参数均采用分贝形式表示，因此信号和噪声功率只需要通过加减运算就可得到。卫星通信链路设计是一个反复的过程，不可能一蹴而就，但是利用链路预算可以极大地简化链路设计的过程。建立某个链路预算后，任何参数发生变化时都可以很容易地重新计算出结果。例如，某 GEO 卫星通信系统采用全球波束，地面站天线的直径为 9m，其晴天和雨天的 C 频段下行链路预算如表 5.2 和表 5.3 所示。

表 5.2 晴天的 C 频段下行链路预算

C 频段卫星参数	
转发器的饱和输出功率	20W
天线沿中心轴方向的增益	20dB
转发器带宽	36MHz
下行链路频率	3.7～4.2GHz
信号（FM-TV 模拟信号）	
FM-TV 信号带宽	30MHz
接收机中允许的最小 C/N	9.5dB
C 频段地面站	
下行链路频率	4GHz
4GHz 天线沿中心轴方向的增益	49.7dB
接收 IF 带宽	27MHz
接收系统噪声温度	75K

（续表）

下行链路功率预算		
P_t =	卫星转发器输出功率，20W	13dBW
B_0 =	转发器输出补偿	−2dB
G_t =	卫星天线沿中心轴方向的增益	20dB
G_r =	地面站天线增益	49.7dB
L_p =	4GHz时自由空间路径损耗	−196.5dB
L_{ant} =	卫星天线波束损耗上限	−3dB
L_a =	晴天大气损耗	−0.2dB
L_m =	其他损耗	−0.5dB
P_r =	地面站接收功率	−119.5dBW
下行链路噪声功率预算（晴天）		
k =	玻耳兹曼常数	−228.6dBW/(K·Hz^{-1})
T_s =	系统噪声温度，75K	18.8dBK
B_n =	噪声带宽，27MHz	74.3dBHz
N =	接收机噪声功率	−135.5dBW

表5.3 雨天的C频段下行链路预算

P_{rca} =	晴天时地面站的接收功率	−119.5dBW
A =	降雨衰减	−1dB
P_{rain} =	雨天时地面站的接收功率	−120.5dBW
N_{ca} =	晴天时接收机的噪声功率	−135.5dBW
ΔT_{rain} =	降雨造成的噪声温度增量	2.3dB
N_{rain} =	降雨时接收机的噪声功率	−133.2dBW

链路预算是对单个转发器而言的，必须为系统中的每条链路分别进行链路预算。由于双工卫星通信链路有四条独立的链路，因此需要计算四次 C/N。若系统采用弯管转发器，则必须将上行链路和下行链路的 C/N 结合起来求解总 C/N。本节只求解单一链路的 C/N，完整卫星通信系统 C/N 的求解将在本章后面的实例中介绍。

链路预算通常是按最坏情况（链路 C/N 最小的情况）来计算的。如下几种因素会使得链路性能变差：① 地面站位于卫星覆盖区边缘，此时地面站接收的信号比覆盖区中心低 3dB 左右；② 卫星与地面站的距离最远；③ 地面站的仰角很低，此时大气衰减最大；④ 在链路上产生最大降雨衰减的情况下，降雨会降低接收信号的功率，并增大系统的噪声温度。卫星覆盖区边缘和最大路径长度通常是同时出现的，除非卫星采用了多波束天线。在通常的假设中，地面站天线是正对卫星的，此时的天线增益为中心轴增益。若天线的指向有误，则在链路预算中就需要引入一个损耗系数来表示天线增益的减小量。

卫星通信链路 C/N 的计算是基于 5.1 节和 5.2 节中提供的接收信号功率与接收噪声功率的计算公式进行的。

式（5.11）给出了以 dBW 为单位的接收信号功率，即

$$P_r = \text{EIRP} + G_r - L_p - L_a - L_{ta} - L_{ra} \tag{5.24}$$

位于天线输出端的接收终端的噪声功率 P_n 为

$$P_n = kT_sB_n \tag{5.25}$$

式中，T_s 为系统噪声温度，其单位为 K；B_n 为接收机噪声带宽。

系统接收噪声功率的分贝形式表示为

$$N = k + T_s + B_n \tag{5.26}$$

式中，k 为玻耳兹曼常数，其值为-228.6dBW/(K·Hz^{-1})；T_s 为系统噪声温度，其单位为 dBK；B_n 为接收机噪声带宽，其单位为 dBHz。

在上述计算中，转换式通常为 $10\lg(T_s)$ 或 $10\lg(B_n)$。然而，在路径损耗的计算中，之所以采用 $20\lg$ 的形式，是因为路径损耗方程中包含了信号强度的平方项 $(4\pi R/\lambda)^2$。

5.5 上行链路设计

由于卫星转发器明确规定了载波功率的大小，且地面站可以采用发射功率比卫星高得多的发射机，因此在很多情况下，上行链路的设计要比下行链路的设计简单得多。不过，VSAT 网络采用的是小型天线地面站，发射功率通常在 5W 以下，上行链路 EIRP 较低。卫星电话因为要控制对人体的电磁辐射危害，发射功率一般严格控制在 1W 以下。在移动通信系统中，卫星电话上行链路的 C/N 通常是最低的。

在卫星通信系统中，卫星转发器是一种准线性放大器，其接收到的载波功率的高低将直接影响输出功率的大小。通常采用行波管作为转发器的输出端的高功率放大器（HPA）。由于采用 FDMA 方式，因此必须为 HPA 预先设定一个补偿值，以免转发器输出端出现交调干扰。当输出端出现多个信号时，输出补偿一般取 1~3dB，具体取值视从卫星接收到的上行链路载波功率的高低而定。对地面站发射功率进行精确控制十分必要，该控制在地面站固定网络中也很容易做到。当多个地面站接入单转发器卫星时（例如某些 VSAT 网络和 Intelsat 卫星的情况），为了将转发器输出的交调干扰控制在足够低的水平，要求对输出进行 5~7dB 的补偿。即使采用单地面站接入转发器的形式，也需要设置一定的补偿值，以避免调制信号在通过非线性器件时发生 PM-AM 转换。

地面站发射功率是根据转发器输入端的功率设定的，设定方法主要有两种：① 根据卫星规定的通量密度进行设定；② 根据转发器输入端的额定功率进行设定。早期的 Intelsat C 频段卫星要求的通量密度很高，具体的通量密度值要视转发器的增益参数而定。一般情况下，要满足如此高的通量密度，必须采用大型地面站和功率达 3kW 的高功率发射机。为了减小地面站天线的尺寸，在 C 频段，典型上行链路地面站的发射功率为 100W，天线直径为 9m，卫星接收到的通量密度为 -100W/m^2。

尽管计算卫星所在位置的通量密度是确定地面站发射 EIRP 要求的一种简便方法，但在上行链路分析中，仍然需要利用链路方程计算转发器输入端的功率大小，进而确定上行链路的 C/N。确定转发器的 C/N 后，便可直接求出规定的发射功率值。

注意，B_n 实际上是地面站接收机的中频（IF）中的带通滤波器的带宽，即使 B_n 远小于转发器的带宽，上行链路的 C/N 仍要利用接收机的带宽而不是转发器的带宽来计算。转发器输入端的噪声功率 N_{xp} 为

$$N_{xp} = k + T_{xp} + B_n \tag{5.27}$$

式中，k 为玻耳兹曼常数，T_{xp} 为转发器的系统噪声温度，其单位为 dBK；B_n 的单位为 dBHz。

转发器输入端的接收功率 P_{rxp} 为

$$P_{rxp} = P_t G_t + G_r - L_p - L_{up} \tag{5.28}$$

式中，$P_t G_t$ 为上行链路的地面站 EIRP，其单位为 dBW；G_r 为卫星天线在上行链路方向上的增益，其单位为 dB；L_p 为路径损耗，其单位为 dB；L_{up} 是除路径损耗的全部上行链路损耗，其单位为 dB。

卫星接收机 LNA 输入端的 $(C/N)_{up}$ 为

$$(C/N)_{up} = 10\lg[P_r/(kT_sB_n)] = P_{rxp} - N_{xp} \tag{5.29}$$

利用由式（5.29）确定的$(C/N)_{up}$及由式（5.27）确定的噪声功率N_{xp}，再根据式（5.23）可以算出地面站发射机的输出功率P_t。转发器输入端的接收功率可由下式求出：

$$P_{rxp} = N + (C/N)_{up} \tag{5.30}$$

当采用弯管转发器且转发器的输出功率和增益已知时，也可算出地面站发射机的输出功率P_t，此时得

$$P_{rxp} = P_{sat} - BO_o - G_{xp} \tag{5.31}$$

式中，P_{sat}为转发器的饱和输出功率，其单位为dBW；BO_o为输出补偿，其单位为dB；G_{xp}为转发器的增益，其单位为dB。

当采用小直径天线的地面站时，为了保证卫星EIRP与普通情况下的值差不多，地面站必须采用更高功率的发射机。小型地面站天线通常具有更宽的波束，这加重了邻近卫星之间的干扰，为此要在发射功率与天线尺寸之间寻求一个折中的值，而这通常是不可能的。

为了将邻近上行链路之间的干扰减至最小，专门制定了传输站点天线特性曲线。上行链路干扰是决定卫星间隔在各频段上容量的关键问题。图5.8所示$G(\theta) = 32 - 25\lg\theta$，$\theta$的单位为度，当$\theta > 1°$时，卫星间隔取为3°。

目前，在整个GEO上均采用ITU-R标准，当$1° < \theta < 7°$时，传输天线特性曲线在$G(\theta) = 29 - 25\lg\theta$之下，而当$\theta \geq 7°$时，传输天线特性曲线在$G(\theta) = 32 - 25\lg\theta$之上。以上特性曲线的包络如图5.8所示。

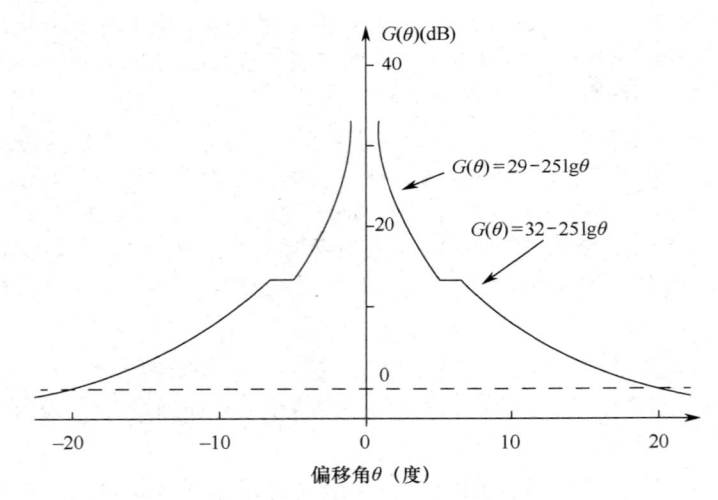

图5.8 ITU-R标准传输天线特性曲线的包络（GEO卫星间隔为2°）

当频率高于10GHz时，如14.6GHz和30GHz，降雨衰减产生的传输干扰会使得卫星的接收功率下降，进而使得转发器中上行链路的C/N下降。若卫星上采用的是线性转发器，则地面站接收机的$(C/N)_0$也下降。采取上行链路功率控制（UPC）可以解决上行链路降雨衰减问题。UPC利用地面站对卫星的反馈信号进行监控，并观测下行链路上降雨衰减产生的功率损失。14GHz上行链路地面站现已采用自动监测和控制上行链路功率的方法，从而在降雨期间保持卫星转发器中上行链路的C/N不变。新一代Ka频段卫星通信系统一般在卫星上采用上行链路功率探测方式，并设置与各地面站连接的控制链路，进而形成闭环连接。

由于下行链路通常采用与上行链路不同的频率，因此估计上行链路衰减时就应适当放大下行链路衰减。常将$(f_{up}/f_{down})^a$作为放大系数，a的范围为2~2.4。例如，某Ku频段卫星的上行链路的发射频

率为 14GHz，采用 11.45GHz 的频率对卫星反馈进行监控，则上行链路衰减为

$$A_{up} = A_{down}(f_{up}/f_{down})^a \tag{5.32}$$

式中，A_{up} 为上行链路降雨衰减的估计值，A_{down} 为下行链路降雨衰减的测量值。

当 $a = 2.2$ 且 $f_{up}/f_{down} = 1.222$ 时，放大系数 $(f_{up}/f_{down})^a$ 为 1.56。若下行链路降雨衰减的测量值为 3dB，则上行链路降雨衰减的估计值应为 4.7dB。该衰减值仅为降雨产生的衰减，并未包含大气衰减和起伏衰减。注意，降雨衰减、大气衰减和起伏衰减的放大系数是不同的。

UPC 需要将一定的衰减值预置到链路中。由于测量精度限制，通常将下行链路的预置衰减值设置为约 2dB，对 Ka 频段上行链路则设置为约 3dB。当卫星与地面站之间发生降雨时，转发器的上行链路 C/N 逐渐下降，直到地面站发射机中的 UPC 启动为止。在从 UPC 启动到 UPC 系统达到最大传输功率的这段时间内，转发器的 C/N 基本上保持不变。不过，若上行链路的衰减继续增加，则转发器的 C/N 将下降。

【例 5.5】 某 Ka 频段卫星转发器的线性增益为 127dB，卫星的正常输出功率为 5W。卫星的 14GHz 接收天线的中心增益为 26dB，波束覆盖整个欧洲西部地区。

当某上行链路发射机的频率为 14.45GHz 时，卫星转发器的输出功率为 1W，地面站天线的增益为 50dB。假设晴天的大气损耗为 0.5dB，发射机和天线之间的波导损耗为 1.5dB，试求该发射机的输出功率。地面站位于卫星接收天线的-2dB 等高线上。若降雨在每年 0.01% 的时间内产生的衰减为 7dB，且采用 UPC，为了保证每年 99.99% 的时间内均可接收到卫星转发器功率为 1W 的信号，对输出功率的要求是什么？

解： 转发器的输入功率等于输出功率减去转发器增益，即

$$P_{in} = 0 - 127 = -127\text{dBW}$$

由式（5.11）求出上行链路功率预算为

$$P_r = \text{EIRP} + G_r - L_p - L_a - L_{ta} - L_{ra}$$

整理并代入相应的损耗得

$$P_t = P_r - G_t - G_r + L_p + L_{ta} + L_a - L_{pt}$$

式中，L_{ta} 为波导损耗（发射天线产生的损耗），L_a 为大气损耗，L_{pt} 为有向损耗（天线图案损耗）。

假设路径长度为 38500km，则有

$$P_t = -127 - 50 - 26 + 207.2 + 1.5 + 0.5 + 2 = 8.2\text{dBW}$$

若额外提供 8dB 的输出功率来补偿降雨产生的损耗，则发射机的输出功率为

$$P_{t\,rain} = 8.2 + 8 = 16.2\text{dBW}$$

∎

5.6 实际 C/N 的链路设计：结合卫星通信链路中的 C/N 和 C/I 进行设计

地面站接收机基带信道中的 BER 或 S/N 取决于解调器输入端 IF 放大器中的载波功率和噪声功率之比。IF 放大器中噪声的来源很多。目前，在上行链路和下行链路分析中，仅考虑接收机热噪声及由大气辐射和降雨产生的噪声。设计一条完整的卫星通信链路时，地面站 IF 放大器中的噪声来自接收机本身、接收天线、天电噪声、卫星转发器，以及采用相同频段的邻近卫星和地面站发射机。

在下面的计算中，采用 C/N 和 C/I（载干比）相加的方法。

当链路中的 C/N 多于一个时，总载噪比$(C/N)_0$ 的倒数等于各载噪比的倒数之和。总载噪比$(C/N)_0$ 通常是在地面站 IF 放大器的输出端测得的，即

$$(C/N)_0 = 1/[1/(C/N)_1 + 1/(C/N)_2 + 1/(C/N)_3 + \cdots] \tag{5.33}$$

上式通常称为 C/N 倒数公式。其中，C/N 的值均是比值形式，而不是分贝形式。既然每个 C/N 参考的都是同一个载波，则式（5.33）中的 C 均是相同的，那么整理上式可得

$$(C/N)_0 = 1/(N_1/C + N_2/C + N_3/C + \cdots) = C/(N_1 + N_2 + N_3 + \cdots) \tag{5.34}$$

转换为分贝形式如下：

$$(C/N)_0 = 10\lg C - 10\lg(N_1 + N_2 + N_3 + \cdots) \tag{5.35}$$

注意，$(C/N)_{\text{down}}$ 不能在接收地面站测量。卫星在发射有用信号的同时，也发射噪声信号，而在接收机处测量的 C/N 总小于 $(C/N)_0$。

要计算卫星通信链路性能，首先需要算出转发器中的上行链路载噪比 $(C/N)_{\text{up}}$ 和地面站接收机中的下行链路载噪比 $(C/N)_{\text{down}}$。此外，还要了解卫星接收机和地面站接收机中是否存在干扰。其中，必须了解转发器工作在 FDMA 方式中的位置，以及交调干扰产生的环节。知道转发器中交调干扰的功率后，便可求出 C/I，进而求出 $(C/N)_0$。采用小型接收天线时，如 VSAT 和 DBS-TV 系统采用的天线，邻近卫星之间可能发生干扰。

由于 C/N 通常是利用功率和噪声预算计算得到的，因此常用分贝作为单位。利用两条链路的 C/N 来估计 $(C/N)_0$ 的常用规则如下：

（1）若两个 C/N 相等，则 $(C/N)_0$ 比 C/N 低 3dB；

（2）若两个 C/N 相差 10dB，则 $(C/N)_0$ 比较小的 C/N 低 0.4dB；

（3）若两个 C/N 相差 20dB，则 $(C/N)_0$ 约等于较小的 C/N，精度范围为±0.1dB。

【例 5.6】 地面站接收机的 $(C/N)_{\text{down}}$ 为 20dB，转发器信号的 $(C/N)_{\text{up}} = 20$dB，计算地面站处的总载噪比 $(C/N)_0$。若转发器引入了交调干扰，C/I = 24dB，计算地面站的总载噪比 $(C/N)_0$。

解： $(C/N)_0 = 20$dB 即 C/N = 100，根据式（5.33），有

$$(C/N)_0 = \frac{1}{1/(C/N)_{\text{up}} + 1/(C/N)_{\text{down}}} = \frac{1}{0.01 + 0.01} = 50 \text{ 或 } 17\text{dB}$$

C/I 值为 24dB，对应于比值为 0.004，则总载噪比为

$$(C/N)_0 = \frac{1}{0.01 + 0.01 + 0.004} = 41.7 \text{ 或 } 16.2\text{dB}$$

1. 计入上行链路和下行链路衰减后的总载噪比 $(C/N)_0$

大多数卫星通信链路在设计时均会留有一定的裕量，以抵消链路中的由损耗或干扰产生的噪声功率（无论干扰信号是服从均匀功率谱密度分布还是服从高斯分布，均为白噪声。若已知干扰的特性，则可采用删除技术来降低干扰程度）。

转发器工作模式和增益不同，上行链路 C/N 的变化对总载噪比的影响也有所不同。

转发器有三种工作模式：

（1）线性转发器：$P_{\text{out}} = P_{\text{in}} + G_{\text{xp}}$ dBW

（2）非线性转发器：$P_{\text{out}} = P_{\text{in}} + G_{\text{xp}} - \Delta G$ dBW

（3）数字正反馈转发器：$P_{\text{out}} = $ 常数 dBW

式中，P_{in} 为从卫星接收天线传输到转发器输入端的接收功率，P_{out} 为从转发器 HPA 传输到卫星发射天线输入端的功率，G_{xp} 为转发器的功率。

参数 ΔG 与 P_{in} 有关，表示由转发器的非线性饱和特性造成的增益损耗。通常使转发器工作在饱和区附近，以获得接近最大输出值的输出功率，这时转发器增益随着输入的增加而明显降低。

转发器的最大输出功率称为饱和输出功率，常作为转发器的输出功率标称值。当输出功率接近饱和输出功率时，转发器的输入输出特性为高度非线性，从而产生码间干扰（ISI）。当采用 FDMA 方式时，多路信号相乘会产生交调干扰。为了使工作特性更接近线性特性，常为转发器设置一定的输出补偿。其输出补偿值要根据转发器的具体输出特性及传输信号的类型决定。通常，输出补偿值的范围为 1~3dB，其中，采用单信号 FM 或 PSK 载波方式时取 1dB，采用多载波 FDMA 方式时取 3dB。相应的输入补偿值分别为 3dB 和 5dB。不过，要精确地确定补偿值的大小，还必须根据具体转发器的特性决定。计算总载噪比 $(C/N)_0$ 时通常假设转发器工作在线性区域，但这并不是实际的工作情况。

2. 降雨时的上行链路和下行链路衰减

降雨对上行链路和下行链路的影响有很大的区别。为了方便起见，通常假设降雨不会同时发生在上行链路和下行链路上。对相距较远的地面站而言，实际情况也的确如此。但是，当两个地面站比较接近（距离小于 20km）时，由于在不规则地形分布区域发生雷暴雨的概率一般小于 1%，因此上行链路和下行链路同时产生严重降雨衰减的可能性很小。在以下关于上行链路和下行链路衰减效果的分析中，均假设两条链路中只有一条链路发生降雨衰减。

3. 上行链路衰减及其载噪比 $(C/N)_{up}$

当上行链路上发生降雨时，转发器接收机的噪声温度并不发生显著的变化。不过，由于卫星接收天线的波束通常很宽，覆盖的地面范围很广，因此可以观测到不同地区的系统噪声温度有着明显的差别。GEO 卫星观测到的系统噪声温度具有一定的变化范围。GEO 卫星转发器中相应的系统噪声温度为 400K~500K。当上行链路上发生降雨时，卫星天线波束正对的是温度较低的积雨云（积雨云的温度通常低于 270K）而不是地面，因此降雨通常不会增加上行链路的噪声功率。

然而，上行链路上的降雨会减小卫星接收机输入端的功率，进而按比例减小 $(C/N)_{up}$。若转发器工作在线性区域下，则输出功率减小量和输入功率的相同，且引起地面站接收机的载噪比 $(C/N)_{down}$ 的减小量和 $(C/N)_{up}$ 的相同。若 $(C/N)_{up}$ 和 $(C/N)_{down}$ 均减小 A_{up}，则总载噪比 $(C/N)_0$ 的减小量也等于 A_{up}。若卫星采用线性转发器且降雨衰减为 A_{up}，即

$$(C/N)_{0\text{ uplink rain}} = (C/N)_{0\text{ clear air}} - A_{up} \tag{5.36}$$

若采用非线性转发器，则输出功率衰减一般小于 A_{up}，两者相差 ΔG，即

$$(C/N)_{0\text{ uplink rain}} = (C/N)_{0\text{ clear air}} - A_{up} + \Delta G \tag{5.37}$$

采用数字正反馈转发器，或者采用自动增益控制（AGC）系统，将输出功率保持为一个常数，即

$$(C/N)_{0\text{ uplink rain}} = (C/N)_{0\text{ clear air}} \tag{5.38}$$

仅当接收功率高于门限，并且转发器中恢复的数字信号的 BER 很小时，才能采用以上公式。当接收功率降到门限以下时，上行链路中的衰减便会对地面站接收到的数字信号的 BER 产生严重影响。

4. 下行链路衰减及其载噪比 $(C/N)_{down}$

当降雨发生在下行链路上时，地面站接收机的噪声温度将发生显著变化。此时，特别是发生雷暴雨时，天电噪声温度可升高到接近雨滴的物理温度。尽管从热带观测到的噪声温度高于 290K，但温带的噪声温度通常假设为 270K。当天电噪声温度接近 270K 时，会使接收天线噪声温度升高，明显高于晴天时的噪声值。最后的结果是接收功率减小，接收机内的噪声功率增大。此时，采用非线性转发器的下行链路 $(C/N)_{down\text{ rain}}$ 为

$$(C/N)_{\text{down rain}} = (C/N)_{\text{down clear air}} - A_{\text{rain}} - \Delta N_{\text{rain}} \tag{5.39}$$

总载噪比为

$$(C/N)_0 = 1/[1/(C/N)_{\text{down rain}} + 1/(C/N)_{\text{up}}] \tag{5.40}$$

注意，除非进行站点环路测试，否则假设$(C/N)_{\text{up}}$是晴天时的载噪比，且其值不随下行链路衰减而发生变化。

5. 具体性能的系统设计

典型的双工卫星通信链路由四条独立的路径组成：从第一终端到卫星的输入上行链路，从卫星到第二终端的输出下行链路；从第二终端到卫星的输入上行链路，从卫星到第一终端的输出下行链路。若不采用单一的 FDMA 转发器，则两个方向的链路是相互独立的，可以分开设计。DBS-TV 系统有一条上行链路和一条下行链路。

6. 卫星通信链路的设计步骤

单工卫星通信链路的设计步骤可以归纳为如下步骤，双工卫星通信链路也可以参考相同的步骤设计。

（1）确定系统的工作频段。通常利用比较设计来帮助选择频段。

（2）确定卫星的通信参数。通常通过估计来确定未知的参数值。

（3）确定发射地面站和接收地面站的参数。

（4）从发射地面站开始，建立上行链路预算和转发器噪声功率预算，进而确定转发器内的$(C/N)_{\text{up}}$。

（5）根据转发器增益或输出补偿，确定转发器的输出功率。

（6）建立接收地面站的下行链路预算和转发器噪声功率预算，计算位于覆盖区边缘的地面站的$(C/N)_{\text{down}}$和$(C/N)_0$。

（7）计算基带信道的 S/N 或 BER，确定链路裕量。

（8）估计计算结果，并与规定的性能进行比较。根据需要调整系统参数，直到获得合理的$(C/N)_0$、S/N 和 BER。该过程可能要反复进行数次。

（9）确定链路工作所要求的传输条件，分别计算出上行链路和下行链路的中断时间。

（10）若链路裕量不够，可通过调整某些参数重新设计系统。最后，检验所有参数是否符合要求，以及设计是否可以按照预算正常工作。

5.7 系统设计实例

通过如下系统设计实例，可以了解实际卫星通信系统的具体设计过程。

1. 系统设计实例 1

本例检查某卫星通信链路的设计情况。该卫星通信系统采用 Ku 频段的 GEO 卫星。该卫星上的转发器采用弯管转发器。设计要求电视接收机中的总载噪比达到 9.5dB，以保证电视屏幕上视频信号的质量。本例旨在确定各系统的上行链路发射功率、接收天线的增益和天线直径，以便求出各系统的链路裕量，并分析卫星地面站路径上发生降雨衰减时的系统性能。最后给出利用 UPC 的优缺点。

本例中的卫星位于 73°W（注意，按照国际惯例应表示为 287°E），整个链路预算均采用分贝形式表示。卫星和地面站的具体参数如表 5.4 所示。

表 5.4 卫星和地面站的具体参数

Ku 频段卫星参数	
位于 GEO 上 73°W 且携带 28 个 Ku 频段的转发器	2.24kW
总 RF 输出功率	31dB
天线中心增益（发射和接收）	500K
接收系统噪声温度	80W
转发器饱和输出功率：Ku 频段	54MHz
转发器带宽：Ku 频段	
信号 接收机内的最小允许总载噪比 $(C/N)_0$	9.5dB
Ku 频段发射地面站	
天线直径	5m
孔径效率	68%
上行链路频率	14.15GHz
Ku 频段转发器所要求的 C/N	30dB
转发器 HPA 输出补偿	1dB
上行链路混合损耗	0.3dB
位置：卫星接收天线的-2dB 等高线	
Ku 频段接收地面站	
下行链路频率	11.45GHz
接收机 IF 噪声带宽	43.2MHz
天线噪声温度	30K
LNA 噪声温度	110K
晴天时要求的总载噪比 $(C/N)_0$	17dB
下行链路混合损耗	0.2dB
位置：卫星发射天线的-3dB 等高线	
降雨衰减和传播因素	
晴天时 Ku 频段的衰减	
上行链路 14.15GHz	0.7dB
下行链路 11.45GHz	0.5dB
降雨衰减	
上行链路每年 0.01%的时间	6dB
下行链路每年 0.01%的时间	5dB

卫星电视广播系统示意图如图 5.9 所示。

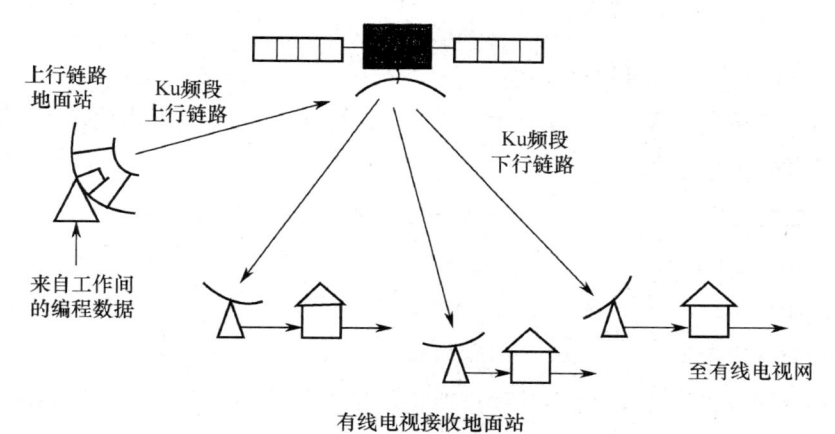

图 5.9 卫星电视广播系统示意图

1) Ku 频段上行链路设计

求晴天时满足 $(C/N)_{up}$ = 30dB 的上行链路发射功率。首先，求出带宽为 54MHz 的转发器内的噪声功率，然后加上 30dB 即可求出转发器的输入功率。

上行链路噪声功率预算

k = 玻耳兹曼常数		-228.6dBW/(K·Hz^{-1})
T_s = 500K		27dBK
B_n = 43.2MHz		76.4dBHz
N = 转发器噪声功率		-125.2dBW

$(C/N)_{up}$ = 30dB，即转发器的输入功率必须比噪声功率高 30dB。

$$P_r = 转发器的输入功率 = -95.2\text{dBW}$$

上行链路天线直径为 5m，孔径效率为 68%。14.15GHz 时波长为 2.12 cm = 0.0212m。天线增益为

$$G_t = 10\lg[0.68 \times (\pi D/\lambda)^2] = 55.7\text{dB}$$

自由空间路径损耗为 $L_p = 10\lg[(4\pi R/\lambda)^2] = 207.2\text{dB}$。

上行链路功率预算

P_t = 地面站发射功率		P_t dBW
G_t = 地面站天线增益		55.7dB
G_r = 卫星天线增益		31dB
L_p = 自由空间路径损耗		-207.2dB
L_{ant} = -2dB 等高线上的 E/S		-2dB
L_m = 其他损耗		-1dB
P_r = 转发器接收功率		$P_t - 123.5$dB

若满足 $(C/N)_{up}$ = 30dB 条件的转发器的输入功率为 -95.2dBW，则有 P_t = 28.3dBW。

该发射功率较高，可能需要通过增大发射天线的直径来提高天线增益，以减小对发射功率的要求。

2) Ku 频段下行链路设计

首先计算下行链路的 $(C/N)_{down}$，以便在 $(C/N)_{up}$ = 30dB 时有 $(C/N)_0$ = 17dB。由前文所述可得

$$1/(C/N)_{down} = 1/(C/N)_0 - 1/(C/N)_{up}$$

有 $1/(C/N)_{down}$ = 1/50 $-$ 1/1000 = 0.019，得到 $(C/N)_{down}$ = 52.6 或 17.2dB。

然后，计算出满足 $(C/N)_{down}$ = 17.2dB 的接收机输入功率，进而计算出接收天线增益 G_r。

下行链路噪声功率预算

k = 玻耳兹曼常数		-228.6dBW/(K·Hz^{-1})
T_s = 30 + 110 = 140K		21.5dBK
B_n = 43.2MHz		76.4dBHz
N = 转发器噪声功率		-130.7dBW

晴天地面站接收机的输入功率要比噪声功率大 17.2dB，于是有 $P_r = -113.5$dBW

然后计算 11.45GHz 的路径损耗。14.15GHz 的路径损耗为 207.2dB，于是 11.45GHz 的路径损耗为

$$L_p = 207.2 - 20\lg(14.15/11.45) = 205.4\text{dB}$$

转发器输出功率补偿为1dB，则输出功率比19dB低1dB，即 $P_t = 18\text{dBW}$

下行链路功率预算

P_t = 地面站发射功率	18dBW
G_t = 地面站天线增益	31dB
G_r = 卫星天线增益	G_rdB
L_p = 自由空间路径损耗	−205.4dB
L_a = −3dB 等高线上的 E/S	−3dB
L_m = 其他损耗	−0.8dB
P_r = 转发器接收功率	G_r − 160.23dB

当满足 $(C/N)_{\text{down}} = 17.2\text{dB}$ 的接收机输入功率为 $P_r = -120.1\text{dBW}$ 时，接收天线的增益应为 $G_r = 46.7\text{dB}$ 或 46774。地面站天线直径 D 可根据天线增益计算得到，即

$$G_r = 0.65(\pi D/\lambda)^2 = 46774$$

当频率为11.45GHz时，波长为2.62cm = 0.0262m，求得直径 $D = 2.14\text{m}$。

3）Ku 频段降雨影响

雷暴雨情况下，Ku 频段上行链路在每年 0.01% 的时间内遭受的降雨衰减为 6dB。必须确定上行链路的衰减裕量，并考虑是否需要引入 UPC，以提高系统在 Ku 频段的工作性能。

晴天时，上行链路的 C/N 为 30dB，减去 6dB 上行链路路径损耗后，转发器中的 C/N 降低到 24dB。若假设转发器工作在线性区域，且未采取 UPC，则转发器输出功率降低到 18 − 6 = 12dBW，而下行链路 C/N 相应地减小 6dB，即从 17.2dB 减小到 11.2dB，$(C/N)_{\text{down}}$ 和 $(C/N)_{\text{up}}$ 均减小 6dB，$(C/N)_0$ 也减小 6dB，等于 11dB。此时，要求的最小总载噪比为 9.5dB，显然除了应付降雨衰减的 6dB，还留有 1.5dB 的链路裕量。因此，当未采取 UPC 时，可得到的上行链路裕量为 7.5dB。

当上行链路衰减接近 3dB 时，可以考虑采取 UPC，进而提高地面站发射机的输出功率，以将接收机内的总载噪比保持为 14dB。若 UPC 系统具有 6dB 的变化范围，则上行链路降雨衰减的裕量便可达到 12dB，最大发射功率也可增加到 34.3dBW。发生特大雷暴雨时，14GHz 频段上的降雨衰减可能超过 12dB。虽然每次中断持续的时间长达几分钟，但是从全年看，发生中断的次数还是很有限的。采用 UPC 系统可以显著提高上行链路抵抗降雨衰减的能力，但这是以采用更高功率、更高费用的上行链路发射机为代价的。尽管如此，对具有多个接收地面站的电视广播系统而言，高昂的费用还是可以接受的。此外，采用 UPC 系统的上行链路地面站所辐射的额外功率可能导致邻近同频卫星之间出现严重干扰。为了克服这种干扰，可以采用增大地面站天线的直径、提高天线增益以减小发射功率的方法。

卫星和地面站之间的 11.45GHz 链路上的降雨衰减超过 5dB 的时间约占每年时间的 0.01%。假设天电噪声和天线噪声的耦合系数为 100%，晴天时的大气衰减为 0.5dB。计算在这些条件下的总 C/N。若上行链路的工作条件为晴天，需要计算出下行链路的衰减裕量。

首先，求出由多余的 5.5dB（晴天时的大气衰减加上降雨衰减）路径损耗得到的天电噪声温度。当天电噪声和天线噪声的耦合系数为 100% 时，该噪声温度就是降雨时的天线噪声温度。为了计算下行链路 C/N 的变化量，先要算出接收功率的变化量和系统噪声温度的增量。

晴天时，下行链路上的大气衰减为 0.5dB，相应的天电噪声温度为 $270 \times (1 - 10^{-0.05}) = 29\text{K}$（在系统规范中，天线噪声温度取 30K）。降雨引起的衰减为 5dB，总路径损耗为 5.5dB，于是得到相应的天电噪声温度为

$$T_{\text{sky rain}} = T_0(1 - G), \text{ 其中 } G = 10^{-A/10} = 0.282$$

得到

$$T_{\text{sky rain}} = 270 \times (1 - 0.282) = 194\text{K}$$

可见，当降雨时的天线噪声温度由晴天时的 30K 增加到 194K 时，系统噪声温度由晴天时的 140K 增加到

$$T_{\text{s rain}} = 194 + 110 = 304\text{K} \text{ 或 } 24.8\text{dBK}$$

噪声功率增量为

$$\Delta N = 10\lg(304/140) = 3.4\text{dB}$$

当降雨时的信号发生 5dB 衰减时，下行链路 C/N 的减小量为 8.4dB，其值变为

$$(C/N)_{\text{down rain}} = 17.2 - 8.4 = 8.8\text{dB}$$

根据以上结果和 $(C/N)_{\text{up}} = 30\text{dB}$，则可以求出总载噪比 $(C/N)_{0\text{ rain}}$ 为 8.8dB。

显然，降雨时的总载噪比低于最低允许值 9.5dB。下行链路裕量为

$$下行链路裕量 = (C/N)_{\text{down}} - (C/N)_{\text{min}} = 17.2 - 9.5 = 7.7\text{dB}$$

由于 5dB 下行链路降雨衰减会引起总载噪比低于 9.5dB 的最低允许值，因此要重新计算下行链路所能承受的最大衰减。这是个周而复始的过程，要不断地调整 $(C/N)_{\text{down}}$ 中 C 和 N 的值。若降雨衰减为 5dB 时噪声功率增加 3.4dB，则当将降雨衰减降低 0.3dB 时，噪声功率降低 0.2dB。

当降雨衰减为 4.7dB 时，重新计算 $(C/N)_{\text{down}}$，有

$$T_{\text{sky rain}} = T_0(1 - G), \text{ 其中 } G = 10^{-A/10} = 0.339$$

得到

$$T_{\text{sky rain}} = 270 \times (1 - 0.339) = 178\text{K}$$

$$\Delta N = 10\lg(288/140) = 3.1\text{dB}$$

$$(C/N)_{\text{down rain}} = 17.2 - 4.7 - 3.1 = 9.4\text{dB}$$

$$(C/N)_{0\text{ rain}} = 9.36 \approx 9.4\text{dB}$$

计算结果 $(C/N)_{0\text{ min}}$ 接近 9.5dB，于是得到下行链路可承受的降雨衰减约为 4.7dB。

若要求更短的中断时间，则必须增大接收天线的直径。例如，当接收天线的直径增加到 2.4m 时，天线增益提高 $20\lg(2.4/2.14) = 1\text{dB}$，则可将下行链路裕量增加到 8.7dB。通过反复计算，相应的降雨衰减为 5.5dB，噪声功率增量为 3.2dB，下行链路 C/N 为 $17.2 - 8.7 = 8.5\text{dB}$，总载噪比 $(C/N)_0 \approx 8.5\text{dB}$。

可见，提高天线增益使链路达到了规范要求，但天线直径的增大会减小天线的波束宽度，进而对系统的跟踪设备提出更高的要求。如果采用的是定向天线，当卫星穿过天线波束运行时，卫星的每日运动可能会使接收信号强度发生变化。

2．系统设计实例 2

1）低高度地球轨道（LEO）卫星通信系统

低高度地球轨道（LEO）卫星通信系统通常用于提供个人通信业务，与蜂窝系统类似，只是覆盖范围更广而已。LEO 卫星通信系统可以覆盖任何无陆上蜂窝系统的区域。蜂窝电话可以通过网关站点与连接到公共交换电话网（PSTN）的传统家用电话或办公电话进行双工通信。不仅如此，卫星电话之间、卫星电话与蜂窝电话之间也可进行通信。

多数 LEO 卫星通信系统工作在 L 频段及分配给移动卫星通信的 S 频段的 2460MHz。有些 LEO 卫星通信系统采用卫星之间的链路来代替传统的地面中继方式，为用户提供全球通信。不过，信号仍然要通过链路两端的网关站点进行传输，以使运营商可以控制用户呼叫及收取用户的通信费用。通常，要根据系统的具体要求来选择网关站点和卫星之间的连接链路的工作频率，可供选择的频段有 S 频段、C 频段、Ku 频段和 Ka 频段。L 频段上只有很小一部分频率分配给了 LEO 和 MEO 卫星通信系统，因此通常将 L 频段上的可用频率保留给用户与卫星之间的紧急链路。

大多数 LEO 卫星采用多波束天线，波束图案在地面的移动速度等于卫星的运行速度。LEO 卫星通信系统可以提供同一天线覆盖区内波束间的自动切换，这个过程与蜂窝系统中越区切换的过程类似，但要保证卫星之间的切换过程不被用户察觉到。

下面将对用户和网关站点之间的链路进行分析。由于 LEO 卫星采用数字传输方式，因此可以利用前向纠错编码（FEC）和语音压缩技术对其进行分析。因为 LEO 卫星通信系统中数字语音的比特速率通常为 4800bps，所以要求采用高压缩率的算法。这种较低的比特速率可在转发器带宽内传输更多的信号，且有助于保持接收机内的 C/N。

从网关站点到移动终端的链路称为输出链路，而从移动终端到网关站点的链路称为输入链路。网关站点和移动终端之间的双工通信系统示意图如图 5.10 所示。

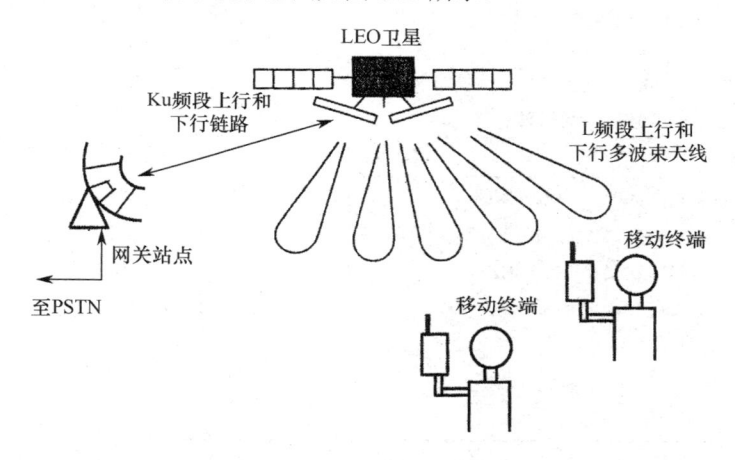

图 5.10　网关站点和移动终端之间的双工通信系统示意图

在图 5.10 中，输入链路和输出链路分别采用了独立的转发器。在本例中，移动终端采用频分多址（FDMA）和单信道单载波（SCPC）方式向卫星转发器发射信号。其实，这种技术的原理很简单：每个发射机均分配唯一的频率，这与广播站点类似。与蜂窝系统一样，多个移动终端共享相同的可用频率，每次呼叫均遵守一定的建立顺序，然后利用最近的 LEO 卫星建立移动终端与网关站点之间的通信。建立连接后，网关站点会为呼叫分配一个频率资源，待呼叫结束后，该频率资源会被重新释放，再次成为新的可用频率。这个过程称为请求分配（DA），这种多址接入技术通常称为 SCPC-FDMA-DA 或 SCPC-FDMA-DAMA，其中 DAMA 代表请求分配多址接入。

从网关站点经卫星到移动终端的链路采用时分复用（TDM）方式。TDM 信号是由一系列带有地址信息的包组成的，这些包每 20～100ms 重复一次。根据包中的地址信息，可以决定包的接收终端。为了使 TDM 比特流中的每个终端均有足够的可用容量，TDM 比特速率必须超过双工通信系统中的所有移动终端的比特速率。

本例先假设有 50 个移动终端共享一条普通的 TDM 信道，且假设网关站点工作在 Ku 频段，卫星采用的是线性转发器而不是带星上处理的转发器。LEO 卫星通信系统的性能参数如表 5.5 所示。

表 5.5 LEO 卫星通信系统的性能参数

卫星参数	
饱和输出功率	10W
移动终端上行链路频率	1650MHz
移动终端下行链路频率	1550MHz
1650MHz 上行链路天线增益（单波束）	23dB
1550MHz 下行链路天线增益（单波束）	23dB
网关站点上行链路频率	14GHz
网关站点下行链路频率	11.5GHz
14GHz 上行链路天线增益	3dB
11.5GHz 下行链路天线增益	3dB
卫星接收机系统噪声温度	500K
移动终端参数	
发射机输出功率	0.5W
天线增益（发射和接收）	0dB
接收机系统噪声温度	300K
发射比特速率	4800bps
接收比特速率	96kbps
规定的最大比特误码率	10^{-4}
网关站点参数	
发射机输出功率（最大值/转发器）	10W
天线增益（发射，14GHz）	55dB
天线增益（接收，11.5GHz）	53.5dB
接收系统噪声温度（晴天）	140K
发射比特速率（FEC 编码前）	300kbps
接收比特速率（FEC 解码后）	4800bps
规定的最大比特误码率	10^{-4}

表 5.5 中给出了卫星到地面链路的最大路径长度的参数，至于如何合理地选定 LEO 卫星通信系统的轨道高度和最小仰角，则留给读者作为课下练习。

由于 LEO 卫星单个波束的增益较低，容量也有限，因此常采用多个 L 频段波束来提供瞬时覆盖区各部分的业务。设某天线的增益为 23dB，即 $G = 200$，其波束宽度 θ_{3dB} 为 12.8°。

采用多波束天线提高卫星对移动终端的天线增益，增大了移动终端和网关站点接收机内的 C/N。卫星到网关站点的链路采用 Ku 频段天线具有较低的增益和较宽的波束。在网关站点采用增益相对较大的天线和高功率发射机可使这些链路具有较高的 C/N，也便于卫星采用小型 Ku 频段天线。

在本例中，假设 50 个移动终端共享一个卫星转发器，每个转发器按照分配频率向 LEO 卫星覆盖区内的一个 L 频段波束提供服务。在卫星上安装多个转发器，便可实现多个移动终端共享一颗 LEO 卫星，其中每个转发器与卫星天线覆盖区内的一个波束相连。移动终端接收到的来自网关站点的 TDM 包含 50 条数字语音信道，每条信道的比特速率为 4800bps。若只传输语音信号，TDM 信号的比特速率可达 24kbps。由于在实际工程中常常需要加入一些其他的比特，因此传输比特速率要更高一些。本例采用的 TDM 比特速率为 300kbps。移动终端只接收与自己相关的信息，其余信息则全部忽略。

2）移动终端到网关站点的链路

每个移动终端均按照分配的频率传输 BPSK 信号，信号的传输速率为 4800bps。卫星转发器收到 L 频段信号后，将信号变频到 Ku 频段，并用线性转发器对信号进行放大，然后重新发射。在网关站点中，天线和 RF 接收机连接到中频（IF）接收机上，这些接收机的频率均被调谐到各个发射机的频率。IF 接收机的噪声带宽为 4800Hz，根升余弦滤波器（RRC 滤波器）的 $\alpha = 0.5$，从而得到新的带宽为 7.2kHz。

3）移动终端到卫星的上行链路

下面为各条链路建立功率和噪声链路预算。首先考虑移动终端到卫星的上行链路。

根据式（5.11）可以求得上行链路天线输出端的接收功率为

$$P_r = \text{EIRP} + G_r - L_p - L_m \tag{5.41}$$

式中，EIRP 为发射机输出功率和发射天线增益的乘积 $P_t G_t$，其单位为 dBW；G_r 为卫星天线的增益；L_p 为路径损耗；L_m 为其他损耗。

卫星接收系统输入端的噪声功率 N 为

$$\begin{aligned} N = P_n &= kT_s B_n \text{ W} \\ &= k + T_s + B_n \text{ dBW} \end{aligned} \tag{5.42}$$

路径损耗 L_p 为

$$L_p = (4\pi R/\lambda)^2 \quad \text{或} \quad 20\lg(4\pi R/\lambda) \text{ dB}$$

式中，R 为链路两端发射天线和接收天线之间的距离，单位为 m；λ 为波长，单位为 m。

上行链路频率为 1650MHz，对应的 $\lambda = 0.1818$m。已知最大距离为 2200km，则最大路径损耗为

$$L_p = 20\lg(4\pi \times 2.2 \times 10^6 / 0.1818) = 163.6 \text{dB}$$

假设 1550MHz 链路上的其他损耗（主要包括极化未对准、大气层中的大气吸收等）为 0.5dB。计算 C/N 时，通常可以计算最差情况下的 C/N，即计算位于卫星天线图−3dB 等高线上的网关站点的 C/N。此时，天线增益要减小 3dB，于是其他损耗 L_m 的值为 $L_m = -3.5$dB。计算晴天的链路功率和噪声预算时，不存在任何链路上的障碍物造成的损耗。

表 5.6 中给出了上行链路功率预算，表 5.7 中给出了转发器噪声功率预算。

表 5.6 上行链路功率预算

参　数	符　号	数　值
移动终端的 EIRP	$P_t G_t$	−3dBW
接收天线增益	G_r	23dB
1650MHz 时的路径损耗	L_p	−163.6dB
其他损耗	L_m	−3.5dB
卫星端的接收功率	P_r	−147.1dBW

表 5.7 转发器噪声功率预算

参　数	符　号	数　值
玻耳兹曼常数	k	−228.6dBW/(K·Hz^{-1})
系统噪声温度	T_s	27dBK
噪声带宽	B_n	36.8dBHz
噪声功率	N	−164.8dBW

根据功率和噪声预算，可以算出转发器内的输入上行链路 C/N 为

$$(C/N)_{up} = P_r/N = -147.1 - (-164.8) = 17.7\text{dB}$$

需要指出的是，上面求得的为晴天时转发器中上行链路的最低载噪比，移动终端天线增益的取值为 0dB。若卫星天线的覆盖直径为 1000km 而非 2200km，则路径损耗可以降低 6.8dB，且在天线波束中心点，其他损耗可降低 3dB，所以转发器的接收功率可以提高 9.8dB，从而使 $(C/N)_{up} = 28.5\text{dB}$。然而，这里不能用该数值进行系统设计，否则系统就只能为一个移动终端提供服务，而且服务的时间仅限于卫星通过该移动终端正上方的短暂时间。设计目标是保证卫星覆盖区内的所有移动终端链路均具有提供通信的足够载噪比。

4）卫星到网关站点的链路

计算输入链路 C/N 的第二步是计算网关站点接收机的 $(C/N)_{down}$，由于转发器工作于 FDMA 方式，各个移动终端信号共享转发器的输出功率。假设 50 个移动终端共享 1MHz 转发器带宽，为了使转发器中的高功率放大器（HPA）工作于准线性状态，欲将转发器输出补偿设为 3dB（注意，本例已假设采用线性转发器）。

下面便可建立卫星到网关站点的单信道下行链路的链路预算。与计算上行链路预算时相同，此处也采用最大路径损耗和最小天线增益进行计算，包括卫星波束边缘效应的其他损耗共计 3.5dB。

表 5.8 中给出了下行链路功率预算，表 5.9 中给出了网关站点噪声功率预算。

表 5.8 下行链路功率预算

参　　数	符　号	数　　值
单信道的 EIRP	$P_t G_t$	−10dBW
接收天线增益	G_r	53.5dB
11.5GHz 时的路径损耗	L_p	−180.5dB
其他损耗	L_m	−3.5dB
卫星端的接收功率	P_r	−140.5dBW

表 5.9 网关站点噪声功率预算

参　　数	符　号	数　　值
玻耳兹曼常数	k	−228.6dBW/(K·Hz^{-1})
系统噪声温度	T_s	21.5dBK
噪声带宽	B_n	36.8dBHz
噪声功率	N	−170.3dBW

根据功率和噪声预算，可以算出噪声带宽为 4.8kHz 的网关站点的中频（IF）接收机内输入下行链路的 C/N 为

$$(C/N)_{down} = P_r/N = -140.5 - (-170.3) = 29.8\text{dB}$$

可见，输入下行链路的 $(C/N)_{down}$ 比 $(C/N)_{up}$ 高，这是因为网关站点天线增益较高。天线增益高 53.5dB 相当于直径为 5m、孔径效率为 60% 的天线的增益，且天线波束的波束宽度相应变窄，约为 0.4°。因此，当卫星经过网关站点上空时，网关站点必须对卫星进行跟踪。

根据上面求出的上行链路和下行链路的载噪比（C/N），可以算出网关站点的总载噪比 $(C/N)_0$。注意，计算时采用的 C/N 是比值形式，而不是分贝形式：

$$1/(C/N)_0 = 1/(C/N)_{up} + 1/(C/N)_{down} \tag{5.43}$$

上行链路载噪比 $(C/N)_{up} = 17.7\text{dB} \Rightarrow 58.9$，下行链路载噪比 $(C/N)_{down} = 29.8\text{dB} \Rightarrow 955$。于是，可以计

算得到

$$(C/N)_0 = 1/(1/58.9 + 1/955) = 55.5 \text{ 或 } 17.4\text{dB}$$

17.4dB 的网关站点接收机载噪比可以保证系统在采用 BPSK 方式和 4800bps 的比特速率时，得到很低的比特误码率，且语音信道的信噪比（S/N）将由模数转换器的量化噪声决定。最大允许 BER 为 10^{-4}，此时的总载噪比$(C/N)_0 = 9\text{dB}$。然而，为了利用裕量进行衰减分析，还需要分别算出上行链路和下行链路的链路裕量。

5）网关站点到移动终端的链路

从网关站点到移动终端的链路承担传输以 BPSK 方式调制的 TDM 比特流，其传输速率为 300kbps，单个转发器的带宽为 1MHz。若采用的是奈奎斯特滤波器，则移动终端接收机的噪声带宽为 300kHz。输出链路中上行链路和下行链路的载噪比与输入链路的计算方法完全相同，从而可以直接求出载噪比。

当上行链路频率为 14GHz 时，1dB 的晴天大气衰减包含在其他损耗中。其他损耗中还包括 3dB 的天线波束边缘损耗。表 5.10 中显示了上行链路 C/N 预算。

表 5.10 上行链路 C/N 预算

参　　数	符　号	数　　值
网关站点的 EIRP	P_tG_t	65dBW
接收天线增益	G_r	3dB
14GHz 时的路径损耗	L_p	−182.2dB
其他损耗	L_m	−4dB
卫星端的接收功率	P_r	−118.2dBW
玻耳兹曼常数	k	−228.6dBW/(K·Hz^{-1})
系统噪声温度	T_s	27dBK
噪声带宽	B_n	54.8dBHz
噪声功率	N	−164.8dBW
上行链路 C/N	$(C/N)_{up}$	28.6dB

6）下行链路 C/N 预算

卫星转发器中仅有一路信号，转发器可在接近饱和状态的工作点工作，即可以不考虑交调干扰的问题。为避免转发器进入饱和区，可以设定 1dB 的转发器输出补偿，发射功率变为 $P_t = 9\text{dBW}$，杂散损耗中包括 0.5dB 的大气损耗和 3dB 的天线波束边缘损耗。表 5.11 中给出了下行链路 C/N 预算。

表 5.11 下行链路 C/N 预算

参　　数	符　号	数　　值
卫星的 EIRP	P_tG_t	32dBW
接收天线增益	G_r	0dB
1550MHz 时的路径损耗	L_p	−163.1dB
其他损耗	L_m	−3.5dB
移动终端的接收功率	P_r	−134.6dBW
玻耳兹曼常数	k	−228.6dBW/(K·Hz^{-1})
系统噪声温度	T_s	24.8dBK
噪声带宽	B_n	54.8dBHz
噪声功率	N	−149dBW
下行链路 C/N	$(C/N)_{down}$	14.4dB

根据以上结果，可以求得移动终端接收机的总载噪比$(C/N)_0$。将各个 C/N 转换为比值形式，即 $(C/N)_{up}$ = 28.6dB 或 724.4，$(C/N)_{down}$ = 14.4dB 或 27.5，则可得输出链路的总载噪比$(C/N)_0$ 为

$$(C/N)_0 = 1/[1/(C/N)_{up} + 1/(C/N)_{down}] = 1/(0.00139 + 0.0364) = 26.5 \text{ 或 } 14.2\text{dB}$$

下行链路 C/N 比上行链路 C/N 低得多，因此总载噪比$(C/N)_0$和下行链路 C/N 十分接近。

晴天时的总载噪比$(C/N)_0$比达到 BER = 10^{-4} 的最小载噪比高 5.2dB，换言之，留有 5.2dB 的裕量以补偿因建筑物阻挡、多径效应及下行链路上电离层或植物的阴影效应造成的损耗。当下行链路（从卫星到移动终端）衰减超过 5.2dB 时，链路 BER 可能超过 10^{-4}，且语音信道的 S/N 也可能低于 30dB（S/N = 30dB 是达到可识别通信的最低值）。当采用 BPSK 方式时，BER 与 C/N 形成的曲线非常陡，因此当下行链路衰减超过 5.2dB 时，语音信道将变得不再可用。

当卫星与移动终端之间存在树木或人体的阻挡时，以上链路的裕量很小。虽然输入和输出链路的 C/N 均由移动终端和卫星之间的链路决定，但是想要通过调整参数来提高裕量仍然不太可能。当采用卫星电话作为移动终端时，为了保证人们在使用移动终端时不受短期的生理伤害，发射机的发射功率受到了严格限制。来自卫星的功率则受到了 HPA 输出功率和移动终端天线低增益的限制。增益较高的天线通常具有较窄的波束，并需要自动跟踪卫星。此外，尽管移动终端的尺寸有时较小，对链路性能的提高有一定的限制，但这种限制通常不会超过 4dB。

5.8 本章小结

本章首先简要概述了卫星通信链路设计的基本概念，其次重点介绍了卫星通信链路基本传输理论的特性、系统噪声温度对系统性能的影响、卫星通信下行链路和上行链路设计的基本理论和方法，同时重点介绍了实际 C/N 的链路设计（结合卫星通信链路中的 C/N 和 C/I 进行设计），最后详细介绍了卫星通信链路设计的实例，包括下行链路设计、上行链路设计，以及各参数的计算方法。

习 题

01. 某个 C 频段地面站的天线增益为 54dB，当频率为 6.1GHz 时，发射天线的输出功率为 100W。卫星与地面站的距离为 37500km，接收天线增益为 26dB。信号经过天线进入转发器，噪声温度为 500K，带宽为 36MHz，增益为 110dB。试求：
    （1）6.1GHz 时的路径损耗。
    （2）卫星天线输出端的功率，单位为 dBW。
    （3）转发器的带宽为 36MHz 时，其输入端噪声功率是多少，单位为 dBW。
    （4）转发器的 C/N 是多少，单位为 dB。
    （5）分别以 dBW 和 W 为单位计算载波功率。
02. 在某个 14/11GHz 卫星通信链路中，转发器的带宽为 52MHz，输出功率为 20W。当频率为 11GHz 时，卫星发射天线向地面站方向的增益为 30dB。在晴天，卫星与地面站之间的路径损耗为 206dB。转发器的工作方式为 FDMA，且使用了 500 个 1/2 码率 FEC 编码的 BPSK 语音信道。每个 BPSK 编码信号的比特速率为 50kbps，要求接收机的每条信道噪声带宽为 50kHz。地面站接收语音信号的接收天线增益为 40dB，晴天时接收机的系统噪声温度为 T_s = 150K，中频噪声带宽为 50kHz。试计算：
    （1）每个语音信道上卫星发射的功率。
    （2）地面站接收一路 BPSK 信号的 C/N。
    （3）当一路 BPSK 编码信号门限取 6dB 时的链路裕量。
03. 对 GEO 卫星使用 L、C、Ku 和 Ka 频段进行通信，且与地面站的距离为 38500km。试计算以下频率的路径损耗：

(1) 1.6GHz 和 1.5GHz。
(2) 6.2GHz 和 4GHz。
(3) 14.2GHz 和 12GHz。
(4) 30GHz 和 20GHz。

04. LEO 卫星通常使用 L 频段进行通信，其覆盖直径为 1000~2500km。若上行链路的频率为 1.6GHz，下行链路的频率为 1.5GHz。试计算卫星到地面站的最大和最小路径损耗（单位为 dB）。

05. 某 GEO 卫星的转发器在 4GHz 时的功率为 20W。该卫星的发射机输出功率为 10W，天线增益为 30dB。某地面站位于卫星覆盖区的中心，距离卫星大约 38500km。试计算：
(1) 地面站接收到的通量密度，以 W/m^2 为单位。
(2) 当天线增益为 39dB 时，以 dBW 为单位的天线接收功率。
(3) 转发器的 EIRP，以 dBW 为单位。

06. 某 LEO 卫星使用多波束天线，每个波束的增益为 18dB。当转发器的发射机工作在 2.5GHz 时，其输出功率为 0.5W。地面站位于波束覆盖区的边缘，接收功率比波束中心区域低 3dB，与卫星的距离为 2000km。试求：
(1) 天线的接收功率，以 dBW 为单位（假设天线增益为 1dB）。
(2) 假设地面站的噪声温度为 260K，RF 信道带宽为 20kHz，计算其噪声功率。
(3) 接收机输出端 LEO 卫星信号的 C/N，以 dB 为单位。

07. 某距离地面站 39000km 的 GEO 卫星，其 14.3GHz 频率的转发器在卫星处的饱和通量密度为 $-90W/m^2$，而地面站的发射天线在 14.3GHz 的增益为 52dB。试计算：
(1) 地面站的 EIRP。
(2) 地面站发射机的输出功率。

08. 某 12GHz 地面接收系统的天线噪声温度为 50K，LNA 的噪声温度为 100K，增益为 40dB，混频器的噪声温度为 1000K，试计算该系统的总噪声温度。

09. 某 GEO 卫星搭载了 C 频段转发器，该转发器可以向天线提供 20W 的发射功率，而天线的增益为 30dB。一个地面站正好位于天线波束的中心，距该卫星 38000km。假设该系统的工作频率为 4GHz。试计算：
(1) 地面站瞬时通量密度，以 W/m^2 为单位。
(2) 若地面站的天线直径为 2m，孔径效率为 65%，计算接收天线的接收功率。
(3) 天线在轴增益，以 dB 为单位。
(4) 卫星和地面站之间的自由空间路径损耗。

第6章 大气层对卫星通信链路的影响

6.1 概述

卫星通信系统的设计首先要求制定发射机与接收机间的链路预算，以便能够在接收机解调器中提供足够的信号电平来达到所要求的性能和可用率。一条链路的可用率通常由低中断时间百分比（对卫星通信系统而言，通常是一年的 0.04%～0.5%，或者是最差月份的 0.2%～2.5%）来定义。数字系统是由链路提示中断时间的 BER 来确定的。在模拟系统中，解调器输入端的载噪比决定了有用信号解调后系统可用率的门限。一个以 BER 为决定性因素的数字系统的性能和可用率概念的说明图，如图 6.1 所示。

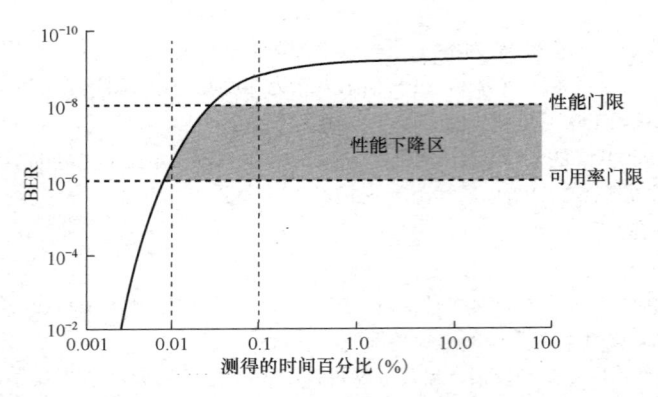

图 6.1 一个以 BER 为决定性因素的数字系统的性能和可用率概念的说明图

第 5 章中已经讨论过卫星通信链路的设计，其中涉及一个称为链路裕量的概念。它指的是在晴天条件下，接收端接收到的功率与在链路有衰减的情况下，解调器门限所要求的功率之间的差值。实际上，在一个链路预算中有两个裕量需要考虑：① 晴天条件下的功率门限与性能门限之间的裕量；② 性能门限与满足特定可用率要求时的功率门限之间的裕量。该链路上的信号衰减随时间百分比逐渐增大。制定精确的链路预算变得非常重要，其中必须包括由于信号通过大气而产生的损耗。

第 5 章中制定链路预算的关键式子为式（5.11），这里重新写为

$$P_r = \text{EIRP} + G_r - L_p - L_a - L_s \tag{6.1}$$

该式指出了接收功率 P_r（以 dBW 为单位）是怎样由发射机的 EIRP 决定的。

此外，接收功率还受到接收天线增益 G_r（在这种情况下，它包括接收天线有关的所有损耗）的影响，以及路径损耗 L_p［由 $20\lg(4\pi R/\lambda)$ 给出，其中 λ 为信号的波长，R 为发射天线与接收天线间的距离］和大气引起的衰减损耗 L_a 的共同作用。在式（6.1）右边的各项中，随时间变化的项为 L_a。$L_s = L_{ta} + L_{ra}$，它通常作为传播损耗，决定了通信链路为满足性能和可用率要求所需要的最小链路裕量。

设计卫星通信链路时，应在非常高的时间百分比内满足给定的性能要求。在这个例子中，10^{-8} 的 BER 在 99.9%的时间内均满足性能要求。选取这些统计数据的时间长度通常为一年或一个月。大气条件（包括气体组成、云层状况、降雨等）将会使晴天时的 BER 变差。在某一点上，BER 会达到链路中断的水平。这个点就规定了链路的可用率要求。在这个例子中，10^{-6} 的 BER 是可用率门限，且必须满足 BER 超过门限的时间不大于 0.01%。典型 Ku 频段通信链路大气层的损耗的统计简图如图 6.2 所示。

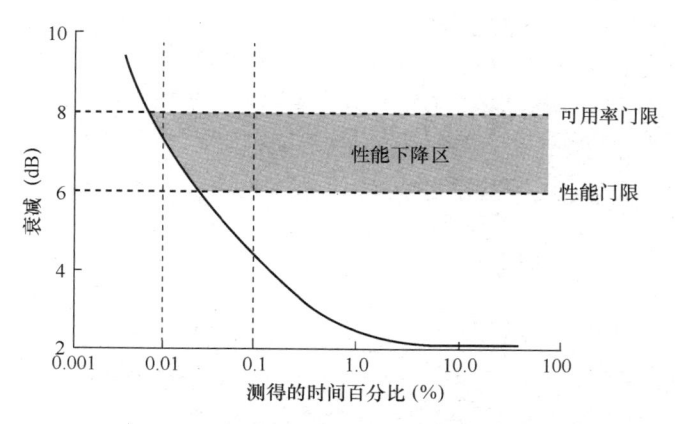

图6.2 典型 Ku 频段通信链路大气层的损耗的统计简图

在大多数卫星通信链路中，通常会留有一定的链路裕量，以便使接收到的信号在门限之上，从而能进行满意的解调与译码。由于信号有时会衰减到晴天所设置的门限以下，因此该链路裕量一般作为衰减裕量。在图 6.2 中，该链路在到达为其设置的性能门限之前（见图 6.1），先经历了大约 6dB 的等效衰减。一个额外的 2dB 衰减导致信号电平总共下降了 8dB，从而使该链路的性能降至其设定的可用率门限以下（见图 6.1）。功率、衰减裕量和 BER 之间的关系如何将取决于所用的调制方式，同时还取决于所用的信道编码。

导致地球大气层传输信号损耗的因素有很多，包括大气吸收（气体效应）、云层衰减（气溶胶和冰粒效应）、对流层闪烁（折射效应）、法拉第旋转（一种电离层效应）、电离层闪烁（另一种电离层效应）、降雨衰减，以及雨和冰晶去极化。对于 10GHz 以上的频率，降雨衰减是这些损耗中最重要的一种，它通常成为 Ku 频段和 Ka 频段卫星通信链路设计中的限制因素。这是因为降雨可以引起显著的衰减，雨滴会吸收和散射电磁波，特别是在 Ku 频段和 Ka 频段上，降雨衰减几乎完全是由吸收所引起的。典型的地球到太空路径上各种传播损耗机理的图解如图 6.3 所示。

当地面终端指向一颗卫星时，信号在传输路径上会经历多种损耗机理。这些损耗机理包括折射效应（它会引起对流层闪烁）、气体吸收、降雨云导致的损耗、融化层的影响及直接的降雨衰减，它们均存在于该路径上并造成信号损耗。下面将对每种损耗机理进行简要讨论。各种大气的吸收导致 VSAT 接收机观测到天电噪声中有一个增量。此外，还有一些与大气相关的现象需要注意：在大气源气体和对流层闪烁

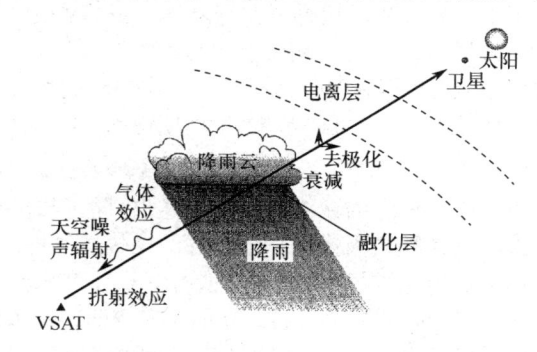

图6.3 典型的地球到太空路径上各种传播损耗机理的图解

未造成信号去极化的情况下，聚集的非对称冰晶和雨滴却能够通过它们传输的信号产生去极化效应。这种去极化效应位于低层（中层）大气之上，大约从离地面 40km 的位置开始，并延伸到远高于 600km 的高空。电离层是一个重要的影响因素。它能造成穿过它的信号的电场矢量旋转，使其远离原始的极化方向，从而引起信号的去极化。在一天、一年及 11 年的太阳黑子周期的某些时间段内，电离层还会导致穿过它的信号的振幅和相位在一般平均水平附近快速变化，也就是闪烁。电离层主要是对频率远低于 10GHz 的信号产生影响。若太阳在 VSAT 波束的覆盖范围内，它会产生一个额外的噪声成分，这也许会使载噪比下降到解调器的门限之下（注意，图 6.3 并未按照实际比例绘制）。另外，从地理位置来看，大多数雷暴雨出现在海拔低于 10km 的地方，而电离层在正常情况下位于海拔 40km 以上的高空，并一直延伸到高于地面 1000km 以上的区域。

图 6.1 和图 6.2 分别介绍了一个时变 BER 和一个附加链路衰减的概念。图 6.3 则指出了沿着卫星的倾斜路径在什么地方可以找到损耗机理。判断各种不同的时间百分比下哪一种传输损耗最为重要同样是非常有用的，因为这有助于了解在这些时间百分比中哪一种传输损耗占据主导地位。各种大气衰减损耗影响链路的年度时间百分比的近似范围如图 6.4 所示。

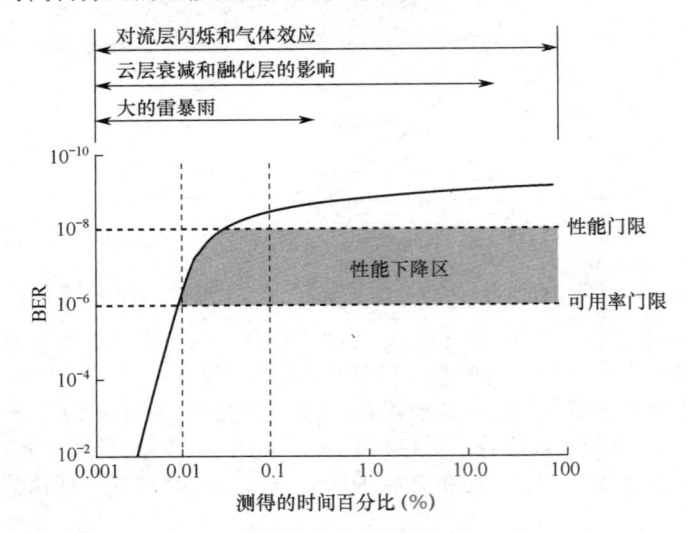

图 6.4　各种大气衰减损耗影响链路的年度时间百分比的近似范围

对流层闪烁和气体效应是任何时刻均存在的普遍现象，但它们造成影响的程度不同，这取决于气候、仰角和所涉及的时间百分比的情况。有云层存在的时间百分比是不定的，它也取决于气候，但在通常情况下至少有 30% 的时间内会有云层存在。随着云层中结冰微粒的浓度不断增大，许多微粒将开始下落并且在 0℃ 等温线时融化。这造成融化层中的衰减被增强。当水蒸气浓度达到了饱和度时，天上便会下毛毛雨。这种雨通常是层状的，并且在 1%～10% 的时间内会下这种雨（主要取决于气候）。在炎热的天气里，对流雨往往以雷暴雨的形式到来。大的雷暴雨会引起最大的降雨强度，并由此产生最大的路径衰减，但它们仅在一年中很小的时间百分比上存在。图 6.4 中未标出的是电离层效应，它们有一种每日性、季节性的和 11 年周期性的影响，这具体取决于地面站的位置和所使用的精确空间路径。

信号损耗（衰减）会影响所有的无线系统。那些采用正交极化方式，在公共或部分重叠的频带上传输两条不同信道的无线系统，同样也可能会遭受由去极化引起的衰减。降雨是引起去极化的一个主要原因。衰减和去极化均来自电磁波在传播过程中与当时大气中所有成分之间的相互作用。这些成分可能包括自由电子、离子、中性原子、分子和水汽凝结体（这是一个描述大气中任何下落的含水微粒，如雨滴、雪花、冰凌、冰雹、冰晶、霰等的方便术语）。这些成分中有很多能以多种尺寸形态出现。它们和无线电波之间的相互作用与频率密切相关，且那些在 30GHz 频率上对传播有决定性影响的效应，在 4GHz 频率上可以忽略不计。除了电离层效应这一主要效应，几乎所有的传播效应均随着频率的升高而变得越来越显著。

6.2　量化衰减和去极化的影响

衰减 A 是在某一给定时刻 t 所接收到的功率 P_r 与理想传播条件下（通常指晴天）所接收到的功率之差。当所有值均以分贝为单位时，有

$$A(t) = P_{r_{\text{clearsky}}} - P_r(t) \tag{6.2}$$

工作于 C、Ku 和 Ka 频段的卫星通信链路上的衰减 A 主要是由信号在雨中的吸收而引起的。在大多数频率高于 10GHz 的卫星通信链路上，降雨衰减限制了系统可用率的一个适当的链路裕量，此时需

要计算对给定时间百分比预测的降雨衰减。这个过程主要有三个步骤：① 确定所关心的时间百分比内的降雨强度；② 计算信号在该降雨强度时以 dB/km 为单位的单位衰减；③ 求出受此单位衰减作用的路径的有效长度。由于降雨主要有两大类：层状雨和对流雨，因此③是整个过程的难点。这两种不同的大气机制对卫星通信链路有着不同的影响，其中，层状雨产生于含冰的云层中，并能引起降雨强度小于 10mm/h 的大范围降雨或降雪。对流雨是由非常强的垂直气流产生的，并能引起雷暴雨和高强度的降雨。对流雨对卫星通信系统来说影响重大，这是由于它是造成链路中断的主要原因。层状雨通常是由大范围区域内相对稳定的降雨强度构成的，而对流雨则一般局限于一个窄而高的雨柱范围内。层状雨和对流雨两种降雨活动的图解说明如图 6.5 所示。

图 6.5(a)显示一个大范围的层状雨看起来像是被水平分层的雨完全覆盖到去卫星的路径上。从地面一直到雨中温度为 0℃的点，这一层称为融化层。在其上，降雨被冻结并由雪和冰晶微粒构成。通常由被冻结的降雨所引起的衰减可以忽略不计。此外，层状雨中的信号路径将会从这种雨结构的顶部穿出去。图 6.5(b)显示一个高的柱状对流雨将进入卫星到地面的路径。雷暴雨有时出现在地面站的前面，有时出现在地面站的后面。由于对流雷暴雨一般出现在夏季，因此，这时的融化层比冬季时的要高得多。在很多情况下，由于雷暴雨中的强对流会将液态雨推到远高于融化层的地方，因此，融化层的边界并不明显。除了仰角非常高（> 70°）的路径，对流雨中的信号路径经常从对流雷暴雨的边上穿出。层状雨和对流雨两种降雨类型的路径衰减计算方法示意图如图 6.6 所示。其中，图 6.6(a)为层状雨路径衰减的计算方法，图 6.6(b)为对流雨路径衰减的计算方法。

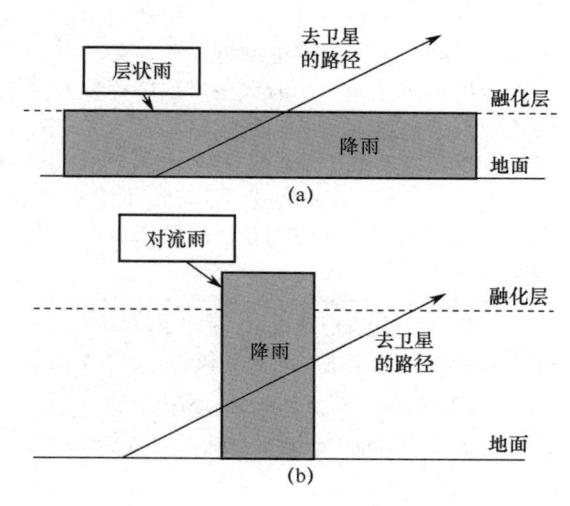

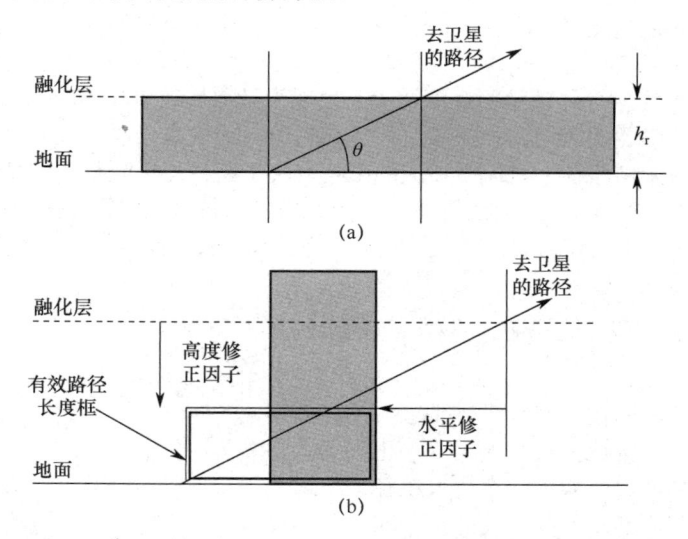

图 6.5 层状雨和对流雨两种降雨活动的图解说明

图 6.6 层状雨和对流雨两种降雨类型的路径衰减计算方法示意图

在图 6.6(a)所示的层状雨情况下，可以认为沿着去卫星的路径上的降雨强度是相同的，并且该路径完全浸没在雨中。因此，穿过此层状雨的有效路径（降雨强度均匀分布的那部分路径）与层状雨中的实际物理路径是相同的。所以，总衰减 A 就等于单位衰减（每千米衰减的 dB 值）乘以雨中的物理路径长度（$h_r/\sin\theta$）。在图 6.6(b)所示的对流雨路径衰减的计算方法中，融化层和仰角均被用来导出两个修正因子：一个高度修正因子和一个水平修正因子。利用这两个修正因子可以生成一个更小的方框。在这个方框内，可以假设降雨强度是相同的，且其路径长度是有效路径长度（用来与单位衰减相乘的路径长度）。在图 6.6 所示的情况下，该路径从有效路径长度框的顶部穿出。在其他情况下，它通常可能从有效路径长度框的边上穿出。层状雨出现在低压区暖峰的前面，此时有大面积的云层存在。在这些云层中，冰晶大得足够能缓慢下落，并与其他冰晶结合形成雪花。随着雪花尺寸的不断增大，它们下落的速度也越来越快。若这些云层中存在有高浓度的湿气，就可能形成大片的雪花。这些雪花会继续下落，直到到达融化层。融化层是大气层中的一个特定区域，在这里温度从低于 0℃ 转变为高于 0℃。当雪花落入温度高于 0℃ 的空气中时，便会融化并形成雨滴。若地面处的空气温度也低于 0℃，则这些雪花便不会融化，而是继续下落到地面上。层状雨导致的降雨强度通常较低，总是小于 10mm/h，从而形成大范围的层状雨或雪花。这种天气现象会导致在从地面到融化层的整条路径上，倾斜路径信号出现固定的衰减。

【例 6.1】 已知有一地面站在海平面上以 35° 的仰角与一颗 GEO 卫星进行通信。层状雨的融化层高度为 3km。(a) 试求经过此层状雨的物理路径长度；(b) 若路径上的单位衰减为 2dB/km，试求总衰减。

解： (a) 雨的垂直高度 h_r 等于融化层的高度（3km）与地面站的高度（0km）之差，得到 h_r = 3km。由于路径的仰角为 35°，因此，经过此层状雨的物理路径长度 $L = h_r/\sin 35° = 3/\sin 35° = 5.23$km。

(b) 由于雨是层状结构，该路径上雨水均匀，因此沿此路径的单位衰减是固定的。设路径上的单位衰减为 2dB/km，则总衰减 A = 2dB/km × 5.23km = 10.46dB ≈ 10.5dB。∎

对流雷暴雨是非常复杂的天气现象，具有水平和垂直两种结构。当大量的暖湿空气被上推到更高海拔的较冷空气中时，对流圈开始形成，然后发生气团的绝热膨胀，导致空气冷却。当空气冷却到露点之下时，会凝结成云，雨滴在重力作用下开始下落。下落中的雨滴与其他雨滴相撞并聚集在一起形成更大的雨滴。稳定的雨滴最大直径约为 6mm，尤其在风切变的情况下会迅速分解为许多较小的雨滴。大雨滴下落的速度很快，它们的最终速度可高达 8m/s 或 9m/s。若下落中的雨滴遇到冷水，则可能形成冰雹。冰雹的尺寸能超过雨滴的直径极限，在辽阔的平原上，冰雹甚至可能达到高尔夫球的尺寸。就像雨滴在下降过程中可能增大一样，上升气流中的雨滴也可能出现这种增大过程。在猛烈的雷暴雨中，上升气流的速度可以超过 160km/h。由于冷空气的密度比暖空气的密度大，因此，一旦上升气流逐渐消失在雷暴雨的顶部，冷空气就会向下流动，并可能产生流光，即一个狭窄的强降雨和冷空气带。流光宽度可能是几百米至 1km。从地面观测，流光表现为微爆炸现象，当冷空气垂直下沉撞击地面并向四周扩散时，会产生强烈的风切变。在倾盆大雨来临前，往往有一股冷风，这是冷空气撞击地球表面时流出的气流。卫星倾斜路径上对流雨造成的影响取决于路径与流光相交的角度。由于流光很少是垂直的，因此，假如一条倾斜路径与流光平行，当流光覆盖路径时，该路径信号将遭受非常大的衰减。假如该倾斜路径是从流光中穿过去的，则在大雨中的路径长度就可能很短，这使得即使降雨强度很大，也只会引起相对很小的衰减。

卫星跟踪站使用 S 频段雷达观测到的对流雨的示例如图 6.7 所示。

该雷达被用来对卫星的倾斜路径进行垂直扫描。由于雷暴雨气团的形状复杂，因此需要用人工"修正因子"将经过雷暴雨的实际物理路径转换成一个有效路径。在这个有效路径上可以认为降雨是均匀的。此外，雨和冰晶不仅会引起显著的信号衰减，还会引发去极化现象。

所有信号都有一个由信号的电场矢量所定义的极化取向，然而去极化现象相比于衰减，通常更难进行量化。正交极化的波导式喇叭天线如图 6.8 所示。

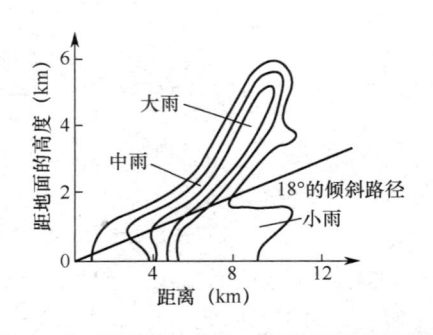

图 6.7 卫星跟踪站使用 S 频段雷达观测到的对流雨的示例

一般而言，信号永远不会被完全极化，即电场的方向不会是完全定向的或恒定的。成功的正交极化频率共用技术，通常称为双极化频率复用。它要求两个正交极化状态之间具备足够的隔离区，以使在接收天线处有效地分离有用极化（共极化）信号和无用极化（交叉极化）信号。共极化信号与交叉极化信号的能量之差，将决定接收机处的交叉极化分辨力（XPD），从而影响两个正交极化信号之间的干扰程度。

电磁波极化形式是由电场矢量的方向来定义的。在上面这个例子中，两个受激于 TE10 模式的波导式喇叭天线在相同的方向上辐射电磁波。左侧的喇叭天线的取向使得电场矢量被垂直极化。右侧的喇叭天线与左侧的喇叭天线相比转向了其侧面，而其电场矢量被水平极化。图 6.8 中的箭头表示电场矢量的方向。由于这两个喇叭天线的电场矢量相互垂直，因此它们发射的信号被认为是正交极化的。只要正交极化信号是"完全"极化的（一个信号的任何分量不会出现在一个正交的极化信号中），则即使它们处在完全相同的频率上，也不会相互干扰。然而，在实际情况下，由于天线的非理想性，发射信号往往不是完全极化的，会在无用极化信号中存在一个分量。此外，由于传播路径中存在着非对称微粒（例如扁圆的大雨滴），因此一个极化信号中的部分能量可能会"跨越"到另一个极化信号中。这种交叉极化能量将在两个相互正交极化的信号间引起干扰。为了预测沿给定路径的交叉极化程度，通常会采用一些交叉极化模型，这些模型通常建立在沿该路径的降雨衰减数据的基础之上。

为了说明测量去极化的过程，假设有一个发射正交极化信号的双极化天线。为方便起见，将这两种正交极化分别称为 V 极化（代表垂直极化）和 H 极化（代表水平极化），尽管实际上存在无穷多个正交极化对可供选择。设 V 极化和 H 极化的发射电场矢量的复矢量振幅分别为 a 和 b，如图 6.9 所示。

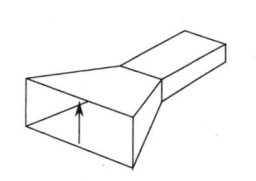

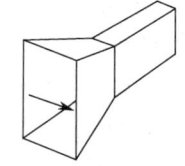

图 6.8　正交极化的波导式喇叭天线

图 6.9　双极化天线所激发的场

发射天线是受激的，以确保 a 和 b 相等。V 极化喇叭天线辐射的场具有垂直极化的电场矢量 a，而 H 极化喇叭天线辐射的场则具有水平极化的电场矢量 b。然而，在大多数天线系统中，通常使用单个喇叭天线而不是同时辐射两种极化场的两个喇叭天线。这使得单馈电喇叭天线能够被放置在天线的主焦点上，以产生最好的远场图案。为了实现这一点，首先要在发射机的不同部分分别激发两个极化方向，然后通过正交模转换器将它们耦合到一起，进入一个能够同时支持两种极化的单波导管节。该波导管节随后将信号耦合到一个能相等地辐射两个极化方向的波导式喇叭天线中。

若发射天线与接收天线在晴天传输信号，则 a 将会引起一个振幅为 a_c 的 V 极化波，并且 b 将会引起一个振幅为 b_c 的 H 极化波。其中，下标 c 表示共极化。这些场与它们所发射的对应体有着相同的极化方向。传输路径中信号去极化的图解如图 6.10 所示。

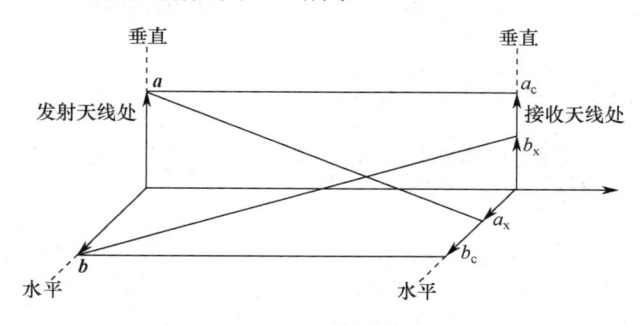

图 6.10　传输路径中信号去极化的图解

a 和 b 在接收天线处产生共极化分量 a_c 和 b_c。在该情况下传输媒质不是晴空，发射天线也不是理想极化的，并且传输媒质的各向异性和发射天线的非理想性将使接收到的发射信号产生交叉极化分量。该交叉极化分量在接收天线处分别为 a_x 和 b_x。当天线是理想的并且不发生去极化时，a_x 和 b_x 均将为零。

若传输媒质中存在着非对称雨或冰晶微粒，则 a 中有些能量将会耦合到一个小的（交叉极化）H 极化分量中，这个场分量在接收天线处的振幅为 a_x，并且 b 将会引起一个小的（交叉极化）V 极化分量 b_x。一个为引入交叉极化的理想接收系统，将会有一个 V 极化信道输出（$a_c + b_x$）和一个 H 极化信道输出（$b_c + a_x$）。不希望得到的 b_x 项代表对有用信号 a_c 的干扰，同样，不希望得到的 a_x 项则代表对有用信号 b_c 的干扰。这种干扰将会造成模拟链路上的串音现象，并会使数字链路上的 BER 增大。这种无用的交叉极化分量的产生称为去极化。在分析卫星通信系统时，交叉极化隔离（XPI）是衡量去极化现象最为有用的度量。根据复矢量的振幅，对于 V 极化信道，它由式（6.3）给出，而对于 H 极化信道，它由式（6.4）给出。

$$\text{XPI}_V = a_c/b_x \tag{6.3}$$

$$\text{XPI}_H = b_c/a_x \tag{6.4}$$

XPI 的值一般以分贝形式表示，例如

$$\text{XPI}_V = 20\lg|a_c/b_x| \tag{6.5}$$

在物理上，XPI 是同一信道中有用功率与无用功率的比。XPI 值越大，信道中的干扰就越小，并且通信信道的性能也越好。但 XPI 很难测量，它需要信号在相同的频率上，在两个极化方向上同时进行传输。大多数传输都要比这简单得多，因为它们同时测量从卫星信标接收到的两种信号：一种是在单一极化方向上发射的有用极化（共极化）信号，另一种是与之正交的无用极化（交叉极化）信号。在这种情况下，将会测量出信号 a_c 和 a_x，这两者均来源于发射至卫星的单极化信号 a。同时，对于发射的单极化信号 b，也会测量出信号 b_c 和 b_x，并预期得到类似或相应的结果。这个过程使得交叉极化分辨力（XPD）可以导出为

$$\text{XPD}_V = a_c/a_x \tag{6.6}$$

或者以分贝形式表示，即

$$\text{XPD}_V = 20\lg|a_c/a_x| \tag{6.7}$$

在大多数实际的传输情况下，计算出的 XPI 值和 XPD 值是相同的，并且它们有时被简单地称为隔离度。然而，实际的天线并不能发射完全正交的极化对，且隔离度在天线的 3dB 波束宽度上也不能保持不变。接收天线同样可能引入交叉极化，即使在晴天，也会存在一个剩余的 XPD 分量。这在一个双极化频率复用系统的链路预算中必须加以考虑。通常，线性极化天线轴线上的剩余 XPD（30～35dB）高于圆极化天线轴线上的剩余 XPD（27～30dB）。这些值所对应的是为双极化工作状态而设计的天线。然而，廉价的线性极化或圆极化天线通常只能表现出大约 20dB 的 XPD。

6.3 与水汽凝结体无关的传播效应

在这一节中，将讨论与水汽凝结体无关的传播效应：大气吸收、云层衰减、对流层闪烁和低角度衰减、法拉第旋转，以及电离层闪烁。

1）大气吸收

在微波及以上频段，电磁波会与大气中的分子发生相互作用而造成信号的衰减。在某些特定频率上，电磁波会发生共振吸收现象，这可能导致信号遭受严重的衰减。在天顶路径（仰角为 90°的路径）上，从海平面至中性大气顶部，存在共振吸收峰。3～350GHz 大气源气体所引起的总天顶衰减如图 6.11 所示。

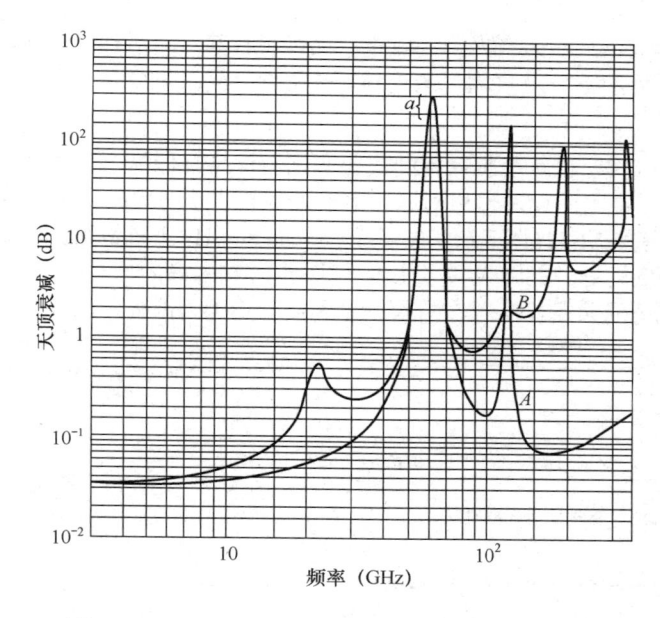

图 6.11 3～350GHz 大气源气体所引起的总天顶衰减

中性意味着无电离作用出现，图 6.11 中这两条曲线代表从海平面直接向上穿过中性大气的卫星至地球路径上（天顶路径上）观测到的气体衰减。曲线 A 为在干燥大气条件（无水汽）下的曲线，而曲线 B 则为在标准大气条件下的曲线。曲线 A 仅仅显示了氧气分子的共振吸收峰（60GHz 处的一个宽峰和 118.75GHz 处的一个窄峰）。曲线 B 则包含了 22.235GHz、183.31GHz、325.153GHz 处由水汽分子所引起的共振吸收峰。图中的 "a" 表示值的一个范围，在这个频率区域内存在许多条单独的共振吸收峰。

从图 6.11 中可以看出，气体在频率低于 100GHz 时吸收较为显著，而在吸收带外的路径上，衰减则小于 1dB。然而，在许多新卫星通信系统中，由于系统裕量设计得较小，因此考虑沿预期路径的气体衰减变得尤为重要。

2）云层衰减

当云层被认为与卫星通信路径密切相关时，它们对某些 Ka 频段和所有 V 频段（50/40GHz）系统而言，就成为了一个重要的考虑因素。云层衰减建模的困难在于云的种类繁多，且可能存在于多个层次上，每种云的出现概率也各不相同。此外，每片云中的雨滴浓度也会变化，而由冰晶构成的云则几乎不会引起信号衰减。目前已有两种模型被提出，它们在精度上相当。对充水云而言，在温带纬度范围内，当仰角接近 30°时，30GHz 频率附近的云层衰减典型值为 1～2dB。在更温暖的气候中，云层通常更厚，且出现概率要比温带纬度内的更大，因此云层衰减预计也会更大。同大多数传播效应一样，路径仰角越低，云层衰减就越显著。

3）对流层闪烁和低角度衰减

地面附近的大气，有时也称边界层，很少是静止不动的。从太阳来的能量使地面的温度升高，由此产生的对流活动会搅动边界层。这种搅动导致了边界层不同部分的紊流混合，同时引起折射率的小尺度变化。大气边界层中的层状状态和紊流状态示意图如图 6.12 所示。

在图 6.12(a)中，空气是平静的，且贴近地面的低层大气（边界层）形成了几层。每层有着一个稍微不同的折射率，且大体上随着高度的增加而减小。

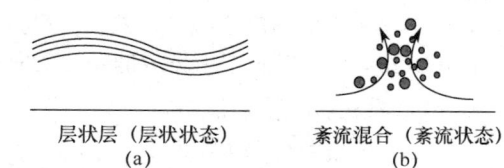

图 6.12 大气边界层中的层状状态和紊流状态示意图

在图 6.12(b)中，地面已经被来自太阳的能量加热了，且其对流活动已经将原来的层状层混合成了一些具有不同折射率的"泡泡"。低层大气的这种紊流混合使经过它的信号产生相对快速的波动，这种现象称为闪烁。

当信号遇到紊流大气时，该路径折射率的快速变化会使接收信号电平产生波动。这些波动通常在一个相当恒定的平均信号电平附近，也称闪烁。由于大多数的波动均产生于距地面 4km 以内，因此，它们称为对流层闪烁。各种天气条件下从 ATS-6 卫星来的 30GHz 下行链路上所观测到的闪烁如图 6.13 所示。其中，图 6.13(a)为低闪烁时的晴天共极化信号，图 6.13(b)为高闪烁时的晴天共极化信号，图 6.13(c)和图 6.13(d)为多云天气下的共极化闪烁，图 6.13(e)和图 6.13(f)为雨天中的共极化闪烁。

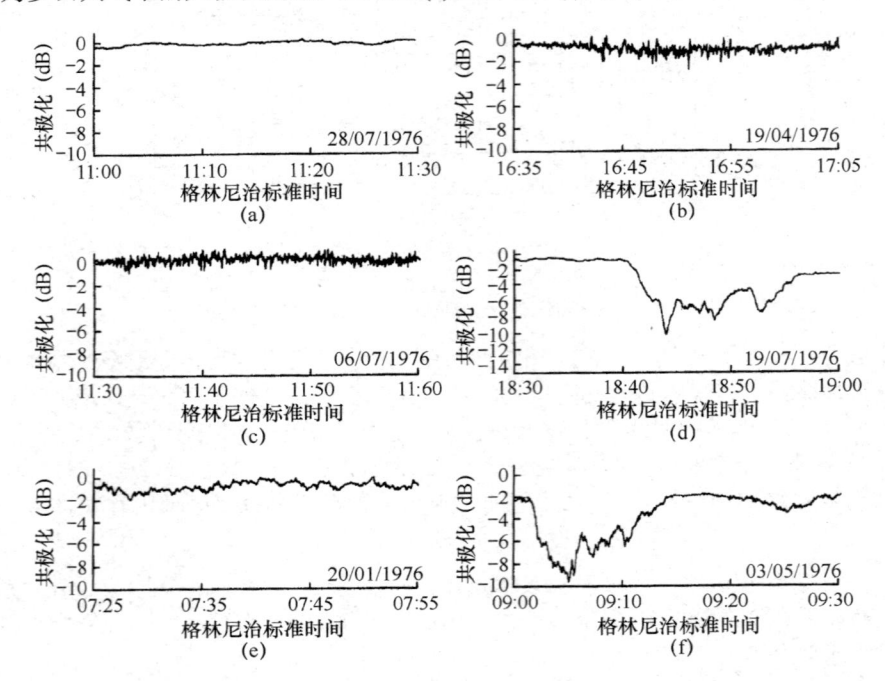

图 6.13　各种天气条件下从 ATS-6 卫星来的 30GHz 下行链路上所观测到的闪烁

对流层闪烁并不会引起去极化，当频率增大、路径仰角减小及气候变温暖和湿润时，闪烁的大小通常会变大。现存的预测模型已经能够以很好的精度来计算这种现象。在仰角低于 10°的路径上，对流层闪烁可能是性能限制；在仰角低于 5°的路径上，对流层闪烁可能就变成了可用率限制。

当路径的仰角低于 10°时，其他一些传播效应就会变得明显，如低角度衰减。从卫星来的信号会经由不同路径，并以不同的相移到达地面站接收天线。在合并这些信号时，与晴天时的一般水平相比，合成波形的强度会增强或减弱。超过 8dB 的信号增强会在一条 3.3°路径上的 11.198GHz 处被观测到，但信号抵消却可能造成链路完全断开。低角度衰减的机理已经被解释为大气多径效应，同时被解释为输入信号的"散焦与聚焦"。这两种解释显示了一种优点：接收到的信号由经不同路径（多径）到达的多个分量构成，而这些不同路径的形成机理是一种折射，而不是在大气层分界线处的反射。低角度衰减仅仅在非常平静的大气里对仰角极低的路径有显著影响。对卫星通信路径来说，当其仰角大于 100°时，通常不再考虑低角度衰减。显然，这里提到的多径效应发生在大气中，它与陆地通信路径上来自地面、建筑物、树木等反射所造成的多径效应不同。

4）法拉第旋转

电离层是地球大气层中含有大量电子和离子的部分，其最低端低至距地面 40km 附近。虽然没有明显的上边界，但它在远高于地面 600km 的地方仍然存在。电离层对频率低于 40MHz 左右的无线电传播具有决定性的影响，但对大多数通信卫星所使用的频率的影响较小。

当一个线性极化（LP）的卫星信号到达电离层时，它会激发具有两种特征极化态的波。这些波以不同的速度传播，并且在离开电离层时，由于它们的相对相位已经与进入电离层时不同，因此电离层中的波将出现一个与被发射的 LP 波不同的极化态，这称为法拉第旋转，其影响本质上相当于发射的 LP 波的场矢量被旋转了一个角度 ϕ。对穿过电离层长度为 z 米的路径，其 ϕ 为

$$\phi = \int \left(\frac{2.36 \times 10^4}{f^2} \right) z N B_0 \cos\theta \, dz \tag{6.8}$$

式中，ϕ 为地磁场与波的传播方向之间的夹角（单位为弧度），N 为电子密度（单位为电子数/立方米），B_0 为地磁通密度（单位为特斯拉），f 为工作频率（单位为赫兹）。

ϕ 与 f^2 成反比。通常可以通过调整地面站天线的极化态来补偿观测到的法拉第旋转。但是，上行链路上的旋转方向与下行链路上的旋转方向相反。为了在两个方向上同时进行补偿，就需要一个能够在相反方向上旋转相应部分的馈电器。当 LP 波的极化角改变 $\Delta\phi$ 时，由此造成的 XPD 为

$$\text{XPD} = 20\lg(\cot\Delta\phi) \tag{6.9}$$

从一般条件改变 6° 将会使链路上的 XPD 下降到 19.6dB 左右。约 30° 仰角的单向穿越的电离层效应估计值如表 6.1 所示。

表 6.1　约 30° 仰角的单向穿越的电离层效应估计值

效应	频率依从关系	0.1GHz	0.25GHz	0.5GHz	1GHz	3GHz	10GHz
法拉第旋转	$1/f^2$	30 圈	4.8 圈	1.2 圈	108°	12°	1.1°
传播延迟	$1/f^2$	25μs	4μs	1μs	0.25μs	0.028μs	0.0025μs
折射	$1/f^2$	<1°	<0.16°	<2.4′	<0.6′	<4.2″	<0.36″
到达方向的变化（均方根）	$1/f^2$	20′	3.2′	48″	12″	1.32″	0.12″
吸收（极光吸收和/或极冠吸收）	$\approx 1/f^2$	5dB	0.8dB	0.2dB	0.05dB	6×10^{-3}dB	5×10^{-4}dB
吸收（中纬度）	$1/f^2$	<1dB	<0.16dB	<0.04dB	<0.01dB	<0.001dB	<10^{-4}dB
色散	$1/f^3$	0.4ps/Hz	0.026ps/Hz	0.0032ps/Hz	0.0004ps/Hz	1.5×10^{-5}ps/Hz	4×10^{-7}ps/Hz
闪烁		见 Rec.ITU-R P.531	见 Rec.ITU-R P.531	见 Rec.ITU-R P.531	见 Rec.ITU-R P.531	>20dB 峰-峰值	≈10dB 峰-峰值	≈4dB 峰-峰值

表 6.1 中：

（1）这些估计值均是建立在 10^{18} 个电子/平方米基础上的。这在太阳活动频繁的低纬度地区的白天内是一个很高的值。

（2）最后一行中的闪烁值是在太阳黑子数较高的情况下，在地磁赤道附近地区昼夜平分的那一天晚上的前几小时（本地时间）内观测到的最大值。

5）电离层闪烁

来自太阳的能量使电离层在白天不断地"长"，同时使总电子含量（TEC）以二次方或更高次幂的幅度增长。TEC 表示面积为 $1m^2$ 的、从地面一直穿过地球大气层的垂直柱体中存在的总电子数。TEC 的典型值范围是从白天的约 10^{18} 个到夜间的约 10^{16} 个，TEC 从日间值到夜间值的快速变化会引起电离层中出现不规则性，这些不规则性会造成信号幅度和相位的快速变化，从而产生电离层闪烁现象。电离层闪烁的大小会随着一天中的时间、一年中的月份及 11 年太阳黑子周期中的年份而变化。最大的闪烁影响是在太阳黑子活动极大年的昼夜平分时期里，且在本地太阳刚落山后不久观测到的。这些影响

在地磁赤道 20°以内的地区和两极最为显著。太阳黑子周期的长度平均为 11 年,但有的周期会短至 9.5 年,有的则长达 12.5 年。

6.4 降雨衰减预测

若能够自始至终地准确描绘出路径沿线的降雨,就可以精确地预测出由降雨引起的衰减。路径衰减实际上是路径沿线上遇到的雨滴所造成的单个降雨衰减增量的积分,这是预测降雨衰减的物理方法。若无大量的气象数据库,就不能精确地描述路径沿线的降雨情况。由于世界上大多数地区均无这些气象数据库,因此,大部分的预测模型均采取计算有效路径长度 L_{eff} 的半经验近似方法,在这个有效路径上假设降雨率是不变的。恒定的降雨率相应得到一个恒定的单位衰减 γ_R,则总衰减 A 可以简单地由下式给出,单位以分贝形式表示:

$$A = 单位衰减 \times 有效路径长度 = \gamma_R L_{\text{eff}} \tag{6.10}$$

这种半经验近似方法主要基于两方面内容:① 在地面一点处测得的降雨率与从该点到卫星的路径上所遇到的降雨衰减在统计上相关(在至少一年的时间里);② 可以调节穿过降雨媒质的实际路径长度以得到一个有效路径长度,在这个有效路径长度上可以认为降雨是均匀的。

目前已经有多个衰减模型,包括 Crane 模型、简单衰减模型(SAM)、DAH 模型和几个由 ITU-R 发布的模型。

采用幂指数形式描述点降雨率 R 与单位衰减 γ_R(1km 上测得的衰减)之间的关系,单位为 dB/km:

$$\gamma_R = k(R_{0.01})^{\alpha} \tag{6.11}$$

式中,R 的下标 0.01 表示一般年份 0.01%的时间里测得的降雨率。0.01%是大多数模型的一个典型的输入时间百分比。不过,式(6.11)适于降雨率的所有值。参数 k 和 α 随频率而定,频率为 4~50GHz 时的 k 值和 α 值如表 6.2 所示。

表 6.2 频率为 4~50GHz 时的 k 值和 α 值

频率(GHz)	k_H	k_V	α_H	α_V
4	0.000650	0.000591	1.121	1.075
6	0.00175	0.00155	1.308	1.265
8	0.00454	0.00395	1.327	1.310
10	0.0101	0.00887	1.276	1.264
12	0.0188	0.0168	1.217	1.200
20	0.0751	0.0691	1.099	1.065
30	0.187	0.167	1.021	1.000
40	0.350	0.310	0.939	0.929
50	0.536	0.479	0.873	0.868

表 6.2 中:

(1)k 和 α 的下标 V 和 H 分别是指垂直极化和水平极化。

(2)表中未列出频率上的 k 值和 α 值可以通过插值的方法得到,对 k 使用对数尺度,对 α 使用线性尺度。

(3)40GHz 频率以下的值均已经经过了测试,且结果证明它们是准确的;40~50GHz 频率的值应该是准确的,但还未经过测试。

（4）对于线性极化和圆极化，并且对于所有的路径几何，式（6.11）中的系数均可以用表 6.2 中的值和下列算式计算出来：

$$k = [k_H + k_V + (k_H - k_V)\cos^2\theta\cos 2\tau]/2$$

$$\alpha = [k_H\alpha_H + k_V\alpha_V + (k_H\alpha_H - k_V\alpha_V)\cos^2\theta\cos 2\tau]/2k$$

式中，θ 为路径仰角，τ 为相对于水平方向的极化倾角（圆极化时 $\tau = 45°$）。

【例 6.2】若降雨率为 40mm/h，并且采用线性垂直极化方式，则 10GHz 上的单位衰减为多少？

解：由表 6.2 可知，在 10GHz 频率上，$k_V = 0.00887$，$\alpha_V = 1.264$。利用式（6.11），有

$$\text{单位衰减} = \gamma_R = 0.00887 \times 40^{1.264} = 0.9396 \approx 0.94 \text{dB/km} \qquad ■$$

若路径沿线的降雨率是恒定的，就像一般在小的层状雨中那样，则计算某给定降雨率下的总衰减就很简单。总衰减 A 为

$$A = \gamma_R \times \text{雨中的物理路径长度} = \gamma_R L \qquad (6.12)$$

在较短的陆地通信路径上（长度小于 5km，但具体长度会随降雨率变化：降雨率越低，路径长度越长），在相对不变的雨中的物理路径长度可以视为发射天线与接收天线间的直线距离，且信号几乎处在相同的高度上。在卫星通信路径中，信号沿着一条倾斜路径穿过大气层，并且一路上会遇到不同类型和不同强度的降雨。雨滴从约 5km 的高度（这是猛烈雷暴雨中存在液态水的近似上限）落到地面可能会花 10 多分钟的时间。若存在上升气流，尤其是在对流雨中，雨滴落到地面所花的时间会更长。显然，沿卫星通信路径测得的信号衰减与从地面站直接测得的降雨率之间并不存在即时的对应关系。然而，降雨率的长期统计与路径衰减的长期统计之间有着很强的统计关系。许多降雨衰减模型均利用降雨率和路径衰减的等概率值，通过降雨率的累积统计来确定路径衰减的累积统计。降雨率和路径衰减的累积统计曲线（图解说明等概率过程）如图 6.14 所示。

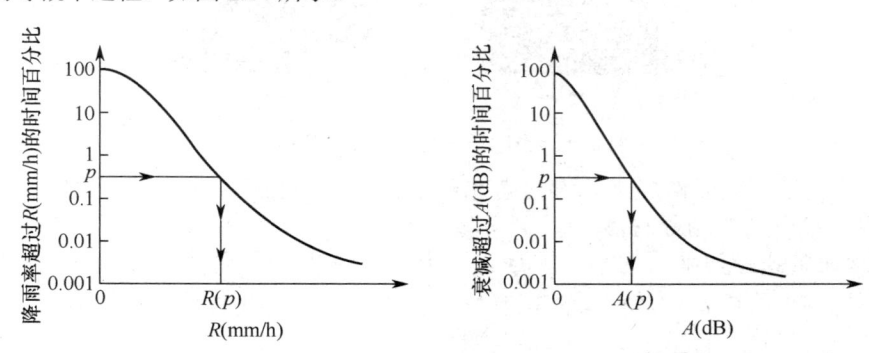

图 6.14 降雨率和路径衰减的累积统计曲线（图解说明等概率过程）

对一个给定的时间百分比 p，从降雨率的累积统计曲线上读出对应的降雨率，并从路径衰减的累积统计曲线上读出对应的路径衰减。若这两个参数的数据是在一段足够长的时间（至少一年，长则数年）上获得的，则 $R(p)$ 和 $A(p)$ 是紧密相关的。有些模型用整条降雨率的累积统计曲线来作为路径衰减的累积统计曲线，而有些模型则用某一个时间百分比（如 0.01%的那一点）来将这两条累积统计曲线联系起来，并从该点扩展出一条累积统计曲线。这种方法通过外推到低时间百分比和高时间百分比（在这些时间百分比上降雨率的测量值有点不可信），提高了精度。

地面上的点降雨率与到该点的卫星通信路径上所观测到的路径衰减在统计上是相关的（在至少一年的时间里）。这一假设，在世界上的许多实验中已经得到了验证。由于路径中所遇到的雨滴尺寸和降雨率均是极易变化的，因此式（6.12）中所用的物理路径长度 L 通常不得不用有效路径长度 L_{eff} 来代替。所以，对于某条给定的卫星通信链路，总衰减 A 由式（6.12）给出。

为了保持完整性，现将式（6.12）重写为式（6.10），即 $A = \gamma_R \times$ 有效路径长度 $= \gamma_R L_{eff}$。

计算有效路径长度的过程用到了降雨的统计高度（融化层的高度）、地面站的海拔高度和路径的仰角。卫星通信路径穿过降雨的几何图如图 6.15 所示。

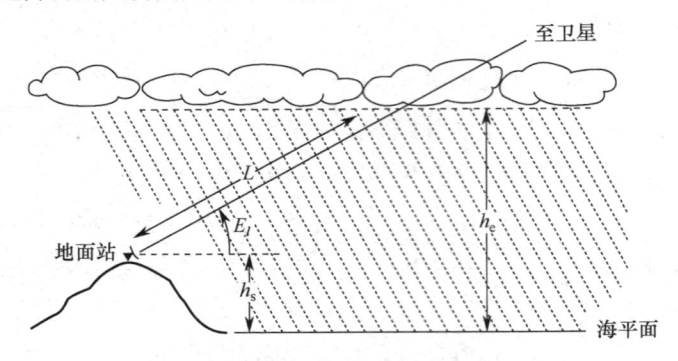

图 6.15　卫星通信路径穿过降雨的几何图

融化层的高度 h_e 通常认为是出现降雨衰减的最高点。地面站在海平面以上的高度由 h_S 给出。

在图 6.15 中，层状雨一般出现在很大的区域上，并在倾斜路径上有着相对恒定的降雨率。但当出现对流雨时，图 6.15 中的假设就不一定正确了。在对流雨中，降雨率和雨滴分布不是恒定不变的，并且倾斜路径也许并不穿过降雨空间的顶部。不同路径长度的几何图示例如图 6.16 所示。

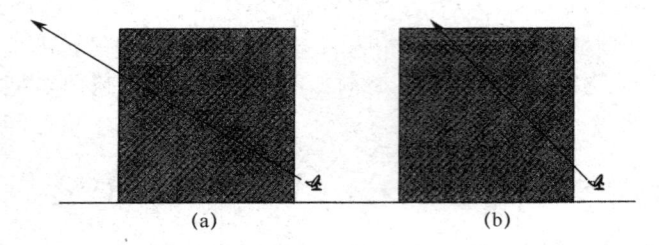

图 6.16　不同路径长度的几何图示例

在这两种情况下，倾斜路径上均存在着相似的雷暴雨。在图 6.16(a)中，到卫星去的路径从雷暴雨区的侧面穿出；在图 6.16(b)中，到卫星去的路径从雷暴雨区的顶部穿出（与图 6.5 中的情况类似）。这两条路径间唯一的不同就是它们到卫星的仰角不同。要得到一个在式（6.10）中的有效路径长度，习惯上用一个垂直修正因子和一个水平修正因子来说明图 6.16(a)或图 6.16(b)出现的可能性。

下面提供了 55GHz 以下频率上对给定位置处的倾斜路径上降雨衰减长期统计值的估计，下列参数是必须的：

$R_{0.01}$：一般年份 0.01%的时间里该位置上的点降雨率（mm/h）；

h_S：地面站在海平面以上的高度（km）；

θ：仰角（度）；

φ：地面站的纬度（度）；

f：频率（GHz）；

R_e：地球的有效半径（8500km）。

一条地球到空间的路径的示意图如图 6.17 所示。

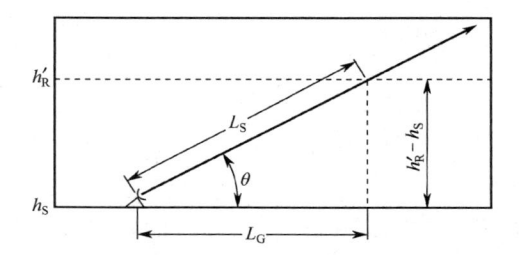

图 6.17　一条地球到空间的路径的示意图

步骤 1：计算降雨高度 h'_R。

步骤 2：当 $\theta \geqslant 5°$ 时，用下式计算在降雨高度之下的倾斜路径长度 L_S，单位为 km：

$$L_S = \frac{h'_R - h_S}{\sin\theta} \tag{6.13}$$

当 $\theta < 5°$ 时，用下式计算 L_S，单位为 km：

$$L_S = \frac{2(h'_R - h_S)}{\left[\sin^2\theta + \dfrac{2(h'_R - h_S)}{R_e}\right]^{1/2} + \sin\theta} \tag{6.14}$$

步骤 3：计算倾斜路径长度的水平投影 L_G，单位为 km：

$$L_G = L_S \cos\theta \tag{6.15}$$

步骤 4：获取降雨率 $R_{0.01}$。若不能从本地数据源中获取这个长期统计值，则可以从 ITU-R P.837 所给出的降雨率图中获取它的一个估计值。

步骤 5：根据 ITU-R P.838，由频率决定的两个系数和步骤 4 中得到的降雨率 $R_{0.01}$，用下式计算出单位衰减 γ_R，单位为 dB/km：

$$\gamma_R = k(R_{0.01})^\alpha \tag{6.16}$$

步骤 6：对此 0.01%的时间，计算水平修正因子：

$$r_{0.01} = \frac{1}{1 + 0.78\sqrt{\dfrac{L_G \gamma_R}{f}} - 0.38\times(1 - e^{-2L_G})} \tag{6.17}$$

步骤 7：对此 0.01%的时间，计算垂直修正因子：

$$\zeta = \arctan\left(\frac{h'_R - h_S}{L_G r_{0.01}}\right)$$

当 $\zeta > 0$ 时，

$$L_R = \frac{L_G r_{0.01}}{\cos\theta}$$

否则，

$$L_R = \frac{h'_R - h_S}{\sin\theta}$$

或 $|\varphi| < 36°$ 时，

$$\chi = 36° - |\varphi|$$

否则，

$$\chi = 0$$

$$v_{0.01} = \frac{1}{1 + \sqrt{\sin\theta}\left[31\times(1 - e^{-[\theta/(1+\chi)]})\right]\left(\dfrac{\sqrt{L_R \gamma_R}}{f^2} - 0.45\right)}$$

步骤8：有效路径长度为

$$L_{eff} = L_R v_{0.01} \tag{6.18}$$

步骤9：对于一般年份0.01%的时间百分比，预测超时的衰减值可由下式得到：

$$A_{0.01} = \gamma_R L_{eff} \tag{6.19}$$

步骤10：对于一般年份的其他时间百分比，范围为0.001%~5%，将超时的衰减值由0.01%的时间百分比下的预测值来确定：

若 $p \geq 0.01$ 或 $|\varphi| \geq 36°$，则 $\beta = 0$；

若 $p < 0.01$ 且 $|\varphi| < 36°$ 和 $\theta \geq 25°$，则 $\beta = -0.005(|\varphi| - 36°)$。

否则，$\beta = -0.005(|\varphi| - 36°) + 1.8 - 4.25\sin\theta$

$$A_p = A_{0.01} \left(\frac{p}{0.01}\right)^{-[0.655 + 0.033\ln p - 0.045\ln(A_{0.01}) - \beta(1-p)\sin\theta]} \tag{6.20}$$

这种方法提供了一个关于由降雨引起的衰减长期统计值的估计。当将实际测量到的统计值与这一估计值进行比较时，应当考虑降雨衰减统计值在不同年份之间会存在相当大的可变性。

1）NGSO系统长期统计值的计算

对仰角在变化的非GSO（NGSO）系统而言，单颗卫星的链路可用率可以用如下方法来计算：

（1）计算系统预计的最小和最大工作仰角。

（2）将工作仰角的范围划分成一些较小的增量段（如宽为5°的增量段）。

（3）计算可视卫星的时间百分比（作为各增量段内仰角的一个函数）。

（4）对给定的传播减损水平，为各仰角增量段求出衰减超过该减损水平的时间百分比。

（5）对各仰角增量段，将（3）和（4）的结果相乘再除以100，便得到该仰角上衰减超过该减损水平的时间百分比。

（6）将（5）中得到的时间百分比相加，以获得衰减超过该减损水平的系统总时间百分比。在采用卫星通信路径分集（切换到衰减最小的路径）策略的多可见卫星星群中，可以进行近似计算，并假设当前使用的是仰角最高的卫星。

2）衰减随仰角和频率的比例变化

经验表明，若已知某地的长期衰减数据，则将测量结果按比例换算到其他的频率或其他的一仰角，它将比从降雨率数据估计新的频率和/或仰角上的衰减更准确一些。在缩放频率和仰角的微小变化上存在着两个相当简单（并且惊人地准确）的经验法则：

（1）对于一个降雨率不变的环境（层状雨），且假设地球是平的，则以分贝形式表示的衰减就与有效路径长度有一个比例关系（服从一个余割法则）。

（2）在10~50GHz频率上，以分贝形式表示的衰减随频率的平方成比例变化。

3）余割法则

从同一地点出发，相同频率上仰角 El_1 和 El_2 方向上的衰减（以分贝形式表示）有如下近似关系：

$$\frac{A(El_1)}{A(El_2)} = \frac{\csc(El_1)}{\csc(El_2)} \tag{6.21}$$

当仰角很小（小于10°）时，这个公式就不再成立了，此时它所隐含的地球是平的和降雨率不变的两个假设均不再有效。

【例 6.3】 有一条频率为 12GHz 的卫星通信链路被发现在 45° 的仰角上,它会在一年 0.01% 的时间里遭受 4dB 的降雨衰减。若仰角为 10°,则在相同的地点和相同的时间百分比内测量的降雨衰减将为多少?

解: 设式（6.21）中的下标 1 代表新仰角（10°），下标 2 代表旧仰角（45°），则

$$A(10°) = (\csc 10°/\csc 45°) A(45°)$$
$$= (5.7588/1.4142) \times 4$$
$$= 16.3 \text{dB}$$

从这个例子可以很清楚地看到仰角对一条链路的影响。 ∎

4）平方频率变化法则

假设同一条路径在 f_1 GHz 和 f_2 GHz 上测得的衰减分别为 $A(f_1)$ 和 $A(f_2)$，则它们有如下近似关系：

$$\frac{A(f_1)}{A(f_2)} = \frac{f_1^2}{f_2^2} \quad \text{或} \quad A(f_1) = \frac{f_1^2}{f_2^2} A(f_2) \qquad (6.22)$$

这个公式建立起了长期统计值（年度统计值）之间的关系。它不能用于链路上的短期频率变化，也不能用于靠近任何共振吸收线的频率。

【例 6.4】 当一个用户使用 10.7GHz 的频率时，测得沿某条卫星通信链路的降雨衰减统计值在一年 0.01% 的时间里为 6dB。将该用户从当前的转发器转移到一个新转发器上，使该用户的频率变为 11.4GHz。在所有其他链路参数均保持不变的情况下，求其新的降雨衰减值。

解: 利用式（6.22）中 f_1 的下标 1 代表的 11.4GHz 频率和 f_2 的下标 2 代表的 10.7GHz 频率，得到

$$A(11.4) = (11.4^2/10.7^2) A(10.7)$$
$$= (129.96/114.49) \times 6$$
$$= 6.8 \text{dB}$$
∎

5）ITU-R 关于降雨衰减的长期频率变化

若 A_1 和 A_2 分别为 f_1 GHz 和 f_2 GHz 上的等概率降雨衰减值，单位为 dB，则有

$$A_2 = A_1 (\phi_2/\phi_1)^{1-H(\phi_1, \phi_2, A_1)} \qquad (6.23)$$

式中，

$$\phi(f) = \frac{f^2}{1 + 10^{-4} f^2} \qquad (6.24)$$

$$H(\phi_1, \phi_2, A_1) = 1.12 \times 10^{-3} (\phi_2/\phi_1)^{0.5} (\phi_1 A_1)^{0.55} \qquad (6.25)$$

6.5 XPD 的预测

大气中的雨在刚开始时是非常小的雨滴。由于这些小雨滴的表面张力非常强，因此，它们能够保持球体的形状。随着小雨滴与小雨滴的相互碰撞，它们结合成为更大的雨滴。雨滴越大，就越有可能在风的作用下扭曲成非球体的形状。通常，当雨滴可以变得相当大时，它们会扭曲成椭球体。雨滴从形成到成形的形状示意图如图 6.18 所示，通常在水平轴向上变平。

对于非常小的雨滴，由于风不能克服表面张力的作用，因此小雨滴的形状仍然保持着完美的球体。

随着雨滴的下落，雨滴下面的压力大于表面张力，雨滴开始扭曲，并在垂直轴向上呈椭圆形。但从下面看，雨滴在横截面上基本上还是圆形。

经过与其他雨滴的进一步碰撞，雨滴的尺寸又变大了。质量的增大使雨滴以更快的速度下落，同

时雨滴下面的风力也变得更大，使雨滴在垂直方向上的形状变成了强椭圆形。这种对称的椭球体只会存在于极静的空气中，并且即使是在这种情况下，雨滴的垂直运动也会使雨滴开始振动，交替地形成扁椭球体和长椭球体。

振动的大雨滴将会扭曲成一些没有实际对称轴的形状。雨滴的底部将会由于雨滴的下落而产生凹陷，并且这么大的雨滴一般均是由于剧烈的对流活动而形成的，因此，湍急的空气运动将会引起振动的大雨滴的破裂。然后，这种破裂所产生的较小的雨滴会促使另外的雨滴形成。

若一场雷暴雨中的所有椭球体雨滴均排成行，则电场矢量与雨滴短轴相平行的电波（垂直极化波）将会经历该降雨率下最小的衰减，反之电场矢量与雨滴长轴相平行的电波（水平极化波）则会经历该降雨率下最大的衰减。在这两种特殊情况下，不会发生去极化。水平极化波和垂直极化波所经历的衰减之间的差值是很小的，很少大于 1dB。这称为差分衰减。同样，当水平极化波和垂直极化波通过各向异性的媒质时，它们会经历差分相移。在低于 10GHz 的频率上，差分相移是更加重要的现象。在高于 30GHz 的频率上，差分衰减更加明显。在 10GHz 与 30GHz 之间，差分相移和差分衰减中哪一个会是主要的影响将取决于链路的仰角和气候。

假设有这样一个电波，它的线性极化介于水平极化和垂直极化之间，则可以将这个波分解成垂直极化分量和水平极化分量，如图 6.19 所示。

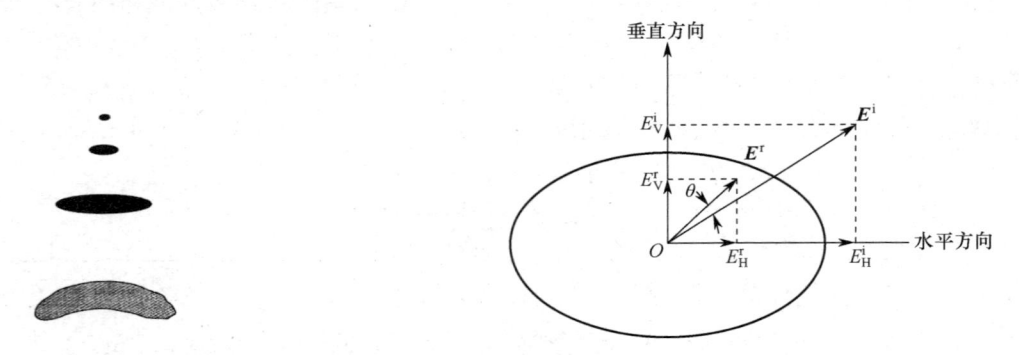

图 6.18 雨滴从形成到成形的形状示意图　　图 6.19 基于具有椭圆形横截面的雨滴的降雨去极化的简化说明

虽然这两个分量通过降雨区时极化方向不变，但是垂直极化分量会比水平极化分量遭受到更大的衰减。若在任意一点上将垂直极化分量和水平极化分量重新结合在一起来重建该波，则会发现它的极化方向朝垂直方向发生了旋转，并且出现了一个交叉极化分量。这个过程是电磁波散射中一个复杂问题的简化。

去极化虽然在很大程度上取决于路径上的雨量，但路径上雨滴的形状和它们长、短轴的指向同样也对去极化有很大影响。雨滴长、短轴的指向有两个独立的特征：由降雨媒质形成的倾角；由路径几何形态形成的倾角。

一个电场矢量为 E^i 的入射电磁波穿过一个雨滴。将该电磁波分解成一个水平极化分量 E_H^i 和一个垂直极化分量 E_V^i。由于水平极化分量会遇到更多的雨滴，它比垂直极化分量衰减得更多，因此，当将到达接收机的水平极化分量 E_H^r 和垂直极化分量 E_V^r 重新结合在一起时，会发现接收波的极化方向朝垂直方向旋转了角 θ。

1）倾角分布

下落中的雨滴会给其本身确定方向，以使空气动力最小。在平稳的下落过程中，雨滴的短轴与净风力相平行。当雨滴在静止空气中下落时，其长轴是水平的。在有风的情况下，空气动力将会有两个分量：一个是由雨滴下落速度引起的（垂直极化分量），另一个是由主风引起的（水平极化分量）。这两个力的合力将会使雨滴的长轴偏离通常的水平方向。主风的速度随高度的下降而减小，在地面处变为零，显然，雨滴的方向也将随高度变化。由于水平风力相对于路径的方向在变化，因此，在长距离上测到的净水平极化分量将会接近于零，倾角将为零均值。然而，在任意确定的雷暴雨中，倾角会存在有限概率的非零值，并会导致在短时间间隔上水平极化波或垂直极化波的去极化增强。倾角示意图(1)如图 6.20 所示。

由主风引起的水平风力和由雨滴下落速度引起的垂直风力共同产生了一个偏离垂直方向的净风力。由雨滴下落速度引起的垂直风力已经将该雨滴扭曲成了一个椭球体，此时这个雨滴将会为自己定向，以使阻力减为最小。这就意味着雨滴将会使自身偏离水平方向并使其短轴平行于净风力方向。

2）倾角

倾角是指本地水平（或垂直）方向与被传输信号电场矢量的实际方向之间的夹角。由 GEO 卫星传输的电场矢量的方向是相对卫星投影点处的赤道而言的。水平极化方向与赤道平行，而垂直极化方向与赤道垂直。若 GEO 卫星正在传输一个垂直极化信号，则与该卫星处于同一经度上的地面站将会接收到在本地垂直方向上极化的信号。若该地面站的位置由 GEO 卫星的经度向东或向西移动了，则地面站现在接收到的由卫星传输的垂直极化信号就偏离了本地垂直方向。换言之，极化矢量看上去似乎倾斜得离开了原来的方向。倾角示意图(2)如图 6.21 所示。

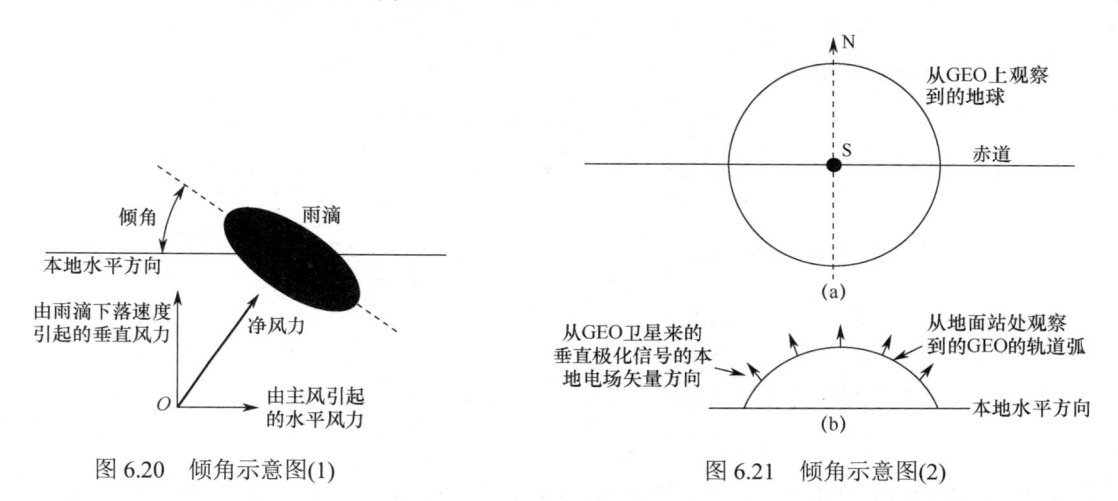

图 6.20　倾角示意图(1)

图 6.21　倾角示意图(2)

在图 6.21(a)中，S 为 GEO 卫星的投影点。若从卫星来的信号与赤道平行，则它们将会被水平极化，而卫星所传输的垂直极化信号将垂直于赤道。若一个地面站位于卫星所在的经度（这里用虚线 SN 来表示）上，则它将接收到传输方向上的极化矢量——虽然卫星投影点处的极化方向并未定义。在图 6.21(b)中，地面站不在赤道上。其中的轨道弧显示出了从该地面站处看到的 GEO 是什么样的。在本例中，卫星在传输一个垂直极化信号。然而，此垂直极化信号也许不会在本地垂直方向上被接收。本地电场矢量方向将取决于在地面站看来卫星在 GEO 的轨道弧上所处的位置。显然，由于链路的几何形态，极化矢量可能会倾斜得离开了传输方向。若卫星在距正北 0°或 180°的位置，则在地面站到 GEO 卫星通信链路上的极化矢量就只能是垂直的（或水平的）。

假设从 GEO 卫星来的信号是在由北到南的方向上被极化的，则有一个简单的公式给出了相对于水平方向的倾角 τ：

$$\tau = \arctan(\tan L_e / \sin \beta) \tag{6.26}$$

式中，L_e 为地面站经度（北半球为正，南半球为负），β 等于卫星经度减去地面站经度（$L_s - L_e$），其中经度以东经多少度来表示。

【例 6.5】 对从 60°E 上的 GEO 卫星传输来的垂直极化信号而言，在位于 52°N，1°E 上的地面站处所检测到的极化倾角为多少？

解：由式（6.26）可得

$$\tau = \arctan[\tan 52°/\sin(60°-1°)] = \arctan(1.2799/0.8572) = \arctan 1.4932 = 56.19°$$ ∎

ITU-R 的 XPD 预测方法是以在感兴趣的频率上测得（或预测）的衰减为基础的，再加上一些附加项来考虑倾角分布、倾角和冰晶去极化的。这个方法总结为如下几个步骤。

步骤 1：计算随频率变化的项：

$$C_f = 30 \lg f, \quad 8\text{GHz} \leqslant f \leqslant 35\text{GHz} \tag{6.27}$$

式中，f 为以 GHz 为单位的频率。

步骤 2：计算随降雨衰减变化的项：

$$C_A = V(f) \lg A_p \tag{6.28}$$

式中，A_p 为所讨论的路径上规定时间百分比 p 内所超过的降雨衰减值，单位为分贝，通常称为共极化衰减或 CPA。

$$V(f) = 12.8 f^{0.19}, \quad 8\text{GHz} \leqslant f \leqslant 20\text{GHz} \tag{6.29}$$

$$V(f) = 22.6, \quad 20\text{GHz} < f \leqslant 35\text{GHz} \tag{6.30}$$

步骤 3：计算极化改进因子：

$$C_\tau = -10\lg[1 - 0.484(1 + \cos 4\tau)] \tag{6.31}$$

式中，τ 为倾角。当 $\tau = 45°$ 时，改进因子 $C_\tau = 0$，而当 $\tau = 0°$ 或 $90°$ 时，C_τ 达到最大值 15dB。$\tau = 45°$ 对应于圆极化。

步骤 4：计算随倾角变化的项：

$$C_\theta = -40\lg(\cos\theta), \quad \theta \leqslant 60° \tag{6.32}$$

式中，θ 为链路的仰角。

步骤 5：计算随倾角分布变化的项：

$$C_\sigma = 0.0052\sigma^2 \tag{6.33}$$

式中，σ 为雨滴倾角分布的有效标准差，用度来表示。对于 1%、0.1%、0.01% 和 0.001% 的时间百分比，σ 的值分别为 0°、5°、10° 和 15°。

步骤 6：计算雨天 $p\%$ 时间内的 XPD：

$$\text{XPD}_{\text{rain}} = C_f - C_A + C_\tau + C_\theta + C_\sigma \tag{6.34}$$

步骤 7：计算随冰晶变化的项：

$$C_{\text{ice}} = \text{XPD}_{\text{rain}} \times (0.3 + 0.11\lg p)/2 \tag{6.35}$$

步骤 8：在考虑了冰晶影响的情况下计算 $p\%$ 时间内的 XPD：

$$\text{XPD}_p = \text{XPD}_{\text{rain}} - C_{\text{ice}} \tag{6.36}$$

由于 8GHz 以下频率上的降雨衰减相当低，因此，这种依赖衰减的 XPD 预测方法不能提供精确结果。

若要计算 8GHz 以下频率上的 XPD，最好先计算出 8GHz 上的 XPD，再用下式将结果换算到所用的频率上：

$$\text{XPD}_2 = \text{XPD}_1 - 20\lg\left[\frac{f_2\sqrt{1-0.484(1+\cos 4\tau_2)}}{f_1\sqrt{1-0.484(1+\cos 4\tau_1)}}\right], \quad 4\text{GHz} \leqslant f_1, f_2 \leqslant 30\text{GHz} \tag{6.37}$$

Intelsat 实验中未公开的结果似乎表明通过将式（6.29）修改为式（6.38a），并将式（6.30）中 $V(f)$ 的值修改为式（6.38b）中的值，就有可能预测 35～50GHz 上的 XPD。

$$G_f = 26\lg f \tag{6.38a}$$
$$V(f) = 20 \tag{6.38b}$$

【例 6.6】 已知一条 12GHz 的链路在 0.01% 的时间内会引起 7dB 的衰减，试问这段时间内 XPD 的值为多少？已知链路仰角为 30°，计算当倾角为 20° 和 0° 时的 XPD。

解： 根据上述方法，有

步骤 1：$C_f = 30\lg f = 32.3754$

步骤 2：$V(f) = 12.8 f^{0.19} = 12.8 \times 1.6034 = 20.5236$

$C_A = V(f) \lg A_p = 20.5236 \times \lg 7 = 17.3445$

步骤 3：20° 倾角：

$$C_\tau = -10\lg[1 - 0.484 \times (1 + \cos 4\tau)] = -10\lg[1 - 0.484 \times (1 + \cos 80°)] = 3.6960$$

0° 倾角：

$$C_\tau = -10\lg[1 - 0.484 \times (1 + \cos 4\tau)] = -10\lg[1 - 0.484 \times (1 + \cos 0°)] = 14.9485$$

步骤 4：$C_\theta = -40\lg\cos\theta = -40\lg\cos 30° = 2.4988$

步骤 5：$C_\sigma = 0.0052\sigma^2 = 0.52$

步骤 6：$\text{XPD}_{\text{rain}} = C_f - C_A + C_\tau + C_\theta + C_\sigma$

$\tau = 20° = 32.3754 - 17.3445 + 3.6960 + 2.4988 + 0.52 = 21.7457 = 21.7\text{dB}$

$\tau = 0° = 32.3754 - 17.3445 + 14.9485 + 2.4988 + 0.52 = 32.9982 = 33.0\text{dB}$

步骤 7：$C_{\text{ice}} = \text{XPD}_{\text{rain}} \times (0.3 + 0.1\lg p)/2$

$\tau = 20° = 21.7457 \times (0.3 + 0.1\lg p)/2 = 21.7457 \times (0.3 + 0.1\lg 0.01)/2$
$= 21.7457 \times (0.3 - 0.2)/2 = 1.0873$

$\tau = 0° = 32.9982 \times (0.3 + 0.1\lg p)/2 = 32.9982 \times (0.3 + 0.1\lg 0.01)/2$
$= 32.9982 \times (0.3 - 0.2)/2 = 1.6499$

步骤 8：$\text{XPD}_p = \text{XPD}_{\text{rain}} - C_{\text{ice}}$

$\tau = 20° = 21.7457 - 1.0873 = 20.6584 = 20.6\text{dB}$

$\tau = 0° = 32.9982 - 1.6499 = 31.3483 = 31.3\text{dB}$

注意： 减小去极化的最简单且最有效的方法是让发射天线的极化方向与被接收天线能够线性辨认的垂直或水平极化方向保持一致。

从上面例子中可知，倾角为 0°（信号以线性水平极化方式被天线接收）与倾角为 20° 的计算结果相差甚远。■

3）冰晶去极化

包含在 XPD 计算过程中的冰晶去极化计算已经在精度上有较大的变化。在高仰角和 10GHz 以下的频率上，冰晶去极化的计算结果与测量数据比较一致。换言之，由于冰晶去极化只在猛烈的雷暴雨中出现，因此，它是一种很少出现的现象。然而，在低仰角路径上，已经观测到在非常高的时间百分比内均会有由冰晶所引起的影响。在高于 30GHz 的频率上，预计冰晶去极化将会是一种非常重要的影响，特别是在那些低于 30° 的仰角中。

4）雨滴对天线噪声的影响

在 50GHz 以下的频率上，降雨衰减主要是由吸收而不是由路径外信号能量的散射所引起的。任何物理温度大于热力学零度（0K）的吸收体均将表现为一个黑体辐射体的形式。在 300GHz 以下的频率上，这种辐射表现为高斯白噪声的形式，噪声功率为 kTB，其中 T 是吸收体的等效噪声温度。由于雨滴是微波上的吸收体，并且当雨滴下落穿过天线波束时，它们各向同性辐射的部分热能将被接收机检测到。因此，降雨不仅将引起信号衰减和去极化，它还将引起天空温度的升高，而这又将增大系统的总噪声温度。对 Ku 频段上的低噪声接收系统来说，天线噪声温度升高所产生的影响可能会很大。1~3dB 的降雨衰减可以使系统噪声升高 1~3dB，并导致雨中的载噪比（以 dB 为单位）有所下降，这个下降值是降雨衰减值的两倍。

由降雨所引起的天线噪声温度的升高 T_b 可以通过下式估计：

$$T_b = 280 \times (1 - e^{-A/4.34}) \tag{6.39}$$

式中，A 为降雨衰减，单位为 dB，280K 是降雨媒质一个单位为 K（开尔文）的有效温度。273K~290K 之间的值均可以用，这取决于气候是寒带气候还是热带气候。

一个可供选择的方法是将雨滴视为一个传输系数远小于 1 的无源衰减器来处理。若雨滴将信号完全衰减掉，则 $\sigma = 0$；若降雨媒质是完全透明的并且无衰减发生时，则 $\sigma = 1$。雨中由于吸收而引起的附加辐射天空温度的示意图如图 6.22 所示。

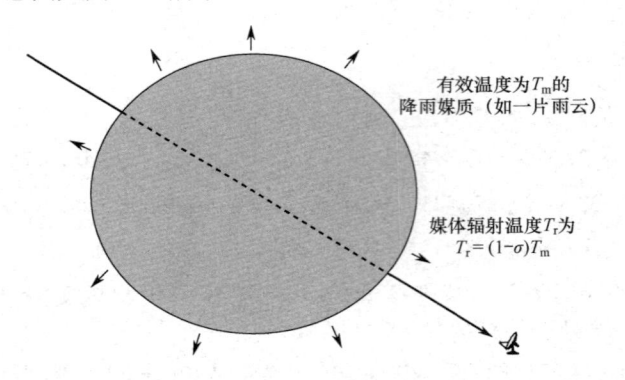

图 6.22 雨中由于吸收而引起的附加辐射天空温度的示意图

天线接收到由来自"热"雷暴雨的辐射所引起的附加温度，将会使系统噪声温度加上一个附加分量。这个附加分量与一个有损馈源的噪声温度的影响相似。信号损失引起的噪声温度 T_1 是用一个"增益"分量 G_1 计算出来的，其中 G_1 为一个线性值。例如，当物理温度为 280K 的分量引起了一个 2dB 的损耗（等于原始信号的 0.63 倍）时，可以计算 $T_1 = T_p(1 - G_1) = 280 \times (1 - 0.63) = 103.6$K，参数 G_1 等同于 σ。

【例 6.7】 与晴空时的情况相比，当路径上有 4dB 的降雨衰减时，天线的附加噪声温度的影响为多少？假设降雨媒质的温度等于 285K。

解： 4dB 的降雨衰减会使信号减小为原来的 1/2.5119。部分传输系数由此变为 1/2.5119 = 0.3981（一种说法是在有 4dB 的降雨衰减期间，原始信号的功率只有 39.81%被接收到）。被辐射的附加天线噪声温度变为 285×(1 − 0.3981) = 171.5K。若系统噪声温度为 200 K，则有效系统噪声温度为 200 + 171.5 = 371.5K。换言之，信号功率减少了 4dB，而噪声功率增加了 2.7dB。因此 4dB 的降雨衰减导致载噪比下降了 6.7dB。然而，该解法将问题过分简单化了，这是由于接收天线的效率并不是 100%，因此，天线也就未接收到所有入射到它上面的辐射。在降雨的情况下，天线接收到的增强了的天线噪声的影响将会接近于被雷暴雨所辐射的那一部分。为此，在制定链路预算时，必须在系统设计中特别注意考虑天线噪声的增强和信号的衰减。换言之，链路预算中的关键是找出载噪比的变化，而不仅仅是载波功率的变化。∎

6.6 电波传播衰减损耗的对策

1) 衰减

许多研究人员均已对衰减对策进行了研究，结果表明主要有如下三类方法能够减轻衰减：

（1）功率控制（通过改变信号的 EIRP 来提高 C/N）；

（2）信号处理（通过改变信号的参数来改善 BER）；

（3）分集（通过选择不同的路径或时间来利用已经去相关的衰减）。

然而，减轻衰减的三类方法对同一链路的影响是不同的，并且它们实质上是互补的。对使用 Ka 频段及其以上频率的卫星通信系统而言，所有这三类减轻衰减的方法均要求有高可用率的链路。下面将简要地介绍功率控制技术。

2) 功率控制

在自适应功率控制中，常对发射功率进行调整以补偿路径沿线的信号衰减。从最简单的意义上说，它就像接收机中通过调节增益来适应接收能量的波动，以保持接收机的输出能够进行恒定的自动增益控制。上行链路在许多卫星通信链路工作时均为连接中的关键部分。换言之，整个连接在降雨衰减中最先掉线的那个部分是上行链路。若上行链路在雨中有一个增大了的 EIRP，则该连接总的可用率（性能）就会得到提高。这称为上行链路功率控制（UPC）。

UPC 可以用于闭环或开环。在闭环中，信号功率在卫星上被检测，并发射回一个控制信号给地面站，以调节功率；在开环中，下行链路信号上的衰减被用来预测上行链路上可能出现的衰减水平。闭环操作往往更精确一些，但实现起来花费会更高一些。目前大多数 UPC 系统均是开环系统。

下行链路频率和上行链路频率分得越开，开环 UPC 就会变得越难。在下行链路（约 20GHz）和上行链路（约 30GHz）的频率分别位于 22GHz 的水汽吸收线两边的 Ka 频段上时，开环 UPC 就变得极其困难了。对 20GHz 上那些小于 1dB 的衰减来说，30GHz 上的衰减与 20GHz 上的衰减之比是小于 1 的，这是由于 22GHz 上的水汽吸收线离 20GHz 的下行链路更近，因此，20GHz 上的云层衰减（实质的水汽吸收）比 30GHz 上的更高。以上行链路衰减为参数，在 30GHz 与 20GHz 上平均衰减的比值如图 6.23 所示。

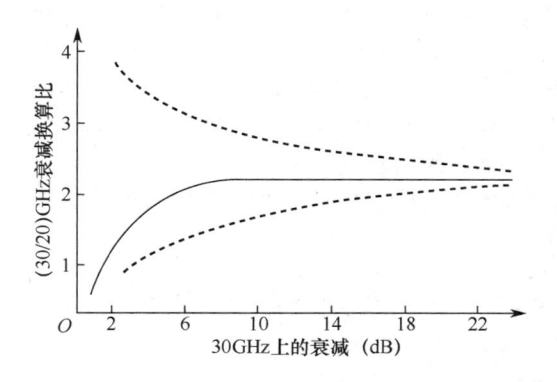

图 6.23 以上行链路衰减为参数，在 30GHz 与 20GHz 上平均衰减的比值

当上行链路衰减超过了 7dB 时，(30/20)GHz 的长期衰减换算比才开始建立起来。一个需要认真考虑的问题是卫星上功率通量密度的变化。若许多地面站在有降雨衰减的情况下与同颗卫星一起工作，此时实施 UPC 可能会导致卫星上接收到的功率发生较大的波动，并且它将会对容量产生影响。若有足

够的带宽和功率，则某些具有多交换波束的先进 Ka 频段卫星还能使用下行链路功率控制。

图 6.23 中的实线是考虑了降雨衰减和对流层闪烁时的一个预测。两条虚线是上行链路和下行链路的衰减换算比以区别即时测量值的边界。换算比的较大范围表明，在开发仅仅使用下行链路的一个幅度测量的开环 UPC 算法时，必须要非常慎重。

6.7 本章小结

本章首先概述了大气层对卫星通信链路影响的一般概念；其次分别详细介绍了量化衰减和去极化的计算，以及与水汽凝结体无关的传播效应，同时重点论述了降雨衰减预测、XPD 预测对卫星通信性能的影响；最后论述了电波传播衰减损耗的对策。

习 题

01. 在一条典型的卫星到地面的链路中，假设传播衰减损耗随着频率从 1GHz 增加到 30GHz，对平均信号的影响逐渐减小。同时，电离层闪烁的影响在时间和地点上都是易变的。试问：
    (1) 引起这种易变性的因素是什么？
    (2) 预计在多长时间内，最坏的影响会在一条给定的卫星通信链路上重复出现？
    (3) 在任意给定的一年里，何时会出现最坏的电离层影响？
    (4) 在任意给定的一天里，何时会出现最坏的电离层影响？
    (5) 在地面的哪个纬度范围内，这些影响对 GEO 卫星通信链路最为严重？
02. 一种简单计算改变仰角影响的方式是应用余割法则［见式（6.21）］。要计算频率改变的影响，可以使用一个简单的公式［见式（6.24）］，或采用一种更复杂的算法［见式（6.25）及以下部分］。某直接到户（DTH）卫星公司正在探讨是否调整上行链路发射机的位置和频率。根据当前在上行链路上分配的频率（30GHz），在 50°仰角下，工作时间内观察到 30dB 的衰减。尽管获准使用 18GHz 的上行链路频率，但仍需要重新安置地面站。尽管降雨气候与当前地面站相同，但仰角仍将降至 15°。试计算：
    (1) 根据式（6.24），若在 30GHz 上观察到 30dB 衰减，则在 18GHz 上预计的衰减是多少（均处于 50°仰角）？
    (2) 若仰角从 50°降至 15°，那么在 18GHz 上预计的衰减是多少？可参考（1）问在 18GHz 和 50°仰角上计算得到的值。
    (3) 基于（2）问的答案，是否建议调整上行链路发射机位置并将频率改为 18GHz？
    (4) 若采用式（6.25）中更复杂的公式，而非式（6.24），答案是否会发生变化？
03. 在有线电视网（CATV）中，下行链路信号的频率约为 12.5GHz。在某些位置上，0.01%的时间内，CATV 下行链路测得的衰减为 12dB。下行链路采用 20°仰角的双极化频率复用，以便所有信道通过一颗卫星发射。为确保终端制定的 QoS（服务质量），XPD 必须不低于 15dB。试问：
    (1) 若下行链路信号为线性极化且仰角为 0°，那么 0.01%时间内的 XPD 预测是多少？
    (2) 若下行链路信号为圆极化，那么 0.01%时间内的 XPD 预测是多少？
    (3) 在这两种情况下，QoS 干扰标准中 15dB 的 XPD 最小值能否满足？
04. 对流层闪烁并非吸收性影响，不会像降雨衰减那样导致接收机噪声温度上升。尽管增强湿度级可能导致噪声温度略有升高，但在本题中不考虑这一因素。若一个 DTH 接收机的设计参数如下：
    晴天系统噪声温度：100K；
    晴天 C/N：11dB；
    性能门限：一年内 99%的时间内 C/N 大于 10dB；
    可用率门限：一年内 99.9%的时间内 C/N 大于 6dB。
    该 DTH 接收机将在基于预测的对流层闪烁和降雨衰减统计数据的条件下运行。如：

每年的时间百分比	对流层闪烁的衰减水平	降雨衰减的衰减水平
10%	0.5dB	0dB
1%	1.5dB	1dB
0.1%	2.5dB	3dB
0.01%	3.5dB	10dB

（1）在这四个时间百分比范围内，仅由对流层闪烁导致的 C/N 下降是多少？

（2）在这四个时间百分比范围内，仅由降雨衰减导致的 C/N 下降是多少（降雨媒质有效温度为280K）？

（3）不考虑其他因素时，对流层闪烁是性能限制因素吗？

（4）不考虑其他因素时，对流层闪烁是可用率限制因素吗？

（5）不考虑其他因素时，降雨衰减是性能限制因素吗？

（6）不考虑其他因素时，降雨衰减是可用率限制因素吗？

（7）结合对流层闪烁和降雨衰减的影响，该 DTH 接收机能满足性能和可用率要求吗？

（8）若在（7）问中性能或可用率问题的回答为"否"，那么需要多少额外的 C/N 裕量才能满足性能和可用率要求？

05. 在卫星通信链路上观测到的衰减可以通过测量天线噪声温度的变化，并使用式（6.39）计算降雨衰减 A 来估计。执行此任务的设备被称为辐射计。辐射计在 0~10dB 的衰减范围内具有很好的效果，但对于超出刻度的较大衰减值，其性能并不理想（这种现象称为辐射计饱和）。请利用式（6.39）解释这一现象？

06. 与采用星上处理（OBP）技术的卫星相比，采用线性转发器的 GEO 卫星既有优点也有缺点。线性转发器的优点之一是适应性，它能够轻松地向模拟和数字业务提供变化的容量流，前提是这些流量适合转发器的带宽和功率限制。另一个优点是能够将断线率分摊到给定链路的不同部分，一条典型的双向链路在设计时每次只设计一个方向。例如，在泰国和美国之间的业务中，从泰国到美国的链路和从美国到泰国的链路是分开设计的。对高可用率业务来说，一年 0.04% 的单向断线率是可以接受的。这个 0.04% 可以划分为相等的两部分，上行链路上分摊 0.02%，下行链路上也分摊 0.02%。泰国的降雨气候比美国西海岸的降雨气候猛烈得多。如果对总断线时间进行不对称划分，可以使整个链路设计得更容易。若两地的上行链路频率均为 12GHz，下行链路频率均为 10GHz。链路的两个方向上均采用线性、垂直极化方式。泰国和美国地面站的仰角均为 5°。试回答以下问题：

（1）在泰国 12GHz 的上行链路和美国 10GHz 的下行链路上，如何划分 0.04% 的断线时间，以使泰国上行链路和美国下行链路上经受相同的降雨衰减？

（2）在美国 12GHz 的上行链路和泰国 10GHz 的下行链路上，如何划分 0.04% 的断线时间，以使美国上行链路和泰国下行链路上经受相同的降雨衰减？

注意，对于（1）问和（2）问，答案应四舍五入为 0.005% 的整数倍，例如 0.03%：0.01% 或 0.035%：0.005%。

第 7 章　卫星通信多址技术

7.1　概述

卫星能同时传输许多信号的这种能力称为多址。多址允许在许多地面站之间共享卫星的通信容量，并使卫星能够容纳由地面站传输来的不同通信业务。

地面站传输到卫星上的信号在性质上有很大差别——语音、视频、数据、传真，但是可以采用多址和复用技术通过同一卫星来传输它们。复用是将许多信号合并成一个信号的过程，以便用一个放大器处理或在一条无线信道上传输。复用既能在基带上完成，也能在射频上完成。

多址方式将会影响到卫星通信系统的容量和适应性，以及系统的成本。在任何多址系统中，基本问题在于如何使一个不断变化的地面站群以一种方式共享卫星，这种方式需要最大化卫星的通信容量，有效利用带宽，维持灵活性，并在最小化用户费用的同时最大化运营商的收益。然而，由于这些要求并非总能同时满足，因此，在某些情况下，必须对其他要求进行折中考虑以满足某些优先级较高的要求。FDMA、TDMA 和 CDMA 三种多址技术，如图 7.1 所示。

在频分多址（FDMA）中，虽然所有用户同时共用一颗卫星，但每个用户均是在分配给自己的特定频率上传输信号的。每个无线站均被分配一个频率和一个带宽，并在该频带内传输信号。FDMA 能用于模拟信号或数字信号。在时分多址（TDMA）中，每个用户在卫星上均

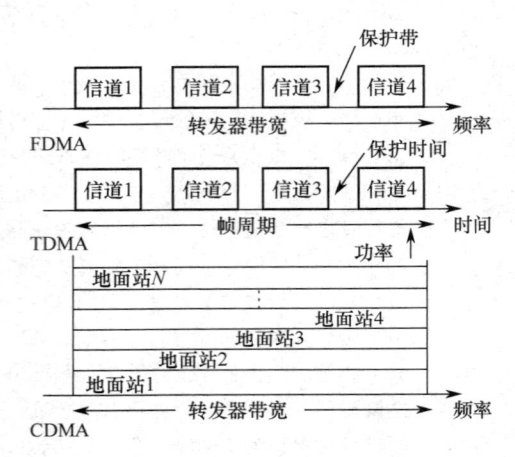

图 7.1　FDMA、TDMA 和 CDMA 三种多址技术

分配到一个唯一的时隙，以便信号能按顺序通过转发器进行传输。由于 TDMA 会引起传输延迟，因此，它只能用于数字信号。在码分多址（CDMA）中，所有用户可以在同一频率上同时向卫星发射信号。地面站发射的信号是经过正交编码的扩频信号，在接收端，可以通过使用与发射时相同的编码进行相关性处理，来分离和恢复这些信号。CDMA 是一种数字技术。在各种多址技术中，信号的某一独特属性（频率、时间或代码）被用来标识其传输，以便在接收端存在其他信号干扰的情况下，能够将有用信号恢复出来。

复用与多址之间的界线有时被模糊了，但两者有着明确的区别。复用主要用于将同一位置产生的多个信号合并处理，而多址则涉及来自不同地理位置的信号。例如，一般的地面站可以用时分复用（TDM）将传输到该地面站的很多数字信号合并成一个高速的数字数据流。随后，这个数据流会被调制到射频载波上，并传输到卫星上。在卫星上，用时分多址（TDMA）或频分多址（FDMA）可以使该载波与来自卫星覆盖区内其他地面站的载波一同共享一个转发器。这种合成信号称为 TDM-TDMA 信号或 TDM-FDMA 信号。然而，应注意 TDM 与 TDMA 之间的区别：复用是将一个地面站上的多个信号合并到一起，而多址则是将这些合并后的信号与其他地面站的信号一同共享一个卫星转发器。

这三种经典的多址技术均存在着某种资源的共享。若分配给每个地面站的资源均已预先安排好，则这种多址方式称为固定多址（FA）或预分配多址（PA）。反之，若资源是根据业务量的不断变化按需分配的，则这种多址方式称为按需分配多址（DA）。按需分配多址使 FDMA 与 TDMA 之间的一些区别变得模糊起来，这是因为 FDMA-DA 系统中的地面站仅当有业务时才会发射信号。与 FDMA 相结

合的按需分配多址在 VSAT 网络中被广泛使用，因为在这些系统中，地面站也许仅是间歇地有业务需要传输。由于固定分配方式将会浪费转发器容量，因此，通常所用的是按需分配方式。类似地，TDMA 可以使一组地面站在使用转发器部分带宽的同时，允许其他 TDMA 组的地面站分享该转发器带宽的不同部分。这种方法已经在 VSAT 网络和移动卫星通信系统中得到了应用。此外，按需分配也能与 CDMA 一同使用，以减少任意时刻转发器中信号的数目。例如，Globalstar 低高度地球轨道卫星通信系统就是将 CDMA 与按需分配一起使用的。

将 FDMA 与 TDMA 结合起来的多址技术有时称为混合多址或多频 TDMA（MF-TDMA）。在讨论这些多址方式时，首先将 FDMA、TDMA 和 CDMA 视为固定分配方式进行阐述，然后深入探讨按需分配多址和混合多址的特性。

7.2 频分多址（FDMA）

频分多址是第一个用于卫星通信系统中的多址技术。当 20 世纪 60 年代卫星通信开始出现时，卫星所传输的大部分业务是电话信号。所有的信号均为模拟信号，地面站利用模拟复用技术将这些电话信号合并为一个能够调制到单个射频载波上的基带信号。在这个过程中，各单独的电话信号首先被限制在 300～3400Hz 的频率范围内，然后，12 个这样的信号被频移到 60～108kHz 的频率范围内，并通过产生 12 个频率间隔为 4kHz 的单边带载波信号，使这 12 个电话信号间各间隔 4kHz。这 12 个占用了 60～108kHz 的信号称为一个基群。当五个基群频移到 60～300kHz 范围内时，就构成了一个包含 60 个信号，并占用 240kHz 基带带宽的超群。在基带中，可以堆叠数个超群，以组成由 300、600、900 或 1800 个复用后的电话信号所构成的单个信号。

早期的卫星通信系统采用 FDM 技术，将多达 1800 个电话信号复用成一个占用高达 8MHz 带宽的宽带信号，并通过调频（FM）的方法将此宽带信号调制到一个射频载波上。

将 FDM-FM 射频载波传输到卫星上，并用 FDMA 使该载波在卫星上与其他载波一起共享一个转发器。这种技术称为 FDM-FM-FDMA，它已作为国际通信卫星机构的卫星上传输电话信号的首选方法存在了 20 多年。FDMA 的主要优点在于其可以用滤波器来分离信号。当卫星通信开始出现时，滤波器技术已经为人们所熟悉，并且微波滤波器被广泛应用于地面站中，以分离给定转发器内的 FDMA 信号。在使用固定分配方式中，每个发射地面站都可以为它想传输的每组信号分配一个特定的频率和带宽。

两个采用 FDMA 技术的 C 频段转发器的频率分配方式，如图 7.2 所示。

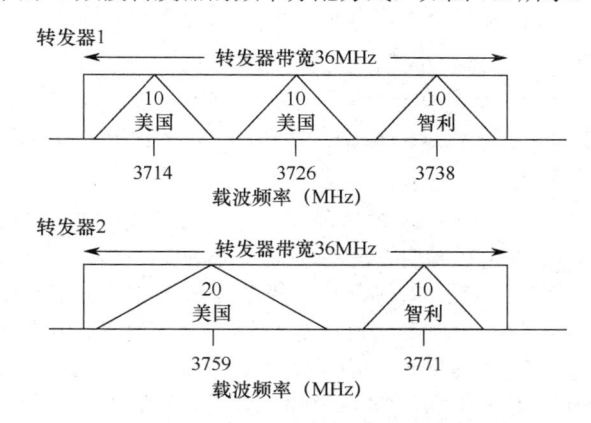

图 7.2 两个采用 FDMA 技术的 C 频段转发器的频率分配方式

三角形符号代表的是信号占用的带宽而不是功率谱密度。三角形内部标注的地点和数字分别是发射地面站所处的位置和射频载波的带宽。图 7.2 中的频率是从卫星传输至地面的下行链路频率。这些三角形符号代表的是射频载波，并且发射地面站所处的位置和射频带宽均在三角形内明确标出。需要注意的是，图中所示的频率是相对从卫星接收的下行链路而言的。在每次传输中是用 FDM 对发往不同目的地的信号（主要是电话信号）进行复用的。典型的国际通信卫星机构的 FDM 载波具有 10MHz 的带宽，且能承载 132～252 路电话信号。若要传输一小群信号到某一特定的地面站，则必须接收整个载波，并通过去复用恢复出那些信号。与此同时，同一载波传输的用于其他地面站的信号则被丢弃。此外，一个 36MHz 的转发器带宽可以用来传输一到两个电视信号，或者几百个电话信号。

使用微波滤波器来分离信号以实现 FDMA 的固定分配方式变得非常不方便。当需要改变任意发射地面站的频率分配或带宽时，必须重新调节好几个接收地面站的微波滤波器。固定分配 FDM-FM-FDMA 技术在利用转发器带宽和卫星通信容量方面的效率很低。

由于频率和卫星通信容量的限制，这些资源不能在线路之间进行再分配，因此会使大量卫星信道处于空闲状态。采用固定分配方式时，国际通信卫星机构的卫星平均负载率估计值通常在 15%。在很多情况下，无论是国际业务还是国内业务的卫星，要实现 100% 的负载率均是不可能的。由于按需分配和单信道单载波（SCPC）技术可以使卫星达到更高的负载率，并使卫星运营商获得更多的收益。因此，现已渐渐不再使用固定分配方式。

在 FDMA 系统中工作的每个地面站，为了接收它想要捕获的每个载波，均必须要有一个单独的中频滤波器。由于 SCPC 系统在一个转发器中可能会传输多个载波，因此，其 FDMA 地面站往往需要装配多个中频接收机和去复用器，以便用窄带中频滤波器将各载波挑选出来。那么，怎样配置接收地面站的中频带宽以容纳来自一个带宽为 54MHz 的宽带 Ku 频段转发器的 1000 条数字语音信道呢？这些语音信道每条带宽为 40kHz，且信道之间留有 10kHz 的频率间隔作为保护带。被大量 SCPC-FDMA 数字语音信道填满的一个 Ku 频段转发器带宽示意图如图 7.3 所示。

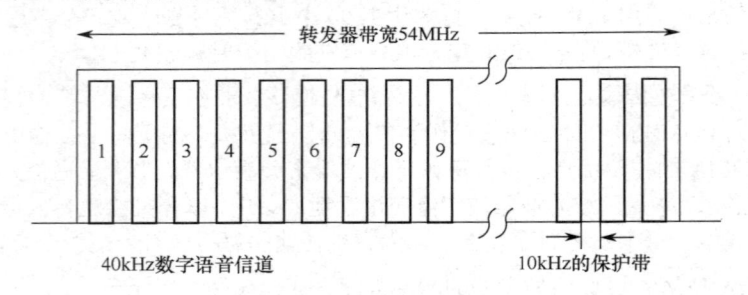

图 7.3 被大量 SCPC-FDMA 数字语音信道填满的一个 Ku 频段转发器带宽示意图

在 FDMA 系统中，保护带是必不可少的，它们可使接收机中的滤波器在无过多邻近信道干扰的情况下挑选出单独的信道。这些滤波器均具有一个滚降因子，该因子描述了滤波器如何从通带中接近于零的衰减状态快速过渡到阻带中的高衰减状态。典型的保护带的宽度需要达到信道带宽的 10%～25%，以最小化邻近信道干扰。

FDMA 作为一种共享卫星转发器带宽的方法得到了广泛使用。在理想情况下，卫星会载有非常多的转发器，并且每个转发器均可以被分配给单个射频载波。在传输电话信号的情况下，每个转发器均会使其带宽与发射电话信号的频谱精确匹配，并进行严格滤波来保证每个信号均能和邻近信号分离。但是这种方法是不合实际的，因为该方法需要数千个转发器，并且卫星只能用于传输电话信号。实际上，转发器往往具有较宽的带宽，普遍使用的带宽是 36MHz、54MHz 和 72MHz。当地面站的单个载波占用的带宽小于转发器带宽时，就可以用 FDMA 来使该载波与其他载波一起共享转发器。

由于将一个宽带转发器分配给一个窄带信号明显是一种浪费，因此，FDMA 是一种被广泛使用的多址技术。当地面站在单个载波上传输一个信号时，这种 FDMA 方式称为单信道单载波（SCPC）方式。若有一个系统，其中许多小型地面站（如移动电话）通过 FDMA 方式接入单个转发器，则该系统就称为单信道单载波频分多址（SCPC-FDMA）系统。混合多址系统可以先对基带信号进行时分复用，然后将它们调制到单个载波上进行传输。此外，这种系统还可以用频分多址使许多地面站共享一个转发器，这种系统称为 TDM-SCPC-FDMA 系统。当地面站需要传输多于一个基带信号时，VSAT 网络常使用 TDM-SCPC-FDMA 方式。

当卫星转发器具有非线性特性时，卫星通信系统中使用 FDMA 就会产生互调产物。大多数卫星转发器均使用接近饱和状态的高功率放大器，这引起了非线性工作状态的出现。使用行波管放大器（TWTA）的转发器比使用固态高功率放大器（SSHPA）的转发器更易于产生非线性特性。当使用固定分配方式时，发射地面站有时会通过发射信号预失真的形式来均衡，以实现转发器的线性化。在卫星上，无论是固态高功率放大器还是行波管放大器，都有可能实现线性化。然而，在使用 FDMA 时，转发器的非线性特性会造成接收地面站中的总载噪比$(C/N)_0$下降。这是因为转发器中产生了互调产物。其中某些互调产物会在转发器带宽内，从而造成干扰。这些互调产物可以视为热噪声，并会被加入接收地面站接收机中的总噪声中。

1）互调

无论何时，只要非线性设备同时传输一个以上的信号，就会产生互调产物。虽然有时可以用滤波器来滤除互调产物，但若互调产物是在转发器的带宽内，则无法将其滤除。转发器的饱和特性可以用三次曲线来建模，以说明三阶互调产物的产生机制。由于三阶互调产物的频率往往接近产生三阶互调的信号频率，因此它们很有可能是处在转发器的带宽内。

为了说明三阶互调产物产生的原因，将用三次电压关系来对转发器的非线性特性进行建模，并在放大器的输入端施加两个频率为 f_1 和 f_2 的未调载波，涉及的公式为

$$V_{\text{out}} = AV_{\text{in}} + bV_{\text{in}}^3 \tag{7.1}$$

式中，$A > b$。

放大器输入信号为

$$V_{\text{in}} = V_1 \cos \omega_1 t + V_2 \cos \omega_2 t \tag{7.2}$$

放大器输出信号为

$$\begin{aligned} V_{\text{out}} &= AV_{\text{in}} + bV_{\text{in}}^3 \\ &= \underbrace{AV_1 \cos \omega_1 t + AV_2 \cos \omega_2 t}_{\text{线性项}} + \underbrace{b(V_1 \cos \omega_1 t + V_2 \cos \omega_2 t)^3}_{\text{立方项}} \end{aligned} \tag{7.3}$$

线性项是通过电压增益放大的输入信号。将立方项表示为 $V_{3\text{out}}$，则可将其展开为

$$\begin{aligned} V_{3\text{out}} &= b(V_1 \cos \omega_1 t + V_2 \cos \omega_2 t)^3 \\ &= b(V_1^3 \cos^3 \omega_1 t + V_2^3 \cos^3 \omega_2 t + 2V_2^2 \cos^3 \omega_2 t V_2 \cos \omega_2 t + 2V_2^2 \cos^2 \omega_2 t V_1 \cos \omega_1 t) \end{aligned} \tag{7.4}$$

前两项中含有频率 f_1、f_2、$3f_1$ 和 $3f_2$，用带通滤波器可以将三倍频分量从放大器输出中滤除掉，而后两项则产生了三阶互调频率分量。

若用三角恒等式 $\cos^2 x = \dfrac{1}{2}(\cos 2x + 1)$ 将余弦平方项展开，则互调项变为

$$\begin{aligned} V_{\text{IM}} &= bV_1^2 V_2 [\cos \omega_2 t (\cos 2\omega_1 t + 1)] + bV_2^2 V_1 [\cos \omega_1 t (\cos 2\omega_2 t + 1)] \\ &= bV_1^2 V_2 (\cos \omega_2 t \cos 2\omega_1 t + \cos \omega_2 t) + bV_2^2 V_1 (\cos \omega_1 t \cos 2\omega_2 t + \cos \omega_1 t) \end{aligned} \tag{7.5}$$

由于频率为 f_1 和 f_2 的各项可加到放大器的有用输出上，因此，三阶互调产物是由 $f_1 \times 2f_2$ 项和 $f_2 \times 2f_1$ 项所产生的。

若利用一个三角恒等式

则含有互调频率分量的放大器输出为

$$V'_{IM} = bV_1^2V_2[\cos(2\omega_1 t + \omega_2 t) + \cos(2\omega_1 t - \omega_2 t)] + bV_2^2V_1[\cos(2\omega_2 t + \omega_1 t) + \cos(2\omega_2 t - \omega_1 t)] \quad (7.6)$$

将式（7.6）中的和项滤除掉，此时频率为 $2f_1-f_2$ 和 $2f_2-f_1$ 的差项将会在转发器带宽内。这两项称为高功率放大器的三阶互调产物。由于它们是在转发器输出端结合了一窄带低通滤波器后可能出现的仅有的两项，因此，三阶互调产物由 V_{3IM} 给出，即

$$V_{3IM} = bV_1^2V_2\cos(2\omega_1 t - \omega_2 t) + bV_2^2V_1\cos(2\omega_2 t - \omega_1 t) \quad (7.7)$$

互调产物的大小取决于转发器非线性特性的参数 b 以及信号的大小。在转发器输出端，频率为 f_1 和 f_2 的有用信号的大小分别为 AV_1 和 AV_2。所以放大器的有用输出为

$$V_{out} = AV_1\cos\omega_1 t + AV_2\cos\omega_2 t$$

高功率放大器有用输出的总功率，参考 1Ω 的负载，为

$$P_{out} = \frac{1}{2}A^2V_1^2 + \frac{1}{2}A^2V_2^2 = A^2(P_1 + P_2) \quad (7.8)$$

式中，P_1 和 P_2 为有用信号的功率（单位为 W）。

高功率放大器输出端互调产物的功率为

$$P_{IM} = 2\times\left(\frac{1}{2}b^2V_1^6 + \frac{1}{2}b^2V_2^6\right) = b^2(P_1^3 + P_2^3) \quad (7.9)$$

由此可见，互调产物功率的增大与信号功率的立方成比例，并且其功率依赖 $(b/A)^2$，即高功率放大器的非线性特性越大（b/A 越大），互调产物的功率就越大。

2）互调举例

考虑一个带宽为 36MHz 的 C 频段转发器，该转发器对于下行链路信号的输出在 3705～3741MHz 的频率范围内。该转发器传输两个频率分别为 3718MHz 和 3728MHz 的未调载波，这两个载波在高功率放大器的输入端具有相等的幅度。根据式（7.7），高功率放大器的输出中将会包含附加频率成分，其频率为

$$f_{31} = 2\times3718 - 3728 = 3708\text{MHz}$$

$$f_{32} = 2\times3728 - 3718 = 3738\text{MHz}$$

这两个互调频率均在该转发器的带宽内，因此它们将会在已设置到该转发器频率的地面站接收机中出现。互调产物的幅度取决于多个因素，包括作为高功率放大器非线性特性度量的 b/A 以及两个被传输信号在转发器中的实际电平。

现在来考虑调制过程，该过程将信号能量散布到各载波周围 8MHz 的带宽中。此时，载波 1 具有 3714～3722MHz 的频率范围，而载波 2 具有 3726～3734MHz 的频率范围。若将信号占用的频带下限和上限分别表示为 f_{nlo} 和 f_{nhi}，则互调产物覆盖到的频带为

$$(2f_{1lo} - f_{2hi}) \sim (2f_{1hi} - f_{2lo}) \text{ 和 } (2f_{2lo} - f_{1hi}) \sim (2f_{2hi} - f_{1lo})$$

即互调产物的带宽为 $2B_1 + B_2$ 和 $2B_2 + B_1$。

显然，在本例中三阶互调产物覆盖到了这些频率：3706～3730MHz 和 3716～3740MHz，带宽为 24MHz。

具有三阶非线性特性的转发器中两个 C 频段载波间的互调，如图 7.4 所示。从中可以看到 8MHz 的信号和 24MHz 的互调产物各自所处的位置。

此时互调产物对两个信号均产生了干扰，并且还覆盖了转发器中的空闲频率空间。

随着转发器输出逐渐接近饱和状态，三阶互调产物会迅速增大。由于式（7.9）显示出互调产物功率随信号功率的增大而增大，因此，在以分贝为单位下，信号功率每增强 10dB，互调产物功率就会增大 30dB。为了减小互调问题，最简单的方法就是降低高功率放大器中的信号功率。转发器工作时的输出功率通过输出补偿与其饱和输出功率相关联。补偿是以分贝为单位测量的，例如，一个额定（饱和）输出功率为 50W 的转发器以 25W 的输出功率工作，则输出补偿为 3dB。当使用 3dB 的补偿时，互调产物会减小 9dB。因此，在传输两个及两个以上的信号时，非线性转发器通常会使用一定的补偿。由于转发器实际上就是一个放大器，因此，其输出功率是受其输入功率控制的，并且饱和输入功率对应于饱和输出功率。当转发器处在输出补偿状态时，其输入端的功率会减小一个输入补偿。由于转发器的输入和输出特性并非完全线性，因此输入补偿往往比输出补偿要大。使用行波管放大器（TWTA）的转发器的典型输入输出特性如图 7.5 所示。

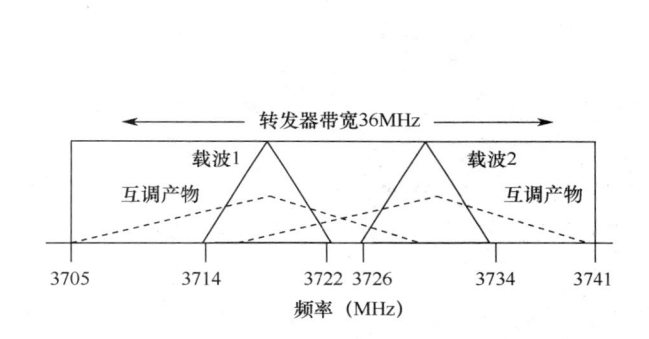

图 7.4　具有三阶非线性特性的转发器中两个 C 频段载波间的互调

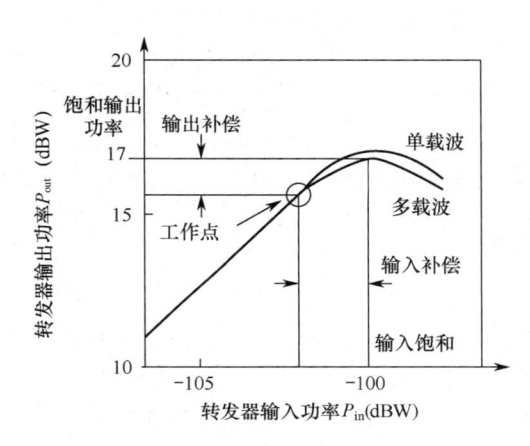

图 7.5　使用行波管放大器（TWTA）的转发器的典型输入输出特性

该转发器的非线性特性造成其输入和输出补偿不相等。在图 7.5 所示的例子中，转发器在输入功率为 −100dBW 时达到饱和状态。该转发器工作时的实际输入功率为 −102.2dBW，这时就得到了 −2.2dB 的输入补偿。相应的输出补偿为 1dB，此时输出功率为 40W，这比 50W 的饱和输出功率要低 10W。

为了保持准线性工作状态，并将多载波情况下的互调产物降至最低，转发器必须在其饱和输出功率以下工作。在本例中，转发器在单载波情况下的饱和输出功率是 50W（17dBW）。在多载波情况下，转发器的饱和输出功率要稍低一些，这是因为部分输出功率被转换成了互调产物。

当工作于单载波和多载波情况时，行波管放大器的特性稍有不同。当多载波情况出现时，互调产物的产生会使转发器的有用输出功率减少。对于图 7.5 中所示的非线性特性，饱和状态下输出功率的减小量为 0.6dB。

在上面的例子中，两个载波具有相等的功率。若这两个载波的功率不相等，则较弱的信号也许会被来自较强载波的互调产物所淹没。这可以从式（7.9）中看出，具体来说，影响载波 1 的互调产物的电压与载波 2 的电压的平方成比例。

非线性转发器在与多载波一起工作时，需要确保各载波功率的精确平衡，以便互调产物能在转发器带宽上平坦地分布。通过合理地选择载波间的间距，可以使最大互调产物落入载波间的间隙里，这个过程称为加载转发器。此外，还用了一些复杂的计算机程序来优化转发器的补偿，旨在将互调产物降至最低程度的同时，使输出功率达到最大。当许多载波用 FDMA 同时接入一个转发器时，这在网络中有许多 VSAT 站或许多卫星电话共用一个转发器的情况下尤为常见，此时转发器必须工作于其输入输出特性的准线性区域内。准线性就意味着几乎是线性,这可以通过均衡技术或采用较大的输出补偿来实现。

若地面站的高功率放大器传输多个载波并且接近饱和状态工作,则它们也可能发生互调。在更有可能传输多个载波的大型地面站中,高功率放大器往往被设定在一个比预期发射功率高很多的功率上。这样做是为了允许使用较大的补偿,以保持放大器工作在其线性区域内。

在上述关于三阶互调的分析中,只考虑了两个载波的情况。然而,若在一个非线性转发器中有三个或三个以上载波,则在某些频率(如 $f_1 + f_2 - f_3$)上可能会产生一些互调产物,而这些频率极有可能是在转发器的带宽内。当转发器中传输的载波数量很多时,如在传输大量窄带 SCPC 信号的情况下,将会出现大量的互调产物,从而使得转发器的准线性工作变得必不可少。

3)存在互调时的载噪比的计算

非线性转发器中载波间的互调会将一些有害的互调产物加到转发器的带宽内。对宽带载波来说,互调产物与噪声相似;对窄带载波来说,尽管这种假设也许并不完全准确,但由于确定互调产物准确特性的难度较大,通常仍然会采用这种与噪声相似的假设进行简化处理。

由于转发器的输出补偿减小了所有载波的输出功率,因此转发器中的载噪比也随之降低。在计算地面站接收机中的总载噪比$(C/N)_0$时,转发器的载噪比作为$(C/N)_{up}$被考虑进去。同时,转发器中的互调噪声由载噪比$(C/N)_{IM}$确定,而$(C/N)_{IM}$是通过一个基于线性C/N功率比的倒数公式来计算并纳入总载噪比$(C/N)_0$的:

$$(C/N)_0 = 1/[1/(C/N)_{up} + 1/(C/N)_{down} + 1/(C/N)_{IM}] \tag{7.10}$$

计算$(C/N)_{IM}$的方法已经超出了本书的范围。要想能够计算$(C/N)_{IM}$,就必须对转发器的非线性特性和转发器所传输的信号有一个全面的认识。

对任何工作在 FDMA 方式下的非线性转发器来说,实际上均存在一个最佳的输出补偿。图 7.5 中所示的非线性转发器的链路的各种载噪比,如图 7.6 所示。

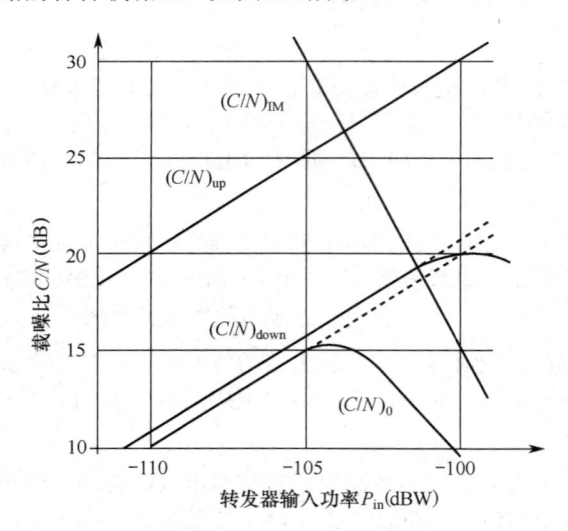

图 7.6 图 7.5 中所示的非线性转发器的链路的各种载噪比

由图 7.6 可见,上行链路载噪比$(C/N)_{up}$随着转发器输入功率的增大而线性地增大,这导致转发器输出功率相应地非线性增大。当工作点到达转发器的非线性区域时,下行链路载噪比$(C/N)_{down}$的增长速度就不如$(C/N)_{up}$快了,这表明非线性转发器正在接近饱和状态。当工作点接近非线性区域时,互调产物开始出现,并且在达到饱和状态时,互调产物会快速增加。根据非线性特性的三阶模型,互调产物功率的增长速度是转发器输入功率增长速度的三倍,因此当转发器工作点接近饱和状态时,$(C/N)_{IM}$

会快速下降。当这三个载噪比通过式（7.10）合并计算时，在图 7.6 所示的例子中，接收地面站接收机中的总载噪比$(C/N)_0$在输入功率为-104dBW 时达到最大值。这个点就是该转发器的最佳工作点，而它远低于转发器在某些情况下的饱和输出功率。

接收地面站处的总载噪比$(C/N)_0$是图 7.6 中的三个载噪比的和。当转发器输入端的功率增大时，转发器中的$(C/N)_{up}$就线性地增大，但当转发器接近饱和状态时，地面站接收机中$(C/N)_{down}$的增长速度就不如$(C/N)_{up}$快。图 7.6 中虚线表示的是一个不会达到饱和状态的转发器的载噪比变化情况。

VSAT 站和卫星电话经常用单信道单载波（SCPC）FDMA 方式来共享转发器带宽。由于这些载波均是窄带的，其频率范围通常在 10~128kHz 之间，因此，一个 36MHz 或 54MHz 带宽的转发器可以同时传输数百个这样的载波。然而，在卫星通信系统中，尤其是当部分移动发射机可能经常遭受信号衰减时，各载波功率间的平衡也许就不能维持了。为此转发器就必须工作在一个线性模式中，且通过使用线性转发器或应用大的输出补偿，以强制转发器的工作状态保持在其线性范围内。

【例 7.1】FDMA 中的功率共享

设有三个完全相同的大型地面站，每个地面站均装配有饱和输出功率为 500W 的发射机，并用 FDMA 方式接入一个 36MHz 带宽的转发器。已知转发器的饱和输出功率为 40W，并且当使用 FDMA 方式工作时，会产生 3dB 的输出补偿。此外，该转发器在线性范围内的增益为 105dB。各地面站的信号带宽分别为

地面站 A：15MHz

地面站 B：10MHz

地面站 C：5MHz

试求在转发器的输出端和输入端，各地面站信号的功率（以 dBW 为单位）。假设转发器工作在其线性范围内，并有 3dB 的输出补偿。若要求每个地面站发射的功率能在转发器输出端产生 20W 的功率,试计算在转发器以 FDMA 方式为这三个地面站工作时，每个地面站的发射功率。

解：由于转发器的输出功率需要在三个信号之间共享，并且其输出功率与这三个信号的带宽成比例，因此，当需要进行 3dB 的输出补偿时，就意味着转发器的输出功率为 P_t，即

$$P_t = 10\lg 40 - 3 = 16 - 3 = 13\text{dBW}$$

由于信号所使用的总带宽为 15 + 10 + 5 = 30MHz，而转发器的输出功率必定被这三个信号共享，并且其分配与各信号所用的带宽成比例。因此，针对不同地面站所需要的不同带宽信号，转发器所分配的输出功率分别为

地面站 A：$B = 15\text{MHz}$，$P_t = 10\text{dBW}$

地面站 B：$B = 10\text{MHz}$，$P_t = 8.2\text{dBW}$

地面站 C：$B = 5\text{MHz}$，$P_t = 5.2\text{dBW}$

由于转发器在其线性工作范围内的增益为 105dB，因此，在转发器处于线性工作状态时，针对不同地面站发射的不同带宽信号，转发器所接收到的输入功率分别为

地面站 A：$P_{in} = -95\text{dBW}$

地面站 B：$P_{in} = -96.8\text{dBW}$

地面站 C：$P_{in} = -99.8\text{dBW}$

为此，必须对各地面站的 EIRP 进行设置，以使在转发器输入端能得到正确的输入功率。已知单个地面站必须发射 24dBW 的功率，以获得 20W 的转发器输出功率。基于之前计算出的各地面站在不同带宽信号下所对应的转发器输出功率，可以确定相应的地面站发射机所需要的发射功率分别为

地面站 A：$P_t = 126\text{W}$

地面站 B：$P_t = 83W$

地面站 C：$P_t = 42W$

【例 7.2】 按需分配多址 FDMA 的信道容量

很多卫星电话可以用 FDMA-DA 方式接入 LEO 卫星上的单个转发器。在卫星电话初次接入后，卫星会立即传输回数据，以便用来设置该卫星电话的输出功率。卫星电话在 L 频段内发射 BPSK 信号，其占用的带宽为 12kHz，输出功率为 0.05～0.5W，以确保任何上行链路信号在到达卫星转发器输入端时，功率始终为-144dBW。在晴天的情况下，转发器对于任何一个信号所得到的载噪比均是 16dB。卫星转发器的带宽为 1MHz，增益为 134dB，最大允许输出功率为 5W。为了确保各信号间的隔离度，电话发射机的中心频率均被间隔开 16kHz，以便在相邻信号间提供一个 4kHz 的保护带。

试确定能同时接入此转发器的卫星电话的最大数目。此转发器是功率受限的还是带宽受限的？若此转发器是功率受限的，则可以进行何种改动以增加此转发器所能同时传输的信号数目？这个改动对此链路的总载噪比$(C/N)_0$有何影响？

解：若此转发器是带宽受限的，则它能同时传输的最大信号数目 N_{max} 为

$$N_{max} = 1000/16 \approx 62$$

注意：由于不可能传输分数个信号，因此，N_{max} 的值必须向下取整到最接近的较小整数。

由于每个信号的功率在此转发器的输入端均是-144dBW，并且转发器的增益为 134dB，因此，每个信号经过转发器后的输出功率均是 $P_t = 0.1W$。

若有 62 个信号，每个信号的功率均为 0.1W，则转发器输出端的总功率为 6.2W。由于超过了设置在 5W 上的转发器最大允许输出功率，因此，能同时接入此转发器的卫星电话的最大数目为 50，这表明此转发器是功率受限的。

通过利用将输入功率减小到 10lg(62/50) = 0.9dB 的方法，可以使转发器中的信号数目增加到 62。在带宽受限的情况下，这就是能够同时共享此转发器的卫星电话的最大可能数目。此转发器的每个信号输出功率为 $P_t = 0.081W$。

现在可以通过此转发器传输 62 个信号，并且总的输出功率为 62×0.081 ≈ 5W，这就满足了此转发器的功率限制。

由于输入信号减弱了 0.9dB，因此该转发器中的载噪比将下降 0.9dB。原本在理想情况下的$(C/N)_{up}$假设为 16dB，现在由于信号减弱，实际的$(C/N)_{up}$ = 16 − 0.9 = 15.1dB。这意味着该转发器现在为每个信号少传输了 0.9dB 的功率。这将使接收地面站处的$(C/N)_{down}$下降 0.9dB。因此，当同时共享转发器的卫星电话数目从 50 增加到 62 时，链路的总载噪比$(C/N)_0$将下降 0.9dB。 了

7.3 时分多址（TDMA）

在 TDMA 系统中，许多地面站通过一个转发器轮流传输突发信号。由于所有实际的 TDMA 系统均是数字的，因此 TDMA 相较于 FDMA 能够展现出数字信号相对于模拟信号的全部优点。TDMA 系统中的信号均是数字的，并且能够用时间来划分，因此，TDMA 系统易于根据不断变化的业务需求进行重新配置，对噪声和干扰具有较强的抵抗力，并且能轻松处理混合的语音、视频和数据业务。当使用转发器的整个带宽时，TDMA 的一个主要优点是每次只会有一个信号出现在转发器中，这就克服了非线性转发器以 FDMA 方式工作时所引起的许多问题。然而，要充分使用转发器的全部带宽，每个地面站必须要以一个很高的比特速率发射数据，这就需要有很高的发射功率。此外，TDMA 对来自小型地面站的窄带信号而言可能不是最佳选择。转发器中的非线性特性会使数字载波间的符号间干扰增大，而这种干扰在接收地面站中可以用均衡器来减轻。

时分复用（TDM）所依据的很多原理同样也可以应用于 TDMA。TDM 与 TDMA 之间的主要区别是：TDM 是一种基带技术，用于在一个位置上（例如，一个发射地面站）将多个数字比特流复用成单个更高速的数字信号。在 TDM 中，从每个比特流中取出一定数量的比特，并将它们组成包含同步位和标志位的基带分组或帧。在地面站接收机处，首先需要对射频载波进行解调，产生比特时钟，并对接收的波形进行抽样，从而恢复出比特。然后，必须找到分组或帧中的同步位或同步字，以使此高速比特流分解成其原始的低速信号。通常，用于此高速比特流的时钟频率是固定的，并且帧时间是不变的，但分组长度可以变化，这也是帧与分组之间的主要差别。整个过程需要相当大的比特存储器来存储原始信号，以便能够将其复原，但这也导致了传输中的一定延迟。在 GEO 卫星通信系统中，最大延迟总是信号从地面站传输到卫星并返回地面站的时间，其典型值为 240ms。虽然传输延迟是不可避免的，但应尽可能减小任何附加的延迟。

TDMA 是一种射频多址技术，它允许来自不同地面站的射频载波在时间上共享同一个转发器。在 TDMA 系统中，各个地面站共享一个转发器的载波是在一个特定的时刻以突发信号的方式传输的。在卫星上，由于从不同地面站来的突发信号连续地到达，因此，转发器传输的是由一连串来自不同地面站的短突发信号所组成的一个近似连续的信号。有三个地面站时的 TDMA 图解如图 7.7 所示。

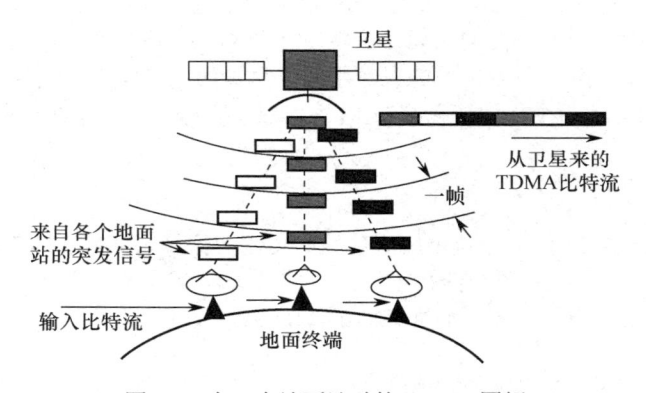

图 7.7　有三个地面站时的 TDMA 图解

各发射地面站必须给它们的突发传输定时，以便使这些信号按照正确的顺序到达卫星。卫星传输的信号是一连串被很短的时间间隔隔开的突发信号。

突发传输在发射地面站中被组合起来，以确保它们能够在卫星上被正确地适配到 TDMA 帧中。TDMA 帧的长度从 125μs 到几毫秒不等，因此，地面站发出的突发信号必须在正确的时刻发射，以确保它们到达卫星时能够准确地落在 TDMA 帧内的正确位置上。这就需要 TDMA 系统中的所有地面站实现同步，这一要求给发射地面站中的设备增加了相当大的复杂度。每个地面站均必须精确地知道什么时候发射信号，通常误差是在 1μs 内，以防止来自不同地面站的突发信号在卫星上发生重叠（两个突发信号的重叠称为冲突，这会导致两个信号中的数据均丢失，而在 TDMA 系统中是不允许冲突出现的）。

接收地面站必须确保其接收机与 TDMA 系统里每个连续突发信号实现同步，并且将来自各个上行链路地面站的传输信号恢复出来。然后，分解上行链路传输以提取数据比特。由于这些数据比特在被存储并重新组合成原始比特流以待进一步传输时，通常使用 BPSK 或 QPSK 方式进行传输，因此它们会不可避免地在载波频率和时钟频率上有细微的差别，并且有不同的载波相位。接收地面站必须在几微秒内使其 PSK 解调器与每个突发信号同步，在接下来的几微秒内使其比特时钟同步，以便能够恢复出比特流。在高速 TDMA 系统中，例如在 120Mbps 上运行的系统中，这些要求尤为苛刻。

1）比特、符号和信道

在 TDMA 系统的讨论中，发射地面站通常使用 QPSK（或 QAM）方式，这可能导致一个潜在的混淆源，即数据速率能够用比特速率或符号速率来描述。由于在数字无线传输和 TDMA 系统的讨论中均要用到比特速率和符号速率，因此，读者必须清楚比特与符号之间的区别。

比特是数字传输的基本单元。数据可以是由终端（如个人电脑）产生的比特，或者是通过将模拟语音或视频信号转换成数字形式而产生的一串比特流。比特流由它的比特速率来描述，单位为比特每秒（bps）、千比特每秒（kbps）或兆比特每秒（Mbps）。为了将比特流传输到卫星，必须将其调制到射频载波上，而 BPSK 常常就被作为这种方式。在二进制 BPSK 中，比特的逻辑状态 1 和 0 被转换成射频载波的两种相反的相位状态，表示为 0°和 180°。在正交 QPSK 中，每两个比特同时被转换成射频载波的四个相位状态之一。射频载波的状态称为符号，并且符号速率以波特或符号每秒为单位。对 BPSK 而言，比特速率和波特率是相同的。对 QPSK 而言，波特率（符号速率）是比特速率的一半。在数字无线系统中，决定突发信号带宽以及接收机滤波器带宽的是符号速率而不是比特速率，这凸显了符号速率的重要性。

在卫星通信链路上，也许会用 QAM 方式。在 QAM 方式中，载波符号均是从 QPSK 的四个相位状态中产生的，但是它们可以具有不同的振幅。这就使一个 QAM 符号所能运送的比特数可以多于 2 比特，从而在给定比特速率下减少了所需要的射频带宽。尽管如此，由于从 QAM 信号中恢复出比特需要在接收机中具有一个增大的$(C/N)_0$，因此，QAM 方式只有在接收机中的$(C/N)_0$高于平常的$(C/N)_0$时才能用于卫星通信链路。

2）TDMA 帧结构

一个 TDMA 帧包含了 TDMA 系统中所有地面站传输的信号。帧具有固定的长度，并且是由各地面站的突发传输构成的，同时各突发传输之间均有保护时间。帧只存在于卫星转发器中以及从卫星到接收地面站的下行链路上。有四个发射地面站时的 TDMA 帧如图 7.8 所示。

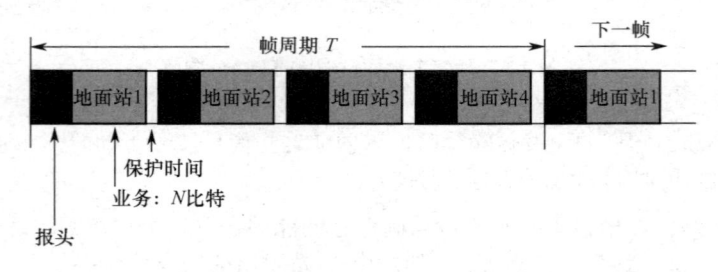

图 7.8 有四个发射地面站时的 TDMA 帧

在 GEO 卫星通信系统中，每个地面站在传输数据之前均会先发射一个报头，该报头包含同步数据和其他一些对系统运行很重要的数据。每个传输后均有一个保护时间，以避免与下一个传输之间发生重叠。虽然在使用国际通信卫星机构的卫星时，地面站广泛采用 2ms 的帧时间，但已经使用过的帧长范围从 125μs 到 20ms 不等。地面站必须要能够接入系统，按正确的时间顺序将突发信号加入 TDMA 帧中，并在离开系统时不干扰其正常运行。此外，它们还必须能够跟踪由于卫星朝向或远离地面站运动而在帧定时中所引起的变化。每个地面站还必须能从 TDMA 系统中其他地面站的突发传输中提取数据比特和其他一些信息，并确保发射的突发信号包含有助于接收地面站准确无误地提取所需要信息的同步信息和标志信息。

以上这些目标是通过将 TDMA 传输分成两部分来实现的：一个是包含所有同步数据和标志数据的报头，另一个是一组业务比特。TDMA 系统的同步是用各地面站发射的报头中的载波同步波形和比特时钟同步波形来实现的。在有些系统中，还会指定一个地面站作为中心站，来发射一个单独的基准突发信号。该信号是一个后面无业务比特跟随的报头。业务比特是构成各帧增益的主要部分，而报头和基准突发信号则被视为系统开销。开销越小，TDMA 系统的效率越高，但这也意味着获得并保持系统同步的难度也就越大。由于每个地面站的突发传输的报头均需要一个固定的传输时间，因此较长的帧在比例上包含的报头时间相对较少，能够传输更多产生增益的数据比特。早期的 TDMA 系统通常设计有 125μs 的帧时间，这与 T1 24 信道系统的工作方式完全相同，旨在与电话系统中数字语音的抽样速率相适应。由于数字语音信道每 125μs（8kHz 的抽样速率）产生一个 8 比特的字，因此一个 125μs 的帧可以传输来自每条数字语音信道的一个字。然而，将帧时间增加到 2ms 或更长，可以减小开销在消息传输时间中的比例，从而提高效率。必须记住在传输数字语音时，一个更长的帧包含多个 8 比特的字。例如，在一个 2ms 的时间间隔内，一条数字陆上通信信道将传输 16 个 8 比特的字，而每次突发传输一个 2ms 的 TDMA 帧需要来自各条陆上通信信道中的 16 个 8 比特的字。

国际通信卫星机构通过 TDMA 方式，为一些地面站卫星的工作提供了具有 2ms 持续时间的信号。一个 Intelsat 业务数据突发的结构如图 7.9 所示。

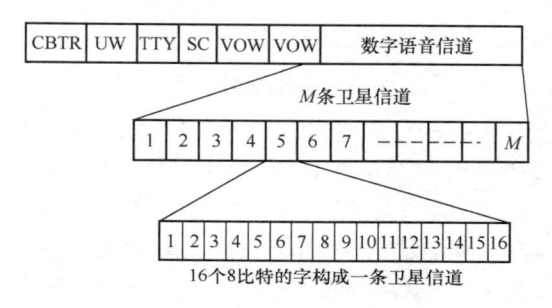

图 7.9　一个 Intelsat 业务数据突发的结构

在 TDMA 帧的开头，标有从 CBTR 到 VOW 的所有字组均被视为报头。数字语音信道的数据传输从卫星信道 1 开始，以一串比特流的形式持续传输到信道 M。一条卫星信道由单条数字语音信道在一个帧周期内传输到地面站的比特数构成。此外，该帧在占用被 M 条卫星信道所占据的空间时，同样能够以一串比特流的形式传输任何形式的数字数据。

卫星信道由一个来自陆上数字语音信道的字组构成，该字组包含 16 个 8 比特的字。业务突发中的其他字组用于多种目的：使接收机中的 PSK 解调器、比特时钟和帧时钟同步（CBTR，即载波和比特定时恢复）、识别独特字（UW），以及在地面站之间提供通信链路（TTY、SC 和 VOW，分别代表电信类型、卫星信道和语音传号线）。

在数字语音信道以速率 r_{sp} 进行串行传输的特殊情况下，一个被 N 个地面站共享的 TDMA 帧中所能传输的数字语音信道数 n 可以通过以下参数计算得出：帧时间 T_{frame}（单位为 s）、保护时间 t_g（单位为 s）、报头长度 t_{pre}（单位为 s），以及 TDMA 系统的传输比特速率 R_b。每次地面站突发传输中用于数据比特传输的有效时间 T_d 为

$$T_d = [T_{frame} - N(t_g + t_{pre})]/N \tag{7.11}$$

在 1s 内，每个地面站传输的总比特数 C_b 为

$$C_b = [T_{frame} - N(t_g + t_{pre})]R_b/T_{frame} \tag{7.12}$$

由于每条数字语音信道需要一个 r_{sp} 的连续比特速率，因此，每个地面站所能承载的数字语音信道数由 n 给出，其中

$$n = [T_{frame} - N(t_g + t_{pre})] \cdot \frac{R_b}{T_{frame} r_{sp}} \tag{7.13}$$

【例 7.3】固定地面站中的 TDMA

设一个 TDMA 系统的五个地面站共同使用一个转发器。已知该系统的帧时间为 2ms，每个地面站的报头时间

为 20μs，突发信号之间的保护带为 5μs。传输的突发信号为 QPSK 信号，速率为 30Mbaud。试回答以下几个问题：① 每个 TDMA 地面站所能传输的 64kbps 的数字语音信道数目是多少？② 假如地面站传输的是数据信号而不是数字语音信号，试问以 Mbps 为单位时每个地面站的传输速率为多少？此外，若 TDMA 系统的效率表示为效率 = 100%×传输的消息比特数/可以传输的比特的最大可能数，则该系统的效率为多少？

解： 根据式（7.11）可得每个地面站的 T_d：

$$T_d = [2000 - 5 \times (5 + 20)]/5 = 375\mu s$$

由于突发传输的符号速率为 30Mbaud，并且每个 QPSK 符号携带 2 比特信息。因此，每次突发传输中的比特速率（传输比特速率）为 $R_b = 2 \times 30\text{Mbps} = 60\text{Mbps}$。

以 Mbps 为单位时，每个地面站的容量为 C_b，其中

$$C_b = 375 \times 60 \times 10^6 / 2000 = 11.25\text{Mbps}$$

一个地面站所能承载的 64kbps 的数字语音信道数目为

$$n = 11250000/64000 = 175.781$$

由于每次突发传输只能传输整数个信号，因此，必须将小数个信号（0.781 条数字语音信道）舍去。这代表每个地面站无法完全利用 50kbps 的比特速率，或者说每个突发无法传输完整的 100 比特。在 60Mbps 的比特速率上，100 比特相当于 1.67μs。因此，当传输 175 个信号时，每个突发的保护时间将会从 5μs 增大到 6.67μs。

若地面站发射信号时无任何保护时间和报头，则这五个地面站中的每个在使用 60Mbps 的比特速率时，所能传输 64kbps 数字语音信道的最大数目将会是 $n = 60 \times 10^6/(5 \times 64 \times 10^3) = 187.5$。前面计算出的每个地面站 175 条数字语音信道比 187 条数字语音信道要稍低一点。它们的差在这种情况下为 12 条数字语音信道。这是由于 TDMA 帧结构中需要包括保护时间和报头，从而导致了可传输数字语音信道数目的减少。

若传输的是数据信号而不是数字语音信号，则每个地面站均能够以 11.25Mbps 的比特速率传输信号。然而，其中 0.75Mbps 被开销所占用，导致实际传输数据的效率为

$$\text{效率} = 100\% \times 11.25/12 = 93.75\%$$ ∎

在上述例 7.3 的这个系统中，通过令帧时间超过 2ms，降低了数据传输的效率。当 2ms 的帧时间与 TDMA 系统的其他参数一起使用时，会存在约 6.25%的潜在数据传输时间损失。如果将帧时间增加到 4ms，虽然这种损失可以减少至大约 3%，但这会增加系统的附加延迟，并提升地面站设备的复杂度。因此，在这种情况下，2ms 的帧时间在延迟、复杂度和效率之间是一个不错的折中方案。

3）基准同步信号和报头

图 7.9 显示了一个典型 TDMA 突发传输的基带内容。其中，标为 CBTR 和 UW 的字组包含了载波恢复波形、比特时钟同步信息、独特字和站标识符。剩下的字组则构成了报头部分。CBTR 是来自给定地面站的突发传输中，使接收地面站能够恢复出该突发传输的提示部分。CBTR 代表载波和比特定时恢复。在使用相干 BPSK 方式的任何无线链路发射机处均需要有载波恢复。在接收机的中频部分，必须从接收到的 BPSK 或 QPSK 信号中产生一个本地载波。这通常是用某种形式的锁相环（PLL）来实现的，而此锁相环在 TDMA 系统中必须能够被快速锁定。接收机中产生的本地载波会驱动解调器中的乘法器来实现 PSK 信号的相干解调。一旦载波相位被锁定，解调器将产生一个与发射地面站中被调制到载波上的比特相对应的基带波形。

在 TDMA 系统中，按顺序接收到的来自不同地面站的突发信号并不具有相同的载波频率、相位或比特速率。虽然这种差别很小，但已经足够需要接收机来重新锁定每个新的载波，并且对比特时钟进行再同步。CBTR 包含一系列预先确定的信号，这些信号保证对载波的迅速锁定和比特时钟的快速同步。CBTR 的载波恢复部分可以由遵循特定形式的许多符号后跟未调载波构成，或者整个 CBTR 突发可以被调制。CBTR 突发的第一部分用来获得锁相环的锁定，而剩下的部分用于比特时钟同步。在图 7.9 中，CBTR 突发具有 176 个符号的持续时间和 30Mbps 的传输比特速率，并给出 5.86μs 的突发时间。

在这个非常短的时间间隔内，载波恢复电路必须实现对接收信号的精确锁定，并且比特时钟必须达到同步状态。甚至在信噪比非常低时，例如在采用了 1/2 的前向纠错来改善接收数据误码率的 VSAT 网络中，信噪比或许会低至 5dB，但载波相位锁定和比特时钟同步均必须在 CBTR 突发时间内完成。

典型的 TDMA 系统用 QPSK 方式，在载波的 I 相和 Q 相上，将 CBTR 突发的前 48 或 50 个符号以全 0 或全 1 的形式传输出去，这相当于传输了一个未调载波。此载波在两条信道中均跟随有一系列的 1 和 0。CBTR 突发之后，通常跟随一个长度为 20~48 比特的独特字（UW），这个独特字用于几个目的：它既是发射地面站的标识符，也标志着帧的开始（SOF）或突发的标识，同时用于载波相位模糊性的检测。

4）独特字

解调器输出端的接收比特序列会连续不断地迅速通过一个相关器，该相关器负责在比特流中寻找独特字的出现。独特字相关器如图 7.10 所示。

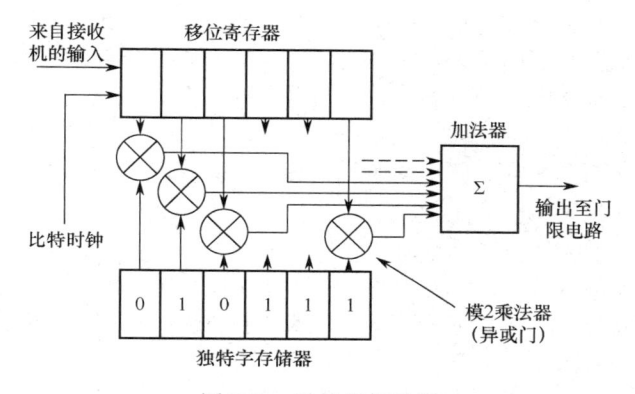

图 7.10 独特字相关器

该相关器正在寻找输入位组合格式与四个存储序列之一之间的匹配，这四个存储序列分别对应于正确的 UW 序列和三个变量。在这三个变量中，序列的 I 比特流和 Q 比特流因载波恢复电路中的相位模糊性而被倒相了。若载波恢复电路锁定在不正确的相位上，这在许多 QPSK 解调器中均是可能出现的，则 QPSK 载波恢复就有可能导致模糊性。当这种情况出现时，I 比特流和 Q 比特流中的一个或是两个均会被倒相。为了解决模糊性，要求在接收信号中有一个已知的比特序列。若发现了模糊性，则 CBTR 和独特字中的 1 和 0 的模式就使接收机能够检测相位模糊性，并对适当的比特流（I 比特流，Q 比特流，或者是这两者）进行倒相。在图 7.10 所示的相关器中，当正确的 UW 出现在相关器中正确的位置上时（也就是在输入突发信号内正确的时刻上），相关器的输出将会达到最大值，并触发门限检测器。

当接收到一个新的突发信号时，载波恢复电路就会锁定本地载波锁相环，并且使比特时钟与接收信号的比特速率同步。然后，比特流就开始流入相关器，相关器负责检测 UW 的四种可能形式之一，并且在必要时通过调整逻辑倒相器使适当的比特倒相。在 UW 检测结束之后，得到的比特流将被正确地输出，并且能够为接收机所用。门限检测器被触发的时刻，在 TDMA 突发中标记了一个已知的时间点——UW 的结束。这一时刻是非常关键的，因为随后所有来自解调器的比特流都将根据在检测到 UW 时开始的计数进行复用。若 UW 在错误的时刻被检测，则整个突发中恢复出的数据将会被搅乱，导致该突发数据丢失。为此，必须对 UW 和相关器电路进行设计，以保证在每次突发中 UW 均能被正确地检测，同时具有非常低的定时错误概率。错误地检测出的 UW 被称为丢失，其发生的概率可以从恢复比特流的误码率（BER）和 UW 的长度中计算出来。

这里用一个 6 比特的独特字为例进行图解说明，但值得注意的是，实际卫星通信系统中通常使用的是 24 比特至 48 比特的独特字。来自接收机输出端的比特流被时钟脉冲串行地输入移位寄存器。当移位寄存器的内容与存储的独特字相匹配时，加法器的输出就会达到最大值并且超过设定的门限，这一时刻也标志着独特字的检测结束。这就为地面站后续的传输提供了一个时标。

在 TDMA 系统的设计中，UW 的长度和相关器的设计均是重要的因素。当解调器输出的 UW 与存储的序列之间相匹配时，UW 的检测就会发生。但是，若突发信号的载噪比很低，则 UW 中将会出现误码，从而影响精确的相关性。为了解决这个问题，使用长 UW 可以在允许预定数目的比特出错的同时，仍然能够实现比特序列的正确定时。此外，UW 的特定比特序列在业务数据比特流内出现的概率必须很低，以减小误报警的可能性。当在业务数据中错误地检测到 UW 时，就会发生误报警，这会导致突发的定时被错误地复位。虽然有多种方法能够防止误报警，但使用长 UW 是一种很有效的方法，可以降低误报警发生的可能性。一旦 UW 在 TDMA 帧内的时间位置被确定，就可以在此位置设置一个时间窗，使相关器仅在稍长于帧时间的一段时间里工作，这将会极大地降低发生误报警的概率。

作为丢失概率的一个例子，当一个比特误码率为 10^{-3} 的 24 比特 UW 中允许 3 比特出错时，该 UW 能够以 10^{-10} 的丢失概率恢复出来，这对应于 21/24 的检测门限。

虽然乍看起来 10^{-10} 的丢失概率足够小，但只要 UW 被错误地检测，大量比特就会被丢失。例如，有五个地面站的 TDMA 系统使用的是 2ms 长的帧，并且每个地面站的业务数据时间为 375μs。在 60Mbps 的比特速率上每个突发中有 22500 个业务比特。当丢失概率为 10^{-10} 时，由一个丢失的帧造成的业务数据的平均误码率为 $2.25×10^{-8}$。在很多应用中，这个误码率均太高以至于不能被接受，为此必须使用更长的 UW 以降低丢失检测的可能性。要了解独特字检测和 TDMA 突发设计的更多细节，可参阅相关文献。

当 UW 还作为站标识符时，系统中就必须有与 TDMA 上行链路一样多的 UW 相关器。若系统中有许多站，则使用单个 UW 和分离的站标识符会更简单一些。这样就用一个站标识符给每个接收突发的比特流加上了标签，以便地面站中的去复用器能够据此按特定路线传输数据。报头的其余部分则为接收地面站提供了用于 FDMA 系统管理的比特流。参考图 7.9，有几组标为 TTY、SC、VOW 的比特。每个突发中有 16 个比特（8 个 QPSK 符号）分配给了地面站之间的 TTY，而另外 16 个比特则分配给了 SC。此外，还有两个 64 比特的 VOW 是用于地面站之间数字语音信道的。图 7.9 所示的 TDMA 突发设计适于包含许多地面站，并且地面站或系统控制中心有人员值守的系统。每个突发的报头内的语音信道在控制站之间形成了一个封闭的通信网络，以管理 TDMA 系统。例如，在使用 TDMA 的 VSAT 网络中，由于终端与终端之间的通信需求主要用于管理目的且相对较少，因此，VSAT 网络的 TDMA 突发可能会省略图 7.9 中的大部分字组。

TDMA 突发的最后部分携带了业务数据。在使用了 2ms 长的帧中，卫星信道可以将语音数据作为每条陆上通信信道的 16 个 8 比特的字来传输，并在每次突发中给一条卫星信道分配 128 个比特。通常计算每条卫星信道的 128 个比特，并与每条卫星通信链路相关联的比特进行去复用。去复用过程开始于报头的结尾。在此过程中，独特字所建立的位定时再一次成为了正确选取卫星信道的关键部分。

在各种 TDMA 系统中，有许多不同的报头格式，它取决于特定系统的设计。例如，图 7.9 展示了一种为大型固定网络设计的高速比特流 TDMA 报头结构。然而，对于使用 TDMA 的移动终端网络，则会有不同的要求，并且需要采用不同的报头结构。控制载波和比特定时恢复、相位模糊性去除和站标识等的字组必须一直保存。传输高速数据的大型地面站必须连接陆上数据网来将接收到的比特传输给用户，并接收要在卫星通信链路上传输的输入数据。这些卫星通信链路连接着相距数千千米的地面站，并且这些地面站又各自与高速陆上数据网相连。由于单独的陆上数据网之间是不同步的，因此，它们将会不可避免地运行在稍有不同的速率上，这就使得互连过程很困难。例如，一条以 1.00001Mbps 比特速率运行的数据流不能直接与另一条以 0.99999Mbps 比特速率运行的数据流相连接。若将它们直接连在一起，则每秒就将会不得不丢弃 20 个比特，而这会使付费传输数据的用户不满意，为此必须制定出一个考虑链路两端不同比特速率的机制。通常的解决方法是使卫星通信链路的比特时钟比陆上通信链路中最快的比特时钟运行得稍快一点，并为填充比特预留额外的比特空隙。当由于比特速率差异而没有来自信源的数据比特时，填充比特就会被插入。在链路的接收端，填充比特会被去除并对接收到的数据流进行重新定时，以使其与输出陆上数据信道的速率相匹配。

5）保护时间

在各地面站的突发之间必须设置保护时间以避免冲突。地面站必须在正好正确的时刻发射它们的突发，其目的是使突发在 TDMA 帧内的正确位置到达卫星。这就要求突发传输时间的选择具有微秒级的精度，并跟踪发射地面站突发在 TDMA 帧内的位置。虽然长的保护时间更容易使地面站避免冲突，但它会浪费本可以用来传输业务数据的时间。在高速卫星通信链路中，典型的保护时间范围为 $1\sim5\mu s$。然而，地面站与 GEO 卫星间的传输时间约为 120ms。若使用 2ms 长的帧时间，则地面站和卫星在任何时候通常都会有 60 个突发在进行传输。这些突发必须在正确的时刻到达，以便与来自其他地面站的突发无缝对接。如果由于偏心率、GEO 卫星轨道的倾斜，或是卫星轨道上的东-西（E-W）漂移，导致卫星到地面站的距离增加了 300m，则传输延迟就会增大 $1\mu s$。因此，地面站必须在它们的突发到达之前和之后都密切关注保护时间，以保证传输时间的选择是正确的。在使用 TDMA 的 LEO 卫星通信链路中，由于地面站到卫星的距离是在不断地变化着的，因此需要留出很长的保护时间。

6）TDMA 网络中的同步

在 TDMA 网络中工作的地面站，必须在精确控制的时间上发射它们的突发信号，目的是使从每个地面站来的突发以正确的顺序到达卫星。这就提出了两个问题：如何启动一个新加入此 TDMA 网络的地面站，以及如何保持正确的突发时间的选择。当卫星位于 LEO 上，或者当 GEO 卫星的轨道参数或状态发生快速变化时，各地面站将会察觉到不同的载波频率和帧速率，甚至是不同的帧时间。对比特速率而言，它通常是帧速率的整数倍，这就意味着不同的地面站必须以稍微有点不同的比特速率发射突发。

当一个地面站加入 TDMA 网络时，与 TDMA 帧保持同步相比初始同步要容易一些。通常，会指定一个地面站为中心站，并且中心站会产生一个基准同步信号来标记帧的开始。此网络中的每个地面站均在帧中有一个时隙，并且必须保持其传输在该时隙内。在每个地面站突发的末尾均有保护时间，以保护突发信号免受时间误差的影响，并规定了突发时间选择所必须达到的精度。若保护时间为 $2\mu s$，则网络中各地面站必须将其突发时间选择的误差控制在 $1\mu s$ 内。

这通常是通过在发射地面站监测 TDMA 帧，并调整突发时间选择，将发射的突发保持在帧内正确的时隙中的方法来实现的。基准同步信号的开始，或者中心站报头的开始，标志着发射帧的开始，即 SOTF。这个 SOTF 是所有传输的主定时标志。此 TDMA 网络中所有的地面站均要使它们的时钟定时与这个 SOTF 同步。当一个地面站通过监测它本身的传输以保持正确的突发时间选择时，就称为卫星回送同步。由于 TDMA 帧是在卫星上建立的，因此，正在接收帧的地面站必须从卫星到地面站的传输时间中减去传输延迟来获取卫星上的 SOTF。然后它必须以相同的延迟时间提前于 SOTF 发射它的突发来使其突发在正确的时刻到达卫星。在计算延迟时间中，对卫星到地面站的距离的认识是极其重要的。这个距离可以由卫星的轨道参数计算出来，而这些轨道参数可以由一个反复测量到卫星的距离的控制站来确定。

有几种方法可以使地面站进入一个 TDMA 网络。在固定网络中，可以计算出一个地面站应该发射突发的准确时间。假设这种计算是精确的，则此地面站可以选择在其时隙的中心时刻发射一个参考突发（非业务突发）。当包含此参考突发的帧返回该地面站时，就可以检查出此突发的实际位置，并且必要时还应对定时进行修正。然后该地面站就能够以正确的定时来发射业务突发。

在缺乏精密的定时控制的 TDMA 网络中，一个欲加入此网络的地面站可以在一个任意的时间，以低电平发射一个 CDMA 序列。于是这个 CDMA 序列将不可避免地与其他地面站的业务突发发生冲突，并引起较轻微的干扰。然而，正在发射的地面站可以使用一个相关器，并用与寻找独特字完全相同的过程来将此 CDMA 序列压缩成单个定时脉冲。尽管如此，在这种情况下，此 CDMA 序列还是会被来自与之相冲突的业务突发的干扰所覆盖。假设有一个适当长的序列，其编码增益能够克服这种干扰，并且将会有一个脉冲出现在相关器的输出端来标志此 CDMA 序列的结束。换言之，这个正在发射的地面站可以用一个更短的序列并逐步调整此 CDMA 突发的定时,直到它落入分配给该地面站的空时隙内为止。然而,该脉冲在 TDMA 帧内的位置会将所需要的定时信息给这个正在发射的地面站,以使它在正确的时间发射其突发。

若正在发射的地面站不能监测到卫星传输的信号,则就必须改用协作同步。这种情况出现在卫星有多个波束时,或是在使用卫星交换 TDMA 时。此时由于在一个波束中接收到的 TDMA 突发,可能会被卫星在另一个并没有覆盖该发射地面站的波束中转发,因此,就需要一个控制站。这个控制站要能够在每个地面站的突发到达卫星时,对它们的定时进行监视,并且能够在定时需要改变时向地面站发出指令。在国际通信卫星机构的 TDMA 网络中,该控制站为每个地面站均确定了一个延迟时间 D_N。D_N 给出了地面站处接收帧的开始与发射帧的开始之间的时间。正确的发射时间由地面站的突发在发射帧内的位置确定。若正在发射的地面站跳出了同步,则控制站必须向该站传输一个不要发射(DNTX)的指令来告诉它停止发射,若在错误的时间传输其突发,则将会对网络中的其他用户造成严重的数据丢失。

在卫星交换和多波束卫星通信系统中,协作控制站必须向一个想要加入该网络的新地面站提供信息。虽然可以采用上面所述的相同技术,但是在接收波束内的地面站,必须要确定测试传输的定时并将该信息传输给发射地面站。GPS 时间标准具有优于 1μs 的精度,这一可利用性已使这些任务中的一部分变得更为简单。

7)TDMA 网络中的发射功率

TDMA 非常适于传输高速数据流的固定网络。由于采用 TDMA 时需要较少的补偿,因此,转发器能够有更多负荷。在任何时候转发器中均只有一个突发信号并且无三阶互调产物,即仅仅需要补偿将 FM-AM 变换维持在一个可接受的水平上。通常可以改变突发长度以容纳具有不同比特速率的地面站。由于每个地面站均必须以高比特速率发射突发,而高比特速率信号会占用一个宽的带宽,因此,就需要高的上行链路发射功率。在转发器中维持一个适当的载噪比会迫使上行链路地面站使用高功率发射机。对小型地面站(如 VSAT 和卫星电话)而言,与 SCPC-FDMA 相比这是一个主要缺点。

【例 7.4】VSAT 网络中的 TDMA

作为例子,考虑美国的一个典型 VSAT 地面站,它是一个使用国内 Ku 频段 GEO 卫星上 54MHz 带宽的转发器的 TDMA 网络的一部分。此 VSAT 地面站有一个在频率 14GHz 上发射单个 64kbps 信号的 1m 天线。假设此 TDMA 网络采用 QPSK 方式,并且所有发射机的符号速率均是 30Mbaud。将 $(C/N)_{up}$ 设置为 20dB,然后计算所需要的上行链路发射功率。此过程将会用到以下参数:

11GHz 上的地面站天线增益 = 41.5dB,卫星天线增益(轴线上) = 32dB,波束边沿损耗 = −3dB,11GHz 上的路径损耗 = −207.1dB,接收机噪声带宽 = 30MHz,转发器噪声温度 = 500K(27dBK),大气损耗和其他损耗 =−1dB。地面站发射功率 = P_tdBW,转发器输入端的功率 = P_t − 137.6dBW,玻耳兹曼常数 = −228.6dBW/(K·Hz^{-1}),转发器噪声带宽 = 74.8dBHz,转发器输入噪声功率 = −126.8dBW。

要求 $(C/N)_{up} = P_s/kT_sB_n = 20$dB;$P_t$ − 137.6 + 126.8 = 20dBW,且 P_t = 30.8dBW。

解:考虑相同的地面站在一个采用 QPSK 方式且具有 32kbaud 的符号速率和 32kHz 的接收机噪声带宽的 SCPC-FDMA VSAT 网络中发射相同的 64kbps 信号。虽然上行链路功率预分配未改变,但在 32kHz 的带宽内测得的转发器噪声功率为−156.5dBW。

为了在转发器中实现 $(C/N)_{up} = 20$dB,需要的上行链路发射功率为 $P_t = 20 + 137.6 − 156.5 = 1.1$dBW ∎

例 7.4 说明了对任何小型地面站而言,上行链路发射功率是 TDMA 技术的一个关键问题。不需要为一个配备 1m 天线的 VSAT 网络装配一台 1200W 的发射机。这不但是因为成本过高,而且是因为美国联邦通信委员会的条例也不允许小型 VSAT 网络发射大于 2W 的功率,以限制对邻近卫星的干扰。

若仅对两个地面站改变多址方式,以便每个地面站在一半的时间里以 64kbaud 的符号速率发射 QPSK 信号的突发,这时上行链路发射机的功率要求将提高到 4.1dBW。这使得 TDMA 在 VSAT 网络中成为一种不太可能的选择,并且其限制了在 LEO 卫星电话系统中共用一个 TDMA 帧的地面站的数目。铱星 LEO 系统在设计 L 频段时采用一种混合的 TDMA-FDMA 多址方式,以将少量数字电话信号传输合并成一个 50kbps 的 QPSK 信号。类似的技术也在一些 VSAT 网络中得到了应用。

【例 7.5】 固定地面站中的 TDMA

在例 7.3 中,三个完全相同的大型地面站用 FDMA 方式共享了一个 36MHz 带宽的转发器。这三个地面站具有如下这些功率和带宽发射信号:

地面站 A:$B = 15\text{MHz}$,$P_t = 21\text{dBW}$

地面站 B:$B = 10\text{MHz}$,$P_t = 19.2\text{dBW}$

地面站 C:$B = 5\text{MHz}$,$P_t = 16.2\text{dBW}$

该转发器的总功率输出为 16dBW,并且有 3dB 的输出补偿和 105dB 的转发器增益。

这三个地面站接入该转发器的方式为 TDMA,同时具有 1ms 的帧时间、10μs 的报头时间和 2μs 的保护时间。TDMA 帧中无参考突发。信号是用 QPSK 方式发射的,并且在各地面站内信号的比特速率分别为

地面站 A:$R_b = 15\text{Mbps}$

地面站 B:$R_b = 10\text{Mbps}$

地面站 C:$R_b = 5\text{Mbps}$

试计算每个地面站的突发时间和符号速率。若该转发器的输出补偿设置为 1dB,并且在此输出补偿下该转发器的增益为 104dB,试计算所需要的地面站发射机的输出功率。假设当该转发器工作在 FDMA 方式时,地面站 A 的传输具有 34dB 的上行链路载噪比(C/N)$_\text{up}$,试比较 FDMA 和 TDMA 方式中该转发器的上行链路载噪比。

解: 由于该转发器在 1ms 的帧内传输的总比特速率必然为 15 + 10 + 5 = 30Mbps,因此,每帧传输 30kb,而三个报头时间和保护时间会在每帧中占用 3×(10 + 2) = 36μs,同时留出 1000 − 36 = 964μs 用于数据的传输。其突发比特速率为 $R_\text{b burst}$ = 31.12Mbps。

由于将 QPSK 方式用于传输,因此,链路上的符号速率为 $R_\text{s burst}$ = 15.56Mbaud。

由于每个地面站必然以 15.56Mbaud 的相同符号速率发射突发,因此,突发的长度可以从每帧中用于数据传输的时间和每个地面站在 1ms 的 TDMA 帧内必须传输的比特数计算出来。每帧中用于数据传输的时间为 964μs,它必然是依照各地面站在一帧中传输的比特数的比例而被共享的。由于一帧中的比特数为 30000,因此,在一帧中,比特和时间的分配如下:

地面站 A:$N_b = 15000$ 比特,$T_A = 482\mu\text{s}$

地面站 B:$N_b = 10000$ 比特,$T_B = 321.3\mu\text{s}$

地面站 C:$N_b = 5000$ 比特,$T_C = 160.7\mu\text{s}$

可以对这些结果进行简单的检查来看它们是否正确。由于各地面站必然具有平均比特速率,因此,若将各地面站的突发时间乘以转发器的突发比特速率 31.12Mbps,则必然会得到各地面站的每帧正确的比特数。

地面站 A:$T_A = 482\mu\text{s}$,$N_b = 482\mu\text{s} \times 31.12\text{Mbps} \approx 15000$ 比特

地面站 B:$T_B = 321.3\mu\text{s}$,$N_b = 321.3\mu\text{s} \times 31.12\text{Mbps} \approx 10000$ 比特

地面站 C:$T_C = 160.7\mu\text{s}$,$N_b = 160.7\mu\text{s} \times 31.12\text{Mbps} \approx 5000$ 比特

不管每帧传输的比特数是多少,各地面站必然以 15.56Mbaud 的相同符号速率发射突发。在上述的 FDMA 例子中,13dBW 的转发器输出功率是用 24dBW 的地面站总功率和 105dB 的转发器增益来实现的。采用 TDMA 方式时,由于使用的是 1dB 的转发器输出补偿和 104dB 的转发器增益,因此,转发器输出功率现在为 16 −1 = 15dBW,有 2dB 的增加,而在转发器中失去了 1dB 的增益。这就要求来自各地面站的地面站输出功率为

$$P_{t\,es} = 24 + 2 + 1 = 27\text{dBW}$$

当转发器工作于 FDMA 方式时,地面站 A 的 15MHz 的信号的上行链路载噪比(C/N)$_{up}$ 为 34dB。当采用 QPSK 方式和 15.56Mbaud 的符号速率时,地面站接收机的噪声带宽(假设有理想 RRC 滤波器)将为 15.56MHz。由于地面站 A 的输出功率从 21dBW 增大到了 24dBW,因此,转发器的输入功率也将增大 3dB。此时,地面站 A 的信号在转发器中的上行链路载噪比(C/N)$_{up}$ 为

$$(C/N)_{up} = 34 + 10\lg(15/15.56) + 3 = 36.8\text{dB}$$

由于所有地面站均以相同的功率发射突发并具有相同的突发速率,而且所有的信号均具有相同的噪声带宽,因此,转发器中各信号的上行链路载噪比(C/N)$_{up}$ 是完全相同的,为 36.8dB。这一数值比在 FDMA 方式中的载噪比要高 2.8dB,但这是以来自三个地面站发射机的上行链路总功率的大幅增加为代价的。∎

8)卫星交换 TDMA

当与基带处理转发器一起使用时,TDMA 所具有的一个优点就是卫星交换 TDMA。它代替了用单个宽天线波束来保持与其整个覆盖区的连续通信的方式,而采用了许多能够循序地覆盖该区域的窄天线波束。由于窄天线波束比宽天线波束有着更高的增益,这就增大了卫星的有效各向同性辐射功率,并由此增大了下行链路的容量。卫星接收到的上行链路信号被解调,以恢复出比特流,而这些比特流被组织成一系列传输给不同接收地面站的分组。然后,卫星产生出含有传输给特定地面站的分组的数据 TDMA 帧,并在发射这些分组的同时,将其发射波束切换到相应接收地面站的方向上。请注意 TDMA 网络的定时控制可以在卫星上进行,而不再依赖一个中心站。

在上面的例子中,VSAT 地面站可以用 SCPC-FDMA 方式向一颗基带处理卫星发射数据,这使小型天线和低功率发射机的使用成为可能。然后,卫星可以用卫星交换 TDMA 将此数据传输给多个地面站,同时建立一个网状 VSAT 网络。相比之下,用 SCPC-FDMA 建立一个网状 VSAT 网络是很困难的。

7.4 星上处理

到目前为止,关于多址的讨论均假设使用了弯管转发器。弯管转发器只是简单地放大了从地面接收的信号,并在一个不同的频率上将其重新发射回地面。弯管转发器的优点是其灵活性,能够处理其带宽范围内任意组合的信号。弯管转发器的缺点是它并不适于从小型地面站来的上行链路,特别是工作于 Ka 频段的上行链路。以小型地面站与大型中心站之间通过弯管转发器的通信链路为例,由于发射地面站的有效各向同性辐射功率较低,上行链路上的降雨衰减裕量通常会比较小。当降雨影响该链路时,转发器中的载噪比将会下降。由于中心站接收机中的总载噪比受限于转发器中的载噪比,因此,降雨导致的链路质量下降会迅速反映为中心站处的误码率增加。唯一有效的解决办法是在链路上使用前向纠错编码,虽然它可以降低数据的流量,但实际上仅在降雨影响最为严重的少数时间(如小于 5% 的时间)里才会被需要。

上行链路在雨中衰减的问题对于仅有很小裕量的 30/20GHz 上行链路来说最为严重。除非在上行链路功率预分配中已经包含了一个大的降雨衰减裕量,否则链路中断的情况很可能会经常发生。为了克服这个问题,星上处理或基带处理转发器通过将上行链路和下行链路信号以及它们的载噪比分开处理的方式提供了解决方案。此外,基带处理转发器还可以在上行链路和下行链路上用不同的调制方式来提高频谱效率,并且能够动态地将前向纠错编码仅应用于那些受到降雨衰减显著影响的链路。值得注意的是,所有提供移动电话服务的 LEO 卫星以及为个人用户提供互联网接入的 Ka 频段卫星均使用了星上处理。

1)基带处理转发器

基带处理转发器有一个接收机和一个发射机,它们与地面站中的那些接收机和发射机相似。从上行链路来的接收信号被转换成一个中频信号,并被解调以恢复出基带信号,然后对此基带信号进行处

理并重新组合。再将这个基带信号调制到一个下行链路频率的载波上并发射回地面站。这些信号一定均是数字的，虽然这不是基带处理转发器所要求的。这一过程的优点是上行链路和下行链路信号的格式不必相同，并且可以分别对上行链路和下行链路应用不同的纠错形式。更重要的是，上行链路和下行链路的载噪比不再通过倒数公式关联在一起。

假如上行链路上的载噪比很低，例如受到降雨衰减，则在转发器恢复的数据中将会出现误码。此时，比特误码率将主要取决于上行链路的载噪比。相反，假如下行链路上的载噪比很高，这在以大型中心站为中心的星形网络中通常是常见的，此时在下行链路上不会出现额外的误码。

上行链路信号和下行链路信号的分离既允许使用不同的调制方式，又允许使用灵活的前向纠错编码。在星形网络中，由于中心站拥有大天线增益和高发射功率，因此卫星与中心站之间的上行链路和下行链路的载噪比通常比较高。这种高载噪比使得可以采用高电平的调制方式，如 16-QAM，这就降低了对上行链路带宽的要求，并且提高了卫星通信系统的频谱效率。16-QAM 每符号传输四个比特，并且只需要 QPSK 一半的带宽。

举例来说，考虑一个系统，该系统在从小型地面站传输的上行链路上使用了 1/2 码率前向纠错编码和 QPSK 方式。对于 R_d 的消息比特速率，发射比特速率将为 $R_b = 2R_d$。该上行链路上将需要 $R_b/2 \times (1+\alpha_{up}) = R_d(1+\alpha_{up})$ 的射频带宽，其中 α_{up} 是发射机中的（假设的）根升余弦滤波器（RRC 滤波器）的滚降参数。在通往中心站的下行链路上，由于载噪比较高，因此可以在无前向纠错编码的情况下使用 16-QAM。对于此下行链路，所需要的射频带宽将为 $R_d/4 \times (1+\alpha_{down})$，其中 α_{down} 是转发器发射机部分中的 RRC 滤波器的滚降参数。若假设在上行链路和下行链路的发射机和接收机中均有相同的滚降参数 α，则下行链路仅需要上行链路带宽的四分之一即可传输相同数目的比特。这种下行链路带宽的四倍缩减表明，该卫星通信系统的频谱效率有了相当大的提高。

带有小型上行链路地面站的星形网络被广泛应用于 VSAT 网络和传输互联网业务的卫星通信链路。一个连接到互联网服务提供商（ISP）的中心站可以连接数百个位于用户家中的用户地面站。这是 Ka 频段 GEO 卫星的一个主要发展领域。其用户终端通常带有一个输出功率为 0.5~1W 的小功率发射机和一副 0.5~0.8m 的天线，该发射机能以高达 400kbps 的速率向卫星传输数据。上行链路在 30GHz 的频段中工作，但由于降雨衰减裕量较小，导致转发器输入端的载噪比较低。因此，在降雨衰减期间，上行链路需要使用纠错技术来确保数据传输的准确性。然而，在晴天条件下，可能不需要使用全部或大部分纠错技术，从而能够支持更高的数据速率。降雨衰减只在小于 5% 的时间里出现，并且每次仅影响少量用户。由于大多数情况下，同时受到严重降雨衰减的用户数量有限，因此大部分到卫星的链路不会需要大量纠错。与弯管转发器相比，这种灵活性虽然增加了卫星和用户终端的复杂度，但能够使卫星通信链路的容量增大两倍。

2）带有星上处理的卫星交换 TDMA

基带处理在使用卫星交换 TDMA 的卫星中是不可或缺的。数据分组必须根据目的地面站的地址，经某一路线传输到不同的天线波束。这种系统中的数据总是以分组的形式传输的，每个分组中包含一个报头和一个业务部分，报头包含了源地面站的地址和目的地面站的地址。当使用卫星交换 TDMA 时，转发器必须提取出目的信息并用它来为该分组选择正确的下行链路波束，这使卫星在工作时类似于陆上数据传输系统中的路由器。然而，对于来自小型地面站的上行链路，其转换波束的操作更加难以实现，因为这要求地面站的发射时间与卫星波束指向序列严格同步，这与 TDMA 上行链路的工作方式大致相同。尽管如此，上行链路可以在较窄的带宽中工作，这就克服了传统 TDMA 的主要缺点，即降低了对高突发速率传输和高发射功率的需求。

卫星交换 TDMA 能极大地提高一个转发器的吞吐量。例如，考虑一颗在美国国内为个人用户提供互联网接入的卫星。该卫星的上行链路和下行链路波束必须要为从卫星上看大约 6°×3° 的区域提供覆盖。天线增益和波束宽度（单位为度）通过近似关系 $G = 30000/$（波束宽度在水平和垂直方向上的乘积）相联系。这就使可达到的最大卫星天线增益大约为 32.5dB。

具有转换波束能力的卫星相比只有一个固定波束的卫星，可以有更窄并且增益更高的波束。然而，天线增益受限于必须安装到运载火箭外壳以内的天线直径的大小。对于 2000 年的运载火箭，这一直径限制大约是 3.5m。在 Ka 频段的上行链路频率 20GHz 上，如果圆形孔径直径 D = 3.5m，且孔径效率 η_A = 65% 的天线的增益为 $G = \eta_A(\pi D/\lambda)^2$ = 55.4dB，则其波束宽度约等于 $75°\lambda/D = 0.32°$。相应的 30GHz 上具有 0.32° 的波束宽度和 55.4dB 的增益的下行链路，其天线的直径为 2.33m。转换波束卫星的天线增益比单波束卫星要高差不多 23dB，这些增益可以直接用来降低上行链路或下行链路的发射功率，或者提高上行链路或下行链路的数据速率。尽管如此，如果要以 0.32° 宽的波束覆盖整个美国，卫星必须至少发出 170 个波束，这将大大增加卫星天线的复杂度。

卫星交换 TDMA 和多波束天线是 Ka 频段互联网接入卫星的一个特色。举例来说，空间链路卫星有 105 个点波束用于小型用户终端的链路。该卫星的上行链路天线的直径为 2.5m，下行链路天线的直径为 3.25m。此外，它还有五个点波束用于中心站的链路。中心站所用的大型天线允许卫星采用更宽的波束和更低的增益。由于人口密度的差异和降雨频率的不同，卫星能够向大城市区域提供更大的系统容量，并向降雨频率更高的区域提供更高的链路裕量。在最先进的大型 GEO 卫星中，可以使用可变向的相控阵列天线，这种天线能够同时控制从地面经过卫星的遥测和指令链路的波束指向，从而可以移动天线波束来为具有最高业务量需求的区域提供覆盖。随着陆上光纤网络的发展，高速接入互联网的需求最终将得到满足，信息的传输速率可能会更高，而用户的费用可能会更低。当光纤网络覆盖到大城市区域后，互联网接入卫星可以将它的业务集中到居民较少的地区和农村地区。可变向的天线波束允许在卫星使用期间对卫星的地理容量进行重新分配和调整。

7.5 按需分配多址接入（DAMA）

按需分配多址接入可以在任何卫星通信链路中使用，特别是当从地面站来的业务是断断续续的时候。例如，在为移动电话提供链路的 LEO 卫星通信系统中，电话语音用户是在随机的时间进行通信的，通信时间长度从少于一分钟到数分钟不等，个别电话的使用率甚至可能低至1%。若给每个用户均分配一条固定的信道，则整个系统的利用率也许会低至1%，特别是在夜间人们对电话信道的需求很小时。按需分配多址接入则允许在需要时（而非连续不断地）将一条卫星信道分配给一个用户，从而极大地提高了系统能够同时服务的用户数。双向的电话信道可以是 DA-SCPC 系统中的一对频隙，也可以是 TDM 或 TDMA 系统中的一对时隙，或 FDMA、TDM 和 TDMA 的任意组合中的一对时隙。大部分 SCPC-FDMA 系统均用按需分配多址接入来保证尽可能地使用转发器中可利用的带宽。

在卫星通信的初期，根据需要分配信道（无论是在频率上，还是在时间上）所需要的设备大而且贵。蜂窝系统的发展促进了低成本、高度集成的控制器和频率合成器技术的发展。蜂窝系统使用按需分配多址接入，这与卫星通信系统向用户分配信道所用的技术类似。蜂窝系统与卫星通信系统之间的主要差别是蜂窝系统中的控制器是在基站中的，用户通过一条单跳无线链路与基站相连，而在卫星通信系统中，总是有一条经过卫星到达中心站中控制器的两跳无线链路。控制器未放置在卫星上，主要是因为确定链路使用费用存在困难。所有连接均要经过一个控制地面站，该控制地面站能决定是否准许建立被请求的连接，以及谁应该付费。在国际卫星通信系统中，着陆权规定系统的拥有者必须保证通信只能在已经预先授权的国家和地区内的用户之间进行。此外，由于来自所有目的地的信号会在一个中心站中出现，这也使安全机构有权监视任何被认为违反国家利益的业务。

按需分配多址接入系统需要两种不同类型的信道：公共信令信道（CSC）和通信信道。一个想要进入这种通信网的用户首先通过 CSC 呼叫控制地面站，然后控制器就给该用户分配一对通信信道。由于 CSC 的使用需求相对较低，且传输的消息较短，因此它对任何数据链路（DA 链路）的负载影响较小，因此，CSC 通常工作于随机接入模式。此外，由于分组传输技术需要通过地址来确定信号的来源地和目的地，因此在按需分配多址接入系统中被广泛使用。关于用于卫星通信系统的分组技术，将在 7.7 节进行详细讨论。

弯管转发器常常用于按需分配多址接入系统中，并且支持采用任何结构的 FDMA 信道。然而，在卫星通信领域，针对按需分配多址接入系统的标准似乎相对较少，与此同时，各网络均在采用不同的专有结构。图 7.11 展示了一个典型的 VSAT 网络输入信道的频率分配方案，该方案采用了 54MHz 带宽的 Ku 频段转发器。

```
        ← 转发器带宽54MHz →
      64kbps 的 QPSK 信道
┌───┬──┬──┬──┬──┬──┐        ┌───┬───┬───┐
│CSC│ 2│ 3│ 4│ 5│ 6│  ...   │898│899│CSC│
└───┴──┴──┴──┴──┴──┘        └───┴───┴───┘
    ├→  ←┤     ├→  ←┤
   60kHz的信道间距    信道间15kHz的保护带
```

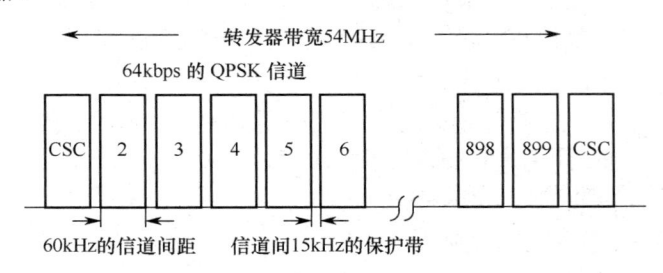

图 7.11 一个典型的 VSAT 网络输入信道的频率分配方案

该 VSAT 网络在输入链路上联合使用频分多址、单载波单信道和按需分配多址接入技术。单独的输出射频信道带宽是 45kHz，以便提供用 QPSK 方式和 $\alpha = 0.4$ 的 RRC 滤波器发射 64kbps 比特流的占用带宽。由于在各条射频信道之间留有一个 15kHz 的保护带，因此一条射频信道所需要的总带宽为 60kHz。虽然一个 54 MHz 带宽的转发器理论上能容纳 900 条带宽为 60kHz 的信道，但实际上同时使用所有信道是不大可能的。这是因为许多 VSAT 网络受到功率限制，妨碍了转发器带宽的充分利用，而且按需分配多址接入系统的统计数字也表明了所有信道同时被使用的可能性是很小的。如本章早些时候所讨论的那样，在具有大量 FDMA 的弯管转发器中需要有相当大的补偿。

这种特殊 VSAT 网络的输出链路是传输一个单独转发器的一条连续的 TDM 比特流。此外，转发器用来为 VSAT 网络的输入和输出信道所需要的转发器增益留出充分的裕量。在 VSAT 网络中，输入和输出信道通常是对称的，同时在相反的方向上提供相同的数据速率。互联网接入系统通常是不对称的，这是因为对信息的请求可能很短，但最后得到的回复也许会很长。在输出方向上的 TDM 信号的分组长度可以是固定的，这适合于对称网络，或者是可变的，这更适合于从互联网上下载大文件或视频的互联网链路。

图 7.11 中输入转发器内所示的公共信令信道（CSC）位于转发器带宽的两端。当一个 VSAT 地面站想要接入卫星时，它会在 CSC 频率上向卫星发射一个控制分组并等待回复。中心站会接收到这个控制分组并对其进行解码。这个控制分组包含这次呼叫的陆上或卫星目的地的地址、请求这次连接的地面站的地址、其他相关的数据（如用来指出这是一个不含业务数据的控制分组的字符），以及在接收机中用来检查此分组中错误的循环冗余校验。控制站会将来源站和目的站的地址均记录下来，并测量此次连接的持续时间，以便产生账单数据。在一个实际的按需分配多址接入系统中，控制站会给该 VSAT 地面站分配一个上行链路频率和输出 TDM 帧中一个指定长度的时隙。若该中心站有大量数据要传输给一个特定的 VSAT 地面站，则它可以在 TDM 帧中给该站分配一个更长的时隙。这对于可能会有大量视频文件或其他多媒体数据要传输的互联网接入系统来说是很重要的。时隙通常以某一固定最小持续时间的倍数到达，以便时钟速率和缓冲器大小是兼容的。若系统变得繁忙起来，并且许多站均在请求传输大文件，则到任何一个站的流量将会向着标准最小速率慢下来，完全像在陆上互联网服务器中一样。

输出链路会传输一个连续的比特流，以便使接收机能够保持比特时钟的同步。然而，数据则被组编成一系列接收地面站地址的分组，并被组编成一个帧。一帧包含传输给每个地面站的一个分组。输出到 VSAT 地面站的一个 TDM 帧的末尾如图 7.12 所示。

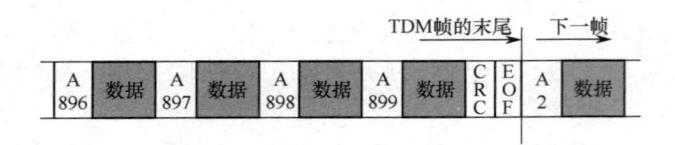

图 7.12 输出到 VSAT 地面站的一个 TDM 帧的末尾

图 7.12 中，A 表示站的地址，CRC 表示循环冗余校验，EOF 表示帧标识符的末尾。

在许多 TDM 系统中，总有一个时隙含有用于向网络中各地面站传输数据的地址信息和其他信息，但网络中有时也许没有数据要传输。在这种情况下，该分组会分配一个特殊的字符，以指出当前无业务。

一旦给该 VSAT 地面站分配了一个输入频率和一个输出时隙，这次连接就可以完成，并且数据传输或语音通信可以开始。设计用来接收 SCPC-FDMA 信号的中心站可在不同中心频率上工作，并且地面站还配备了多个接收机来处理这些信号。

SCPC-FDMA 中心站的接收机，如图 7.13 所示。

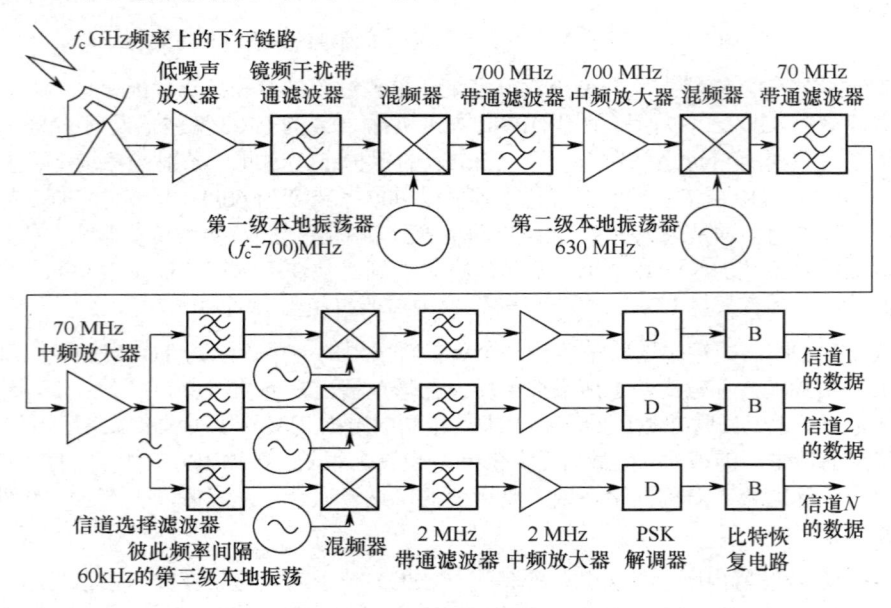

图 7.13 SCPC-FDMA 中心站的接收机

该接收机首先对接收到的信号进行放大，并将其下变频到 700MHz 的中频上，然后下变频到 70MHz 的第二中频上。在本例中，用频率从 41～95MHz、步长为 60kHz 的本地振荡器将在 43～97MHz 频带内单独的 SCPC-FDMA 信号下变频到一个 2MHz 的标准中频上。为了覆盖转发器带宽中的所有频隙，总共有 900 个 2MHz 的中频接收机。

中心站向网络中所有的 VSAT 地面站传输一个连续的 TDM 信号。基于噪声考虑，此 TDM 信号的符号速率和带宽取决于 VSAT 接收机所能使用的最大带宽。若该网络是对称的，并且以单信道 64kbps 的比特速率使用了全部 900 条可能使用的 SCPC-FDMA 信道。在忽略了分组开销的情况下，此 TDM 信号必然有 900×64kbps = 57.6Mbps 的比特速率。该比特速率对一个 VSAT 地面站来说很可能太高，并且会使接收机中的载噪比很低。为此，可以将转发器划分成几部分来传输多组更适合 VSAT 接收机中的低比特速率的 TDM 信号。

信道选择由接收机 70MHz 中频部分中的带通滤波器和第三级本地振荡器完成。每条信道选择滤波器和第三级本地振荡器均在不同的频率上，这些频率以 60kHz 的间隔在中频频段上递增。

【例 7.6】 SCPC-FDMA-DA

设有一个由 250 个共享 GEO 卫星上一个输入转发器和一个输出转发器的 Ku 频段 VSAT 地面站所组成的 VSAT 网络。已知该转发器的带宽为 54MHz。VSAT 地面站的发射数据比特速率为 64kbps。此 VSAT 网络的统计数字显示每个 VSAT 地面站所产生的平均比特速率为 5kbps，并且数据具有随机的到达时间。每个 VSAT 地面站的平均输出数据速率为 20kbps。输入链路以 SCPC-FDMA 方式工作，采用按需分配多址接入、带有 $\alpha = 0.5$ 的 RRC 滤波器的 QPSK 方式以及 1/2 码率的前向纠错编码。输出链路使用了单个连续的 TDM 流、QPSK 方式以及每个分组中有一个 16 比特的循环冗余校验字。试确定 VSAT 地面站和中心站接收机的比特速率和带宽，并提出一个用于该 TDM 链路的帧和分组的大小、SCPC-FDMA 频率分配方案和按需分配多址接入方式。

解：输入链路：VSAT 地面站到中心站。

虽然 VSAT 地面站处的平均输出数据速率为 5kbps，但数据是以长度可变并且具有随机到达时间的消息的形式到达的。这些数据从 VSAT 地面站发射到一条以 128kbps 速率传输 64kbps 的数据的 1/2 码率的前向纠错编码比特流上，并作为一条 64kbaud 的 QPSK 符号流。由于该链路有 $\alpha = 0.5$ 的 RRC 滤波器，因此，QPSK 信号占用的带宽为 $R_s(1 + \alpha) = 96$kHz。中心站中的中频接收机的噪声带宽为 64kHz（等于该信号的符号速率）。此外，中心站中还具有总带宽为 96kHz 的滤波器。在射频信道之间留出 20%的保护带，以确保载波到载波的间距达到 115kHz。

输入转发器能够容纳的最大信道数目为 54000/115 ≈ 469。由于这些信道中有几条必须指定为公共信令信道，因此，可用的通信信道最多约为 460 条。若该转发器是功率受限的，则能够容纳的信道会更少。

虽然每条 VSAT 信道以 64kbps 的速率发射数据，但数据却以 5kbps 的平均速率到达。假设这些数据不需要实时传输，则缓冲器可以将数据存储起来直到总共收集到 120kb 的数据为止。然后将这些数据分组，并为每组数据添加用于地址标识、循环冗余校验和其他目的的开销比特。此时，VSAT 地面站就可以向中心站传输一个需要信道的请求，并且这些数据可以在大约 2s 内被下载。在 VSAT 地面站中收集 120kb 数据的平均时间为 24s。在某种情况下，采用循环冗余校验的 SCPC-FDMA 多址方式可以每 24s 获得一次接入卫星的机会。若假设建立连接需要 2s，传输这些分组也需要 2s，则在每 24s 内总共有 4s 用于传输。由此得出一个 VSAT 地面站的负载率为 16.6%。这就意味着（在理论上），可以有六个 VSAT 地面站共用同一条射频信道。然而，由于数据是在随机的时间段到达的，因此实际上使信道达到 100%的负载率是不可能的，特别是当大量数据同时到达时，会引起暂时的信道超载。

若假设输入链路的负载率为 66%，则一条输入链路可以支持四个 VSAT 地面站共用。此时，每个 VSAT 地面站在转发器中所需要的总带宽为 54/4 = 13.5MHz。在这种情况下，可以明显看出，按需分配多址接入系统节约了相当多的带宽和功率。

输出链路：中心站到 VSAT 地面站。

中心站发射的是一个连续的 TDM 帧，这个 TDM 帧是由许多传输给各 VSAT 地面站且按序排列的分组所组成的。此网络中有 250 个 VSAT 地面站，每个地面站的平均输出数据速率为 20kbps。若将 1/2 码率前向纠错编码应用于输出数据流，并采用 QPSK 方式，则将以每个地面站 20kbaud 的速率发射信号。当有 250 个 VSAT 地面站时，平均输出符号速率为 5Mbaud，而平均输出数据速率为 5Mbps，且使用了 QPSK 方式和 1/2 码率前向纠错编码。当使用 $\alpha = 0.5$ 的 RRC 滤波器时，信号占用的带宽为 7.5MHz，而 VSAT 接收机的噪声带宽为 5MHz。假设帧时间为 5s，每个 VSAT 地面站在 5s 周期内平均接收到 100kb 数据。然而，业务量统计数字表明，在任意给定的时间间隔内，一些地面站将接收到几兆比特的数据，而另一些地面站却未接收到数据。如果将 5s 的帧时间等分为多个时段，每个地面站理论上可以在 20ms 的时间内接收到数据，此时接收速率为 5Mbps，即在这 20ms 内能接收到 10000 个数据比特。若假设为分组预留 5%的开销，则实际上在 20ms 的时间内将传输 9500 个数据比特，外加 500 个开销比特。如果一个地面站在某个时间段没有数据需要接收，那么只需要传输这个分组的开销部分（500 比特）。这就允许其他地面站利用帧中的这些空闲时间，以远高于平均速率的速率传输另外的数据。

当业务搭配情况变化很大时，按需分配多址接入系统显得尤为宝贵。这里所描述的多址系统是设计用来满足输入和输出链路上传输的平均比特速率的需要。若有很多地面站是不常运转的，则其他地面站有机会提高数据速率。例如，假设只有 50 个 VSAT 地面站在运转，则每个 VSAT 地面站都能以最大数据速率 64kbps 发射数据，并且数据将以终端所能提供的最快速率进行传输。若要将输入数据速率增大到 64kbps 以上，则需要一个更宽的信道带宽以及中心站中配备更宽的中频滤波器的接收机。VSAT 地面站可以发射两个载波。输入数据速率的提升可能受限于 VSAT 地面站的有效各向同性辐射功率以及转发器中最终得到的上行链路载噪比。此时，SCPC-FDMA 未提供如 TDM 那样高的灵活性来改变数据速率。∎

在只有 50 个 VSAT 地面站运转的输出链路上，运转的 VSAT 地面站的分组长度可以增大五倍。虽然仍然必须向所有的地面站传输一些短的分组，以保持 VSAT 接收机的同步，但这种短的分组只需要由一个长度为 500 比特的控制分组构成。该输出链路的比特速率为 5Mbps。当无数据传输给某个 VSAT 地面站时，该站每 5s 只会接收到一个 500 比特的控制分组。同时，200 个未运转的地面站接收分组时的平均比特速率为 100 bps，而 50 个运转的地面站则可以共享剩余的比特。因此，这 50 个运转的地面站的比特速率为 4.98Mbps，每个运转的地面站的平均比特速率为 99.6kbps。链路上一般的分组长度为 20ms，并能传输 10000 比特。然而，每个运转的地面站的分组可以延长到差不多 100ms。考虑每帧中要向每个未运转的 VSAT 地面站传输单个控制分组所需要的时间，实际的分组长度为 99.92ms。此时，运转的地面站在每个分组中将会接收到 499600 比特，其中 500 比特是控制比特，因此它们的数据速率可达 99.82kbps。此外，提供了可变分组长度的 TDM 帧，它能够轻松地适应传输到各 VSAT 地面站的数据速率变化的混合情况。

7.6 随机多址（RA）

随机多址是一种卫星多址方式，尤其适于个人用户业务量密度较低的情况。例如，VSAT 地面站和移动卫星电话通常只是偶尔需要通信容量。倘若用户的平均活动程度足够低，则这些用户就可以在无任何中心控制、时间分配或频率分配的情况下共享转发器空间。在实际的随机多址网络中，每当用户有数据分组要发射时，就可以将它们发射出去。该分组有一个目的地址和一个源地址。所有的地面站均会接收到这些分组，但只有具有正确地址的地面站才会存储分组中的数据。其他地面站则会忽略这些分组，除非该分组是携带传输给所有地面站信息的广播分组。在卫星通信系统中，星形网络更为常见，它由一个中心站和许多小型地面站或便携式终端组成。中心站负责接收输入分组，并将这些分组转发到相应的目的地。早期关于无线信道随机多址的研究是在夏威夷大学进行的，该系统称为 Aloha，并以分组无线电的通用术语被人们所知。

然而，当业务量密度超过 18%时，或者当转发器中可利用的带宽被低效率地使用时，就不能采用随机多址。虽然随机多址省去了呼叫建立的时间，从而节省了传输时间，但由于其低流量和较差的频谱效率，它在卫星通信系统中的使用被限制在业务突发很短并且高度间歇的情况下。随机多址通常用在单独的 SCPC-FDMA 信道上，而不是整个转发器上。上一节中所述的公共信令信道仅处于轻微负载状态，在此背景下，而能够成功采用随机多址的转发器内的一条 SCPC-FDMA 随机多址信道，就是一个典型的例子。

7.7 各种分组无线系统及协议

计算机间或终端间的数据传输需要事先约定方法，通过这些方法才能建立连接并传输数据。就像打电话时需要遵循一些习俗和礼节来建立电话连接并确定每个人何时说话一样。举例来说，当人们决定要打电话时，会拿起电话听筒并等待拨号音，这表示电话系统已经准备好接收拨号。接着，人们拨打电话号码并等待听到电话的振铃音。一旦电话被接听，若由于线路上的噪声无法听清对方说的话，则可请求对方重复一次。

在数据传输过程中，分组和协议的使用确保了即使在无人介入的情况下，也能可靠地实现自动连接和数据的传输。这里的协议指的是描述两个数据终端如何通过一个通信系统相互连接起来，然后传输数据的一套规则和约定。

制定数据传输协议是一项非常重要的工作。随着计算机的广泛普及和互联网的迅猛发展，诸如 TCP/IP 这样高效而强大的协议得以飞速发展。国际标准化组织（ISO）已经为机器到机器的通信，创建了一个称为开放系统互联（OSI）的七层结构模型，该模型将系统不同部分的功能分离开了。数字通信链路的 ISO-OSI 七层结构模型，如图 7.14 所示。

虽然该系统被广泛作为描述数据通信系统的结构，但在实际系统内，很少能够识别出七个分离的层。七层中最低的层为物理层，它是本书所关心的一层——负责比特从一点到另一点的传输。不管传输方法是什么，该模型均假设比特是通过物理层双向传输的，尽管在传输过程中可能会出现一些差错。该模型余下的六层嵌入在位于链路各端的终端的硬件和软件中。该模型的第二层在硬件和软件中提供了差错检测和纠错功能，而余下的几层则负责组织从建立连接到送服务账单的数据传输。

| 应用层 |
| 表示层 |
| 会话层 |
| 传输层 |
| 网络层 |
| 数据链路层 |
| 物理层 |

图 7.14　数字通信链路的 ISO-OSI 七层结构模型

陆上数据通信已经经过了一系列协议的发展，从 IBM 制定的 HDL 标准开始，经 X.25 到 ATM（异步传输模式）。ATM 使用了 53 个字节的分组，并遵循 IEEE 标准，设计用于在 DS-3 44.736Mbps 传输速率的线型光纤网络上传输。尽管各种数字蜂窝系统使用了三个不同的标准，但它们之间还是相互兼容的，并且为 TDMA 设计的蜂窝系统均能与服务提供商的 TDMA 系统一起工作。然而，卫星通信系统至今还未制定出一套标准来，并且许多系统均在使用自有的标准。举例来说，由于铱星系统、Globalstar 系统和 ICO Global LEO/MEO 卫星通信系统使用的均是不同的数据传输协议，因此，设计用于铱星系统的手机就不能与 Globalstar 或 ICO Global 卫星进行通信。现在，人们对设计与 ATM 协议相兼容的 GEO 卫星通信系统有很大的兴趣，目的是使宽带卫星通信链路能够直接与陆上数据网相连。通常，当陆上通信协议是为短延迟而设计时，GEO 卫星传输中固有的长延迟会产生一些问题。因此，在地面站处就需要一些能使协议适合于卫星使用的特殊接口。在大多数情况下，不能将数据视为一条连续的比特流来传输，而是需要插入一些用于地址识别、差错控制的附加比特和其他一些不属于消息比特部分的附加信息。数据是以分组的方式传输的，这些分组通常具有一个约定的长度和内容，并采用一种与 7.3 节中所描述的 TDMA 帧非常相似的结构。每个分组通常均由一个包含地址和控制信息的报头、消息数据块和含有差错控制比特和分组结束标记的结束段组成。目前，AX.25 协议已被广泛应用于业余卫星通信系统中，该协议是以陆上数据通信中制定的 X.25 协议为基础的。目前已经有数颗这样的卫星被建造并送入轨道运行，这为业余无线电技术提供了一种通过卫星传输消息的方法。AX.25 分组的结构，如图 7.15 所示。

| 标志 | 地址 | 控制 | FCS | 标志 |
| 8比特 | 112~560比特 | 8比特 | 16比特 | 8比特 |

AX.25 信息帧

| 标志 | 地址 | 控制 | PID | 消息 | FCS | 标志 |
| 8比特 | 112~560比特 | 8比特 | 8比特 | $N\times 8$比特 | 16比特 | 8比特 |

AX.25 未编号的帧

标志 = 01111110　　FCS = 帧校验序列

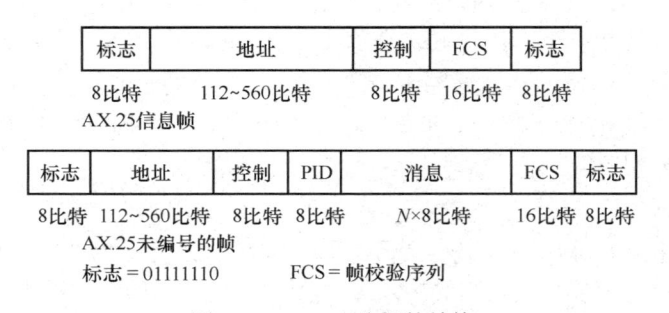

图 7.15　AX.25 分组的结构

所有的分组均以一个称为标志的特征字 01111110 开始和结束，这个标志不允许出现在分组的其他任何部分中。标志表示一个分组的结束和下一个分组的开始，以便数据接收终端能正确地提取出分组内容。分组内容的一般格式是一个报头，后面跟着消息比特，再后面是一个循环冗余校验（CRC）。报头包含传输者和预定接收者的地址（这些地址以业余无线电呼叫信号的形式给出），以及可以识别分组内容的控制信息。举例来说，控制比特会告诉接收终端这个分组有多长，并定义这是一个准备传输给所有接收地面站的广播分组，还是一个传输给特定接收者的分组。此外，控制比特还指明了分组的类型：有些分组不含消息比特，而是专门用于传输系统信息的。循环冗余校验（CRC）使接收机能够检查分组是否被正确接收，并且在检测到错误时要求传输端重传一遍。

未编号的帧（或分组）仅用于控制目的，并不包含消息比特。图 7.15 中 N 的值可以在 1~256 之间变化，而 FCS 表示帧校验序列。所有的数据传输系统均必须有某种形式的协议，并且数据几乎总是以分组的形式传输的。无论什么时候，只要讨论多址技术和传输数字数据，均可以假设已经使用了某种形式的分组传输。

7.8　码分多址（CDMA）

　　码分多址是一种多址方式，它允许许多用户能够一直占用转发器的所有带宽。CDMA 信号已经经过编码，以确保来自特定发射机的信息能够在同一带宽内存在其他所有 CDMA 信号的情况下，被已知所用码的接收地面站恢复出来。这就提供了一个分散型卫星网络，其中只需要协调正在通信的地面站对的传输。受转发器功率限制和所用码的实用约束，有业务需求的地面站可以根据需要接入转发器，而不需要使它们的传输频率（如在 FDMA 中一样）或传输时间（如在 TDMA 中一样）与任何中心管理站保持一致。每个接收地面站均分配到一个 CDMA 码。任何向该地面站传输数据的发射地面站必须使用正确的码。CDMA 码的长度通常从 16 比特到数千比特不等，并且这些 CDMA 码的比特称为码片，以便将它们与数据传输的消息比特区别开。CDMA 码序列会对原始消息的数据比特进行调制，而且码率总是远大于数据速率。这就极大地提高了传输数字数据的速率，并且其频谱的扩展与码序列的长度成比例。因此，CDMA 也称扩频。直接序列扩频（DS-SS）是目前唯一用于卫星通信的扩频方式，而跳频扩频（FH-SS）则在蓝牙系统中作为短距离无线局域网的多址方式。

　　CDMA 最初是为军用通信系统开发的，它的目的是将数据传输的能量在一个宽的带宽上展开，从而使信号的检测变得更加困难（称为低截获概率）。通过将信号中的能量在一个宽的带宽上展开，可以使接收机中的噪声功率谱密度（NPSD）大于接收信号的功率谱密度（PSD）。这时信号淹没在噪声中，这是 DS-SS 信号的一个典型特征，而且该信号比一个 PSD 大于接收机的 NPSD 的信号要难检测得多。从 DS-SS 信号中恢复原始数据比特的相关过程，同样也具有抗阻塞干扰的能力，即能够抵抗在相同频率上故意传输的无线电信号对其他传输信号的遮盖。这两个性质在军用通信系统中均是颇有价值的。

　　CDMA 在蜂窝系统中已经很流行，并被用来增大小区的容量。尽管如此，由于它的效率比 FDMA 和 TDMA 低，因此，它还没有被卫星通信系统广泛采用。Globalstar LEO 卫星通信系统设计是将 CDMA 作为卫星电话使用的多址方式，其中 CDMA 在该应用中的优点在于软切换能力。

　　GPS 利用 DS-SS CDMA 实现三维空间中对接收机的精确定位信号传输。在任意时刻，一个接近地面的接收机可以同时接收多达 12 颗 GPS 卫星的信号，而 CDMA 用来在所有 GPS 卫星信号传输之间共享该接收机中的单条射频信道。

　　1）扩频传输与接收

　　有关用于卫星通信的 CDMA 的讨论将仅限于 DS-SS 系统，这是迄今为止商用卫星通信系统所唯一使用的扩频形式。DS-SS 系统中所使用的扩频码被设计为有很好的自相关性和很低的互相关性。为了达到这个目的，人们已经开发出了各种各样的扩频码，如 Gold 码和 Kasami 码等。

　　在本次讨论中，将所有的 DS-SS 码视为伪噪声（PN）序列。伪噪声序列的频谱特性使其看起来像一个有着平坦的、噪声状频谱的随机比特（或码片）序列。DS-SS 系统的基本原理，如图 7.16 所示。

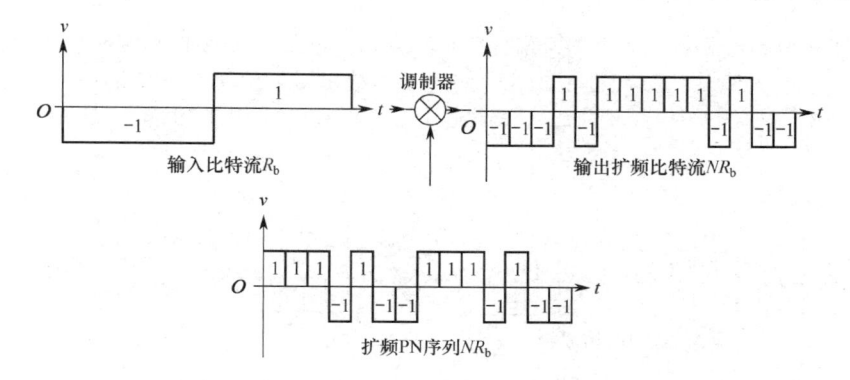

图 7.16 DS-SS 系统的基本原理

假设该系统开始用的是基带信号。虽然大多数 DS-SS 系统均是用经 BPSK 调制后的数据流来产生扩频信号的，但若首先从基带信号上考虑扩频信号的话，则再看一个 DS-SS 系统是如何工作的就会更简单一些。在图 7.16 中，一条包含业务数据并且速率为 R_b 的比特流，先被转换为对应于逻辑状态 1 和 0 的+1V 和-1V 电平，然后与一个 PN 序列相乘，这个 PN 序列同样由+1V 和-1V 电平构成，速率为 NR_b。在直接序列扩频过程中，每个输入的消息比特都会与相同的 PN 序列相乘。在本例中，消息序列为-1+1，PN 序列为+1+1+1-1+1-1-1。

在图 7.16 所示的例子中，一个七码片的扩频码序列为 1110100，它被转换为+1+1+1-1+1-1-1。此扩频码序列与表示为-1+1 的数据序列 01 相乘，产生了在图 7.16 右边所示的发射序列-1-1-1+1-1+1+1+1+1-1+1-1-1。从此 DS-SS 信号中恢复出原始数据比特流是通过将接收信号乘以用来产生它的相同 PN 序列来实现的。该过程分别如图 7.17 和图 7.18 所示。

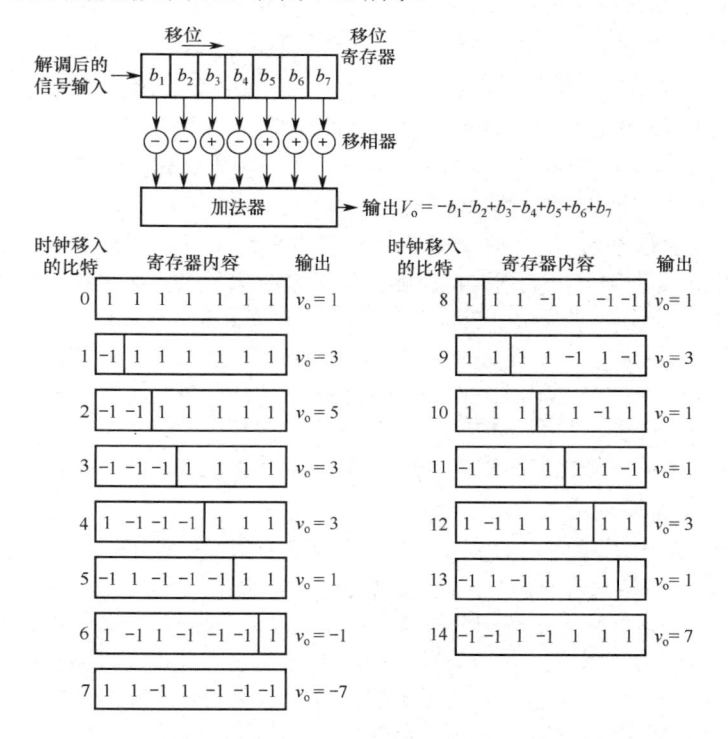

图 7.17 用一个中频相关器（匹配滤波器）来恢复数据比特

在本例中，PN 序列的长度为图 7.17 所示的七个比特。从接收机来的 CDMA 码在时钟脉冲的驱动下被逐个移入移位寄存器，而移位寄存器中的内容则是先通过移相器处理后再进行相加的。当正确的码序列出现在移位寄存器中时，移相器就将-1 转换成+1，从而在接收到的序列正确时，使所有的电压相加得到一个最大值。图 7.17 就图 7.16 中的码序列给出了移位寄存器中的内容和加法器的输出。请注意，在时钟上存在一个等于 5 的高乱真输出，这表明在这里用于图解说明的七个比特序列的自相关性较差。

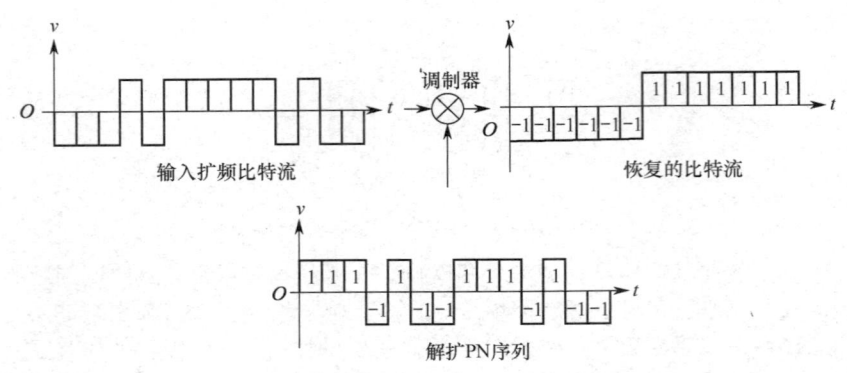

图 7.18 用于解扩 CDMA 信号的基带相关器

在一台已知采用七个比特的 CDMA 接收机中，相关器会存储一个与其相对应的乘法器。图 7.17 说明了该相关过程。接收到的码片在时钟脉冲的驱动下，被输入移位寄存器。该移位寄存器的长度等于该码序列的长度——在该情况下是七级。在每个时钟周期处，移位寄存器中的 b_1 会乘以+1 或-1，相当于码序列中的码片乘以图 7.17 中标有移相器的那部分。由于接收码片是在时钟脉冲的驱动下从左边输入相关器的，因此，码序列在图 7.17 的移相器中是逆着出现的（从右边到左边）。将移相器的输出相加得到输出字 $v_0 = p_1b_1 + p_2b_2 + p_3b_3 + p_4b_4 + p_5b_5 + p_6b_6 + p_7b_7$。当正确的码序列准确地填入移位寄存器的七个级中时，v_0 的值将会为+7 或-7。通过将接收到的信号与发射机中所用的 PN 序列的一个同步副本相乘，可以恢复出原始比特流。

图 7.17 这个过程可以检测出码序列，移位寄存器最初填满了+1 码片，同时得到加法器的输出 $v_0 = +1$，然后图 7.16 中产生的序列在时钟脉冲的驱动下从左边输入移位寄存器。随着码序列移入移位寄存器，加法器的输出 $v_0 = +1+3+5+3+3+1-1$。在下一个时钟周期，当码序列的全部七个比特处在七级移位寄存器中时，加法器的输出为-7。加法器后面一门限电平为-6 的门限检测器，将会检测到此次门限交叉并输出一个逻辑 0 作为第一个数据比特。随着接下来的七个比特在时钟脉冲驱动下通过移位寄存器，加法器的输出在-1 与+5 之间波动，并在码序列填入移位寄存器时得到 $v_0 = +7$ 或-7。请注意，这里用于举例说明的七个比特序列，由于在时钟上存在一个高乱真输出，因此，它对 CDMA 系统来说将是一个不好的选择。CDMA 系统中使用的 PN 序列要求其本身具有很好的自相关性和很低的互相关性，以使错误的门限交叉减至最少。与图 7.17 中所示的移位寄存器一样的多个移位寄存器可以在一起并行地工作，并且每个输入都以一个比特的增量延迟。若有 N 个移位寄存器，则在每个码片时钟周期上就可以试验 N 个可能的码位置。

当码序列较长时，图 7.17 中所示的多级移位寄存器就变得难以使用了，而代替使用的是逐码片的相乘。这时乘法器有输入 b_i 和 p_i，其中 b_i 是接收到的码片，而 p_i 是被存储的 PN 序列码片。然后在码序列的持续时间上对乘法器的输出进行积分，从而产生一个+N 或-N 的值，其中 N 为此 PN 序列中的码片数。对于图 7.16 中的七码片码，其处理过程如图 7.18 所示。其中，将图左边的输入信号与解扩码序列相乘，可以得到图右边的输出信号。实际上，通常用一个低通滤波器来代替积分器，以避免当检测到一个比特时，需要同步释放（清空）积分器的内容。若正确的码存于输入信号中，则当每个码片出现在乘法器中时，乘法器的输出就为+1 或-1。在一个实际的 DS-SS CDMA 系统中，将会有若干其他的 CDMA 信号与想要得到的码一起出现在相关器的输入中。若所使用的码具有理想的互相关性，则乘法器输出积分后的值，对于任何其他的码与存储的码的互相关性均将产生一个+1 或-1。倘若有一

个足够大的 M 值（一个长 PN 序列），则在有许多不需要的 CDMA 信号存在的情况下，检测出想要得到的码的比特是可能的。

举例来说，DS-SS 码相关的七码片码对 CDMA 系统来说不是一种优良的码。它的自相关性较差，在移位寄存器中的一个位置上加法器的输出为+5，而这太接近于峰值+7。当叠加到输入的码上的噪声可以轻易地将相关器的输出推到门限之上时，会引起检测误码。在理想情况下，长度为 M 码片的 CDMA 码，除了当该码被正确对准而自相关值应为 M 时，这些码处处均具有自相关值+1 或–1。当一个不同的码在时钟脉冲的驱动下，输入图 7.17 的移位寄存器中时，互相关值在所有的时钟周期上均应该为+1或–1。然而，具有这些理想特性的已知码非常少。虽然序列长度高达 23 码片的 Barker 码满足这些要求，但实际的 DS-CDMA 系统一般使用的是更长的具有非理想相关特性的码。例如，GPS 卫星将 1023 码片长的 Gold 码作为 C/A 码序列，而 Gold 码是用一个移位寄存器产生的最大长度序列来构造的。

实际的 CDMA 系统使用 BPSK 波形，并在中频而非基带中使接收到的信号相关。图 7.17 中所示的移位寄存器通常是一个单级乘法器，并且输入信号和 PN 序列是有 0°或 180°相移的 BPSK 波形。两个完全相同的同相 BPSK 波形的相乘会产生一个+1 的输出。若输入波形的相位是反向的（说明原始数据比特是一个 0 而不是一个 1），则输出就是–1。这时就需要采用相干相位检测，以便使中频波形能够被同相相加，但相关原理是相同的。DS-SS CDMA 接收机中的主要困难是接收信号会淹没在噪声中，即不能再用载波恢复的常用方法。基带相关很少用于 DS-SS CDMA 系统中，这是由于信号在进入相关器时具有的载噪比小于 0dB（负载噪比），因此，这些信号往往看起来像噪声。由于 GPS C/A 码序列的长度为 1023 码片，因此在该接收机中采用的是逐码片相乘的方法来处理信号。

若用 BPSK 方式和 $\alpha = 0.4$ 的 RRC 滤波器来发射信号，则比特速率为 R_b 的原始数据信号所占用的带宽将会为 $1.4R_b$ Hz。扩频信号则会占用 $M \times 1.4R_b$ Hz 的带宽，而且必须要通过一个噪声带宽为 $M \times R_b$ Hz 的中频 RRC 滤波器来接收。假如用一台噪声带宽为 R_b Hz 的 RRC 滤波器的 BPSK 接收机来接收 $C/N = 11$dB 的 BPSK 信号。若未通过将原始 BPSK 信号展宽到一个 $M \times 1.4R_b$ Hz 的带宽的过程来改变其功率，则此扩频接收机中的载噪比将为 $(11-10\lg M)$ dB。若 M 很大（例如，像 GPS C/A 码中的 1023），则该 CDMA 信号在接收机中的载噪比将远小于 0dB 的载噪比。对于 GPS C/A 信号，其载噪比甚至为–19.1dB。由于使用相关器进行解扩可以恢复原始信号，因此可以将一个等于 M 的处理增益加到接收扩频信号的载噪比$(C/N)_{ss}$ 上。因此，经过相关处理后，扩频接收机中的信噪比$(S/N)_{out}$ 为

$$(S/N)_{out} = (C/N)_{ss} + 10\lg M \tag{7.14}$$

这个信噪比必须要足够高才能使接收机以一个合理的比特误码率恢复出发射信号的比特。举例来说，若需要一个不大于 10^{-6} 的 BER，则$(S/N)_{out}$ 就必须大于 11dB，同时在无前向纠错编码的情况下留出 0.4dB 的实现裕量。

2) DS-SS CDMA 的容量

在 DS-SS CDMA 系统中，每个接收机的输入端均有许多 CDMA 信号，通常将无用的（干扰）CDMA 信号视为噪声来处理。假设一个接收机的输入包含 Q 个信号，每个信号的功率为 C，并且接收机的热噪声功率为 N_t，则有用信号的输入载噪比$(C/N)_{in}$ 近似为

$$(C/N)_{in} = 10\lg[C/(N_t + (Q-1)C)] \tag{7.15}$$

式中，$[N_t + (Q-1)C]$ 为接收机输入端的总噪声功率。$(Q-1)C = I$ 的项是 $Q-1$ 个干扰 CDMA 信号的功率（注意 N_t 和 C 必须以瓦为单位相加，而不是以分贝为单位）。接收机中的相关器将一个 $10\lg M$ dB 的处理增益加到输入 C/N 上，如式（7.14）中所示，并输出一个具有信噪比$(S/N)_{out}$ 的相关信号。接收机中比特流的输出信噪比为

$$(S/N)_{out} = 10\lg[C/(N_t + (Q-1)C)] + 10\lg M \tag{7.16}$$

若 Q 为一个大数，则很可能有$[N_t + (Q-1)C] \approx (Q-1)C$，这时式（7.16）简写为

$$(S/N)_{out} = 10\lg[1/(Q-1)] + 10\lg M = 10\lg[M/(Q-1)] \tag{7.17}$$

若 Q 很大以至于 $M > 1$，则

$$(S/N)_{out} = 10\lg(M/Q) \tag{7.18}$$

从式（7.18）可见，若此输出信噪比大于 10dB，则扩频码中的 M 必须比 Q 要大 10 倍，同时，还可见其系统容量不依赖接收机中的热噪声功率。各信号的比特速率由下式给出：

$$R_b = R_c/N = B/[N(1+\alpha)] \tag{7.19}$$

式中，R_c 为码片速率而 B 为转发器带宽。转发器的总比特速率由 $MR_b = BM/[Q(1+\alpha)]$ 给出。

若 M 必须比 Q 要大 10 倍，以使在不产生很多误码的同时解调此扩频信号成为可能，则在使用 CDMA 时，转发器的总比特速率将小于其带宽的十分之一。这就导致了在使用 CDMA 时，与 FDMA 或 TDMA 相比，射频带宽的低效利用，就像下面这个例子所证明的一样。

【例 7.7】 固定地面站中的 CDMA

已知一个 DS-SS CDMA 系统有许多地面站共享一个 54MHz 带宽的 Ka 频段转发器。每个地面站均有一个不同的 1023 比特的 PN 序列，这个 PN 序列用来将业务比特扩展到一个 45MHz 的带宽中。发射机和接收机均使用了 $\alpha = 0.5$ 的 RRC 滤波器，并且码率为 30Mbps。试确定相关输出 $S/N = 12$dB 时此系统所能支持的地面站数。

解： 由式（7.17）有

$$(S/N) = 12 = 10\lg[M/(Q-1)] = 30.9 - 10\lg(Q-1)$$

则

$$10\lg(Q-1) = 18.9$$

即

$$Q = 77 - 1 = 76$$

由于每个载波为 29.33kHz，因此，转发器传输的总比特速率为 2.258Mbps。一个工作在 FDMA 或 TDMA 方式下的 54MHz 带宽的转发器会有一个比这高得多的容量。

通过将 1/2 码率的前向差错控制（FEC）加到基带信号上，可以降低接收机中比特检测所需要的 S/N，从而提高系统的容量。假设该 FEC 系统具有一个 6dB 的编码增益，则可以使 $S/N = 12 - 6 = 6$dB。根据式（7.18），已知 $M > Q$ 时，有

$$10\lg(M/Q) = 6$$

可以得到，$Q \approx M/4 = 255$ 条信道。在 1/2 码率 FEC 应用之前，单信道的数据比特速率为 14.66kbps，并且转发器的总容量为 3.74Mbps。它仍然远低于 FDMA 或 TDMA 系统的容量。

由上可以得出结论：CDMA 仅在以下商用卫星通信系统中才显得有用。在这些系统中，卫星容量的高效使用并不重要，或者地面站能够很容易地离开和加入网络而不会因效率损失受到太大影响，或者转发器中的功率限制确保其不可能承受过重的负载。 ∎

【例 7.8】 LEO 卫星通信系统中的 CDMA

已知一个 LEO 卫星通信系统采用直接序列扩频（CDMA）作为多址方式，并将其用于多天线波束中的各终端群。这些终端产生和接收比特速率为 9.6kbps 的压缩数字语音信号。这些信号被视为 BPSK 调制的 DS-CDMA 信号，并以 5Mbps 的码率发射和接收。在无任何其他 CDMA 信号干扰的情况下，一个 CDMA 信号在接收机输入端的功率为 −146dBW，并且接收系统的噪声温度为 300K。若该卫星同时发射了 31 个 CDMA 信号，试求出此 9.6kbps 的 BPSK 信号经解扩后的信噪比，并估算此数据信号的 BER，假设系统实现时留有 1dB 的裕量。若从卫星来的多条波束中有两条发生了重叠，导致第二组 31 个 DS-CDMA 信号也出现在接收机中，试求出有用信号的 BER。

解：接收机中的热噪声功率为 $N_t = kT_sB_n$。在码率为 5Mbps 并使用了 BPSK 调制和理想 RRC 滤波器的情况下，$B_n = 5\text{MHz}$，此时

$$N_t = -228.6 + 24.8 + 67 = -136.8\text{dBW} = 2.09 \times 10^{-14}\text{W}$$

由于有 30 个干扰 CDMA 信号重叠在接收机滤波器的 5MHz 带宽内，因此，总干扰功率为

$$I = -146 + 14.8 = -131.2\text{dBW} = 7.59 \times 10^{-14}\text{W}$$

由于不能将噪声与干扰的功率在以分贝为单位的情况下相加，而只能在以瓦为单位的情况下相加，因此，载波与噪声加干扰的功率比必须在以瓦为单位的情况下计算。

接收机中有用 CDMA 信号的载噪比为

$$C/(N_t + I) = 2.51 \times 10^{-15}/(2.09 \times 10^{-14} + 7.59 \times 10^{-14})$$

$$= 2.51/96.8 = 0.0259$$

$$= -15.9\text{dB}$$

由于载波功率远低于噪声加干扰的功率，因此，有用的载波隐藏在噪声加干扰中。这称为一个低截获概率信号。由于检测一个低于固有噪声电平的信号是很困难的，因此，CDMA 最初用于军用通信系统。

CDMA 接收机的编码增益 G_c 等于码率除以比特速率：

$$G_c = R_c/R_b = 5\text{Mbps}/9.6\text{kbps} = 520.8 = 27.2\text{dB}$$

经过有用的码相关（解扩）后，此 9.6kbps 的 BPSK 信号的信噪比为

$$S/N = -15.9 + 27.2 = 11.3\text{dB}$$

当有一个 1dB 的实现裕量时，有效 S/N 为 10.3dB，即功率比为 10.7。对 BPSK 而言，有用信号的 BER 为

$$P_e = \frac{1}{2}\text{erfc}\left(\sqrt{(C/N)_{\text{eff ratio}}}\right) = \frac{1}{2}\text{erfc}(3.27) = 2 \times 10^{-6}$$

若来自一条重叠卫星波束的第二组 31 个信号出现在接收机中，则将会有额外的干扰使 $C/(N+I)$ 降低。其来自 31 个信号的干扰功率为

$$I = -146 + 14.9 = -131.1\text{dBW} = 7.76 \times 10^{-14}\text{W}$$

则新的 $C/(N_t + I)$ 为

$$C/(N_t + I) = 2.51 \times 10^{-15}/(2.09 \times 10^{-14} + 7.59 \times 10^{-14} + 7.76 \times 10^{-14})$$

$$= 2.51/174.4 = 0.0144$$

$$= -18.4\text{dB}$$

经过与有用的码相关后，该 BPSK 信号的信噪比为

$$S/N = -18.4 + 27.2 = 8.8\text{dB}$$

当有一个 1dB 的实现裕量时，有效 S/N 为 7.8dB，即功率比为 6.02。对 BPSK 而言，有用信号的 BER 为

$$P_e = \frac{1}{2}\text{erfc}\left(\sqrt{(C/N)_{\text{eff ratio}}}\right) = \frac{1}{2}\text{erfc}(2.45) = 3 \times 10^{-4}$$

在该基带信号上加前向纠错编码来改善其误码率。在这种情况下为了获得 10^{-6} 的 BER，约为 3dB 的编码增益就足够了。当采用 1/2 码率的卷积编码时，典型的编码增益为 5.5~6dB，这将会在 10^{-6} 的 BER 上提供一个 3dB 的裕量，并提供一个 4.8kbps 的比特速率。此比特速率将能支持一条带有 LPC 线性预测编码压缩的数字语音信道。

在移动卫星通信系统中，重叠波束的优点是有用信号可以被使用不同 CDMA 码的两颗卫星传输，并且当一条

波束被地上的一个障碍物阻挡时，若另一条波束仍然能够被接收，则不会造成该信号的丢失。此外，用一个耙型接收机可以在基带中将来自两颗卫星的有用信号合并起来，这样就改善了信号的 BER。当对同一基带信号进行最佳合并时，信号的 BER 将会与 31 个用户的单条波束的情况相同。 ∎

7.9 本章小结

本章首先概述了卫星通信中多址技术的一般概念；其次简要介绍了 FDMA、TDMA 和 CDMA 的基本概念；同时分别详细介绍了 FDMA、TDMA、星上处理技术、按需分配多址接入技术和随机多址；最后详细论述了各种分组无线系统及协议，以及码分多址技术。

习　题

01. 假设所有地面站都采用 TDMA 方式运行。以 8kHz 的抽样速率对语音信号进行抽样，每次抽样使用 8 比特。在每个地面站，抽样信号（PCM）被复用成 40Mbps 的数据流，并采用 QPSK 调制。
 （1）求解每个抽样信号的比特速率。
 （2）在不考虑开销（如报头或 CRC 等）的情况下，每个地面站作为单个接入点，能传输多少个采用 PCM 编码的语音信号？假设这是一个 TDM 数据流。
 （3）在 TDMA 方式中，最短的帧时间是多少？

02. 假设此 TDMA 系统采用 125μs 的帧时间。在以下情况下，每个地面站在 TDMA 帧内能传输的信道数目是多少？
 （1）在没有时间损失的开销等地方。
 （2）每个地面站传输的开头加上了一个 5μs 的报头。
 （3）每个地面站传输的开头加上了一个 5μs 的报头，且传输之间留有 2μs 的保护带。

03. 假设使用 750μs 的帧时间来代替 125μs 的帧时间。对于习题 02 中的情况，计算新的地面站信道容量的值。

04. 请计算在以下两种工作方式下，地面站的发射功率和接收信号的 C/N:
 （1）在 TDMA 方式下，假设各地面站依次使转发器达到饱和状态。
 （2）在 FDMA 方式下，考虑具备 3dB 的输入和输出补偿。

05. 有一个 LEO 卫星通信系统，负责向便携设备（座机）传输压缩的数字语音信号。这些座机以 10 个为一组共同工作。从座机到卫星的输入比特速率为 10kbps，以 BPSK 信号进行传输。卫星向座机的输出比特速率为 100kbps，包含多个分组包，每个分组包发射给 10 个座机。该系统在降雨衰减影响可忽略的 L 频段运行，但建筑物和树木的遮挡是一个关键因素。卫星采用星上处理和多波束天线技术，链路则使用了 $\alpha = 0.5$ 的 RRC 滤波器。本问题仅涉及卫星与座机之间的链路，并假设所选滤波器为理想型的 RRC 滤波器。
 （1）对于输入链路，请分别计算①座机接收机和②卫星接收机中最窄带通滤波器的噪声带宽。
 （2）请计算①输入链路（电话到卫星）和②输出链路（卫星到电话）的无线电信号所占用的射频带宽。
 （3）若输入链路晴天时的$(C/N)_0 = 18$dB，且卫星上的 BPSK 解调器具有 0.5dB 的实现裕量，请计算卫星接收机基带在晴天时的 BER。
 （4）若输入链路的工作门限设置为 BER $= 10^{-4}$，请计算可得到的衰减裕量（对电话到卫星的上行链路上的总载噪比$(C/N)_0$ 而言）。
 （5）若输出链路晴天时的$(C/N)_0 = 18$dB，且卫星电话中的 QPSK 解调器具有 0.8dB 的实现裕量，请计算晴天时的 BER。
 （6）若输出链路的工作门限设置为 BER $= 10^{-5}$，请计算可得到的衰减裕量（对卫星到电话的下行链路上的总载噪比$(C/N)_0$ 而言）。

06. 本题主要比较 Ku 频段卫星转发器在 FDMA、TDMA 和 FDMA-RA 中 VSAT 网络输入链路的多址技术，问题分为三部分。

(1) 在一个星形网络中，有 100 个 VSAT 地面站通过 FDMA 方式共享一个 54MHz 的转发器。每个地面站有一个 1W 的固态发射机和来自 1.1m 天线的 41dBW 的 EIRP。发射的数据信号具有 128kbps 的比特速率，并以 QPSK 方式和 1/2 码率的 FEC 进行传输，从而保持 128kbps 的符号速率。中心站接收到的信号总载噪比为 16dB。卫星转发器的上行链路载噪比 $(C/N)_{up}$ 为 19dB，中心站接收机的下行链路载噪比 $(C/N)_{down}$ 同样为 19dB。中心站接收机中的门限载噪比在 BER = 10^{-6} 时为 9dB（包含 0.5dB 的接收机实现裕量）。这些地面站使用 FDMA 方式共享转发器资源，在突发信号的边沿与边沿之间有 51kHz 的保护带。VSAT 发射机和中心站接收机中所用的 RRC 滤波器的滚降因子为 $\alpha = 0.4$。为了使信号间的互调干扰减至最小程度，转发器在工作时有 3dB 的输出补偿。

① 计算每个 VSAT 地面站传输所占用的射频带宽。
② 若转发器是带宽受限的，计算网络中所能容纳的 VSAT 地面站的最大数目。
③ 若网络中 VSAT 地面站的数目增加到在上面②问中所计算出来的数字上，计算中心站处接收信号在晴天时的载噪比。

(2) 将（1）问中的 VSAT 网络改为在 VSAT 上行链路上以 TDMA 方式代替 FDMA 方式工作，并且网络中有 100 个 VSAT 地面站。TDMA 帧具有 2ms 的持续时间，由来自这 100 个 VSAT 地面站的 100 个突发组成。在每个 VSAT 地面站突发的开头均有一个长度为 100 个符号的报头，并且每个突发与下一个突发均被一个 1μs 的保护时间隔开。

① 若每个 2ms 的帧内均有 100 个 VSAT 地面站的突发信号，且每个突发信号之间有 1μs 的保护时间，计算每个 VSAT 地面站突发的持续时间。
② 若各 VSAT 地面站必须传输 128kbps 的数据，且以 128k 个符号/秒的速率进行传输。计算每个突发信号中有多少个数据符号？在考虑了每个突发开头处长度为 100 个符号的报头后，计算每个突发中的总符号数为多少？从而求出以符号每秒为单位的突发速率。
③ 若所有的 VSAT 地面站和中心站接收机均配有了滚降因子为 $\alpha = 0.4$ 的 RRC 滤波器，计算转发器中被占用的射频带宽。若在转发器的 54MHz 带宽被全部占满之前一直加大传输的符号速率，计算网络中能容纳的 VSAT 地面站的最大数目。
④ 假设使用 TDMA 方式时，转发器能够以 1dB 的输出补偿工作，并且中心站接收机的实现裕量为 1.5dB。由于中心站接收机的噪声带宽增大了，因此 VSAT 地面站的 EIRP 必须要增大。请通过对第一部分中 100 个 FDMA 方式的 VSAT 地面站的符号速率与上面②问中 100 个采用 TDMA 方式的 VSAT 地面站的符号速率进行比较，估算每个 VSAT 发射机 EIRP 需要增加的分贝数，并评论从一个 VSAT 地面站发射这个功率的可行性。

(3) 在（1）问中，其将所述的 FDMA 系统与随机多址结合使用，以服务于大量的 VSAT 地面站。除了每个地面站需要以变化的时间间隔传输少量数据，（1）问中的所有参数均保持不变。每个 VSAT 地面站的平均消息比特速率为 5kbps，并且所允许的最大信道负载率为 12%。计算每个射频频率能够同时为多少个 VSAT 地面站所共用？

第 8 章　VSAT 网络

8.1　概述

大多数 VSAT 网络均工作于 Ku 频段，其地面站天线直径为 1~2m，发射功率为 1W 或 2W。这些地面站通常组成一个星形网络，在这个星形网络中，所有地面站均通过一颗 GEO 卫星连接到一个中心站。链路上的数据速率具体取决于业务要求。VSAT 网络用来将企业和商店连接到一个中心计算机系统，从而用一条电话线和调制解调器更快地完成销售交易，并且使中心局能够迅速地从一个地区或国家的许多位置分发和收集信息。

20 世纪 90 年代，VSAT 网络在美国得到了快速发展。VSAT 网络用于数据的传输，并作为当时陆上电话和数据系统的一种替换方案。人们期望看到随着 30/20GHz GEO 卫星的出现，工作于 Ka 频段的 VSAT 网络能够得到发展。这些系统也许会直接服务于家庭用户、用于互联网连接和多媒体节目的传播。虽然 VSAT 网络的数据速率与数字语音比特速率相匹配，但很少有 VSAT 网络仅用于语音业务。为此，基于 IP 的语音（VOIP）已成为 VSAT 业务的一个增长领域。

为了建造的简单，大型天线通常是用一种对称结构来实现的，并且视轴上有一个馈源。馈源可以在天线的前面（一种前馈设计）或在天线的后面，如卡塞格伦或格里高利天线。此外，这些不同的方法可以是轴向对称的或是轴向偏移的。天线设计中主反射器尺寸大小的临界点一般取约 100 个波长。若其直径比这个要大，则不仅能够获得优良的轴外性能和极化性能，还可以通过调整反射器形状来增加增益（高达 1dB），这些优势足以抵消卡塞格伦或格里高利天线设计的附加成本。卡塞格伦或格里高利天线需要一个最小直径约为 10 个波长的副反射器。若主反射器的直径小于 100 个波长，则副反射器将占据主反射器直径的一个显著比例，并会造成很大的阻塞和散射问题。当天线孔径小于 100 个波长时，这样的地面站称为小孔径终端，并且随着尺寸的减小，VSAT 这个术语也就出现了。Intelsat IBS（Intelsat 商业业务）中所使用的标准天线的特性，如表 8.1 所示。

表 8.1　Intelsat IBS（Intelsat 商业业务）中所使用的标准天线的特性

C 频段天线标准	F1	H4	H3	H2
G/T（4GHz）（dBK）	22.7	22.1	18.3	15.1
典型天线直径（m）	3.5~5	3.5~3.8	2.4	1.8
电压轴比（圆极化）	1.09	1.09	1.3	1.3
XPD 隔离值（dB）	27.3	27.3	17.7	17.7
Ku 频段天线标准	E1	K3	K2	
G/T（11GHz）（dBK）	25	23.3	19.8	
典型天线直径（m）	2.4~3.5	1.8	1.2	
电压轴比（线性极化）	31.6	20	20	
XPD 隔离值（dB）	30	26	26	

表 8.1 中的数据均是在国际和国内业务中所使用的 VSAT 天线的典型尺寸。一幢商用建筑屋顶上的一个典型的 VSAT 天线，如图 8.1 所示。

DBS-TV 卫星使用了非常强大的转发器，与用于 VSAT 业务的 Ku 频段卫星的 20~50W 相比，其典型功率值为 160~240W。VSAT 天线同样也远大于在铱星和其他移动卫星业务（MSS）系统中

图 8.1 典型的 VSAT 天线

使用的手持卫星电话所配备的全向天线。VSAT 天线的尺寸是使该业务既在经济上对用户有吸引力，又在环境上能够为公众所接受的关键因素。然而，这一尺寸也对端到端的系统设计带来了严格的限制。因此，必须要在卫星转发器负荷、发射功率（上行和下行）、VSAT 天线轴外辐射（出于干扰考虑）、晴天时的性能和在降雨等削弱传播条件下的可通率之间（尤其是在 Ku 频段及其以上频率）进行认真的权衡。

8.2 VSAT 网络综述

大多数 VSAT 网络是将电信业务直接给终端用户，而不存在任何的中间分配层次。通常，来自很多单个用户的业务被划分（去复用）为较小的业务量并被重新分配在位于远端的用户之前，一般总是将它们汇集在一起组成较大的一些组，并通过陆上微波系统、卫星通信系统或光纤在中继传输线上传输。当业务被送到用户集中度相对高的地区时，这对点到点通信来说仍然是较经济的传输结构。但是，这样的情况并不总是适用的，而 VSAT 网络则利用了 GEO 卫星的广域传播能力。

世界上的许多地区，要么潜在的用户分布得很广，要么现存的电信基础设施缺乏快速扩张以满足新用户需要的能力。大部分发展中国家均是这种情形，并且在很多情况下，已被采纳的网络"蛙跳式"地跨越了电信系统的常规发展阶段。然而，为了完全避开模拟电话技术的传统发展路径，人们已经采用了与微波蜂窝系统相结合的同步卫星技术。其中一种这样的解决方法就是将无线本地环路（WLL）与 VSAT 分配结构相结合。VSAT/WLL 通信网示意图如图 8.2 所示。

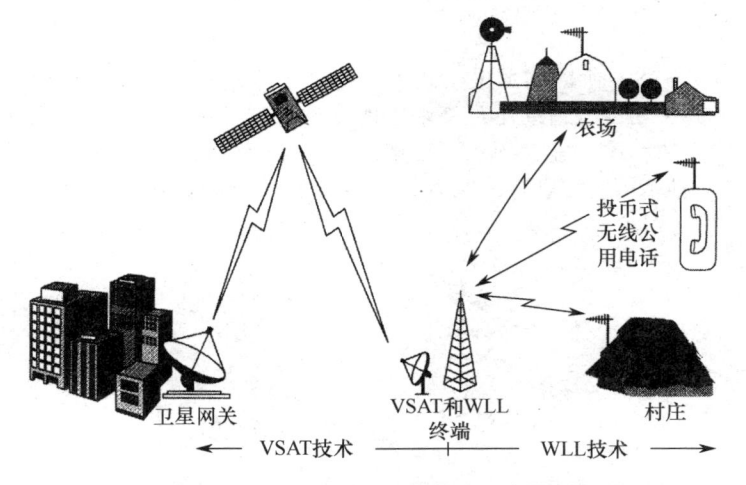

图 8.2 VSAT/WLL 通信网示意图

同步卫星用来将许多 VSAT 与大城市中的主交换中心相连。每个 VSAT 在乡村或社区里扮演着与本地交换中心连接的角色，而电话链路的最后 1.6km 则由一个 WLL 来连接。

VSAT/WLL 方案通常有一个经济上的最佳用户密度范围。为新地区提供服务时，针对不同的人口密度，选择服务方式的大概经济临界点，如图 8.3 所示。

图 8.3 中的信息是近似的，并且会受到本地地形（如一个大的山脉）、全国电信系统中光纤的可通率或重要传输线路（如一个主要的铁路系统）的影响。然而，物理距离和各个国家的人口统计状况与政策环境等可以改变这些经济临界点。

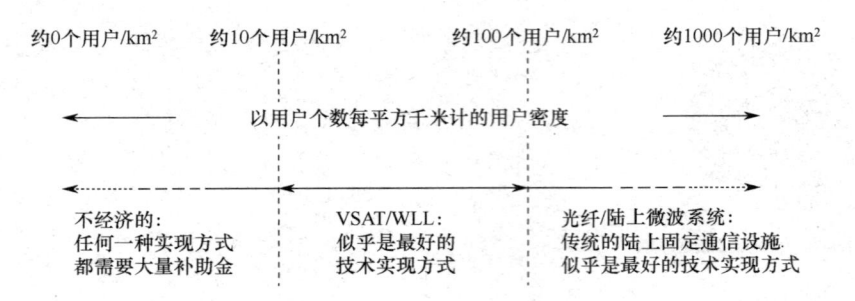

图 8.3 为新地区提供服务时，针对不同的人口密度，选择服务方式的大概经济临界点

虽然 VSAT 网络能够使多媒体业务直接送到终端用户，但它一般只能处理较小的业务量。这种业务量本质上也是断断续续的：每当要发射一条消息时，用户就以一种按需分配多址接入方式接入卫星，并在适当时收到一个短的回复。这种情况在电子收款（POS）VSAT 网络中是很常见的，例如用于气泵或商店登记处传输信用卡信息。

由于大多数 VSAT 网络在任何给定的时刻均无足够的业务量来填满一个卫星转发器，因此它们通常无法证明需要为其分配一颗专用卫星。此时，大部分 VSAT 网络在设计时都会考虑在大型网络情况下使用租用的卫星转发器，而在中小型网络情况下则选择租用部分卫星转发器。

8.3 网络体系结构

任何电信业务均有三种基本的实现方式：单向、分离式双向（分离式 IP）、双向。双向实现方式又可进一步分为两种基本的网络体系结构：星形和网状。下面将首先讨论这三种基本的实现方式。

1）单向实现

在广播卫星业务（BSS）所用的卫星模式中，数字技术的引入使得业务提供商和用户在广播网络的运营中有了更大的灵活性。借助用户终端中的专用软件，不同的用户根据从业务提供商那里所定制（并由用户付费）的程序，能够接入下行链路的不同部分。这种信道选择形式称为窄带广播，它允许在一个较大的广播范围内可以有许多个窄带广播组。单向（广播）应用的一个示意图，如图 8.4 所示。

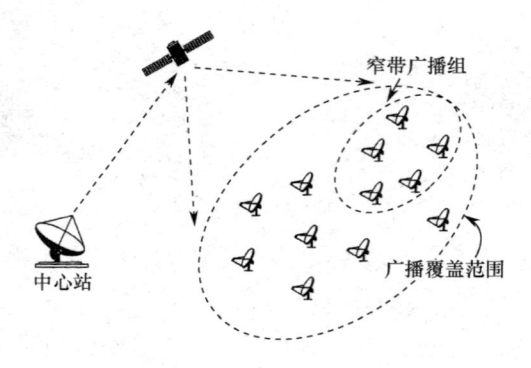

图 8.4 单向（广播）应用的一个示意图

在该覆盖区中，较宽的覆盖范围内存在一些较小的窄带广播组。中心站在广播流中发射一些经过编码的信号，这些信号可使某些用户根据它们的选择接入特定的信道组合。

2）分离式双向（分离式 IP）实现

这种实现方式在无一般的返回信道时使用，例如，在传输互联网业务的 Ku 频段广播卫星业务（BSS）系统中，相对大容量的下行链路容量并不是由来自用户终端的上行链路容量补充的。若 BSS 下行链路被视为来自互联网业务提供商的下载信道,则用户对返回链路所具有的唯一选择就是其他的电信信道,如一条标准电话线,其互联网协议(IP)在一条卫星下行链路(输出信道)和一条陆上电话线(输入信道或返回信道)之间被分离。因此这种实现方式称为分离式 IP。其优点是 VSAT 终端不需要有发射能力,从而极大地降低了其成本和复杂度。然而,电话线连接必须总是通过一台调制解调器进行,这就将比特速率限制在了 56kbps 或者更低。

3)双向实现

在这种情况下,一条返回信道被设计到业务中,以便在同一卫星上能够建立起双工通信,即从中心站到用户和从用户返回到中心站的通信。图 8.2 中所示的 VSAT/WLL 实现方式是一种在中心站(在该情况下是卫星网关)与任意 VSAT 终端间的业务,所选择的网络结构可以是星形的或是网状的。星形 VSAT 网络图示和网状 VSAT 网络图示,如图 8.5(a)和图 8.5(b)所示。

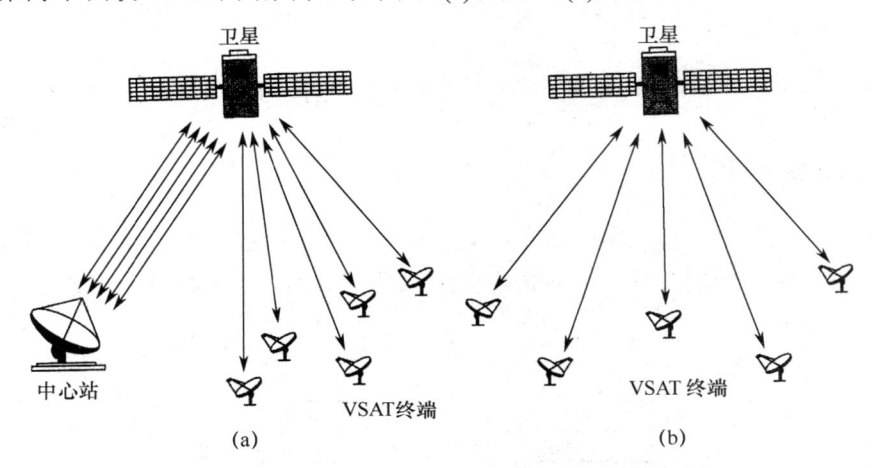

图 8.5 星形 VSAT 网络图示和网状 VSAT 网络图示

在上述网络结构中,所有的业务均通过中心站来进行路由。若一个 VSAT 终端想要与另一个 VSAT 终端进行通信,则它们必须通过中心站,这样就不可避免地需要一条经过卫星的"双跳"链路。由于所有的业务在任何时间都是从中心站发出的,因此,这种结构称为星形 VSAT 网络。相比之下,在网状 VSAT 网络中,每个 VSAT 终端均具有直接与其他任何一个 VSAT 终端进行通信的能力。尽管业务能够从任意一个 VSAT 终端传入或传出,但仍然需要有网络控制,并且中心站的任务可以由其中某一个 VSAT 终端来处理,或者中心站的功能能够在多个 VSAT 终端中共享。

最初,由于 VSAT 终端的接收 G/T(增益与噪声温度之比)非常低,且其发射 EIRP 受限,而这些不足通过用一个具有高 G/T 和 EIRP 的大中心站得到了补偿,因此,最常见的是星形 VSAT 网络。然而,中心站的成本非常高,至少对于较小的 VSAT 网络来说是这样的,这就促使了使用一个共享中心站的构想。在这个构想中,多个网络通过一个中心站来工作。对社区散布广泛的大国家来说,这种方式带来的困难是小型 VSAT 网络的主机很少会在中心站附近。这样在网络的主机与中心站之间就需要有一条高速的陆上数据链路,从而增加了网络的成本。为了避免所有 VSAT 网络为共享同一卫星而使用一个大型中心站所带来的不便,可以考虑使整个网络发展到允许每个子网均有其本身的中心站,只要这在经济上是有吸引力的就可以。这样,由于每个 VSAT 网络的主机均能够与它本身的中心站同处一个地点,因此,可以降低中心站与负责管理 VSAT 网络业务的计算机间的成本。不管中心站是共享的还是专用的,VSAT 终端均连接到单个用户或通过以太网接入局域网(LAN)。在每种情况下,均需要一个接入控制协议,而从卫星上观察到的拓扑结构,如图 8.6 所示。其中,图 8.6(a)为星形 VSAT 网络的拓扑结构;图 8.6(b)为网状 VSAT 网络的拓扑结构。

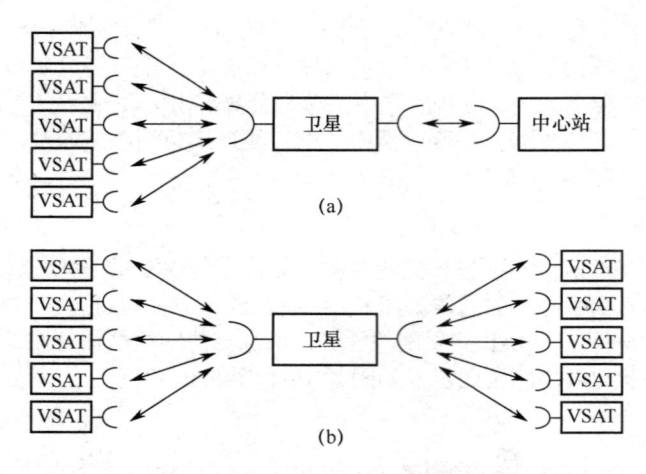

图 8.6 从卫星上观察到的拓扑结构

8.4 接入控制协议

国际标准化组织已经对开放系统互联（ISO-OSI）进行了详细说明，开放系统互联为数据通信系统制定了一个七层模型，如图 8.7 所示。它显示了用于数据终端互联的 ISO-OSI 堆栈。

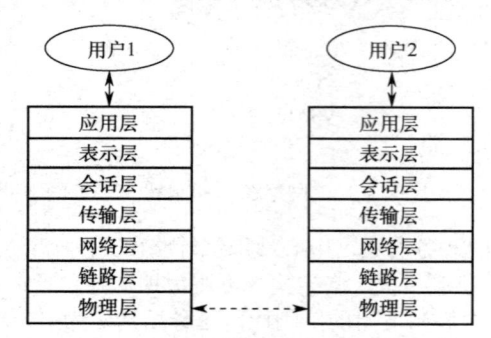

图 8.7 用于数据终端互联的 ISO-OSI 堆栈

卫星通信链路主要占据的是物理层，物理层是比特在终端间传输的地方。一个 VSAT 网络在链路的每端必须要有终端控制器，而这些控制器占据了网络层和链路层，即物理层上面的两层。网络控制中心通常是负责控制系统并且对余下的各层负责。很少有系统会以一种易于识别的形式遵守 ISO-OSI 模型的七个层（如五层的 IP 协议堆栈就简单地将 ISO-OSI 堆栈的前三层放到了一层里）。尽管如此，ISO-OSI 模型作为一个概念模型还是非常有用的，它指出了几乎在每个数据通信系统中均必须完成的一些功能。大多数数据通信系统均采用了某种形式的分组传输。分组传输中数据分组在传输之前被加上一个地址、一些差错控制检验比特和其他有用的信息。链路的接收端对到达的分组进行检错，然后发射一个通知该分组被正确接收的确认信号（ACK），或者发射一个告诉发射端该分组有错而需要重发的否认信号（NAK）。有些系统并不发射 ACK，而只发射 NAK 来要求重传有错的分组，这样做能够加快数据的传输。这便是在 TCP/IP 协议中所使用的差错控制方法。通常这样的系统称为自动重发请求（ARQ）系统。

在图 8.7 中，用户 1 和用户 2 相互间正在进行一个双工通信会话。各用户在 ISO-OSI 堆栈的应用层上与它们的本地设备（如计算机键盘/图像显示装备）进行交互活动。然后其业务被路由经过不同的层，同时伴有适当的转换等，直到该内容即将通过物理层传输。

ISO-OSI 堆栈最初是为陆上通信系统制定的。为此，实现各层功能的协议均是为了具有低延迟和低比特误码率（BER），即是为了在非常高的性能水平的陆上通信系统上使用而设计的。当试图在卫星上使用时，特别是在那些处在 GEO 的卫星上使用这些协议时，这些问题都很关键。许多早期协议的连接超时均为几毫秒。若在这一间隔内未收到来自接收者的回复，则传输就会中止。类似地，从信源接收到的一个出错信号或一个插入节点均将会触发一个自动差错恢复序列。例如，X.25 和 X.75 分组系统均用了一种 ARQ 方式，它一旦检测到分组中的错误就会立即请求重传并暂停进一步的传输，直到接收到更正的分组为止。帧中继和 ATM（异步传输模式）系统可将错误标记出来，但它们会继续传输信息流（连续传输 ARQ）。在这两种情况下，出错的传输必须要被纠正，并且接收端（或中间节点）要有合适的缓冲器来按其原始次序恢复这些分组。链路中出现的错误越多，也就需要重传多次分组，该链路的有效数据吞吐速率就会变得越慢。潜在的延迟和（传播引起的）差错则是该连接中的关键性设计要素。

到一颗 GEO 卫星的倾斜距离的典型值是 39000km。在这样一条 GEO 链路（地面站到卫星再到地面站）上的单向延迟为 2×(距离/速度) = 260ms。然而，一条经过光纤横贯大陆的 4000km 的典型链路中的单向延迟仅比 13ms 稍大一点。上面这两个例子均未包含处理延迟（例如，信源编码、信道编码、交换器件中的基带处理等），而处理延迟一般可以达到几十毫秒或者甚至超过一百毫秒。

一个协议的超时要素常常称为连接的窗。只要这个窗是开着的，通信就能连续进行而不会中断。窗长 60ms、单向延迟 10ms 的一个连续传输 ARQ 系统，窗长 60ms、单向延迟 260ms 的一条链路分别如图 8.8 和图 8.9 所示。

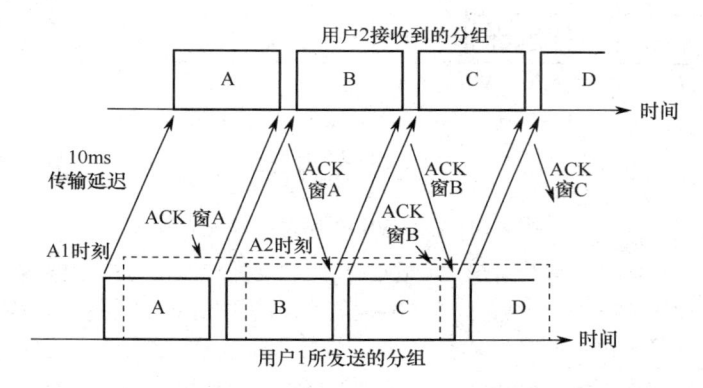

图 8.8 窗长 60ms、单向延迟 10ms 的一个连续传输 ARQ 系统

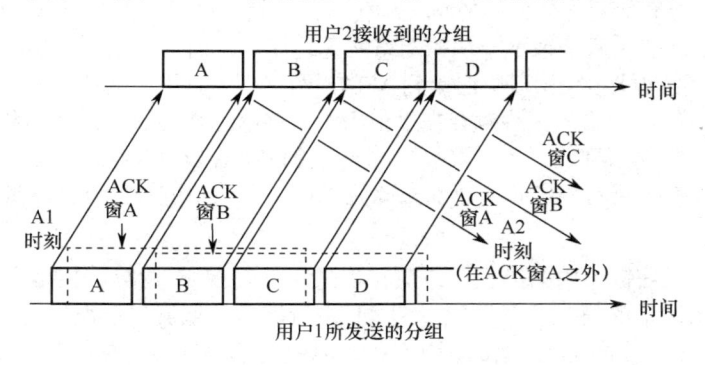

图 8.9 窗长 60ms、单向延迟 260ms 的一条链路

在图 8.8 中，在 A1 时刻，一个分组或帧由用户 1 发向用户 2。用户 2 无误地接收到这次传输并发射回一个确认信号，并且这个确认信号在用户 1 最初的传输之后 10ms 的 A2 时刻被接收。这发生在 60ms 的时间窗内。由于在每次成功地确认后，时间窗均会向前滚动，因此，在 B1 时刻，从用户 1 来的传输被用户 2 接收，并且用户 1 在 B2 时刻收到了来自用户 2 的确认信号，该确认信号处于随后滚动而来的 60ms 的新时间窗内。在这个例子中，每个分组或帧均被成功地接收。

在图 8.9 中，在 A1 时刻，一个分组或帧由用户 1 发向用户 2。用户 2 无误地接收到这次传输并发射回一个确认信号，并且这个确认信号在用户 1 最初的传输之后 260ms 的 A2 时刻被接收。遗憾的是，A2 时刻肯定在 60ms 超时的滚动时间窗后面，超过了 60ms 后，协议就会自动关闭从用户 1 来的传输。由于在忽略本例中的处理延迟时，用户 1 在每 260ms 内也仅有 60ms 的时间用于传输分组，因此，这极大地降低了数据流量。另外，此时假设无传播差错发生。

显然，卫星通信系统必须要能令人满意地并且无缝地（用户不知道此链路是陆上通信链路，还是通过卫星的链路）与现有的陆上通信网一起工作，否则它们的效用会被严重地损害。有两种方法可以使陆上通信协议能够对卫星通信链路行得通：① 可以对这些陆上通信协议进行改造，以使时间远远超过 260ms；② 可以将该分组网的卫星部分设置为全球分组网中的一个单独子网。在实际中，这两种方法均被采用了。星形 VSAT 网络的协议结构，如图 8.10 所示。

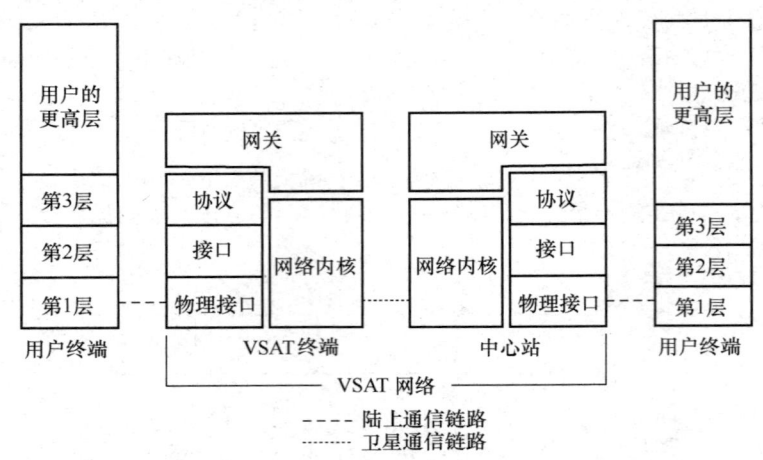

图 8.10 星形 VSAT 网络的协议结构

VSAT 网络通常以独立的专用网络形式存在，且其信息分功能由 VSAT 终端的用户接口单元完成。然而，卫星接入控制协议则是在 VSAT 终端和中心站的内核中处理的，这里同样也处理分组编址、阻塞控制、分组路由与交换和网络管理等内容。

VSAT 终端和中心站的协议设备担当了处理缓冲器的角色来将 VSAT 网络与陆上通信网分开。这有时称为欺骗，因为陆上通信网部分使用的是一种传统的协议，并且未意识到 VSAT 网络的存在。电子处理和仿真使得业务能够在两个很不一样的网络间无缝流动，而不用接线员插手。其实，这是一个接口，通过这个接口，用户能够经物理层连接到 VSAT 网络。一旦用户的业务从陆上通信网通过此接口移动并进入 VSAT 网络，分组的报头就会被重新组织，并附上适当的路由选择和业务地址，以使信息能够成功地通过 VSAT 网络到达正确的接收端。同时，网络管理也在这一部分中完成，这一部分称为网络内核。另外，所有必要的协议转换也均在此完成，以便分组或帧能够成功通过一个有长延迟的卫星连接。

用在低延迟陆上通信链路中的典型链路层协议采用的是模 8 运算。换言之，在该协议停止传输之前将只传输 7 个未确认的帧。这就导致了图 8.9 中所演示的低流量情况，尤其是对 GEO 卫星通信链路。在 ISO-OSI 堆栈的第 2 层中为卫星通信系统而用的高级数据链路控制（HDLC）协议，通常采用一种模 128 运算。换言之，在该协议停止传输之前可以在未接收到任何确认信号的同时发射 127 个帧。从模 8 运算改变为模 128 运算，这极大地增大了链路层控制所允许的"窗口"尺寸。这一思想，称为协议仿真。VSAT 网络无缝地和陆上通信网一起工作而进行协议仿真的示意图，如图 8.11 所示。

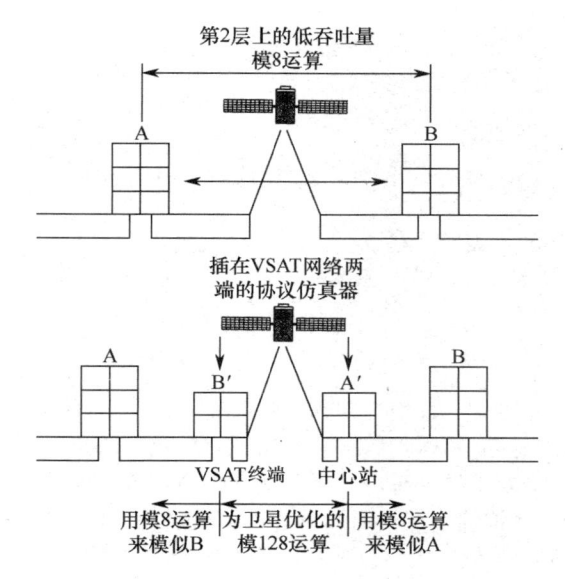

图 8.11 VSAT 网络无缝地和陆上通信网一起工作而进行协议仿真的示意图

在图 8.11 的上半部分所示的模 8 运算中，VSAT 网络只是简单地将业务通过卫星传输，而未对链路层（第 2 层）中的协议进行任何改动。这就导致了系统的吞吐量非常低。在图 8.11 的下半部分中，ISO-OSI 堆栈的最下面两层在 VSAT 网络内形成了，并且模 8 运算已改为模 128 运算。图中两层的堆栈也均仿真了 VSAT 网络的内容，因此认为陆上通信网 A 与 B 是直接相连的。换言之，在 VSAT 网络的接口/内核中对这两个陆上通信网均进行了模拟。

VSAT 网络的接口/内核会对陆上通信网的轮询信号立即做出响应，从而避免了轮询信号在不得不通过卫星通信链路时会出现的长延迟。该部分会对轮询信号做出否认响应，直到其通过卫星通信链路并接收到一个发射数据的请求。假设正确的协议已经嵌入 VSAT 网络的 ISO-OSI 堆栈的第 2 层中，并且管理功能（轮询、交换、路由、寻址和流量控制）已经实现，则该链路能在一个协议分级上成功地工作。

8.5 基本技术

在 VSAT 网络设计中，还有一些要素需要考虑，包括多址方式选择、评价信号格式等。

1）多址方式选择

通常有三种基本的多址方式：频分多址（FDMA）、时分多址（TDMA）和码分多址（CDMA）。在 TDMA 中，又有两个主要的分支：在时间和多址能力上被精密控制的与被粗略控制的（如 ALOHA 和其他一些以太网的连接）多址方式。没有精密控制时间、频率的多址方式比那些精密控制了的多址方式在效率上要低得多。纯 ALOHA，一种随机多址方式，所具有的最大效率为 18.4%。通过将 TDMA 的某些方面与 ALOHA 的随机多址相结合，时隙预留 ALOHA 能有超过 60% 的效率。时隙预留类似于一种具有非常大的帧的接入受控 TDMA 方式。

在用户看来，FDMA 通常为入门级的 VSAT 网络提供了最低的成本，其所需要的接收机带宽和终端发射功率是最低的。在传输稀路由业务时，通常与一条 64kbps 的数字语音信道传输的业务相当。传输符号速率为 R_s 的数字信号，且采用了码率为 R_c 的差错控制编码的射频信道所占用的带宽如下（单位为 Hz）：

$$B_{occ} = R_s(1+\alpha)/R_c \tag{8.1}$$

式中，α 为链路中 RRC 滤波器的滚降因子。

例如，在一条采用 QPSK 方式的链路中（这里每个发射的符号传输两比特信息），64kbps 的报文信息速率就得到了 R_s = 32kbaud 的传输符号速率。若用码率为 1/2 的 FEC（R_c = 1/2）对报文数据比特进行编码，则一个 64kbps 信号所需要的带宽为

$$B_{occ} = 32000 \times (1+\alpha)/\frac{1}{2} \text{Hz} = 64 \times (1+\alpha) \text{kHz} \tag{8.2}$$

对卫星通信链路来说，α 的典型值在 0.25～0.5，当发射机和接收机中使用传统的模拟滤波器时，越大的 α 值实现起来就越容易，因此成本就越低。若用 α =0.5 的 RRC 滤波器，则此信号所占用的带宽为

$$B_{occ} = 64 \times (1+0.5) = 96 \text{kHz} \tag{8.3}$$

可以得到，在采用 QPSK 方式、采用码率为 1/2 的 FEC 和 α 为 0.5 的 RRC 滤波器传输 64kbps 数据流的 VSAT 网络中，需要 96kHz 的射频信道带宽和 64kHz 的接收机噪声带宽。注意，RRC 滤波器的滚降因子在增加了附加的频谱要求的同时，并不改变此噪声带宽。在数字无线链路中使用的所有射频和中频 RRC 滤波器以赫兹为单位的噪声带宽，均等于链路上以符号每秒为单位的符号速率。在实际中，必须将一个保护带加在 FDMA 信道之间，以使相邻信号在传输过程中不会在频率上发生重叠，并使接收机中的滤波器有效衰减相邻信道之间的干扰，从而分离出单条信道。由于大部分 VSAT 网络多半时间均是在无人值守的情况下工作，并暴露在各种天气条件下，因此基频振荡器的频率有可能发生漂移。因此，需要在信道之间设计相当大的保护带，这样做通常会导致在卫星上要为上述类型的每条 64kbps 的数字语音信道分配一段约 120kHz 的频谱。一条 64kbps 等效数字语音信道用 FDMA 方式接入卫星的示意图，如图 8.12 所示。

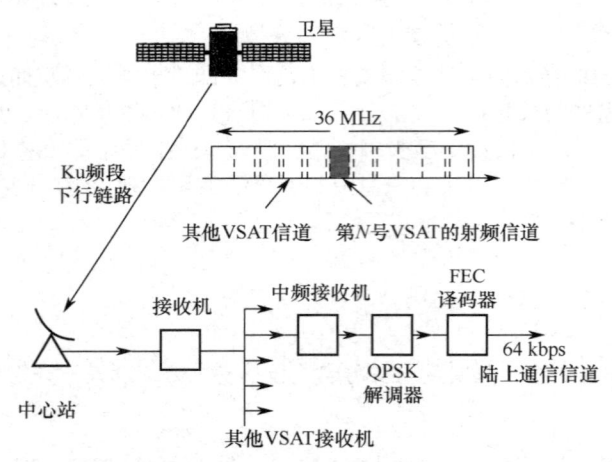

图 8.12　一条 64kbps 等效数字语音信道用 FDMA 方式接入卫星的示意图

在图 8.12 中，64kbps 的数据流相当于一条数字语音信道，例如，一台信用卡读入机、一个互联网接入请求等，所有这些均需要通过一个 VSAT 网络来转换。图 8.12 中所示的 64kbps 等效数字语音信道为陆地到卫星接口设备的输出，它在通过卫星网络传输之前，就已经完成了所需要的协议转换和仿真。这条从 VSAT 终端出发，经由卫星传输到中心站的信道称为入站信道或内向信道。

卫星转发器的带宽（从 f_1 到 f_2）被分成若干带宽为 96kHz 的信道，以便使许多 VSAT 终端能够同时接入转发器。为了预防频率上的漂移和 VSAT 终端滤波不佳等情况，每条 96kHz 的信道在频率两侧均需要设置一定宽度的保护带，因此，每个 VSAT 终端实际上被分配了一条约 120kHz 的信道。从频谱分配的观点来看，一个典型的 36MHz 卫星转发器能允许 300 个 VSAT 终端同时接入，且每个 VSAT 终端所传输的信息速率与一条 64kbps 的数字语音信道相当。由于每个 VSAT 终端均在上行链路上连续地使用一条信道，因此，这种多址方式常常称为 SCPC-FDMA。

从 VSAT 终端到卫星的射频传输将会有一个落在卫星上某一特定转发器的带宽内的频率。若此转发器工作于透明模式，且无任何星上处理，则卫星将会以一种与在上行链路完全相同的信道选择方式在下行链路上重发这些 VSAT 信道。在图 8.12 中，具有 36MHz 带宽的转发器将 300 条信道传到中心站或网络中的其他 VSAT 终端。若该 VSAT 网络正工作于网状模式，则每个 VSAT 终端就必须要有一个使其能够选择这 300 条可能的下行链路信道中的任意一条信道的频率合成器，并且该网络必须有一条控制信道，这条控制信道会告诉每个终端应该在哪些频率上进行信号的接收和发射。

但是，对一个 FDMA VSAT 网络来说，更常见的还是工作于星形模式，如图 8.5(a)所示。然而，中心站首先要设计为能够接收所有这 300 条下行链路信道，然后恢复出各信道中的数字信号并读取出地址信息，以使中心站能够将信息传输给预定用户。若所要的终端用户在此 VSAT 网络外（在陆上通信网中），则信息就会通过中心站接口设备被传输到公共交换电话网（PSTN）。若所要的终端用户在此 VSAT 网络中，或者是通过中心站接口设备从陆上 PSTN 接收到了一个响应，则所有要传输回许多 VSAT 终端的信息均会在中心站里被重新汇合到一条返回信道中去。

从中心站到卫星，并由卫星到各 VSAT 终端的返回链路，通常不是以很多窄带 FDMA 信道的形式发射的。在大多数情况下，从中心站到 VSAT 终端的返回信道，称为出站信道或外向信道，它是一条时分复用（TDM）格式的宽带流。在这条 TDM 流中，将各分离的、低数据速率的窄带信号以一种预先确定的格式组合起来，以便使各 VSAT 终端能够提取出发往它处所需要的信息。中心站经过卫星到各 VSAT 终端的 TDM 下行链路出站信道示意图，如图 8.13 所示。

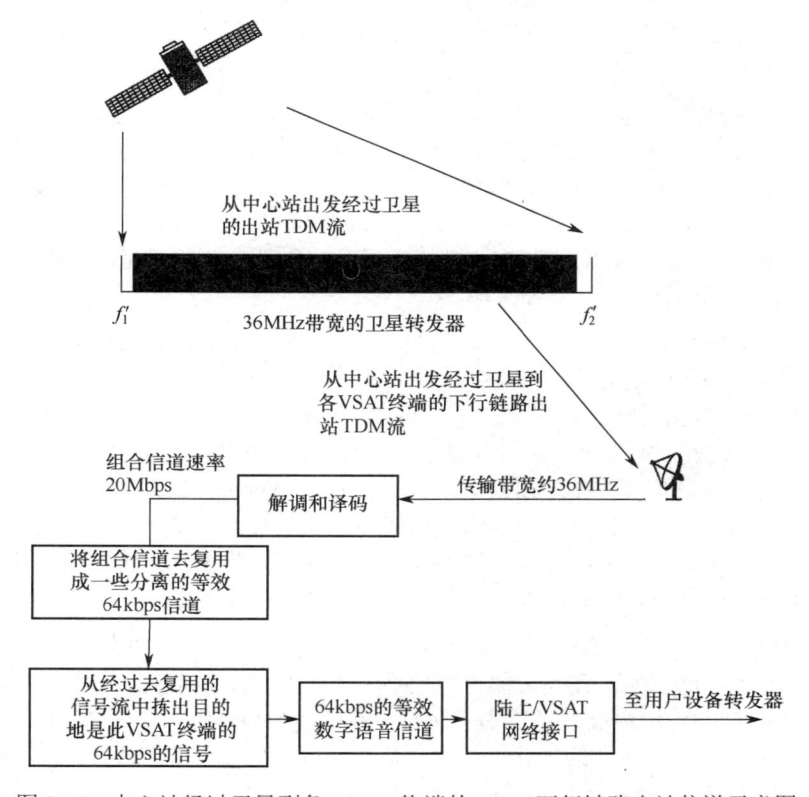

图 8.13　中心站经过卫星到各 VSAT 终端的 TDM 下行链路出站信道示意图

这里的 TDM 与 TDMA 有重要区别，即 TDM 并不是一种多址方式。从不同信源来的数字信号在某一点上（如 VSAT 网络的中心站），会组合成一条高速数据流，然后以一条连续数据流来传输。在 TDMA 中，若干信源（如地面站）按照顺序来发射信号，以便使突发信号序列在卫星上组合。

从 VSAT 终端来的并在中心站接收到的 300 条分离的、窄带的入站信道，以单条的、宽带的出站

TDM 流的形式，并以一个约 20Mbps 的组合传输速率被发射回到这些 VSAT 终端中。每个 VSAT 终端均能接收到该下行链路的 TDM 流。然后，对其进行解调和译码（将经过调制的带通信号转变成基带线路码，并去掉 FEC）。接着，使该线路码经过一个用来提取 TDM 流的必要部分。这部分含有该 VSAT 终端的等效 64kbps 数字语音信道的去复用器。接收机中使用了载波恢复电路和比特恢复电路，以便能够在时间上确定所需要的信道的准确位置。在该例子中，卫星转发器的带宽（从 f_1' 到 f_2'）被充分利用。

在图 8.12 和图 8.13 所示的 FDMA 星形 VSAT 网络中，VSAT 网络为入站和出站信道使用了分离的转发器。然而，在其他许多 VSAT 网络中，所需要的总瞬时容量证明并不需要为入站和出站信道使用分离的转发器。一个 VSAT 网络的频率分配图解，如图 8.14 所示。

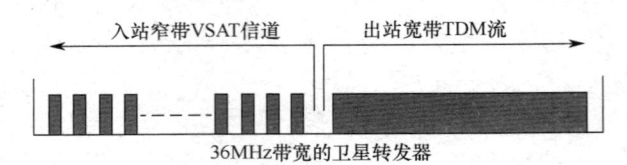

图 8.14 一个 VSAT 网络的频率分配图解

在图 8.14 中，入站和出站信道共享卫星上的同一转发器。在这个例子中，系统连接的每条边均分配了 18MHz 带宽。在发往卫星的上行链路上，由 VSAT 终端所传输的 FDMA 窄带信道与中心站所传输的宽带 TDM 流在同一转发器中共存。在从卫星来的下行链路上，中心站接收到各分离的窄带信道的集合，同时各 VSAT 终端接收到宽带的下行链路 TDM 流。通常，精确的频率分配是不断变化的，以适合 VSAT 网络的容量。

在设计 FDMA 链路时，计算链路预算应当注意正确分配单信道的发射功率，以使单信道的功率谱密度均相同。例如，若一个 54MHz 的转发器工作时有 54W 的输出功率，则该转发器输出端的功率谱密度为 1W/MHz。由该卫星传输的单条 120kHz 入站下行链路信道有 (120kHz/54MHz)×54W = 120mW 的发射功率。将此发射功率在中心站的方向上（较少的馈电和其他损耗）乘以天线的增益可得到每条 120kHz 信道的 EIRP。为了让转发器在 FDMA 方式下运行，需要仔细进行功率平衡来保持其线性状态，这通常需要对输出放大器进行补偿。

当有大量射频信道同时通过转发器时，若其以 FDMA 方式运行，则需要该转发器中有很大的输出补偿，以获得接近线性的工作状态。转发器在输出功率上接近饱和状态时的非线性特性会产生三阶互调产物，这些三阶互调产物会使 SCPC 信道中的载噪比下降。任何实例中所需要的输出补偿均取决于转发器的非线性特性、转发器所承载的射频信道数，以及转发器中各射频信道功率谱密度的匹配程度。由于转发器输出端的补偿降低了信道的 EIRP，并由此降低了下行链路的载噪比，因此，转发器会自动加载用来优化转发器输出端的补偿，以使链路的总载噪比达到最大。然而，当转发器带宽在入站和出站方向被分割开时，优化转发器输出端的补偿的操作就会变得异常困难。转发器的端到端增益调整用于控制其补偿，但要使两个方向上的增益同时达到最佳也许是不可能的。

TDM 下行链路有时与一个 TDMA 上行链路配成一对，特别是对于有些在 Ka 频段（30/20GHz）上传输的高级多媒体业务。上行链路 FDMA 的带宽效率不如 TDMA 高。此外，在上行链路上采用 TDMA 的 VSAT 终端要求以 TDMA 的最高突发速率来发射，并由此必须要有一个比 SCPC-FDMA VSAT 强大得多的发射机。若单个 VSAT 终端的平均业务量仅仅相当于一条数字语音信道（64kbps）的业务量，则它的发射速率必须为 5Mbps 而不是 64kbps，这可能会造成较大的困难。由于地面站接收机必须有一个扩大了相同倍数的带宽，因此，VSAT 终端的发射功率必须得增大 5000/64 ≈ 78 倍来维持相同的上行链路载噪比。因此，在经济和带宽效率上的折中引出了一种称为多频率的 TDMA（MF-TDMA）方式，如图 8.15 所示。

在这个特定的例子中，五个 VSAT（A、B、C、D 和 E）终端共享同一频率，换言之，它们均在相同的频率上发射数据。然而，当它们发射数据时，各自在 TDMA 中有唯一的时隙，其目的是使它们互相不发生干扰。从各 VSAT 终端来的突发均被定时以正确的顺序到达卫星，以便转给中心站。

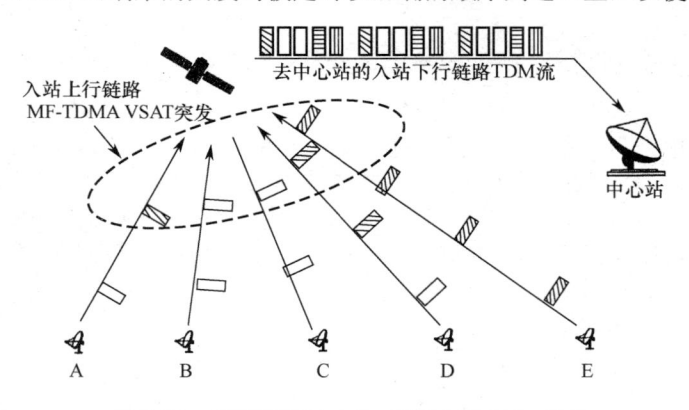

图 8.15　多频率的 TDMA（MF-TDMA）方式

在图 8.15 所示的 MF-TDMA 中，每个 VSAT 终端均必须以约等于正常单个 VSAT 单信道速率五倍的突发速率来发射数据。若各 VSAT 终端发射时的消息数据速率均为 64kbps，并且同时有五个 VSAT 终端共享同一频率，则最小突发速率将为 5×64kbps = 320kbps。然而，TDMA 帧内的各有效负荷间必须留出时间间隙（相当于 FDMA 方式中的频率保护带），以避免由于错误的时钟定时而造成的重叠。除了各条信道的、窄带的入站频隙会被分配给在同一频率上共享一个小 TDMA 帧的许多个 VSAT 终端，该卫星转发器的作用看起来与图 8.14 很相似。利用与 FDMA 方式中的中心站先对所有分离的入站 VSAT 终端频率进行检测，然后将出站业务束成一条宽带 TDM 流的相同的做法，MF-TDMA 方式中的中心站先对各入站 MF-TDMA VSAT 信号进行检测，再将出站业务束成一条宽带 TDM 流。

VSAT 终端最初采用 CDMA 方式是在军事应用中出于保密的目的，即让它们具有非常低的被截获概率。然而，除非是在恶劣的干扰环境中，如某些陆上微波蜂窝系统中，否则一般不会采用 CDMA 方式，这是因为通常它们的带宽效率不如 FDMA。TDMA（特别是用于窄带 MF-TDMA 的）的带宽效率通常要高于 FDMA。每个在 CDMA 方式下工作的 VSAT 终端均以相同的频率同时进行发射，且依靠直接序列扩频或跳频，并扩展频谱应用中所采用的正交编码以保证各通信信号的完全相互分离。当来自地面终端的轴外辐射很可能对其他卫星造成干扰时，CDMA 就会在 VSAT 终端的应用中得到用武之地。VSAT 终端对其他卫星通信系统造成干扰的示意图，如图 8.16 所示。

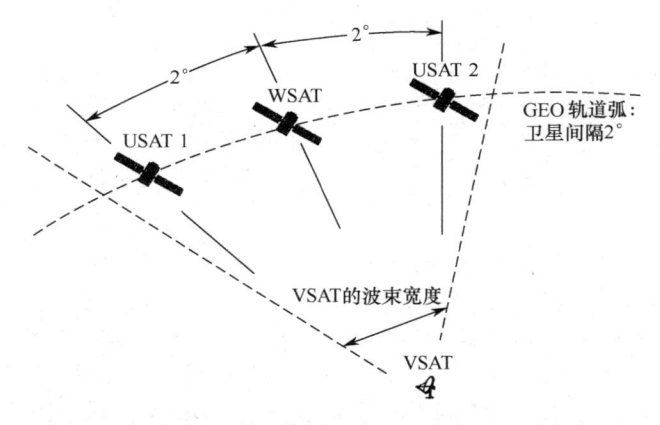

图 8.16　VSAT 终端对其他卫星通信系统造成干扰的示意图

在图 8.16 中，若目标卫星（WSAT）、非目标卫星 1（USAT 1）和非目标卫星 2（USAT 2）均用了相同的频率和极化方式，则 CDMA 在使用了正交 CDMA 码的情况下将能防止系统与系统间的干扰。然而，由于每条 CDMA 信道对于其他的每条 CDMA 信道均将作为一个类噪声信号出现，因此，接收到的噪声将会增加，从而使每增加一个 CDMA 信号就会使信道的 C/N 递减。当接收信号特性变得不能使用时，对 CDMA 链路来说，并无硬且快的 C/N 门限，而对 TDMA 和 FDMA 链路来说则有这种 C/N 门限。虽然这种软门限留有一定的设计灵活性，但是必须注意避免由 VSAT 信号过度的自干扰而引起的非法错误。不同的卫星多址方式可以与多种接入控制协议一起使用，并为系统设计者提供相当大的灵活性。

该 VSAT 终端正在向一颗目标卫星（WSAT）发射信号，但由于该 VSAT 终端的天线很小，因此，它的波束将会辐射到 GEO 上另两颗相隔 2°远的相邻非目标卫星（USAT）。同样地，由于该 VSAT 终端也能接收到来自 USAT 1 和 USAT 2 的信号，因此在所用的频率和极化方式均相同时就有引起潜在干扰的可能性。轴外辐射已经由 ITU-R 做了详细说明，并且是上行链路功率控制设计中的一个关键因素。当 LEO 卫星群像 GEO 系统那样共享相同的频带时，采用 CDMA 可以在以系统容量为代价的情况下带来某些好处。

VSAT 网络中用到的不同协议层的示意图，如图 8.17 所示。

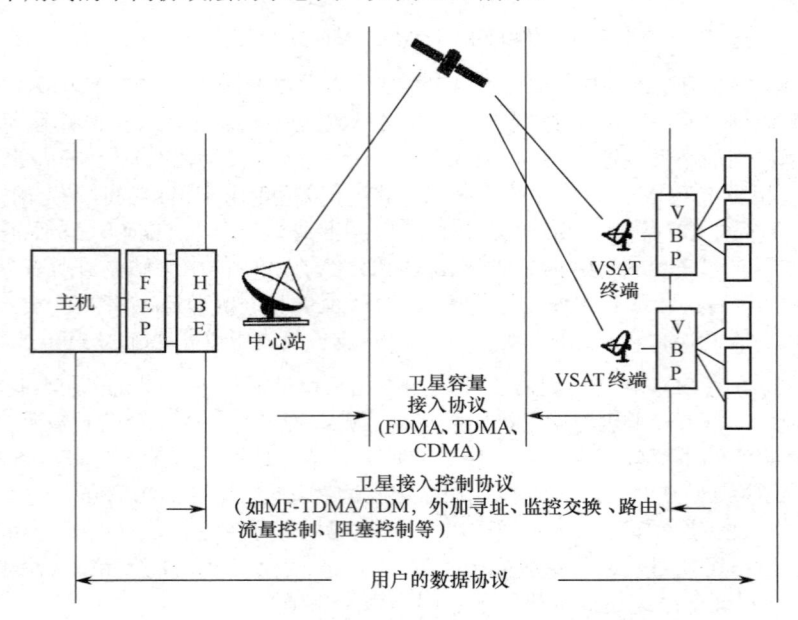

图 8.17 VSAT 网络中用到的不同协议层的示意图

主机为 VSAT 终端发射业务到位于中心站的（VSAT 网络的中心站）前端处理器（FEP）。FEP 再将业务传输给中心站基带设备（HBE）去编排格式，以通过所选的卫星接入控制协议在卫星通信链路上传输。卫星再将此出站（或外向）业务送到 VSAT 终端的下行链路上。然后，VSAT 终端的基带处理器（VBP）为用户提供相关业务，并在完成所有必要的协议转换等工作后将相关业务向前传输。

在图 8.17 中，VSAT 网络采用三种卫星多址方式（FDMA、TDMA、CDMA）中的任意一种接入卫星转发器。除了所用的多址方式，VSAT 网络还需要某种形式的卫星接入控制协议。卫星网络接入控制能保证最高效的接入控制协议，例如 MF-TDMA/TDM，为此卫星的 VSAT 终端所用。未在图 8.17 中画出的有担当陆上网络与卫星网络间的接口的协议仿真程序和监控交换、流量控制、阻塞控制、寻址等功能的卫星接入控制协议。下面将通过 TDMA 方式来回顾数字卫星多址方式的一般情况。

2）评价信号格式

采用 MF-TDMA 方式的上行链路信号（入站信道或内向信道）必须包含足够的信息，以便目标接收机能获取载波频率、自动跟踪输入数据、获得比特流的定时信息，并据此确定有效负荷传输的开始。

标志来自 VSAT 终端的入站信道中突发开始的通用序列，如图 8.18 所示。

当中心站接收到此突发时，分组的首部将启动载波恢复（CR）过程，接着是比特定时恢复（BTR），而独特字（UW）则用于标识新一帧中有效负荷的开始位置。

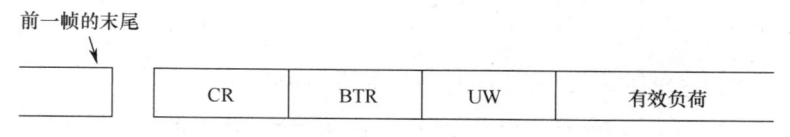

| 前一帧的末尾 | CR | BTR | UW | 有效负荷 |

图 8.18　标志来自 VSAT 终端的入站信道中突发开始的通用序列

下面将回顾 VSAT 网络涉及的有关内容。

信道编码：信道编码可以采取分组码或卷积码的形式。在卷积编码的过程中，编码和译码处理依次施加于一组比特上，而不像分组编码那样每次仅处理一个比特。编码序列中的比特数 k 称为该卷积码的约束长度，在译码过程中，每个发射比特的值是用 k 个比特来确定的。由于编码操作在传输之前就应用于待传信号，并用来检测和纠正比特错误了，因此，此时，应用的为一种前向纠错（FEC）码。同样地，分组 FEC 码也是在传输之前就已应用于信道的。卷积码和分组码也可以一起在信道上使用，例如，在一条信道上，先将一种内卷积码应用于比特序列，然后使用一种外交织码，如里德-所罗门码（RS 码）。RS 码结合了出色的检错能力与高码率。由于交织编码会遭受突发错误，而卷积 FEC 编码会遭受分离的单个比特错误，因此，这种结合编码的形式在许多通信系统中被广泛使用。直播卫星电视（DBS-TV）是这种编码方式的一个例子，而 CD 上的音乐录音则是另外一个例子。一种将内码和外码应用于通信信号时的编码与译码过程示意图，如图 8.19 所示。

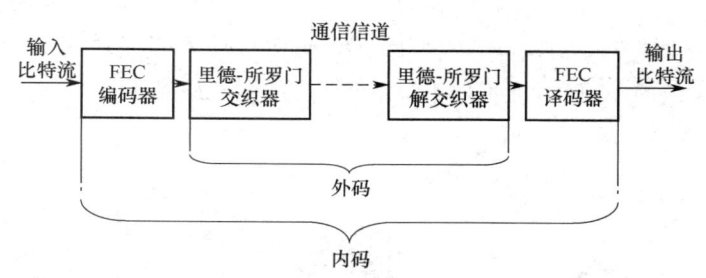

图 8.19　一种将内码和外码应用于通信信号时的编码与译码过程示意图

在编码这一侧，RS 交织码在 FEC 之后使用。然而，在译码这一侧，则正好相反。虽然看上去 FEC 码像是在 RS 码的外面，但判断内外的是应用它们的时间。由于在编码操作中 FEC 码最先被应用，之后又被 RS 码包起来，因此，RS 码就成为双重编码信号的外包。

对只有小业务量的 VSAT 网络来说，过度的处理延迟会使端到端链路延迟显著地增大。这对 GEO 系统以及具有强大星上处理能力的 LEO/MEO 系统来说均是非常重要的。由于信号需要先进行交织再解交织，这一过程不但增加了一定量的开销，而且在传输链路的两端均需要缓冲。因此，通常不会对低于 256kbps 的信号添加 RS 外码，包括在较低的 E_b/N_0 值对给定的 BER 性能有明显的影响下。

对那些对立即响应时间和多媒体互动无真正要求，但在给定的 E_b/N_0 下要求有最佳 BER 性能的链路（大多数互联网链路的典型特征）来说，RS 码是一种降低给定链路 BER 规定功率的实用方法。

干扰：具有相似特性（如频带、极化方式和业务）的系统之间的干扰通常是激烈争论的话题，尤其是当一个新系统试图依靠轨道间隔或天线波束方向以使其在现存系统附近工作时。操作员之间设法保证其本身的系统未引起或遭受有害干扰而进行的相互行为称为协调。协调过程涉及由 ITU 和美国国家频率管理局（例如美国联邦通信委员会）颁布的详细规章。协调过程中的关键方面在于确定干扰站在被干扰站方向上所辐射的功率。接收干扰功率的计算则取决于以下四个要素：

（1）干扰站发射放大器的输出功率；

（2）干扰站天线在被干扰站方向上的发射增益；

（3）被干扰站天线在干扰传输方向上的接收增益；

（4）两站间的路径损耗。

各种类型的码下相干 QPSK 的 BER～E_b/N_0 性能如图 8.20 所示。

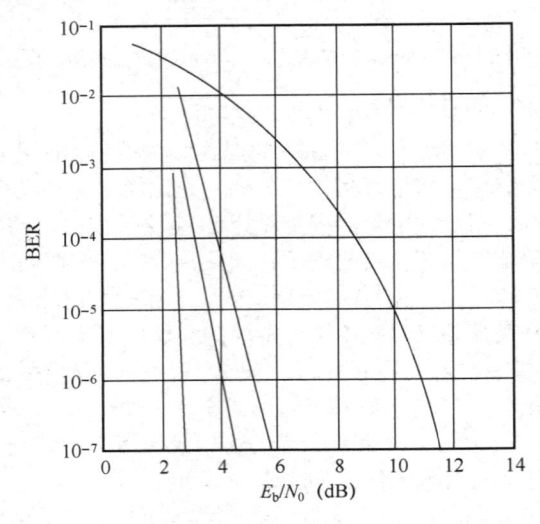

图 8.20　各种类型的码下相干 QPSK 的 BER～E_b/N_0 性能

VSAT 终端与某个系统的一颗卫星之间的干扰示意图，如图 8.21 所示。

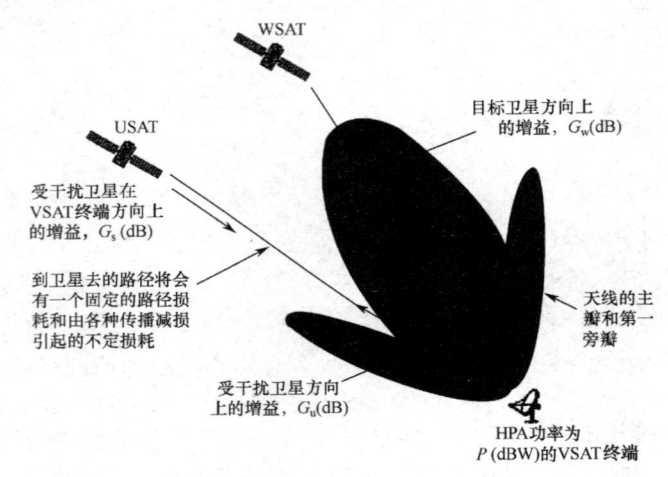

图 8.21　VSAT 终端与某个系统的一颗卫星之间的干扰示意图

VSAT 终端在受干扰卫星方向上的 EIRP 就是从 VSAT 终端发射到受干扰卫星上的干扰功率。在制定干扰链路预算时，会用到受干扰卫星在 VSAT 终端方向上的增益 G_s（dB），并加上沿该路径的所有附加影响，如站址屏蔽（若用到的话）、一定时间百分比的降雨衰减等。

ITU-R 规定了在 14GHz（Ku 频段）中发射信号的 VSAT 终端轴外 EIRP 密度的最高允许水平。该相关部分选摘如下：工作于 14GHz 内并用于固定卫星业务的 VSAT 终端必须以这种方式设计，即在下面列出的偏离地面站天线主瓣轴线的任何角度上，且在 GEO 上 3°内的任何方向上的最大 EIRP 均不应超过下列这些值：

偏离轴线的角度	任意 40kHz 内的最大 EIRP
$2.5° \leqslant \phi \leqslant 7°$	$33 - 25\lg\phi$ dBW
$7° < \phi \leqslant 9.2°$	12dBW
$9.2° < \phi \leqslant 48°$	$36 - 25\lg\phi$ dBW
$\phi > 48°$	-6dBW

此外，任何方向上离天线主瓣轴线 ϕ 处的交叉极化分量不应超过下列极限值：

偏离轴线的角度	任意 40kHz 内的最大 EIRP
$2.5° \leqslant \phi \leqslant 7°$	$23 - 25\lg\phi$ dBW
$7° < \phi \leqslant 9.2°$	2dBW

在上述 ITU-R 的脚注中包含两条重要的注释。由于其是为 GEO 上 3°的卫星间距而制定的，因此，第一条注释指出在卫星间距为 2°的 GEO 上，离轴极限可能需要减少 8dB。第二条注释是关于 CDMA VSAT 的，当预计有 N 个 VSAT 终端要在相同的频率上同时发射时，所允许的最大 EIRP 应减小 $10\lg N$。

卫星传输类似互联网业务直接到家庭和办公室的应用快速增长，已经催生了许多新卫星通信系统的出现，为此，ITU 和 ETSI（欧洲电信标准化协会）对干扰问题进行了大量的研究。在 ETSI 的一个新提议下，离轴极限已经变得更严了。下面给出了 ETSI 的一些新极限值。

在晴天，GEO 平面±3°范围内，对于离天线主波束轴线任意 ϕ 方向上的共极化分量，在其标称带宽内，任意选取的 40kHz 中的最大 EIRP 均不应超过下列极限值。

偏离轴线的角度	任意 40kHz 内的最大 EIRP
$1.8° \leqslant \phi < 7°$	$19 - 25\lg\phi - 10\lg N$ dBW
$7° < \phi \leqslant 9.2°$	$-2 - 10\lg N$ dBW
$9.2° < \phi \leqslant 48°$	$22 - 25\lg\phi - 10\lg N$ dBW
$\phi > 48°$	$-10 - 10\lg N$ dBW

对于 CDMA，N 是在相同频率上同时进行发射的 VSAT 终端的数目。对于 TDMA 和 FDMA，$N = 1$，ETSI 所提出的是 GEO 上相隔 2°的卫星。由于 VSAT 天线方向图通常均针对 GEO 弧进行优化，因此，两种情况下（CDMA 和 TDMA/FDMA）的这些值对于离开 GEO 平面超过 3°的方向可以放宽一些。在有降雨衰减的情况下，为了克服降雨衰减，通过在受到影响的 VSAT 终端处采用上行链路功率控制（UPC），上面这些式子中的值可以被超过。若适当地设计和操作 UPC 系统，则被邻近的卫星通信系统接收到的有效轴外辐射水平预计不会与晴天的有很大不同。然而，UPC 系统有变得非常不精确的潜在可能，尤其是那些依靠开环控制的系统。Ku 频段和 Ka 频段上一些控制精细的实验，已经显示出了在开环 UPC 下有一个±1.2dB 的难以减小的误差，而且即使是采用闭环 UPC，即功率是在卫星上测量的，也会有使精度受限的延迟限制存在。

8.6 VSAT 地面站工程

1）天线

VSAT 网络中的关键部件是 VSAT 地面站中所用的地面站天线。VSAT 地面站的小尺寸和低发射功率是保持这种地面站的价格处在使 VSAT 网络成为使用电话线和调制解调器的陆上数据网的一种经济的代替者水平上的因素。为了建造的简单，大型天线通常是用一种对称结构来实现的，并且视轴上有一个馈源。馈源可以在天线的前面（一种前馈设计）或在天线的后面，如卡塞格伦或格里高利天线的设计。前馈式、卡塞格伦式和格里高利式天线的结构，如图 8.22 所示。

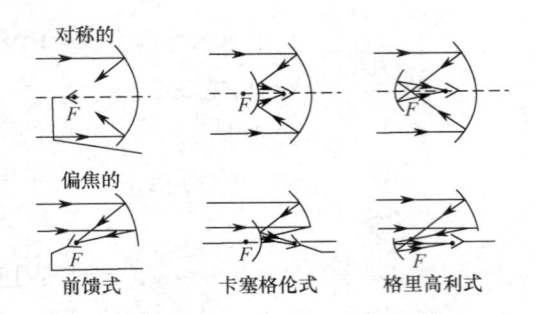

图 8.22 前馈式、卡塞格伦式和格里高利式天线的结构

前馈式天线有一个馈源在焦点上的抛物面反射器。这个馈源常常是一个标量喇叭天线，即一个宽张角且内表面上有波纹的圆形波导喇叭。圆形对称样式可以使一个标量喇叭天线在所有平面内均有相等的波束宽度，并且有很好的孔径效率。当抛物面反射器只有一部分被使用时，就是一个偏焦反射器。大多数 DBS-TV 接收天线首选的结构是以馈源为一个标量喇叭天线的偏焦反射器。

卡塞格伦天线的基本设计结构中有一个抛物面的主反射器和一个双曲面的副反射器。副反射器的一个焦点与主反射器的焦点重合，而馈源则处在副反射器的另一个焦点上。这两个反射器的表面轮廓均能够用重新分配孔径上的能量的方法来进行修改，以提高孔径效率并减小由副反射器引起的遮挡。这种天线称为赋形反射器卡塞格伦天线。目前，大型的地面站天线均广泛采用卡塞格伦式结构。卡塞格伦式结构比格里高利式结构更受人们的喜爱是因为它的副反射器离主反射器更近，从而就更容易支撑。但是，当处在一个有严重的轴外干扰的环境中时，最好是采用偏馈的格里高利式结构。格里高利天线偶尔也会在具有相控阵列馈源的 DBS-TV 卫星上使用，以在地球上产生出复杂的覆盖区。

2）发射机和接收机

在历史上，大型地面站均是由分离器件组合而成的。在接收部分，天线和馈送部件由波导连接到前端低噪声放大器（LNA）。在 LNA 之后，一个混频器/下变频器将信号从射频（RF）变换到中频（IF）。在经过滤波和放大之后，此中频信号被解调、去复用和译码，并将基带信号传输给用户。发射部分是接收部分的镜像，只不过其信号输入在基带，输出在射频，同时 LNA 接收机被一个高功率放大器（HPA）发射机所取代。地面站的这种设计是用在 VSAT 网络的中心站中。随着数字接收机的引入和开发便宜的、能大量生产的 VSAT 网络的需要，这种分离器件设计中的很多东西均已经发生了变化。VSAT 地面站现在可视为是两个基本的组成部分：室外单元（ODU）和室内单元（IDU）。VSAT 用户装置示意图，如图 8.23 所示，其中 IFL 为设备间链路。

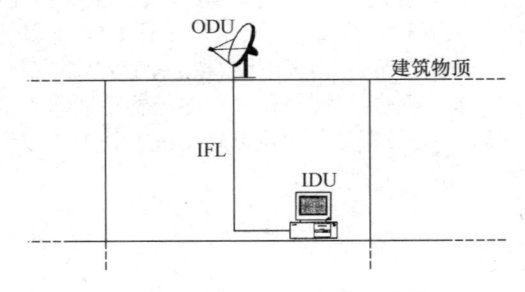

图 8.23 VSAT 用户装置示意图

在图 8.23 中，室外单元（ODU）的位置设有到卫星的链路，并且免受经过它的人和/或设备所引起的不定阻塞的干扰。设备间链路（IFL）不但在 ODU 与 IDU 之间传输电信号，而且还承载着给 ODU 的电力供应以及来自 IDU 的控制信号。IDU 通常位于用户工作站的台式计算机中，并由基带处理器单元和接口设备（如计算机显示屏和键盘）所构成。若 ODU 中未包含调制解调器和复用器/去复用器，则 IDU 中就会包含这些设备。

图 8.24 中显示了将 ODU 和 IDU 进行进一步分解的情况。

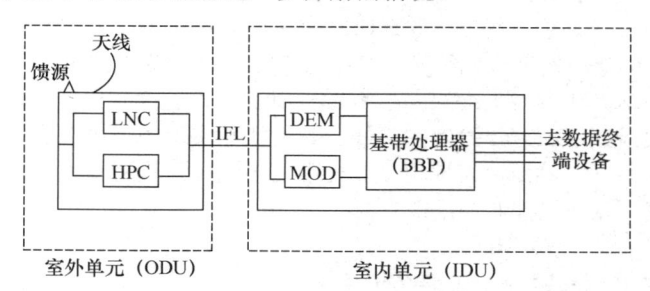

图 8.24　将 ODU 和 IDU 进行进一步分解的情况

有时，低噪声单元（LNB）或低噪声变频器（LNC）和高功率单元（HPB）或高功率变频器（HPC）包含了发射机和接收机的全部射频输出和射频输入、上变频器和下变频器，并且在很多情况下还包含了调制解调器。LNB 或 LNC 正朝着专用集成电路（ASIC）的方向发展，通常会发展成为一个单片微波集成电路（MMIC）。

在图 8.24 中，低噪声变频器（LNC）将得到的突发信号放大后再将其下变频至中频，以便通过设备间链路（IFL）传输至 IDU。在 IDU 中，解调器从载波中提取出信号并将其在基带上传输给基带处理器。然后，数据终端设备为用户提供应用层接口，以便用户能与输入的信息进行交流。在发射过程中，用户通过终端设备将数据输入基带处理器，基带处理器再将数据转送给调制器。调制器在中频将信号加载到载波上，通过 IFL 将其发射到高功率变频器（HPC）。HPC 将信号上变频至射频，进行放大，并最后通过天线发射到卫星。

由于中心站不但要处理所有的入站和出站业务，即它不仅仅是处理一个用户或少数用户的稀路由业务，而且它还必须完成网络控制功能，因此中心站的设计比 VSAT 终端要更复杂。中心站的总体布置，如图 8.25 所示。

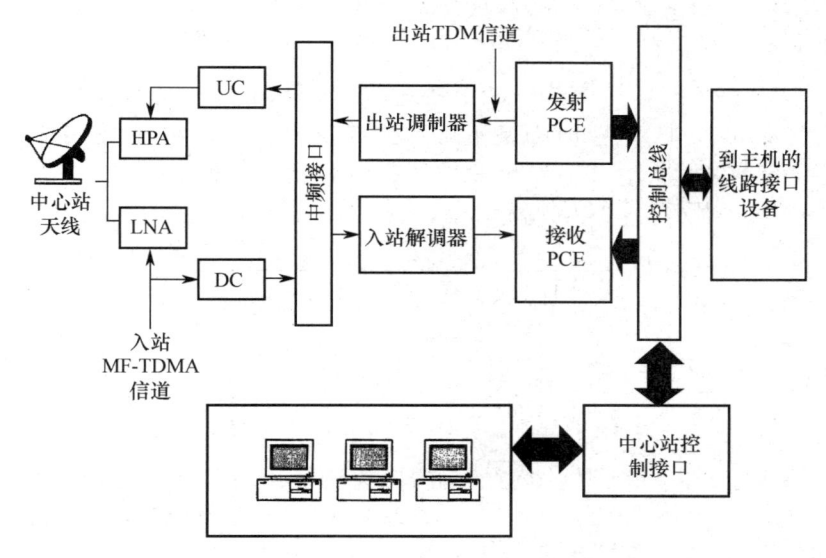

图 8.25　中心站的总体布置

通常，线路接口设备连接到主机的陆上通信端口上。控制总线通过中心站控制接口使所有的发射、接收和交换功能都能够得以实现。发射 PCE 为出站链路准备 TDM 流。此 TDM 流经过中频接口至上变频器（UC）。上变频器将中频混频到射频。高功率放大器（HPA）对 TDM 流进行放大，然后天线再将信号发射出去。在接收方面，天线将各入站 MF-TDMA 信道传输给低噪声放大器（LNA）放大，再经过下变频（DC）、解调等处理后传输给用户。

为了降低成本，所有设备均应尽可能地购买商业现货。在卫星接入经济中，天线是一个关键部分。所有卫星通信系统均要求卫星接入受控，并通常规定了所允许的频率容限、卫星天线所能接受的功率通量密度范围和发射方的最小发射极化纯度。在接收方面，将会对给定的仰角设置一个最小的天线 G/T 值，并且（若需要的话）还会对天线跟踪容限做出规定。为了将成本保持在一个最低的水平，大多数天线系统都制定了天线标准。对于给定的天线，其性能和实用性将由符合该天线标准且达到规定功率级的空间段供应者来保证。然而，若使用了非标准的天线，卫星通信系统所有者就会要求对整个地面站系统进行就地测试，以确保其遵守规定。

8.7 星形 VSAT 网络链路裕量的计算

对一条典型的入站链路来说，当采用了 BPSK 方式和码率为 1/2 的 FEC 编码，并要求 10^{-6} 的 BER 时，所允许的最小载噪比$(C/N)_0$ ≈ 6dB。这称为门限$(C/N)_0$，其随链路上所用的调制方式和 FEC 方案的变化而变化。忽略系统误差，如天线错定位或卫星故障，上行链路或下行链路上的降雨衰减可以使一个给定入站链路的晴天载噪比下降到门限$(C/N)_0$。同样地，出站链路也有两个降雨衰减裕量：从中心站到卫星（上行链路）的降雨衰减裕量和从卫星到 VSAT 终端（下行链路）的降雨衰减裕量。当任意一条低裕量链路跌到门限以下（超过设计裕量）时，整个双向系统就会落到性能的最低限度之下。通常希望卫星到中心站链路（上行链路或下行链路）出现链路故障的可能性要比 VSAT 卫星通信链路小很多。由于这种故障会影响网络中的每个 VSAT 终端，因此，VSAT 卫星通信链路（上行链路或下行链路）上的性能或可用率只会影响这一个 VSAT 终端的连接。

对使用线性转发器、弯管转发器的网络和通过一颗有星上处理（OBP）功能的卫星连接起来的 VSAT 网络来说，链路裕量的计算过程是不同的。弯管转发器只是简单地将上行链路频率转换成下行链路频率，而不进行任何信号的再生处理。因此，上行链路上的降雨衰减将会反映在下行链路卫星输出功率的下降上。当卫星使用 OBP 时，其发射功率会一直保持不变，不受输入上行链路信号上任何衰减的影响。然而，上行链路衰减会造成该链路上的转发器接收到的 BER 更差，进而影响从卫星发射到下行链路上的信号质量，增加差错。因此，当卫星使用 OBP 时，上行链路和下行链路上的比特误码率相加如下：

$$\text{BER}_{overall} = \text{BER}_{uplink} + \text{BER}_{downlink} \tag{8.4}$$

当使用弯管转发器时，链路裕量的计算不同于上行链路和下行链路，而是前向（出站）链路和返回（入站）链路。在下行链路上，用(C/N)的倒数来求$(C/N)_{down}$的最小值$(C/N)_{down\ min}$，并与$(C/N)_{up}$相结合给出$(C/N)_0$值，在下式中称其为$(C/N)_{threshold}$：

$$\frac{1}{(C/N)_{threshold}} = \frac{1}{(C/N)_{up}} + \frac{1}{(C/N)_{down\ min}} \tag{8.5}$$

或

$$\frac{1}{(C/N)_{down\ min}} = \frac{1}{(C/N)_{threshold}} - \frac{1}{(C/N)_{up}} \tag{8.6}$$

上行链路上的降雨衰减会造成转发器接收到的功率下降，同时会使转发器的输出功率下降。在一条有很多 VSAT 终端工作于 SCPC-FDMA 方式的入站链路上，一条 VSAT 上行链路上的降雨衰减不会对卫星接收到的总功率产生显著的影响，因此，转发器的工作点不会改变，而转发器对该链路的输出功率将会随上行链路衰减线性地下降。此时中心站接收机处的$(C/N)_{down}$将会随着$(C/N)_{up}$的下降而下降，dB 对应 dB，且有

$$(C/N)_{0\ fade} = (C/N)_{0\ clear\ sky} - A_{dB\ uplink\ fade} \tag{8.7}$$

在一条使用了 TDM 的出站链路上，由于链路上只有一个信号（中心站的信号），因此上行链路上的降雨衰减将会影响卫星转发器的工作点。若该卫星转发器的输入输出特性是已知的，则接收到的上

行链路功率的变化会引起转发器工作点的改变，从而可以在最后的下行链路载噪比的计算中被考虑进去。对非线性转发器来说，下行链路载噪比会更高一些。由于当转发器工作在它的非线性区的起始部分（大部分转发器都是这样）以使转发器输出功率达到最大时，输入功率下降 1dB 所造成的输出功率变化将不到 1dB，一般而言，这个变化值小于 0.5dB，因此，若转发器的非线性特性是未知的，并假设转发器在输入端和输出端之间是完全线性的（1dB 对应 1dB），则这 1dB 的下降在上行链路衰减裕量的计算中所造成的误差将不超过 0.5dB。

大部分下行链路衰减裕量均倾向于较小的值，并且它通常是网络设计中的限制因素。中心站的上行链路功率控制（UPC）能在该 UPC 系统的工作范围上将转发器输入端的功率维持在一个相对稳定的水平上，这就使衰减裕量增大了一个该 UPC 系统的有效范围。由于大多数 UPC 系统均工作在开环模式下，因此，必须注意不要因将功率增大到了远远高于实际降雨衰减的水平和 UPC 系统的误操作而使卫星转发器过载。为此，大多数 UPC 系统直到确定下行链路上至少有 1~2dB 降雨衰减时，才会增大上行链路上的功率，而且即使在这种情况下，上行链路上增加的功率也总落后于实际的降雨衰减水平，以避免转发器饱和问题和对其他系统的干扰。一旦 UPC 系统达到了功率增值的最高水平，则降雨衰减的任何进一步增大均将导致总载噪比下降。上行链路存在降雨衰减时 UPC 的出站链路性能，如图 8.26 所示。

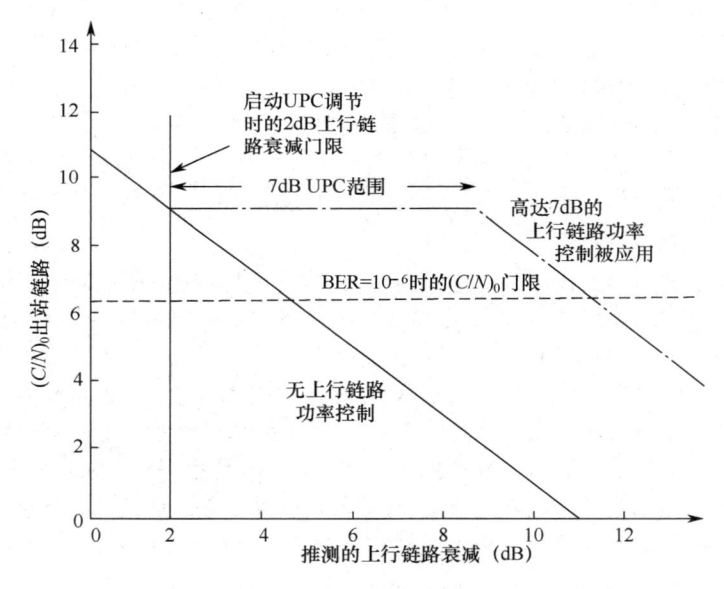

图 8.26　上行链路存在降雨衰减时 UPC 的出站链路性能

由于通常根据下行链路衰减的测量值来预测上行链路衰减中存在的误差，因此，上行链路功率控制（UPC）直到推测的上行链路衰减达到 2dB 时才会启动。从这一点起，上行链路衰减每增大 1dB，UPC 就会增加 1dB，直到达到 UPC 的最大值。在本例中，UPC 的最大值为 7dB。

8.8　一些新进展

对新的 VSAT 网络所做的很多重大技术增强工作正在计划之中。这些技术增强工作主要是由两个快速平行发展的技术领域所驱动的：数字信号处理和微型化。前者使在几微秒内完成大量复杂的处理成为了可能，而后者可以将产品制作成越来越小的设备。

20 世纪 90 年代，对卫星的发展影响最大的一个变化可能就是空间探险的主要财政投入由军费支出变成了企业的商业性基金。这一变化受到市场经济的驱动，促使最终产品变得可靠并且价格合理。所有这些发展的潜在动力源自于对通信能力的巨大需求，即能够将任何比特流传输到任何终端、任何地方的能力，这种需求最终推动了多媒体便携装置的发展。

多媒体这个术语意味着处理任何业务量的能力，包括语音、视频、传真和数据等。通过异步传输模式（ATM），已经成功地实现了短的语音分组与长的数据分组的混合传输。ATM 分组或帧的传输通常是通过虚容器或虚电路来处理的，它们存在于连接建立时，一旦传输完成就会被拆掉，从而就释放了容量以处理其他的业务。虚容器的大小是由链路的需要来设置的，但必须是在信道的总容量以内。例如，在一条 64kbps 的信道上传输 1Mbps 的数据是不可能的。接入技术必须能够在可用信道容量之内混合各种各样的虚容器，而中间节点（如卫星）处理这些虚容器的能力也是同样重要的。

大多数新式卫星均设计用来处理大幅度增加的互联网业务，并且它们均运用了星上处理（OBP）技术。曾经，OBP 技术在质量和功率上被认为对商用卫星通信系统来说过于昂贵，但现在它已经成了大多数新系统的启动技术。铱星系统是第一个广泛采用 OBP 技术的商用卫星通信系统，但在民用领域里，Intelsat VI 是首个使用星上处理技术进行卫星交换的系统。在铱星系统中，从手持设备来的上行链路信号被下变频至卫星有效负载范围内的基带中，首先去掉帧中的标题信息，再对业务进行重新装配，并将其路由到正确的输出端口，而不管它是准备要下传到一个手持设备、下传到网关（中心）地面站，还是要横向传输给一颗卫星。所有计划在 Ka 频段（30/20GHz）上用于互联网业务的新式卫星均具有 OBP 能力，这是一项至关重要的工作。OBP 技术不仅要考虑许多业务类型，还要确保覆盖区中的任意一点之间都能灵活地建立连接，同时必须要有极高的可靠性。由于大部分卫星至少要有 10 年的使用寿命，结合设计、组建和运营卫星的时间，系统设计者必须想办法预测未来 15~20 年内用户可能的需求。在互联网产品一般只有 2 年寿命的情况下，这是一项极具挑战性的任务。基于此，尽管线性转发器因其古老的模拟特性而显得传统，但在能够预见的未来，它仍有可能是最好的卫星资源。此外，GEO 系统在网络体系结构上的简单性，也证明了在 GEO 卫星上使用线性转发器对几乎所有的商业卫星通信系统来说均是有效的成本解决方案。

陆上 ATM 连接中的虚容器在通过卫星进行传输时，必须转换成卫星虚分组（SVP），以便通过一个卫星的 OBP 有效负载来传输。SVP 在 ISO-OSI 堆栈结构的链路层中将会是一个公共的基带要素。这种 SVP 方法不仅允许使用快速分组交换结构，它还是建立在已经为 ATM 开发出的陆上通信协议和应用的基础之上的。它同样允许在用户终端中使用 ATM 专用的集成电路芯片。MF-TDMA 上行链路接入控制协议通常采用的是多址技术，而卫星上输入数据流的多载波解调、去复用和译码将在 OBP 有效负载处理之前进行。由于这些卫星提供的直接到户（DTH）互联网业务将在 Ka 频段上传输，因此，在雨天里它们将会遭受到明显的衰减。显然，OBP 卫星有效负载应有监测输入比特流并请求改变功率或调制方式来抵消降雨衰减的能力。这些请求可以被发射到各 VSAT 终端，或者发射到网络控制站再路由给用户。

8.9 本章小结

本章首先介绍了 VSAT 网络的一般概念；其次分别介绍了 VSAT 网络中的网络体系结构和接入控制协议；同时讨论了 VSAT 网络中的多址方式选择、评价信号格式等；最后详细论述了 VSAT 地面站工程技术和星形 VSAT 网络链路裕量的计算。

习　题

01. 请思考以下问题：
　　（1）VSAT 这个缩写词代表什么？
　　（2）与 Ku 频段卫星配合的 VSAT 天线的典型孔径范围是多少？单位为 m。
　　（3）作为 DBS-TV 业务的运营商，你想要确定适于国内市场使用的接收天线的增益（单位为 dB）和 1dB

波束宽度。具体要计算的天线直径包括：0.1m、0.2m、0.3m、0.4m、0.5m、0.6m、0.7m、0.8m、0.9m 和 1m。在计算过程中，假设接收信号的频率为 12GHz，天线的效率为 55%，并且认为 1dB 波束宽度是 3dB 波束宽度的一半。

(4) 如果用户可以将他们的天线指向精确控制在±0.5°范围内，并且需要至少达到 30dB 的增益，那么计算用户可用的天线直径范围是多少？

(5) 假设这个天线直径范围是可以接受的，那么你会选择哪一个天线直径？请解释选择的理由。

02. 请思考以下问题：

(1) "蛙跳"技术是什么？请用自己的话解释。

(2) 请举出三个"蛙跳"技术的应用实例。

03. 一个经济正在崛起的国家正努力提高国内通信容量，但目前暂时缺乏大规模的陆上通信基础设施。他们计划部分采用 VSAT/WLL（无线本地环路）体系结构来扩大通信容量。一个典型的 VSAT 终端能够处理 1 条 T1（1.544Mbps）的数字语音信道/数据信道，并同时接入 24 条 64kbps 的信道。

(1) 如果所有信道均采用线性卫星转发器和 SCPC 方式，那么这个 VSAT 的 T1 信道在卫星上需要多少射频带宽？假设使用滚降因子 $\alpha = 0.3$ 的 RRC 滤波器和 QPSK 方式，且没有使用 FEC。

(2) 如果采用码率为 1/2 的 FEC，那么现在所占用的卫星带宽是多少？

(3) 在上面的（1）问和（2）问中，噪声带宽是多少？

(4) 假设卫星上有实际的保护带，并且忽略卫星功率流出，那么在（1）问和（2）问中，一个 72MHz 的转发器能够处理多少条 T1 信道？（请明确保护带的要求。）

(5) 如果无线本地环路要求实现超过 24 条信道，那么在以下情况下如何实现这一点：① 这些信道全部为数字语音信道；② 这些信道为数字语音信道和数据信道的混合；③ 这些信道全部为数据信道。

04. 请思考以下问题：

(1) 解释 VSAT 网络中的网状结构和星形结构。

(2) 分别列出网状结构的两个优点和缺点。

(3) 列举卫星通信系统中使用的三种主要的多址方式。

(4) 在（3）问给出的三种多址方式中，哪种与 ALOHA 多址方式最为相似？

(5) 从系统的角度来看，MF-FDMA 接入方式的优点和缺点分别是什么（这种接入方式如何影响地面终端和卫星有效负载的设计）？

(6) MCDDD 代表什么？它将如何影响卫星有效负载的设计？

(7) 为什么大部分 VSAT 网络和互联网下行链路应用于小型终端时采用的都是一种 TDM 方法？

05. 许多 VSAT 网络在可接受的长期干扰门限范围内运行，这取决于它们能承受的来自附近类似系统的干扰大小以及它们对附近类似系统的干扰大小。在这些 VSAT 网络中，许多可能需要在接近其业务可接受的最低性能和可用率的情况下运行。有许多技术可以用于增加这种情况下的可用裕量，其中一种技术是上行链路功率控制（UPC）。当路径上出现降雨衰减时，放大器的功率会增大，以保持接收 C/N 不变。但是，不正确地增加 EIRP 可能会超过约定的干扰门限。一个 Ka 频段 VSAT 终端在降雨衰减的情况下，采用了固定增量的上行链路功率控制策略：在晴天时，EIRP 处于其标称值；在降雨衰减时，7dB 的附加 EIRP 会以一个单步命令的方式加入。

(1) 如果晴天时 VSAT 上行链路 EIRP 在约定的干扰门限以下 3dB，则可以启动 UPC 以提供 7dB 的附加 EIRP 固定增量，同时确保在不超过干扰门限的前提下，计算出能够触发这一增量的最小降雨衰减是多少？在这个问题中，假设在测量降雨衰减和设置 EIRP 时没有误差。

(2) 如果降雨衰减的测量存在±5dB 的误差，那么（1）问的修正后的答案是多少？

(3) 如果降雨衰减的测量存在±0.5dB 的误差，并且 EIRP 的设置也只能精确到±0.5dB，那么（1）问的修正后的答案是多少？

(4) 一些 UPC 系统要求上行链路信号能在卫星上检测和测量，并且从卫星来的下行链路数据信道包含 VSAT 终端所需要的 UPC 信息。如果往返延迟（包括所有传播、处理和路由延迟）为 2s，并且最大降雨衰减为 1dB/s，那么这将如何改变（1）问、（2）问和（3）问的答案？

（5）干扰标准允许 UPC 系统控制的 EIRP 在短时间内超过长期干扰门限。如果：① 这个短暂时间间隔为 60s；② 在最恶劣的路径衰减情况下，即衰减在 0s 内从极大值迅速降至零（这种情况偶尔会因天线孔径的意外间歇性阻塞而发生）；③ 路径衰减测量仪器的门限已经设定，以便调节降雨衰减的测量精度、UPC 的测量精度和 UPC 的增量（7dB），在满足上述所有条件及干扰标准的前提下，所需要的最小时间常数的路径衰减测量设备是什么？

第 9 章 NGSO 卫星通信系统

9.1 概述

低高度地球轨道（LEO）和中高度地球轨道（MEO）的术语一般用在具体的高度范围。其中，LEO 最高约 1500km，最低约 500km（由大气阻力决定）。MEO 最低约 1500km，最高轨道由 GEO 的高度决定，约 36000km。不过，大多数 MEO 的高度范围为 10000～15000km。

LEO 和 MEO 卫星，现在统称为非对地静止轨道卫星（NGSO 卫星），已经用在了很多场合。从 20 世纪 50 年代末每次发射均是头版头条的时代，至今人们多少已经习惯了有卫星的时代，卫星已经变得和计算机、互联网一样成为人们日常生活的一部分。NGSO 卫星给人们带来了第一颗通信卫星、第一张天气预报卫星云图、第一张地球地理信息系统图，完成了第一次太空航空援助、第一次跨洋电视直播、第一次对地球大气层外的宇宙射线中红外线、紫外线和 X 射线的观测，当然，还完成了第一次有人驾驶的太空航天任务。每次任务的成功均得益于对功能更复杂且更强大的卫星的使用。国际空间站（ISS）设想了一种需要利用一个或者多个自由飞行的指令舱才能完成的科学任务。在这种情况下，地面上的观测者能够使用肉眼看到它们。2002 年初，ISS 就已经拥有与波音 747 相近的质量。由于卫星的任务越来越复杂，因此对具体轨道的要求就越来越精确，例如有些要求卫星的轨道离地球很近，有些则要求卫星的轨道为离地球很远的椭圆轨道，还有的要求在卫星的轨道上有与太阳的视角相匹配的平面。本章将回顾各种可利用的地球轨道及不同的任务应该在什么轨道上执行。

GEO 作为卫星通信系统的最佳轨道已经沿用了近 60 年，原因很简单：当卫星位于 GEO 时，每投资一美元能传输的比特数要比位于其他轨道时多，这一点在卫星通信发展的早期就已经被人们认识到。商业卫星通信系统的第一个投资者为 Intelsat，其自 1965 年发射 Early Bird（Intelsat 1）卫星以来，还发射了一系列的 GEO 卫星。

然而，还有许多特殊的应用场合需要用到 NGSO 卫星。例如军事数据采集和地球资源利用中均要用到的地面监测技术，它要求卫星处于能覆盖整个地面的 LEO 上。此外，全球定位系统（GPS）中的卫星，也必须使用这样的轨道，以便使得卫星能够在大范围的空间内定位。

建立、发射和维护一组 LEO 星群的造价是很昂贵的。当人们第一次提出将 LEO 星群用于移动卫星服务时，它们被认为是相对于 GEO 卫星体积小、结构简单、低成本的卫星。例如，早期对铱星系统的估价是 10 亿美元到 20 亿美元。随着 LEO 系统的发展与完善，卫星的结构变得越来越复杂，它们的造价也持续增长，差不多与 GEO 卫星的造价不相上下。例如，Hughes（Boeing）601 设计的 ICO 全球系统（如今称为 New ICO 系统），实际上就是巨大的 GEO 卫星的改型。由于在服务于相同领域的情况下，任何 LEO 或者 MEO 系统所需要的卫星的数目要比 GEO 系统多，因此，LEO 或者 MEO 系统的造价比同等的 GEO 系统要高。

由 66 颗卫星分布在 LEO 上而组成的铱星系统，最终花费 50 亿美元，而发射并维护一颗大的 GEO 卫星一般要花费 2500 万美元。对 Iridium（铱）的商业风险投资之所以失败，一方面是因为它最终的花费大大地超过了最初的预测，另一方面是因为该系统未能够尽快地吸引到足够的客户。在建立起能够带来足够利润的庞大客户群之前，该系统高额的资本费用已经使它负债累累。然而，分析表明，由于通过铱星系统每传送一比特信息所需要的费用比通过 GEO 系统的要高得多。因此，若 LEO 系统想要占领商业领地，就必须让它的客户看到其在某些方面比同等的 GEO 系统有更可观的优越性。在 21 世纪来临时，Iridium（铱）、Orbcomm、Globalstar 和 ICO 这些记录在案而享受破产保护的 NGSO 系统并不被看好。虽然，ICO 已成长为 New ICO，但是它仍然在为确定它的使命而奋斗。它最初被确定为移动卫星服务提供方，但如今的发展重点已经转移，旨在通过类似互联网的服务面向移动用户，这与其最初设想作为到达 Teledesic 的过渡或初衷相符。

本章讨论的是非 GEO 系统的一些应用实例，从最简单的圆形近赤道轨道开始讲起，到简单的倾斜轨道，再到高偏心率的轨道；然后回顾一下一些特殊的卫星，它们要么利用现有观测轨道（如太阳同步轨道）的一些特殊性质，要么利用通过半恒星周期轨道全球定位系统（GPS）所提供的导航服务。本章不讨论倾斜轨道的 GEO 卫星。在如下的几节中，将考虑为完成给定任务目标而在选定地球轨道方面所需要确定的一些参数。至于太空轨道，则需要达到逃逸速率。

9.2 轨道因素

卫星一旦进入轨道，卫星的行为就由轨道机制决定。然而，当卫星用此种方式运行以平衡离心力和向心力时，它实际上是受到地球引力作用的结果。地球在自转的同时，还绕太阳公转，而太阳则位于太阳系的中心，太阳系又绕银河系的中心旋转。因此，自然天体和人造天体之间的运行关系错综复杂。在设计卫星时，如何考虑这些因素取决于卫星通信系统的设计目标。例如，设计用来对地球表面进行监测的卫星就没有必要每时每刻知道卫星的位置。然而，在局部卫星的定位中，对需要利用太阳光来照亮地面覆盖区的卫星来说，太阳的位置是很重要的。此外，设计用来监测外层空间在红外频段背景热辐射程度的卫星，需要能够定位并排除邻近行星的干扰。若卫星的望远镜未观测留意到这些行星的话，则观测到的温度将不能反映外层空间真实的背景热辐射程度。在本节的如下部分，将回顾所有不同的 NGSO，它们曾用在完成科研、军事和商业任务的卫星上。其中，最简单的 NGSO 是近赤道轨道。

1）近赤道轨道

近赤道轨道准确地位于地球的地理赤道平面上，即轨道路径时刻位于赤道上空，为了利用地球 0.45km/s 的向东旋转线速率，大多数卫星选择向东发射，进入"同旋"轨道（与其他天体做同方向的旋转），向西的轨道称为"回归"轨道。位于东向近赤道轨道的卫星有两个周期：一个是参考惯性空间（银河背景）的真实轨道周期，一个是以地球上的静止物体为参考的直观轨道周期。真实轨道周期设为 T（单位为 h）。对地球上的观测者来说，直观轨道周期设为 P（单位为 h）：

$$P = 24T/(24 - T) \tag{9.1}$$

一个精确的恒星日为 23.9344h，可用它来代替上式中的 24h。表 9.1 给出了不同的轨道高度对应的不同 P 和 T，该表还给出了卫星相对于观测者的可见时间，这里不考虑大气折射并假设卫星可被追踪到 0°，即地平线的正下方。

表 9.1 轨道周期与可见时间

轨道高度（km）	真实轨道周期（h）	直观轨道周期（h）	可见时间（h）
500	1.408	1.496	0.183
1000	1.577	1.688	0.283
5000	1.752	1.890	0.587
10000	5.794	7.645	2.894
35786	23.934	∞	∞

卫星若要位于近赤道轨道上，卫星的轨道平面就必须位于赤道平面上。有两种方法发射卫星可以达到这个目的。第一种方法是将发射场设在赤道上，将待发射体向东沿着赤道平面发射，第二种方法是将卫星先发射到倾斜轨道上，然后在卫星处于发射轨道时，或者在卫星已位于倾斜轨道时，给它一

个动力，改变其最初的轨道平面，以使其最终位于赤道平面上。然而，改变轨道倾斜度使卫星轨道位于赤道正上空，这一过程需要巨大的能量，特别是当发射场不在赤道上时更是如此。第一次轨道飞行就得以完成的两个发射场是美国的卡拉维尔角和哈萨克斯坦的 Baikonur，两者离赤道均不近（分别处于 28°N 和 46°N）。另外，由于早期的发射航天器没有在发射期间改变轨道的能力。因此，第一颗人造地球卫星才被放入倾斜轨道，即轨道平面相对于赤道平面是倾斜的。

2）倾斜轨道

倾斜轨道既有优点也有缺点，具体要视任务目标和覆盖需求而定。轨道倾斜度越大，卫星在运行过程中所扫过的地面面积也就越大。两种轨道下 LEO 的范围，如图 9.1 所示，其中，图 9.1(a)为近赤道轨道，图 9.1(b)为倾斜轨道。

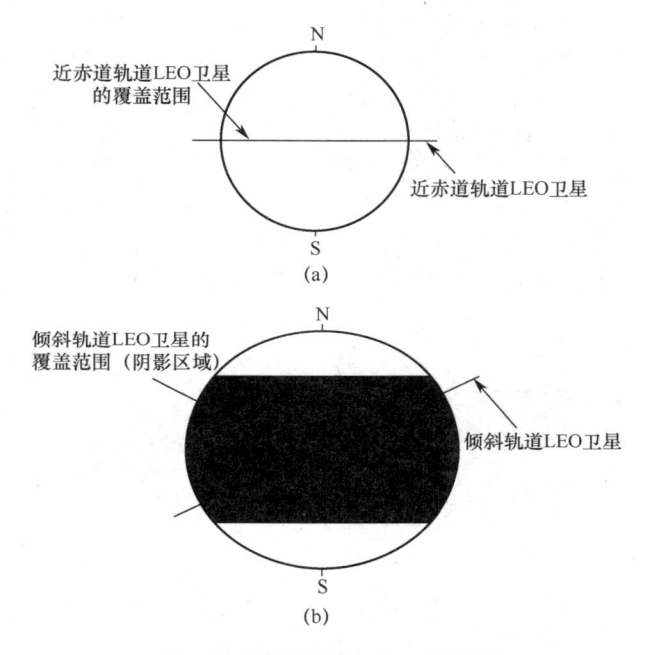

图 9.1　两种轨道下 LEO 的范围

在图 9.1(a)中，由于 LEO 卫星位于近赤道轨道上，因此，它只能扫过赤道，且其覆盖区也只能限制在地球赤道附近，大小由轨道高度和卫星天线的波束宽度决定。在本例中，假设轨道为圆形，天线波束宽度忽略不计。

在图 9.1(b)中，LEO 卫星位于相对赤道大约 40°的轨道上。倾斜轨道上的卫星会在某个时刻扫过地面上大概位于纬度±轨道倾角之间的整个区域。

例如，倾角为 30°的轨道，将扫过大约在 30°N 和 30°S 之间的整个区域。倾斜轨道具有大的覆盖区是其优点，但是它的缺点是控制站（MCS）不能像对近赤道卫星那样直接与各个轨道上的卫星通信。一颗 LEO 卫星绕地球一周的时间是 90～100min，而对于倾斜轨道，当它下一次旋转到地球的同一侧时，地球已经将 MCS 旋转出卫星的轨道了。系统结构是否应采用多卫星，取决于要传输给 MCS 的数据量的多少和是否需要保持不间断的实时通信。

卫星会在某个时刻扫过 40°N 和 40°S 之间的整个区域。倾斜轨道 LEO 卫星的覆盖区就是离赤道±40°的地面，大小由轨道高度和卫星天线的波束宽度决定。在本例中，假设轨道为圆形，天线波束宽度忽略不计。需要注意的是，轨道越高，倾角越大，卫星能达到的总覆盖区就越宽。

在倾斜轨道卫星和 MCS 之间传输数据，最简单、成本最低的方法是当卫星处于 MCS 视线外的轨道上空时，会将所需要的数据存储起来，当卫星进入 MCS 的辐射范围内时，会将数据迅速传输给 MCS。

这种方法称为前向存储。一些 LEO 系统，就具备这种功能。它也是 1958 年第一颗通信卫星所用到的技术。若地面用户不能经由 Orbcomm 卫星建立起与地面站网关（GES）的联系，则 Orbcomm 卫星中的 Global Gram 会先将信息存储起来，直到 GES 进入卫星的视野范围，然后以很高的下行链路传输速率将信息发射给 GES。若系统要求 LEO 卫星与 MCS 之间进行不间断的实时通信，则只有两种方法可以采用。

第一种方法是设置全球定位的 MCS，确保 LEO 卫星始终至少位于一个 MCS 的视野内。这样，陆上通信或者 GEO 卫星通信就会在许多 MCS 之间建立起来，同时 MCS 也会实时地将 LEO 数据传输回来。

第二种方法是建立卫星间的链路（ISL），然后将 LEO 的数据中继传输给 MCS。ISL 既可以在 LEO 星群中建立，使 LEO 数据在轨道上通过 ISL 在 LEO 卫星之间进行中继传输，也可以在一颗或多颗 LEO、GEO 卫星之间建立。若 GEO 卫星在 MCS 的视野内，它会直接将 LEO 的数据中继传输给 MCS，或者通过某颗 GEO 卫星传输。Iridium 和早期的 Teleclesic 的设计采用的是前一种 LEO 卫星通信链路方法，即在星群内部建立 ISL，而 Skybridge 和 Globalstar 采用的是另外的方法。NASA 采用 TDRSS 卫星完成信息传输的往返任务。目前，至少美国和俄罗斯已经利用同步中继卫星进行军事侦察，这些卫星被用来传输由 LEO 监测卫星接收到的前向数据。同时，一个用于完成民用地球监测任务的类似系统也已在 1999 年年底完成。LEO 卫星处于圆形轨道上的两种中继概念，如图 9.2 所示。其中，图 9.2(a)表现了前向存储的概念，图 9.2(b)表现了通过一颗 GEO 卫星实现实时数据传输的概念。

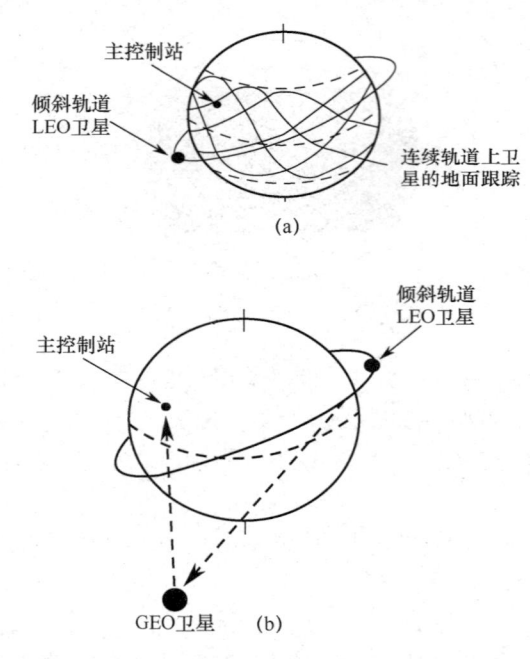

图 9.2 LEO 卫星处于圆形轨道上的两种中继概念

在这个 LEO 应用实例中，卫星在绕地球旋转的过程中会收集信息并将其存储起来。在图 9.2(a)中，一旦卫星进入 MCS 的通信范围，它便会将数据传输下来。由于上行链路的数据存储率一般较低，最多只有几 kbps，且卫星进入 MCS 通信范围的时间有限，因此下行链路的数据传输速率需要很高。然而，在图 9.2(b)中，则是通过一颗 GEO 卫星实现实时的数据传输。在这种方案中，LEO 卫星能在它"看见" GEO 卫星的任何时刻，通过 GEO 卫星将数据实时传输到 MCS。若有多颗彼此之间建立了 ISL 的 GEO 卫星分布在 GEO 上，则 LEO 卫星就能进行与 MCS 不间断的实时通信。

由于卫星在圆形轨道上的角速度在任意点都是不变的，因此，它在给定覆盖区内的滞留时间也是恒定的。然而，在更多情况下，要求卫星在轨道的不同位置上的滞留时间不同，而圆形轨道达不到这个要求。为了满足在轨道不同位置上对滞留时间的不同要求,卫星需要位于椭圆轨道上。

3)椭圆轨道

椭圆轨道具有非零的偏心率,且轨道偏心率 e 由椭圆轨道的长半轴 a、短半轴 b 的长度决定:

$$e^2 = 1 - b^2/a^2 \tag{9.2}$$

换言之,若 R_a 是轨道远地点到地心的距离,则 R_p 是轨道近地点到地心的距离,此时轨道偏心率为

$$e = (R_a - R_p)/(R_a + R_p) \tag{9.3}$$

式(9.3)的几何关系示意图,如图 9.3 所示。

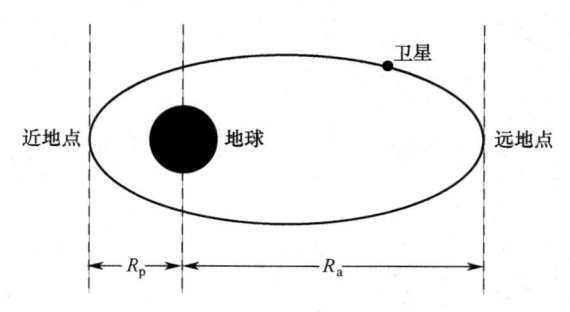

图 9.3 式(9.3)的几何关系示意图

卫星轨道有一个近地点,由 R_p 给出;有一个远地点,由 R_a 给出。注意,近地点和远地点总是在轨道的两侧,这对绕任何其他天体旋转的物体来说均是适用的。

在式(9.2)和式(9.3)中,当 $a = b$ 且 $R_a = R_p$ 时,轨道就是圆形,偏心率为零。一般来说,由于受各种因素的影响,正圆的轨道是不存在的。在实际应用中,偏心率等于或小于 10^{-3} 时也可认为轨道为圆形。偏心率也是用来描述轨道半径变量的。若 R_{av} 表示轨道离地心的平均半径,则变量 Δ_R 由下式给出:

$$\Delta_R = \pm e R_{av} \tag{9.4}$$

对于 GEO 卫星(R_{av} = 42164.17km),偏心率为 10^{-4},Δ_R 为±4.2km。对于大约在地球上空 800km 的处于圆形轨道的 LEO 星群,各颗 LEO 卫星均具有 10^{-4} 的偏心率,Δ_R 为±0.7178km(假设地球平均轨道半径为 6378.137km)。若轨道变得不圆,偏心率会上升为 10^{-3},则 Δ_R 增加为±7.178km。若 LEO 星群中的一颗卫星从另一颗卫星正下方经过,则它们之间的垂直距离应该足够大,以减小卫星碰撞的概率。轨道平均高度和轨道偏心率决定了卫星碰撞概率的大小。著名的 Molniya 轨道偏心率约为 0.74,它是高椭圆轨道的一个特例。

4)Molniya 轨道

之前,俄罗斯面临过一个棘手的通信设计难题:由于大多数地面物体均位于高纬度地区,如靠近 60°N 的太平洋港口 Archangel 和处于北极圈内的广阔西伯利亚地区,加之该国横跨 11 个时区,且是世界上面积最大的国家,通信设计的难度进一步加大。若操纵仰角能够低于 5°,则来自 GEO 卫星的信号也能很好地覆盖北极圈。然而,单颗 GEO 卫星无法同时跨越 11 个时区,因此需要设计一种新型轨道,于是 Molniya 轨道诞生了。第一颗 Molniya 卫星于 1965 年 4 月发射,且以这个名字命名了该系统的所有卫星及其独特轨道。Molniya 轨道的远地点离地高度为 39152km,近地点离地高度为 500km,轨道周期为 11h38min,轨道倾角为 62.9°。这些参数决定了 Molniya 轨道的地面轨迹总是每隔一个轨道周期重复一次。Molniya 轨道示意图,如图 9.4 所示。

在该例中,Molniya 轨道被设计成在轨道的北边区域具有很长的滞留时间,这样它就能为大部分陆地处于这个区域的国家提供服务,这也是俄罗斯早期 Molniya 系统所采用的设计思路。具体来

说，Molniya 轨道的大约 60%的时间（轨道周期为 11h38min 中的约 6h）都用于覆盖北部区域，其远地点比 GEO 高度多延伸了 3000 多千米。此外，Molniya 轨道为 30°N 和 90°S 的区域提供了很好的视角。

采用两条轨道平面为 180°的 Molniya 轨道，并配置两颗正确定相的卫星，就能实现对俄罗斯整个范围 24h 不间断的覆盖。具体来说，这两颗卫星需要分别位于这两条轨道上，且相位正确。当其中一颗卫星在其轨道上位于俄罗斯上空的远地点时，另一颗卫星则必然在其对应的轨道上位于北美上空的远地点。随着地球的自转和第二颗卫星再次运行到其轨道的远地点，俄罗斯又将位于该卫星的正下方。运行的 Molniya 系统示意图，如图 9.5 所示。

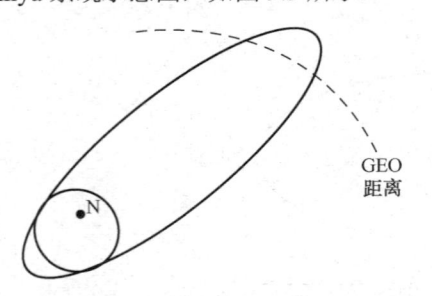

图 9.4　Molniya 轨道示意图　　图 9.5　运行的 Molniya 系统示意图

Molniya 轨道 1 的卫星 1 在它的远地点附近（俄罗斯上空）时，Molniya 轨道 2 的卫星 2 也恰好位于其远地点附近。卫星 2 绕它的轨道旋转一圈（大约 12 h）后，它会又回到远地点（或近地点），此时由于地球也大约自转了 180°，卫星 2 将位于俄罗斯上空或附近区域。

双卫星、双 Molniya 轨道的配置要求地面站在低于 30°的仰角下工作，这样才能保证对一个地区实现全天候 24h 的覆盖。值得注意的是，采用 4 颗 Molniya 卫星就能实现为北半球或者南半球的任何高纬度地区提供高仰角的卫星服务。这 4 条 Molniya 轨道的轨道平面绕地球为正交分布，每条 Molniya 轨道上各有一颗卫星，并且这些卫星需要正确定相，以确保在各自轨道的远地点覆盖区内有效工作，就好像这些高纬度地区在由 4 颗卫星组成的星群下不断旋转接受服务一样。进一步地，如果增加到 8 颗 Molniya 卫星，且其分别处于 8 条不同的 Molniya 轨道上（这些轨道平面成 45°角分布，并且绕地球正确定相），那么可以实现对俄罗斯不间断的覆盖。

由于 Molniya 轨道使得卫星远离赤道平面，且远地点距离地球很远，因此，在高纬度地区，卫星能够在仰角接近 90°的情况下长时间滞留。这一结论曾被提议用于为汽车提供移动卫星服务。从 Molniya 轨道的远地点上方观察到的 Molniya 轨道在地面上的轨迹，如图 9.6 所示。

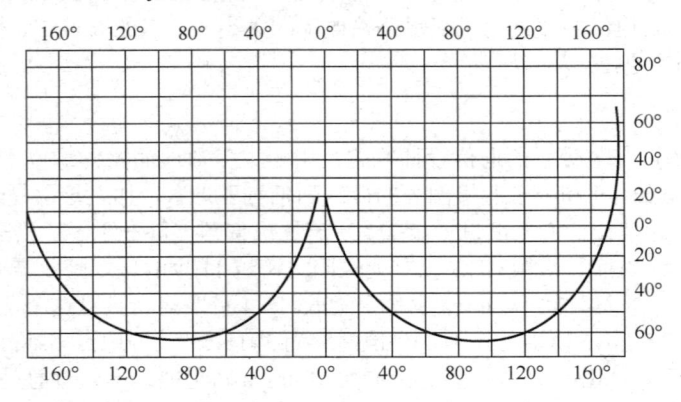

图 9.6　从 Molniya 轨道的远地点上方观察到的 Molniya 轨道在地面上的轨迹

注意上述 Molniya 轨道的两个远地点，一个经度接近 0°，另一个经度接近 180°。这些远地点在高纬度地区出现，且仰角刚好大于 70°，因此能覆盖大片区域。在高仰角的情况下，建筑物造成的障碍会减小，从而使得大部分城市在实施移动卫星业务（MSS）系统操纵时具有相对较高的有效性。该提议是针对欧洲的一个 MSS 系统提出的，但是它的远地点要求能够定相在任意经度。然而，只有在高纬度的城市，而非任意经度的城市，才能在 Molniya 轨道上实现对 MSS 卫星的有效控制。

当卫星位于 Molniya 轨道的远地点时，它与通信区域的通信延迟很长，同时无法实现与有固定覆盖区的单颗卫星相同的 24h 不间断通信。以外，它还有其他三个缺点，这些缺点导致从头到尾的全部开发费用显著增加。第一，它需要对卫星进行持续跟踪。第二，当一颗卫星旋转出覆盖区而另一颗卫星进入覆盖区时，需要将通信从一颗 Molniya 卫星切换到另一颗 Molniya 卫星，就像移动无线电转移的情形。由于通信链路的宽带特性和从地面站观察到的前后相继卫星之间有较大的夹角，因此要求每条边均有两副反射天线。然而，在 20 世纪末，相控阵列天线仍然无法在不用光电瞄准，并且满足商业卫星通信系统可接受的条件下，同时对发射波束和接收波束实现精确的一致跟踪。第三，卫星在一天中会四次经过辐射区，两次在上升时，两次在下降时。若研制出了相对便宜且有效的、能够跟踪所要求的视角范围的相控阵列天线，则目前提到的前两个缺点在直接到户服务的长期研究开发中，可能不至于成为妨碍成功的致命缺点。但是，第三个缺点始终是一个主要因素。

5）辐射影响

空间电子辐射影响一般分为两个主要部分：总放射能剂量和单数值翻转。简单地说，总放射能剂量就是空间电子在其整个寿命周期内累积的辐射效应，这些电子主要来源于范艾伦辐射带捕获的电子和质子。累积的辐射效应最终将导致晶体管节点或晶体管芯片的功能退化，从而无法始终得出正确的响应，这对控制卫星运行及涉及有效载荷的计算机器件尤其有害。单数值翻转是由太阳喷射出的重离子（通常是质子）引起的，这些重离子累积了足够的能量，导致位跳变，从而影响电路的关键部分，即将原本的开路变成闭路，或将逻辑 0 变成逻辑 1 等。若位跳变发生在电路的某个固定部分，即该部分被锁定而无法改变，则是否能发生单数值翻转就很关键了。

地球的液体核和固体外部硬壳之间的相对运动产生了地磁场。磁场线在地球磁北极和磁南极之间的流向，如图 9.7 所示。磁极与地理极不一致，磁赤道也与地球赤道不在同一位置。因此，有时地理纬度会称为磁倾角纬度，以反映该点磁场的磁倾角大小。N_M 是北磁极。被捕获的电子和质子分别沿着图 9.7 所示的磁场线向北或向南运动，当它们接近磁极时会被反射回来。由于在赤道附近滞留的时间比在磁极附近滞留的时间要长，因此，范艾伦辐射带主要在磁赤道区域。卫星的位置离辐射带中心越近，其在辐射带内滞留的时间就越长，从而受到的总辐射就越强。

一般离地球很近的地方，磁场线呈对称均匀分布，而离地球较远的地方，由于太阳流向地球的能量流与地磁场之间发生互感作用，磁场线会发生变形。在远离地球的空间中，太阳大气与地磁场相遇的地方称为弓形冲波，这很像集中在飞机翅膀上的压力波。由于地球的磁极与地理极并不一致，因此磁赤道（磁纬度为零的地方）和地球赤道（地理纬度为零的地方）是不一样的。地理纬度可以由下式计算：

$$\phi = \arcsin[\sin\alpha \sin 78.5° + \cos\alpha \cos 78.5° \cos(69° + \beta)] \tag{9.5}$$

式中，α 为地理纬度，β 为地理经度。北和东坐标为正，南和西坐标为负。

当电子和质子在空间与地磁场相遇时，如果它们的动能不超过该点电磁场对它们产生的电磁力所引发的捕获效应阈值，地磁场就会捕获这些电子和质子。由于电磁场强度随着距地心高度的增加而逐渐减小，因此，在地球上空高于 10000km 的高度，磁场强度已经变得相当微弱，此时只有电子能够在地球周围这样的高空被捕获。当高度降低至地球大气约 200km 到 10000km（这里的场强相对较强）时，电子和能量较高的质子都会被捕获。此外，由电子和质子引起的辐射强度会随着纬度、经度、高度以及太阳黑子周期的变化而波动。

太阳黑子周期的变化导致空间辐射环境的大幅度波动。虽然纬度、高度、轨道倾角均会引起辐射环境的很大变化，但通常只考虑辐射效应更为集中的两个主要的范艾伦辐射带，如图 9.8 所示。第一个辐射带在地球上空约 1500km，第二个辐射带在地球上空约 15000km（均从赤道周围测量）。尽管这个距离存在一定的不准确性，但已经证实外部辐射带实际上是由两个混合带组成的。这两个混合带可认为呈"面果"的形状，其能量在指向辐射带中心的方向上达到最高。

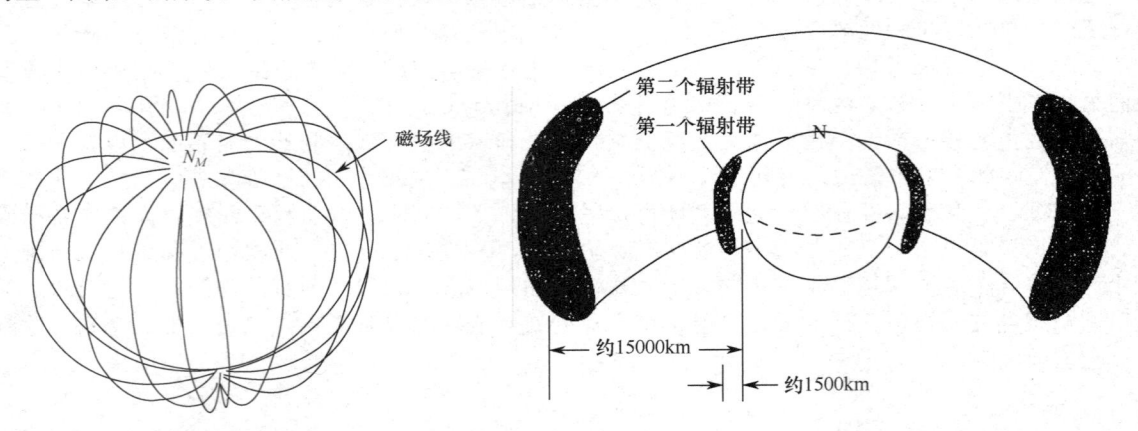

图 9.7　磁场线在地球磁北极和磁南极之间的流向　　　　图 9.8　两个主要的范艾伦辐射带示意图

图 9.8 展示了对绕磁赤道辐射带的垂直切片，其中阴影部分为两个辐射带中辐射最强的区域。在第一个辐射带的"下方"，存在两个主要的特定区域。紧接着是 LEO 区域，往外则依次为这两个辐射带的中间区域，即 MEO 区域，该区域设计用于避免遭受最高的辐射。需要注意的是，辐射在空间中普遍存在，其强度决不会降到零。

用硅制造的半导体所承受的总辐射剂量通常用单位 krad（Si）来度量。1krad（Si）代表硅从辐射中吸收到的单位能量，即等于 0.01J/kg。近地空间的辐射强度变化显著，它随离地高度和轨道相对于赤道平面的倾角而变化。由于辐射主要集中在赤道附近，因此赤道轨道卫星接收到的辐射强度比极地轨道卫星高。当轨道高度从离地很近（如 300km）上升到数千千米时，辐射强度很可能增加。各种轨道的典型总辐射剂量，如表 9.2 所示。

表 9.2　各种轨道的典型总辐射剂量

轨道类型	轨道高度（km）		
	800	1100	2000
极地轨道（90°）	300krad（Si）	100krad（Si）	>500krad（Si）
赤道轨道（0°）	—	—	>2000krad（Si）

表 9.2 中的数据基于一颗使用寿命为 10 年的卫星，它的外表镀有 2.5mm 厚的铝，内部则采用硅来制造电子器件。为了降低辐射的潜在危害，通常会选择一条辐射强度衰减的轨道。然而，在这一条件不具备的轨道上，卫星就要选用防辐射器件，或者采用适当的屏蔽措施。这两种选择的成本均很高，前者是因为防辐射器件的制造成本很高，后者则是因为辐射屏蔽结构很重，且作为非生产性元素增加了额外的负担。随着电子器件的发展，用防辐射技术能使电子器件承受的总辐射剂量达到 1Mrad（Si）。但是，对由许多卫星组成的星群来说，要使所有器件都达到这种防辐射能力，就需要开发新的技术。幸运的是，一些新的、成本相对较低的生产工艺已经问世，它们能使总辐射剂量降低到 100krad（Si）。同样的方法也正在应用于防止单数值翻转的领域。

6）太阳同步轨道

太阳同步轨道是 LEO 的一种特殊形式，它的轨道平面与太阳的方向保持恒定的方向角。某些卫星的任务要求它们处于与太阳光方向有恒定关系的特殊轨道上。如地球资源卫星，它需要大量的直射太阳光来照射其下方的区域，以便拍摄清晰的照片。这种轨道为太阳同步轨道，如图 9.9 所示。

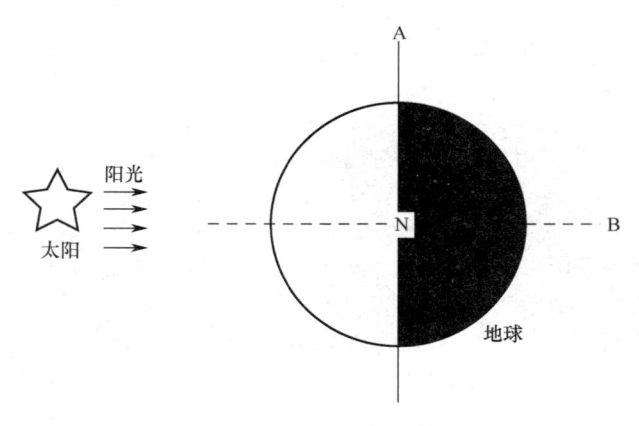

图 9.9 太阳同步轨道

此外,还需要这种轨道的例子是气象卫星。气象卫星获取的卫星云图及其运动方向对于预测天气发展态势至关重要。它们不仅为人类生活带来了直接的帮助,还在极端天气情况下减少了财产损失,并减轻了对农业及畜牧业的破坏。早期的气象卫星(如 TIROS)曾在太阳同步轨道上运行,而现今所有的气象卫星均在 GEO 上,以便达到更大的瞬时和持续覆盖区。至于其他采用太阳同步轨道的卫星,则主要是监测卫星。

在图 9.9 中,从北极轴上空向下看,太阳光从地球左侧照射,图中示意了两条太阳同步轨道:轨道 A 的设计目的在于它总会在太阳光的照射之下,而轨道 B 的设计目的在于它总有一半的轨道几乎是直接背光的,即所谓的"日出—日落"轨道,它总会沿着明暗界限运行。明暗界限是将黑夜和白天分开的界限。一些监测卫星采用图 9.9 中的轨道 B,因为每条轨道均有其特定的最大照射范围,而其他的卫星则采用图 9.9 中的轨道 A。这种特殊的"日出—日落"轨道上的卫星有两个显著优点:第一,由于它总是被照射的,因此不需要因日蚀和月蚀而备有大容量电池;第二,由于被监测区域的阴影时间较长,因此它的地形和结构的变化会一目了然。

地球绕太阳旋转而引起的卫星轨道平面排列变化的说明,如图 9.10 所示。

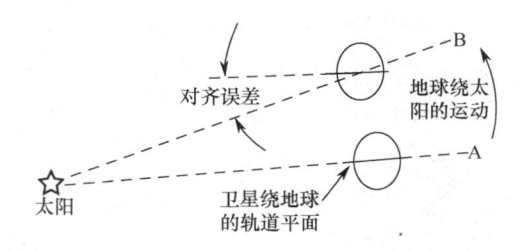

图 9.10 地球绕太阳旋转而引起的卫星轨道平面排列变化的说明

若卫星被精确发射到地球北极轴上空的圆形 LEO 上,并且其初始位置经过仔细计时设定,使得在位置 A 时太阳光方向与卫星运动方向相反(太阳位于卫星背后,如图 9.10 所示)。然而,由于地球在其绕太阳的轨道上不断转动,不久后,卫星的轨道平面(此时已移动至位置 B)将不再与太阳光的方向及太阳位置保持在同一直线上。为了保持卫星轨道平面与太阳位置的相对变化同步,卫星必须向后退的轨道方向进行机动,这实际上意味着卫星需要向西加速。实际上,如果卫星被发射到与赤道倾角接近 98°(从赤道向东逆时针方向)的 LEO 上,它将能够随着地球绕太阳的转动而及时调整其轨道平面。这种轨道平面的变化(或旋转)被称为旋进。

太阳同步轨道卫星会在其运行周期中的某个时刻扫过地面的所有区域。然而,决定卫星在某一瞬时所能观测到的地面部分(覆盖区)是其他方面的内容。尽管这些数据对人们来说非常重要,人们也确实通过卫星建立了通信系统,但关键在于确定卫星在何时何地能够提供这些数据覆盖。

9.3 覆盖和频率因素

发射任务直接决定了给定的卫星通信系统所需要达到的覆盖区。这进而影响到轨道的选择、酬载技术的确定等方面。例如，若一个卫星通信系统需要覆盖欧盟地区（EU），那么单颗卫星就需要达到一个最低高度，以确保能够一次性覆盖整个欧盟地区。若要实现对欧盟地区的不间断覆盖，就需要选择 GEO 或者设计 NGSO 星群组，并确保后继卫星之间实现必要的重叠式覆盖。最初，覆盖区的决定因素主要是简单的几何问题，但随后受到地面和空间中可用技术的限制，以及辐射环境等其他因素的严重影响，问题就变得复杂多了。因此，在决定最优覆盖区时，需要首先考虑几何因素。计算覆盖区的几何示意图，如图 9.11 所示。

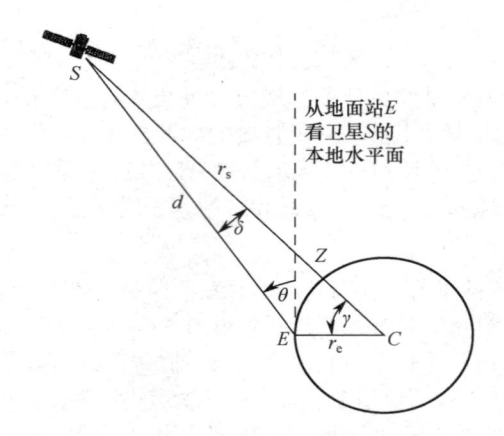

图 9.11 计算覆盖区的几何示意图

在图 9.11 中，通信卫星在离地心 C 距离为 r_s 的轨道上运行，它必须与在 E 点的地面站进行联系。对卫星的仰角为 θ，由正弦定律可求

$$r_s/\sin(90°+\theta) = d/\sin\gamma \tag{9.6}$$

它导出如下等式：

$$\cos\theta = r_s \sin\gamma/d \tag{9.7}$$

式（9.7）中的所有参数均是卫星通信系统结构设计的重要输出。在假设卫星对地面均匀覆盖的情况下，可以通过角 γ 推导出地面的覆盖区。距离 d 决定了电波传播路径上自由空间路径损耗的大小，它在链路预算设计中占据重要地位。仰角 θ 影响天线的 G/T，且天线周围的地形和建筑物可能会对电波传播构成障碍。此外，沿着通向卫星的路径还会存在传播损耗，特别是在下雨天，频带内的信号会受到很大的衰减。因此，对频带内的控制系统来说，仰角也是十分重要的设计因素。

1）频带

为移动用户提供数据和语音传输服务的 LEO 卫星通信系统往往使用可用的最低 RF 频率。卫星转发器在移动接收过程中用于建立给定的 C/N，其 EIRP 与下行链路的 RF 频率的平方成正比。当移动用户使用全方位天线时，移动发射机需要发射的功率也与 RF 频率的平方成正比。由于转发器的 EIRP 增加会导致卫星的成本上升，因此，使用较低的 RF 频率能够降低系统成本，这也是移动卫星服务普遍选择低频带的原因。

卫星、地面站和地心在图 9.11 中均在同一平面上。角 SCE 为中心角 γ，仰角 θ 是平面上的地面站本地地平线和卫星与地面站连线之间的夹角。SC 是地心与卫星的连线，与地球交于 Z 点。对在 Z 点的观察者来说，当卫星位于天顶位置时，卫星距离地面站为 d，距离地心为 r_s。地球的平均半径为 r_e，较好的平均值为 6370km。

假设一颗 LEO 卫星的地面覆盖面积为 A 平方米。卫星上的转发器的输出功率为 P_t 瓦，它驱动线性增益为 G_t 的天线，使卫星产生 P_tG_t 瓦的 EIRP。通过覆盖区的平均通量密度为

$$F = P_tG_t/A \tag{9.8}$$

通量密度的值与频率无关。接收机的天线近似为全向的，它的增益为 G_r，一般小于 3dB。天线的有效接收面积由下式给出：

$$A_e = G_r\lambda^2/(4\pi) \tag{9.9}$$

移动地面站的接收功率由 $P_r = FA_e$ 给出，则

$$P_r = \frac{P_tG_tG_r\lambda^2}{4\pi A} \tag{9.10}$$

显然，带有全向天线的移动终端的接收功率随着波长平方的增加而增加，也随着波长平方的减小而减小。RF 频率越低，给定的覆盖区内的接收功率越大。同理，带有全向天线的移动终端的发射功率也遵循这一规律。这对于移动系统具有重要意义，因为它使得可以采用全向天线，而避免使用方向性天线，且可以使用尽可能低的 RF 频率。这就是 Orbcomm 的数据中继 LEO 卫星通信系统选择使用 VHF 和 UHF 的原因。Orbcomm 卫星具有为整个覆盖区服务的单发射波束。同样，移动卫星服务也倾向于采用低频带，但如果要实现与 Orbcomm 卫星使用 VHF 达到的相同 C/N，低频带卫星必须使用高增益多波束天线。

由于 VHF 和 UHF 的一个缺点是它们容易受自然环境引起的高噪声功率干扰，因此，在 VHF 和 UHF 上运行的系统，其控制天线的噪声温度往往会高于接收噪声温度。当频率升高时，环境噪声温度会降低，而在低频带，环境噪声则不是主要的影响因素。

就移动系统而言，Ka 频段是一个相对较差的频率选择。与在 1.5GHz 上运行的系统相比，在 20GHz 频率上运行的 Ka 频段移动下行链路多出 22.5dB 的发射 EIRP 或者具有更高的接收天线增益。尽管有时会有人对 Ka 频段移动系统提出一些建议，但这样的系统通常只能在移动终端装有可操作的方向性天线时才能实现。一般来说，机械控制的 Ka 频段碟形卫星天线比一个简单的鞭形卫星天线要昂贵上千美元，而自适应相控阵列天线的成本则更高。

移动终端的全向天线导致在移动系统中传输每比特信息的成本增加。假设一个固定终端，其天线增益为 G_{rx}，数据传输速率为 R_b bps，而一个移动终端，其天线增益为 G_m，在相同的卫星 EIRP 和传输损耗条件下，其数据传输速率只有 $R_b(G_m/G_{rx})$bps。例如，运行在 12.5GHz 上的 DBS-TV 天线增益为 33dB。若接收机具有相同的 C/N 值，那么使用 DBS-TV 天线的卫星通信链路的数据传输速率将是采用增益为 0dB 的全向天线的移动终端数据传输速率的 2000 倍。在 Ku 频段运行的移动系统，若卫星通信链路的空间分割成本相同，则系统运营商向用户收取的每比特信息传输费用是 DBS-TV 系统的 2000 倍。此外，在相同的月租费用下，DBS-TV 用户能以 20Mbps 的速率接收信号，这足以传输一些压缩的数字电视信号，而移动终端用户则只能以 10kbps 的速率接收单一的数字语音信道。

天线增益对卫星通信系统的数据传输速率有着显著的影响。当自适应相控阵列天线能够用于移动终端时，即使这些移动终端的天线增益不高，移动系统也可能带来显著的经济效益。具体来说，天线增益每提高 10dB，数据传输速率将会提升到原来的 10 倍。

2）仰角因素

雨水会在倾斜的路径上引起严重的信号衰减。在 Ka 频段（30/20GHz），即使是少量的降雨也会引起明显的信号衰减。由于少量降雨经常是成层分布的，因此，在给定的降雨率条件下，仰角越高，雨水带来的衰减越小。当卫星仰角增加时，穿过雨水的传播路径变短的示意图，如图 9.12 所示。

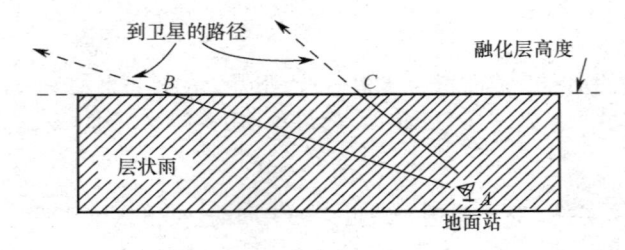

图 9.12 当卫星仰角增加时，穿过雨水的传播路径变短的示意图

当小雨在成层状的云块中的融化层高度中渐渐形成后，雨水就会在广阔的区域无规则地降落。然而，冻雨（包括冰雹、冰晶、干雪）则不会对无线电波产生明显的衰减。由于雨水的分布是不规则的，电波在成层状的雨中传播时，每传播一米的损耗并不一定是常数，但在一定条件下，可以近似认为其损耗是均匀的。因此，电波在传播路径中的总损耗主要由信号在雨中传播路径的长度决定。通常来说，仰角越高（相较于较低仰角），信号受到的损耗就越小。

许多商业卫星通信系统要求地面站能在高于某个最小仰角的范围内运行。国际卫星通信系统要求所有的地面站在使用 C 频段（6/4GHz）时，卫星的仰角必须大于 5°。否则，地面站将被视为未遵循国际卫星通信系统的标准，而只能限定在个人基础上运行，这种形式的运行成本很高。按照国际卫星通信系统的标准，在 Ku 频段（14/11GHz，14/12GHz），天线需要在最小仰角为 10°的情况下工作。在设计最初的 Teledesic 系统结构时，对覆盖区来说，最重要的设计参数之一是确保地面站仰角不低于 40°。根据这些要求，结合轨道高度大约在 800km 的条件，得出了一个非常不现实的结论：需要 840 颗卫星组成的星群才能实现全球覆盖。目前，许多频率在 10GHz 左右的卫星通信系统，无论是为移动卫星服务（MSS），还是为固定卫星服务（FSS），均趋向于将用户仰角设置在不小于 10°，以确保服务的可靠性。在给定最小仰角和轨道高度的情况下，卫星正下方的覆盖区示意图，如图 9.13 所示，假设卫星在最低点时波束是均匀的。

在图 9.13 中，一颗 NGSO 卫星沿着地球上空的轨道运行，换言之，天线的电轴直指卫星正下方的点，而天线具有有限的波束宽度，这使得地面的特定部分被照亮，图中用阴影部分表示这一区域。提高卫星的轨道高度能增加覆盖面积，或者轨道高度保持不变，增加波束宽度也会增加覆盖面积。

在图 9.13 中，地球上的阴影部分是卫星能达到的对地面的最大瞬时覆盖面积。当输入用户能接受最小仰角和所选的轨道高度时，通过计算就能得出瞬时覆盖面积。瞬时覆盖面积是指，若对卫星进行"快照"，即捕捉卫星在某时刻的固定影像，那么在这一时刻卫星天线所覆盖的地球区域即为卫星的瞬时覆盖面积。使用"瞬时"这个词是为了与由扫描天线或者漂移天线产生的覆盖区相区别。在扫描天线或者漂移天线的概念下，主要波束会沿覆盖区周围移动来提高通信容量，从而得到全覆盖面积。然而，由于频谱资源的有限性，以及随之而来的大范围频率复用的需求，卫星的瞬时覆盖面积并不总是由卫星天线的一个波束单独实现的。这一点在移动卫星服务（MSS）系统中特别明显，与陆地微波蜂窝系统类似，MSS 系统会将覆盖区分成一个个的蜂格，并由独立的波束来覆盖，目的是给指定的蜂窝结构提供足够的容量。这里的每个蜂格都是由卫星天线的独立波束覆盖的，并分配有频谱的一部分。最简单的频谱再用模式是三蜂窝结构，即将频谱大致均匀分成三部分，从而在覆盖区内建立起一个三蜂窝结构。三蜂窝再用模式示意图，如图 9.14 所示。卫星天线的瞬时覆盖区用虚线圈出。在这个覆盖区中，由卫星天线产生的单个波束像一般模式那样填充了整个覆盖区。分配给卫星的频谱被分成三部分，称为频谱 A、频谱 B 和频谱 C。不同的频谱用不同的形式区别。三种频谱均不与相同的频谱相邻。一般来说，每个独立的波束均会与相邻的波束相重叠，这主要有两个原因：第一，独立的波束重叠后，可以确保瞬时覆盖区内不会出现"洞"；第二，根据物理学原理，即使超过了可忽略的距离，波束的功率也不会从全功率突然变成零功率。因此，通常将波束的半功率点作为覆盖增益/功率的边界来换算覆盖面积。在波束相邻的区域，会有能量的跃变，这就是为什么相邻的波束需要使用不同的频谱的原因。然而，若使用 CDMA 技术，就没有必要这样做了。

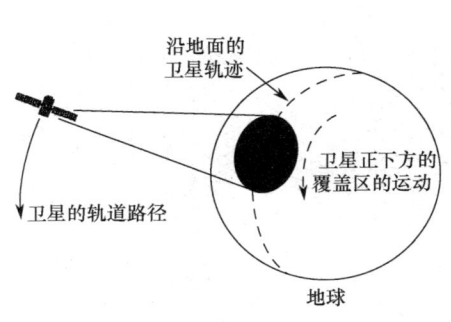

图 9.13　卫星正下方的覆盖区示意图 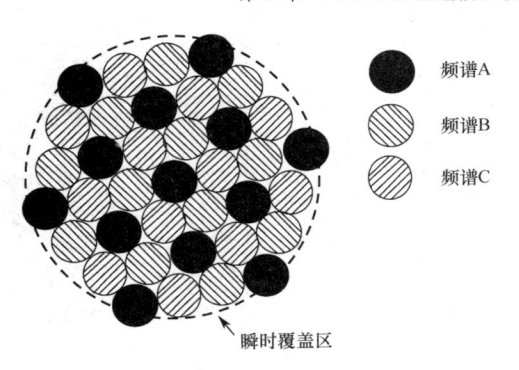　　　　图 9.14　三蜂窝再用模式示意图

3）每个覆盖区的波束数

由于 MSS 系统分配的可用频谱很小（< 50MHz），这就给系统设计带来了很多的约束。在三个主要的 MSS 系统——Iridium、Globalstar 和 New ICO 中，频率、天线和容量参数，如表 9.3 所示。

表 9.3　三个主要的 MSS 系统的频率、天线和容量参数

参数	Iridium	Globalstar	New ICO
移动用户链路			
频率（上行/下行）(GHz)	1.62135～1.6265	1.619～1.6215/2.4835～2.4985	1.980～2.010/2.170～2.200
最大带宽（MHz）	5.15	11.35	30
每颗卫星的波束点	48	16	163
每颗卫星的标称容量（语音链路）	1110	2400	4500
轨道高度（km）	780	1414	10355

New ICO 是一种从国际海事卫星组织中分离出来的 MSS 系统。尽管它使用 MEO 结构，拥有分布在两个平面上的 10 颗卫星，且离地高度为 10355km，但 New ICO 还是与 Iridium 和 Globalstar 一起被称为大型 LEO MSS 系统。由于 New ICO 卫星比 Iridium 和 Globalstar 卫星离地球远得多，因此在每次瞬时覆盖中，New ICO 需要使用更多的波束来达到覆盖区内每平方千米足够的容量。Iridium 与 New ICO 的多波束阵列在它们各自的卫星瞬时覆盖区内的显示如图 9.15 所示。其中，图 9.15(a)为由一颗 Iridium 卫星产生的用户点波束，图 9.15(b)为由一颗 ICO-Global 卫星产生的用户点波束。

ICO-Global 卫星的点波束大小与 Iridium 卫星的点波束大小是相同的。其中，Iridium 卫星在轨道高度为 800km 时，能覆盖地面大约 40°的范围，这相当于一个直径约为 4000km 的覆盖区。该覆盖区被分成 48 个点波束。每个点波束具有相同的波束宽度。由于地球曲率的影响，外部的点波束呈椭圆状。每个点波束的边界定义为该点波束的 3dB 下降点。ICO-Global 卫星在轨道高度为 10355km 时，能覆盖地面大约 110°的范围，换算成直径约为 12000km 的覆盖区。该覆盖区被分成 163 个点波束，每个点波束具有相同的波束宽度，且受地球曲率的影响，外部的点波束也呈椭圆状。每个点波束的边界同样指该点波束的 3dB 下降点。

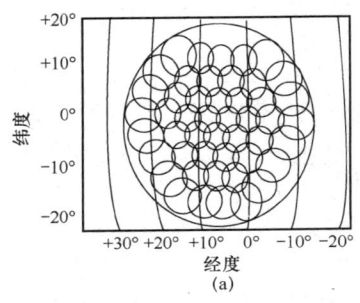

图 9.15　Iridium 与 New ICO 的多波束阵列在它们各自的卫星瞬时覆盖区内的显示

(b)

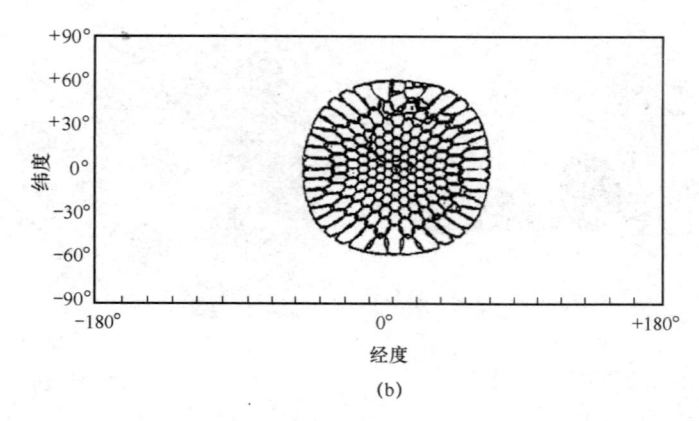

图 9.15　Iridium 与 New ICO 的多波束阵列在它们各自的卫星瞬时覆盖区内的显示（续）

相控阵列天线通常有一个非机械控制的辐射体阵列，这些辐射器件可为无源器件（如双极子或者馈电喇叭）或者有源器件（如带有放大器的金属补片器件）。对波束的控制是通过调整每个辐射器件的信号相位（以及可能的全旁瓣控制的幅度）来实现的。对于无源器件，相位控制是通过反馈矩阵完成的，该矩阵通常位于高功率放大器（HPA）之前或者与之相连。对于有源器件，每个器件针对每个波束均有相位偏移。在很多情况下，可以认为高功率放大器（HPA）是有源相位阵列辐射器件的一部分，这种特殊的相位阵列称为直接辐射相控阵列。两种相控阵列天线的扫描角控制机制，如图 9.16 所示。其中，图 9.16(a)为无源相控阵列，图 9.16(b)为直接辐射相控阵列。

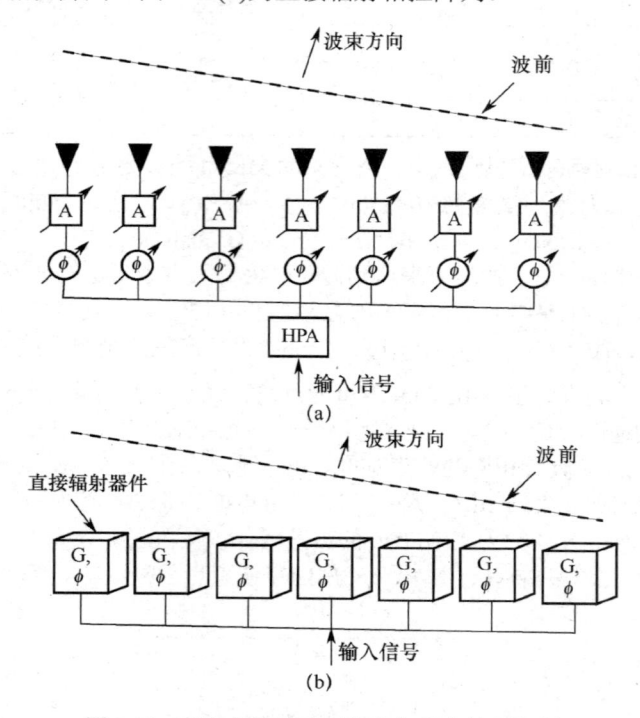

图 9.16　两种相控阵列天线的扫描角控制机制

在图 9.16(a)中，高功率放大器（HPA）将功率分配给许多不同的反馈线，每条反馈线上均会有一个不定的相位变化（ϕ），并且配备了一个可变的损耗器件 A。这些反馈线将合成后的输出信号反馈给无源馈电喇叭阵列，而无源馈电喇叭阵列产生的多个相位和振幅共同决定了天线覆盖区的特性。在图 9.16(b)中，反馈线的终端连接的是直接辐射器件，这些器件能够控制相位和幅度。相位由辐射放大器的增益控制，具体可以由放大器内部的单元本身控制，也可以由与辐射器件相关联的相位器件控制。为了产生大量的波束，很多信号线要对各器件反馈，从而形成复杂的波阵面。相应的波阵面会产生复合相位，各波束的方向由这些复合相位来决定，而各波束的形状则取决于对波阵面起作用的单个器件的数目。无论采用哪种方法，扫描角常常是设计时需要重点考虑的因素。

9.4 可操作 NGSO 星群设计

以下讨论将简要回顾七个星群的设计。其中，四个星群是提供 MSS 的多波束系统；一个星群采用单波束覆盖，提供双向服务和单向的前向存储服务；其他两个星群则是网络多媒体卫星通信系统。

1）Ellipso 卫星

Ellipso 星群的设计是针对世界人口分布的研究和对 MSS 用户的潜在市场分析。在给定的纬度范围内的世界人口的分布，如图 9.17 所示。Ellipso 卫星基于波音 GPS 卫星总线设计，每枚火箭可运载 5 颗卫星，且这些卫星不具备星上处理功能。卫星接收的信号会下行传输到地面站的网关，或者经由陆地公共开关电话网络或卫星网络传输到前向路由，而不需要使用 ISL。图 9.17 中所示的数据表明：由于世界上 85%以上的人口居住在北半球，因此，若能设计一个大部分时间在北半球运行并能提供服务的卫星通信系统，则能更有效地覆盖全球人口。

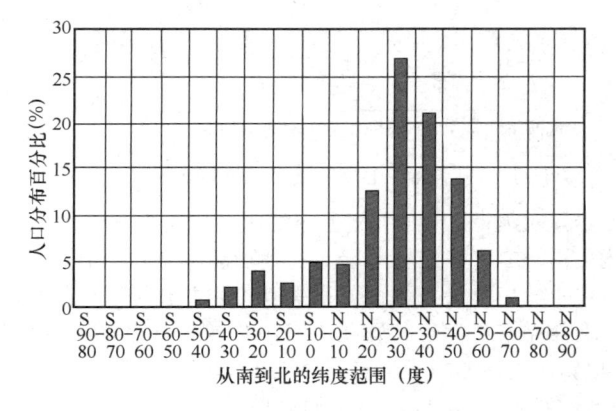

图 9.17 在给定的纬度范围内的世界人口的分布

另外，还有研究表明，由 MEO 卫星构成的赤道星群能够为世界上大部分人口提供服务。因此，Ellipso 卫星对它们的业务采用了累积扩展的方法。第一系列的卫星应位于圆形的赤道轨道上；第二系列的卫星应位于椭圆形的赤道轨道上，其椭圆率的设计会使卫星在需求较大的区域有较长的滞留时间；第三系列的卫星应位于倾角为 116.6°的太阳同步轨道上，周期为 3h，以实现对北半球高度工业化地区的覆盖。Ellipso 的赤道轨道组称为 Concordia，而太阳同步轨道组则称为 Borealis。五个针对数据和语音通信的 NGSO 星群系统参数，如表 9.4 所示。

表 9.4 五个针对数据和语音通信的 NGSO 星群系统参数

系统参数	Ellipso	Globalstar	New ICO	Iridium	Orbcomm
平面数	1→3→5	6	2	6	4→5
每个平面的卫星数	1×7，然后 1×7 和 2×3，然后 1×7，2×3，3×5	8	5	11	4×8，然后 4×8 和 1×4
总补偿	23	48	10	66	36
轨道倾角	3 条为 0°，2 条为 116.6°	52°	45°	86.5°	4 条为 45°，1 条为 72°
轨道类型	1 条为圆形（0°），2 条为椭圆形（0°），2 条为太阳同步轨道	圆形	圆形	圆形	圆形（45°，72°）
轨道高度	1 条为圆形 8050km，2 条为椭圆形 6149~8050km，2 条为太阳同步轨道 633~7605km	1414km	10255km	780km	775km

(续表)

系统参数	Ellipso	Globalstar	New ICO	Iridium	Orbcomm
每颗卫星的波束点	61	16	163	48	1
卫星使用寿命	5～7 年	约 7.5 年	约 12 年	5～7 年	5～7 年

2）Globalstar 卫星

由于 Globalstar 卫星采用与 Ellipso 卫星类似的方式，即选择建立一个针对地球上人口稠密地区的星群，因此，Globalstar 卫星轨道平面相对于赤道平面倾斜了 52°，这样就忽略了人口密度较低的高纬度地区。为了降低对用户手机的功率要求，将星群的高度设定在刚好位于范艾伦辐射带下方的位置。这一设计使得总卫星的数目增加到了 48 颗。这些卫星同样不具备星上处理功能，也未使用 ISL。卫星接收的信号只是进行下行传输，地面站的网关对信号进行处理之后再传输到前向路由。卫星的端对端连接示意图，如图 9.18 所示。

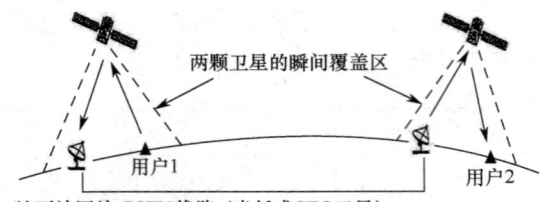

图 9.18 卫星的端对端连接示意图

与 Ellipso 卫星类似，Globalstar 卫星在水域上空的服务也仅限于沿海地区，即那些卫星能够在地面站网关无线电覆盖范围内的区域。这些卫星无星上处理功能和 ISL。当用户 1 和用户 2 分别位于不同的瞬时覆盖区内时，来自用户 1 的信号会被地面站网关获得，并且经过中继传输到用户 2 的地面站网关。然后，该信号会从第二个地面站网关上行传输到卫星，并最终下行传输到用户 2。若用户 1 和用户 2 使用的是固定电话（或者电脑），则信号将直接通过常规的 PSTN 线路传输，而不通过空间部分。由于用户必须在地面站网关的视线范围内，因此，海上的这种通信不能进行，除非船只处于靠近陆地（或者地面站网关）的位置。

3）New ICO 卫星

ICO Global 是从国际海上卫星组织的基础上建立并发展起来的公司。New ICO 是 2000 年由于破产保护而出现的公司。Inmarsat 的建立最初只是为了给海上交通提供较可靠的通信。随后，Inmarsat 除了为陆上和海上安全通信提供优先链路，还提供航空服务。New ICO 虽然最初只针对 IMS（陆地移动服务）市场，但后来也需要为海上链路提供空间支持。New ICO 既不包括 ISL，也不包括任何重要的星上处理功能。对 LEO 星群来说，无 ISL 就不能实现对海域的全面覆盖，这就需要选择更高的轨道。若使用小的星上处理系统，从一个用户到另一个用户的路由将由地面站网关来实现（类似于 Ellipso 和 Globalstar），此时地面站网关需要双跳链路。双跳链路使用两条不同的地球到空间的链路来完成连接，包括两条上行链路和两条下行链路。然而，双跳链路对于 GEO 星群并不适用，因为由此产生的总延迟会达到 1s，这是用户难以接受的。因此，New ICO 采用了 MEO 星群。它使用了 45° 的倾角，并且由于轨道高度很高，因此使全球覆盖成为可能。

4）Iridium 卫星

Iridium 系统是为了满足全球范围（包括无电信基础设施的地区）的通信需求而诞生的。因此，该系统必须是独立的。同时，考虑对手机低功耗的需求，最初构想是部署沿极轴旋转的 77 颗 LEO 卫星，并通过 ISL 相互连接，后来改为了 66 颗。卫星接收上行链路信号并进行解调，利用星上处理系统恢复基带上的单个数据包,以便读取头信息。利用头信息和与网络控制站的链路,可以确定每个数据包的下一个传输节点。随后,数据包被重新格式化,为传输到下一个地址做准备。处理后的基带数据包经过上变频,可以选择以下三种传输路径:一是直接发射到 L 频段的陆地用户,实现与其他 Iridium 用户的直接通信;二是上变频到 20GHz,传输到地面站网关;三是通过四条 ISL(23GHz)中的一条,传输到链路中的下一颗卫星。在这个过程中,星上处理系统实现了整个信息的路由和格式化功能。

5)Orbcomm 卫星

许多研究组织和商业机构需要从特定区域获得数据,而这些区域要么用常规的方法无法到达,要么处于蜂窝系统不好覆盖的范围内。例如,河流和海洋中用于测量水质特性的浮标,还有运输高价值货物的货车,都需要在有规律的时间间隔内,向中心站发射短消息。货车上的 GPS 接收机能确定它的位置,并通过 Orbcomm 卫星以 ID 号码的形式发射出去。若运输高价值货物的货车被劫持,由于它的路径可以被人们跟踪,因此货车得以被拦截。

很多这种信息没必要是实时的,也没必要用高容量的通信链路。Orbcomm 正是根据这种需求来确立它的系统的。该系统由环绕地球的卫星星群组成,具备双向数据传输和前向存储的能力。这些卫星的质量很小(仅 40kg),其设计和操作均很简单。它们通过单波束实现瞬时覆盖,且没有星上处理系统。

在卫星覆盖区和地面站网关(包含了几乎全美国所有的地面站网关)内的终端,能够实时地对地面站网关发射短信息。这些信息长度限制在几百字节以内。为了进行前向存储,有数据准备上传的终端要等待卫星通过,并在卫星处于视野范围内时将数据上传。数据会附带目的接收地址,以打包的形式存储并发射到地面站网关,以便在卫星位于地面站网关覆盖范围内时传输到接收方。由于 Orbcomm 卫星传输短信息时,每传输 1 比特的相关费用很高。因此,对于那些想传输数目很少而价值很高的比特信息的用户,例如要传输紧急情况下的求救请求或者对高价值货物的跟踪信息,该系统比较有吸引力。

6)Skybridge 卫星

Skybridge 卫星采用了与 Globalstar 卫星相同的覆盖方式,即选择能够覆盖人口主要聚集区的倾斜轨道。Skybridge 卫星无处理系统的酬载,并且无星群内部链路,这一点也和 Globalstar 卫星一样。其传输线路均是:数据下行传输到地面站网关进行处理,然后进行前向路由。然而,Skybridge 卫星旨在实现宽带卫星通信,因此可以使用 10GHz 以下的频率。通常,它选择使用和 GEO 系统用户服务中的 FSS 相同的 Ku 频段频率:上行链路频率为 12.75~14.5GHz,下行链路频率为 10.7~12.75GHz。为了与已经存在的 FSS GEO 系统很好地配合,当卫星的观测角在 GEO 平面的 10°范围内时,系统会拒绝执行任何操作(无论是上行还是下行)。这种要求使得构成星群的卫星数目相对较大。同时,不使用 ISL 的决定也使得地面站网关的数目很大。此外,Skybridge 卫星还利用了静态蜂窝的概念,如图 9.19 所示。

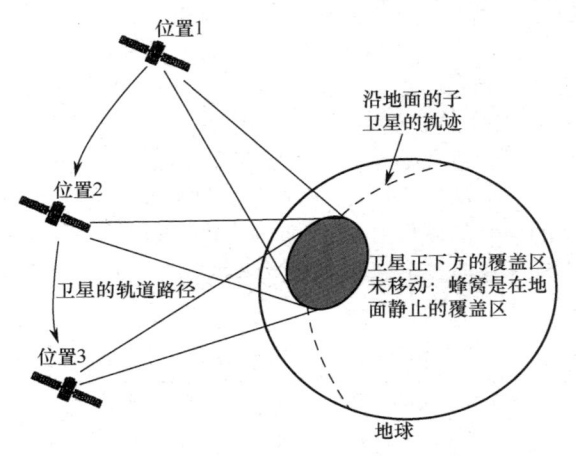

图 9.19 静态蜂窝的概念

针对互联网多媒体用户的两个 NGSO 星群的系统参数，如表 9.5 所示。

表 9.5　针对互联网多媒体用户的两个 NGSO 星群的系统参数

系统参数	Skybridge	Teledesic
平面数	20	12
每个平面的卫星数	4	24
总补偿	80	288
轨道倾角	53°	约 90°
轨道类型	圆形	圆形
轨道高度	1469km	约 1400km
每颗卫星的波束点	18	—
卫星使用寿命	约 7 年	约 7 年

7）Teledesic 卫星

Teledesic 卫星的产生原因与 Iridium 卫星类似，但它是为类互联网数据传输而设计的，而不是像 Iridium 那样专注于语音通信，即任何用户均可以访问其他任何用户，或者访问各独立区域的 ISP（Internet Service Provider），还可以连接到现有的电信基础设施。Teledesic 卫星的理念是利用卫星在地面上空建立一个世界范围内的数据通信系统，而不是使用光纤在地面建立通信。这种要求使得系统必须采用宽带数据链路、星上处理系统和 ISL。为了避免与现有系统相互协调的麻烦，Teledesic 卫星选择将它的所有操作均移至 Ka 频段进行。此外，为了减小雨水对通信的影响，Teledesic 卫星还将用户能够访问卫星的仰角（屏蔽角）限制在 40°以内。最初的 Teledesic 星群设计包括 840 颗卫星，分布在 22 个平面上，每个平面有 40 颗可操作卫星，另外还有 40 颗在轨备用卫星。轨道高度最初为 700km，随后上升到大约 1400km，这样轨道平面的数目就减少到了 12 个，每个平面有 24 颗可操作卫星。最初估计 Teledesic 卫星要用到 840 颗卫星，但随后卫星的数目减少到了 288 颗，这一减少有可能使得建立系统的费用更能让人们接受。

NGSO 卫星的静态覆盖方式的特点是覆盖区不随卫星的移动而改变。当卫星在轨道上移动时，其上的相控阵列天线会控制波束，确保地面的覆盖区始终保持静态。这意味着，当卫星在位置 1、2 和 3 之间移动时，地面的覆盖区总是保持静态的，专门用于通信覆盖。同时，用于通信覆盖和网关链路的天线是分开且独立的。在这种方法中，网关没必要位于给定的静态覆盖区内。

一些公司正在寻找比 Teledesic 卫星和 Skybridge 卫星成本更低的卫星互联网接入方法。其中，一个将成本降低到"仅仅"26 亿美元的公司是 Virtual Geosatellite。然而，由于比特速率已给定，因此，目前提出的任何系统都无法在成本上比 GEO 系统低。GEO 系统具有其独一无二的特性：能够提供每比特费用最低的卫星数据传输。当考虑商业投资回报时，无论是正在规划中的还是正在运行的 LEO 和 MEO 卫星星群，都无法从特殊服务中得到可观的增值。许多新的星群均有明确的军事方面的要求，但陆地蜂窝系统和光纤链路的发展已使得这些新服务的潜在商业需求减少了不少。在 21 世纪初，超过 90% 的互联网通路都集中在 30 座主要的大城市中。若这些大城市通过光纤或者来自 GEO 系统的高功率点波束天线连接起来，则剩下的通路就只能由 LEO 和 MEO 系统来填补。对于蜂窝电话服务也是如此：主要城市未实现覆盖的部分将留给成本较高的 LEO 或者 MEO 系统来实现。互联网通路中心在 2000 年提供的一些数据，如表 9.6 所示。

表 9.6　互联网通路中心在 2000 年提供的一些数据

城市	互联网流量	城市	互联网流量
伦敦	18.0Tbps	法兰克福	10.5Tbps
纽约	13.2Tbps	巴黎	9.7Tbps

(续表)

城　　市	互联网流量	城　　市	互联网流量
阿姆斯特丹	10.9Tbps	布鲁塞尔	6.2Tbps
日内瓦	5.9Tbps	芝加哥	2.7Tbps
斯德哥尔摩	4.4Tbps	西雅图	2.6Tbps
华盛顿	4.0Tbps	温哥华	2.5Tbps
旧金山	3.9Tbps	东京	2.4Tbps
多伦多	3.5Tbps		

【例 9.1】 一家公司计划建立一个不间断提供全球覆盖的 LEO 星群。然而，受用户终端功率、电池续航时间和卫星发射能力的限制，该星群的轨道高度限制在 750km。基于这些限制条件，求下列设计数据：

（1）瞬时覆盖区内地面的覆盖区弧线的长度。

（2）若使用单波束实现覆盖，求卫星天线的增益。

（3）在卫星覆盖区有适当叠加的情况下，完成一个平面覆盖所需要的卫星数目。

（4）构建一个全球卫星通信系统所需要的卫星数目。

解： 图 9.11 给出了卫星与用户终端之间的几何关系。若最小仰角设定为 10°，并知道 $r_s = r_e + 750$km（轨道高度），$\theta = 10°$，$r_e = 6378$km（地球平均半径），则需要找出中心角 γ（见图 9.11 中的 $\angle ECZ$），通过中心角可以找出在覆盖区弧 $\overset{\frown}{EZ}$ 之下的弧的一半的长度。利用正弦定律，有

$$\sin\sigma/r_e = \sin(\angle SEC)/r_s$$

$\angle SEC = \theta + 90° = 100°$，即得出 $\sigma = 61.7859° \approx 61.79°$。若 $\sigma = 61.79°$，则 $\gamma = 180° - 100° - 61.79° = 18.21°$。

由 $r_e\gamma$（γ 的单位为弧度）$= 2027.1$km 给出弧 $\overset{\frown}{EZ}$ 的大小。瞬时覆盖区直径为 $2 \times 2027 = 4054$km，在地球中心测量的覆盖角为 36.42°。

注意，这里假设覆盖区关于图 9.11 所示的垂直指向 SC 均匀对称。计算地球周长为 $\pi \times$ 地球直径 $= \pi \times 6378 \times 2 = 40074$km。

图 9.11 中的角 δ 是天线波束宽度的一半，而卫星的天线波束宽度 $2\delta = 61.79° \times 2 \approx 123.6°$。利用近似关系，天线增益和 3dB 的波束宽度有下列关系：

$$增益比 = 33000/(3dB 波束宽度)^2 = G$$

从而有

$$G = 33000/(123.6°)^2 = 2.16 \approx 3.3\text{dB}$$

按与以上相同的逻辑，若需要 10 颗卫星绕赤道实现覆盖，则需要 5 个卫星平面来实现全球覆盖（每个平面包含 2 颗位于赤道平面的卫星，若卫星位于极地轨道，则一个平面内的卫星将分别位于地球的两个半球，即一些卫星向北，一些卫星向南，这样绕地球就会有 10 个切片，构成 5 个卫星平面）。因此，总共需要的最小卫星数目为 50 颗。注意，这是一个绝对的最小值，实际上还需要一些备用卫星在轨道上，以防止潜在的覆盖空白和卫星失效。此外，还有其他的结构要求需要满足。其中一个是任何一个用户必须同时被两颗卫星覆盖，虽然每颗卫星的覆盖区不变，但整个星群中的任意两颗卫星必须要始终在用户的视野内。此外，还有一个结构规则是不允许卫星在低于 20°（而非 10°）的纬度下操作。还有很多其他可能的参数需要考虑，例如，仅仅覆盖离赤道±65°的纬度范围，或者在特定区域嵌入椭圆轨道以增加卫星的滞留时间。因此，有些星群需要很多卫星来满足所有的结构要求。∎

9.5 本章小结

本章首先简述了 NGSO 卫星通信系统的一般概念；其次详细论述了轨道因素对 LEO 卫星通信系统性能的影响，包括近赤道轨道、倾斜轨道、椭圆轨道、Molniya 轨道、辐射影响、太阳同步轨道；同时详细论述了覆盖和频率因素对 LEO 卫星通信系统性能的影响；最后分别介绍了多个可操作 NGSO 星群的设计方法。

习 题

01. 在考虑卫星发射的能量需求时，需要进行以下操作：在赤道上设置一个完全可操纵的地面站，用于观测一颗正在圆形赤道轨道上向东方向行驶的卫星。该地面站可以观测到直到地平线的卫星，即卫星在任何方向相对于地面站的仰角均为 0°时仍然可见。如果已知卫星的真实轨道周期，那么请问该卫星的直观轨道周期（两次卫星正好在地面站正上方的时间间隔）是多少？本题中的相关条件和其他问题如下：
(1) 向东发射卫星；(2) 向赤道上发射卫星；(3) 2h；(4) 6h；(5) 12h；(6) 你对问题（5）得出的答案有什么疑问吗？若有，这个疑问是什么？你能解释为什么出现这种答案吗？

注意：
① 假设 24h 是地球的理想运行周期。
② 若你未能在（5）问的答案中看出什么来的话，你要么是一个不太专业的轨道设计师，要么就是你不是很有好奇心！

02. 本题旨在探讨辐射对太空飞行器电子设备的影响。请回答以下问题：
(1) 辐射对电子设备产生影响的两个基本方面是什么？
(2) 主要是由哪些粒子负责产生这种对电子设备的影响？
(3) 这些产生影响的粒子的主要来源是什么？
(4) 导致这些粒子产生波动的原因是什么？
(5) 这种波动有周期性吗？如果有，大致的周期是多少？
(6) 近地空间是否有特殊的区域可以找到这种粒子的聚集地？如果有，那么是哪个区域？
(7) 卫星在什么轨道倾角下绕地球运行时，会接收到最大的辐射剂量（与其他轨道倾角相比）？
(8) 哪种粒子的辐射强度最大，同时也最难被电子设备所抵御？
(9) 在暴露于辐射环境中时，应采取哪些措施来减少电子设备的意外损坏，或者延长其使用寿命？

03. 通信卫星的天线设计对其完成预定任务的能力起着关键作用。地面天线所能辐射到的区域被称为覆盖区。本题主要探讨覆盖区的定义、频率复用策略以及容量规划问题。请回答以下问题：
(1) 卫星天线向地面辐射信号时，其总覆盖面积和瞬时覆盖面积有何差异？
(2) 在高级卫星通信系统中，"漂移"波束和"扫描"波束有何本质区别？
(3) 一颗卫星在一定覆盖区内必须具备一定的通信能力。预计在任意时间内，覆盖区内连接到卫星的平均用户数目为已注册使用该卫星服务的用户数目的 1%。也就是说，每 1 万人注册，仅有 100 个用户在某一时间同时使用卫星服务。
① 若卫星的潜在用户群体达到 12 亿，那么卫星需要具备多少条瞬时通信信道以满足要求？
② 若卫星通信服务带宽分配仅允许 6000 条信道，且无频率复用，那么在覆盖区内需要多少个彼此独立的波束以确保服务？此时不考虑波束间的干扰问题。
③ 若独立波束间的干扰条件要求相邻波束间无法使用相同的频率，此时，还需要增加多少个波束以满足需求？不考虑波束的具体几何形状（注意：在此问题中，假设带宽已分成三个独立频段，以供后续开发频率复用模式）。
④ 若在②问和③问中覆盖区的物理尺寸相同，那么在整个覆盖区内，单个瞬时波束的尺寸大小是多少？
⑤ 这种尺寸变化会如何反过来影响通信容量和卫星连接系统的复杂度？

04. 思考以下问题：
(1) 从地面站的角度定义"最高点"，并从绕地卫星的角度定义"最低点"。
(2) 一颗 GEO 卫星需要提供覆盖整个地球的通信服务（如全球喇叭天线）。从该卫星的最低点测量时，其天线覆盖区应包含多大的最大偏轴角？
(3) LEO 星群使用下行频率为 12GHz 的频带提供全球电信服务。考虑如何规划以确定该系统（圆形轨道）的最佳高度？对波束复杂度来说，什么是最佳的融合方案？初步估计该系统的最佳高度为 1400km。假设到地面任意覆盖区的最小可操作仰角为 20°。请回答以下问题：
① 从最低点到覆盖区边缘的扫描角是多少？
② 从最低点到覆盖区边缘的路径损耗有何不同？
③ 覆盖区边缘的扫描损耗是多少？参数 K 为 1.4。
④ 若要求在覆盖区边缘（包括在最低点）具有相同的功率谱密度，那么在覆盖区边缘需要多大的额外功率（dB）？
⑤ 如何处理这种最低点和覆盖区边缘功率需求上的差异？

05. 历史上，几乎每种基于自然科学的实际商业服务都得到了迅速发展，无论这门自然科学的具体领域是什么。现今许多企业主要都是从对单一领域形成垄断开始发展的。全球卫星通信系统并没有这么奢侈，它必须依靠全球的共同发展。LEO 卫星的设计者希望测试如何利用不同程度的服务来实现全球覆盖，这样他们可以有更多选择。此处，他们选择了极地轨道作为他们的系统轨道。请回答以下问题：
(1) 如果实际控制可以连续降到仰角为 0°，那么卫星能够被利用来提供在极地轨道周围连续覆盖的最小数目是多少？
(2) 若要实现连续的全球覆盖，则所需要的最小轨道平面数是多少？
(3) 在如下条件下，重新回答问题。
① 如果（1）问中的条件改成最小仰角为 20°，再重新回答。
② 如果（1）问中的条件改成最小仰角为 40°，再重新回答。
③ 如果（2）问中的条件改成最小仰角为 20°，再重新回答。
④ 如果（2）问中的条件改成最小仰角为 40°，再重新回答。
(4) 如果提供商采用（3）的①问和（3）的②问中的星群设计，那么对于他们来说，有什么优点和缺点？
(5) 如果提供商
采用（3）的③问和（3）的④问中的星群设计，那么对于他们来说，有什么优点和缺点？

第 10 章 卫星电视广播及导航与 GPS 定位

10.1 概述

GEO 卫星在 20 世纪 60 年代末开始用于商业服务时，便承载了电视节目的广播业务。由于海底线缆带宽有限，仅限于语音通信，无法传输视频信号，因此，那时的实况电视节目广播只能局限于较小的范围内，如 20 世纪 50 年代的 AT&T 工程微波链路允许视频信号在全美传播，于是其他国家迅速仿效并建立了国际电视网。1968 年东京奥林匹克运动会使用了一条太平洋上的早期国际卫星通信链路进行现场传输信号，这是 GEO 卫星首次广泛地用于视频信号的传输。

20 世纪 70 年代，有线电视（CATV）系统快速发展，促进了用于传输有线电视信号的卫星电视的使用。一个 GEO 卫星上的转发器可将视频信号传输到分布在整个国家的数千个独立的线缆系统，即单点对多点的传输。卫星传输宽带信号非常有效，如 C 频段转发器传输 FM 视频信号。每个视频信号对应一个转发器，Ku 频段卫星通过压缩数字视频信号可以利用一个转发器传输几路视频信号。目前，世界上大多数 GEO 卫星通信系统中，很大一部分的转发器均用来传输视频信号。视频信号传输等已成为卫星通信的主要业务。

2001 年，美国使用 S 频段开展卫星电视广播服务，这为公路交通提供了大范围的支持，城市地区的中继器被用来解决高层建筑周围卫星的可见度问题。

10.2 C 频段和 Ku 频段家用卫星电视

20 世纪 80 年代早期，C 频段低噪声优势和砷化镓场效应晶体管（GaAsFET）放大器的使用，让视频信号接收机能够通过改善门限扩展解调器的性能，使得采用更小直径的天线接收 GEO 卫星发射的 C 频段 FM 视频信号成为可能，如 3m 和 3.6m 的碟形卫星天线。Ku 频段 DBS-TV 卫星使用数字传输和 0.5m 的碟形卫星天线。20 世纪 80 年代，欧美 DBS-TV 采用 Ku 频段的模拟 FM 传输，如美国 Primestar 提供的模拟 FM DBS-TV 服务采用了位于 85°W 的 GEO 卫星上的中等功率（50～90W）转发器，并配备了 1m 直径的碟形卫星天线作为接收终端。20 世纪 90 年代，随着高容量数字 DBS-TV 卫星的引入，该技术得到了迅速发展。

10.3 数字 DBS 电视

20 世纪 90 年代，12.2～12.7GHz 带宽的 DBS-TV 服务推动了数字视频信号传输业务的发展。随着低开销 Ku 频段天线和接收机，以及集 QPSK 解调、差错控制、解密和 MPEG 解码为一体的高速数字集成电路的发展，DBS-TV 得以实际应用。数字信号处理的集成应用，以及数字视频标准 DBS-S 的推广，使得 DBS-TV 系统用户迅速增长。美国 20 世纪 90 年代 DBS-TV 系统用户数目的增长及典型家用 DBS-TV 购买价格的下降示意图，如图 10.1 所示。

Directv 是 Hughes Electronics 公司所拥有的全数字 DBS-TV 系统，其服务最初由位于 101°W 的 GEO 卫星 DBS-1 提供。随后，公司又发射了 DBS-2、DBS-3 和 DBS-4 卫星。到了 2000 年，该系统又发射了具备点波束传输天线的第五颗卫星，其位于 101°W 和 109°W 的位置上。

Echostar 通信公司于 1996 年 3 月启动了 Dish Network 服务，使用的是位于 119°W 的一颗卫星。2001 年，已有六颗 Echostar 卫星进入轨道，它们分别位于 61.5°W、110°W 和 119°W 的位置。2001 年服务于美国用户的两颗 DBS-TV 卫星的主要参数，如表 10.1 所示。

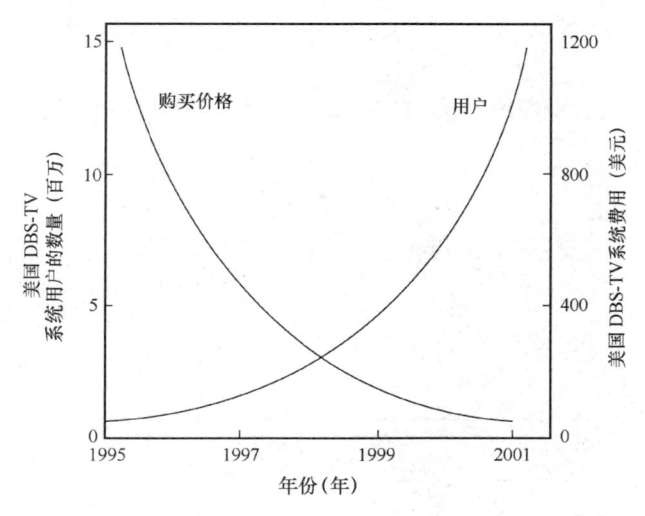

图 10.1 美国 20 世纪 90 年代 DBS-TV 系统用户数目的增长及典型家用 DBS-TV 购买价格的下降示意图

表 10.1 2001 年服务于美国用户的两颗 DBS-TV 卫星的主要参数

DBS-TV 卫星	DBS-1	Echostar 6
GEO 位置	101°W	119°W
发射时间	2000 年 7 月 14 日	2000 年 7 月 13 日
卫星制造商	Hughes 空间通信公司	Space Systems Loral
设计类型	HS 601-HP	SSL 1300
频段	Ku 频段（12.2～12.7GHz）	Ku 频段（12.2～12.7GHz）
转发器	16 个起作用（4 个空闲）	32
输出功率	200W（双重 100W TWTA）	125W（可配对）
太阳能系统	两翼，GAAIA 电池	两翼
寿命开始时输出功率	8.7kW	11.27kW
寿命结束时输出功率	7.7kW	—
电池	27-NiH 电池 350Ah	NiH
推力	液态远地引擎 110 lbf	二元燃料
基站保持推进器		
N-S（氙离子）	0.17N	—
E-W（二元燃料）	10N	—
N-S（二元燃料）	22N	—
轨道维度		
太阳阵列上方长度	26m	31.1m
天线上方高度	7m	8.66m
装载的维度		
高度	4m	—
宽度	9.72m	—
发射质量	3446kg	—
在轨质量（寿命开始时）	2304kg	3700kg
天线		
发射端	2.72m	2.39m
接收端	1.32m	1.19m

GEO 上的 DBS-TV 卫星使用 12.2~12.7GHz 带宽，且选用高功率转发器。典型的转发器输出功率为 100~240W，地面的通量密度达 −105W/m^2。卫星可承载多达 32 个转发器，传输总发射功率高达 3.2kW。

DBS-TV 接收机可选用小型碟形天线，C 频段和 Ku 频段碟形天线的口径为 2.5~3.5m。DBS-TV 接收机的框图，如图 10.2 所示。

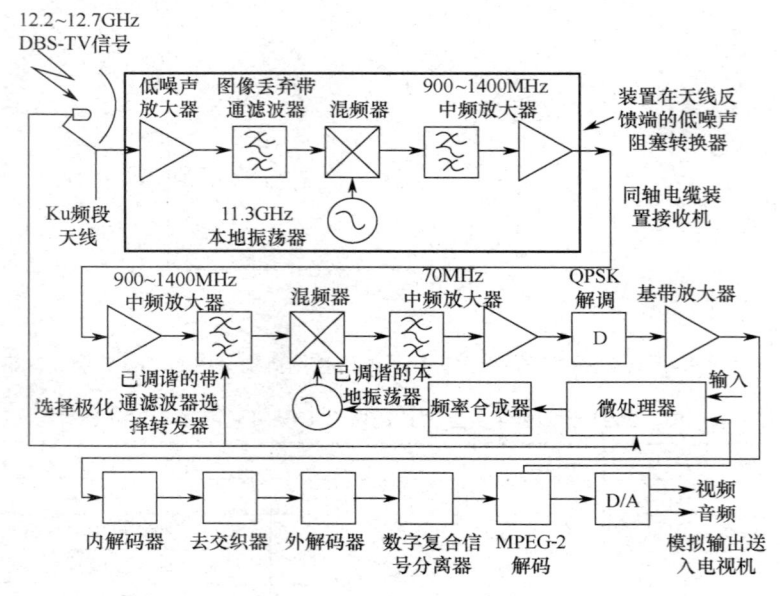

图 10.2　DBS-TV 接收机的框图

接收机的整个前端位于天线反馈处，以低噪声放大器（LNB）的形式出现，用来减小信号的损耗，从而保持系统噪声温度尽可能低。电极化装置通过改变连接天线和接收机的线缆所提供的电压来进行转换。LNB 能将整个 12.2~12.7GHz 的带宽变换到 900~1400MHz 的范围内，在此频段内，线缆的损耗远低于 Ku 频段。下变频器由隔离谐振器、本地振荡器、混频器、后置中频放大器和带通滤波器组成。高增益 LNB 可在不降低信号质量的情况下驱动 100m 的同轴电缆。当需要远距离电缆传输时，可以使用针对 900~1400MHz 带宽的放大器来增加信号强度。机顶置盒则负责接收整个 500MHz 的带宽，并且分离出每个转发器的频率。用户可以根据自身需求，从这些频率（以及相应的极化方式）中任意选择一个。

用户使用遥控器将想要观看的频道号（如频道 362）输入机顶置盒。这个频道号通过接收机中存储的查询表被转换为对应的 RF 频道频率和极化方式。接收机从所需要的转发器中获得信号，并在天线端设置正确的极化方式，同时调整机顶置盒中的本地振荡器频率，将其变换到合适的 IF 以选择出所需要的信号。接下来，QPSK 信号被解调，形成了一个合成的比特流，该比特流一般有高达 40Mbps 的比特速率，并包含频道 362 的比特信息以及其他视频信号。这个比特流是加密的，并含有用于错误控制的编码比特和数据比特。经过错误检测与纠正、取消交叉存取及解密处理后，数字复合信号分离器会提取出所需要频道的比特信息，并将它们传输到 MPEG-2 解码器。最后，由 D/A 转换器将这些数字信号转换为模拟视频和音频信号来驱动电视机播放。

接收机中的查询表将频道数与对应的频率、极化方式和 TDM 复合信号分离器的指令相关联。这个查询表由卫星定期下传更新。卫星还负责定位独立的接收机，并为已授权的用户装载可接收频道的查询表。若用户未按时向供应商付费，接收机最终将显示连接中断的信息。在这个过程中，智能卡扮演着关键角色，它用于识别每个接收系统，并确保卫星信号能够被正确解密。高度的保护措施被应用于 DBS-TV 信号，旨在阻止未每月付费的用户进行未经授权的接收。

Directv 接收终端无上传的能力，必须使用地面电话电路将收费信息传输到 TV 服务供应中心。每次浏览事件的费用都会累加到用户每月的账单上。它建立在用户 DBS-TV 接收机和公共交换电话网（PSTN）连接的基础上。接收机通过拨打一个免费的号码，下载这个用户的付费记录，并上传其他需要传输给服务供应商的信息。这些信息可能包含用户选择和观看的频道形式。

10.4 DBS-TV 系统设计

DBS-TV 系统必须在小型接收天线端提供足够的接收信号功率，以确保在晴空条件下达到适当的 C/N 裕量。然而，大雨会导致链路裕量受到超过预期的衰减，因此偶尔会引发信号存储损耗。DBS-TV 系统中使用的 C/N 裕量很小，以避免需要使用大型的接收天线。

C/N 裕量的选择是在用户可以承受的存储损耗水平、碟形接收天线的最大允许直径以及卫星转发器的输出功率之间找到一个平衡。一般设计接收天线的直径范围为 0.45～0.9m，而卫星转发器的输出功率在 100～250W。通过将降雨所致的衰减裕量从 3dB 增加到 8dB，系统能够在每年 5～40h 的总存储损耗时间内保持稳定的信号接收。然而，这个时间主要取决于接收机的位置。值得注意的是，由于大多数用户不会每天 24h 均收看电视，因此，他们可能不会注意到所有的存储损耗。但是，雷暴雨往往发生在傍晚和晚上，这正好是主要的收视时间段，因此在这段时间内会造成更多的存储损耗。

此外，卫星发射的 Ku 频段传输波束所承载的 DBS-TV 信号会被整形，以传输更多的功率到最频繁降雨的地区，它会引起这些地区更大的链路裕量，从而有助于将存储损耗保持在可接受的水平。

10.5 DBS-TV 链路预算

在 DBS-TV 链路预算中，转发器的输出功率为 160W，这相当于一个饱和输出功率为 200W、输出衰减为 1dB 的转发器。设置这样的输出衰减往往是为了防止转发器中发生过大的 AM-PM 和 PM-AM 转换。接收天线采用高效率设计，其抛物反射面直径为 0.45m，并采用了圆极化反馈方式。这种设计可以避免反馈系统阻塞天线孔径，从而有效地提高了天线效率。若假设天线效率为 66%，则频率为 12.2GHz 时，天线增益可以达到 33.5dB。Ku 频段 DBS-TV 接收机的链路预算如表 10.2 所示。

表 10.2 Ku 频段 DBS-TV 接收机的链路预算

下行链路功率预算		噪声功率预算	
转发器输出功率 160W	22dBW	玻耳兹曼常数 k	-228.6dBW/(K·Hz^{-1})
轴上天线波束增益（锥形覆盖）	36.5dB	晴空中的系统噪声温度为 143K	21.6dBK
12.2GHz、38500km 的路径损耗	-205.9dB	接收机噪声带宽为 20MHz	73dBHz
接收天线增益（轴上）	33.5dB	噪声功率	-134dBW
等高线波束损耗	-3dB	晴空中的 C/N	16.3dB
杂散损耗	-0.8dB	超过 8.6dB 门限的链路裕量	7.7dB
接收功率	-117.7dBW	整个美国链路的有效性	99.7%以上

表 10.2 中所给出的接收机位于发射天线的-3dB 等高线上。在链路功率预算中，还给出了杂散损耗和其他损耗，其中杂散损耗包括 0.4dB（工作频率为 12GHz 时）的气体损耗以及 0.4dB 的接收天线方向偏差损耗。最后得到晴空中的接收功率为-117.7dBW。

表 10.2 中的噪声功率预算是在以下条件下计算得到的：假设接收机噪声带宽为 20MHz，晴空中的天线噪声温度为 35K，12GHz 低噪声放大器的噪声温度为 110K。最后得到的 20MHz 带宽的噪声功率为-134dBW，晴空中的 C/N 为 16.3dB。就数字接收机而言，噪声带宽是由位于接收机解调器前的末端 IF 级中的带通滤波器决定的。该滤波器必须和发射信号的码元速率相匹配，并具有根升余弦（RRC）传输函数。通常，所有 RRC 滤波器的噪声带宽均等于其对应的码元速率。在表 10.2 所述的 DBS-TV

系统中，首先假设 QPSK 信号的码元速率为 20Mbps，从而得到接收机噪声带宽为 20MHz。但是，对采用 MPEG-2 编码方式的视频信号而言，其数据速率并不是恒定的。DBS-TV 数字视频标准是专为改变比特速率传输而设计的，20Mbps 可能为其所能允许的最大值。DBS-TV 系统采用复合编码方式，包括 Reed-Solomon（RS）分组编码、交织编码和内层卷积编码等。通过采用差错平缓方案，可以比采用码率为 1/2 的 FEC 多得到 6dB 的编码增益，该方案允许在 40Mbps 的比特流中增加数据位，同时减少奇偶校验位的比特数。有些 DBS-TV 系统采用 3/4 内层卷积码，数据速率为 23～27Mbps。当采用 188/204 外层 RS 编码和 3/4 内层卷积编码方式时，总编码率为 0.69，从而使得数据速率为 27Mbps 的编码比特速率可达到 39.1Mbps。

10.6 卫星无线广播

2001 年，美国有两家公司开始利用卫星进行数字无线电信号传输，每家公司可提供 50 个频道。该系统通常称为卫星数字音频无线电业务（SDARS）。它标志着无线收费业务的首次尝试。机载收音机的价格大概为 300～500 美元。

SDARS 系统通常采用高功率转发器来补偿机载全向天线较低的增益，并在大城市中设置陆地中继器，以在高楼阻挡卫星信号时进行放大。位于华盛顿的 XM 卫星无线电公司采用了两颗分别位于 85°W 和 115°W 的 GEO 卫星，并分别命名为 Rock 和 Roll。这两颗卫星分别在其各自的 3.7MHz 频带内工作，频段分别为 2332.5～2336.5MHz 和 2341～2345MHz。位于纽约的 Sirius 卫星无线电公司则采用 3 颗均匀间隔的 24h 极化椭圆轨道卫星，这些卫星的轨道中心位于 100°W，远地点位于北美洲。这些卫星每天有 16h 的时间位于美国听众所在的水平面以上，其中两颗卫星独立工作在 4.2MHz 带宽内，频段分别为 2320～2324MHz 和 2328.5～2332.5MHz。Sirius 卫星的高椭圆轨道所能提供的仰角比 GEO 卫星要高，由于高仰角可以尽可能地减小高楼对信号的阻挡，因此，采用高椭圆轨道卫星时，必须进行卫星之间的切换操作。陆地中继器的工作频段和卫星位于同一频段，但其工作频率位于两颗卫星的下行链路频率的间隔内。SDARS 系统的一些具体参数，如表 10.3 所示。

表 10.3 SDARS 系统的一些具体参数

参　　数	XM 卫星无线电公司	Sirius 卫星无线电公司
卫星数目	2 颗，分别位于 GEO 85°W 和 115°W	3 颗，位于 100°W，24h 高椭圆轨道
下行链路频率	2332.5～2336.5MHz 2341～2345MHz	2320～2324MHz 2328.5～2332.5MHz
上行链路频率	7050～7075MHz	7060～7072.5MHz
陆地中继器	70 个城市中共 1500 个	46 个城市中共 105 个
音频信道总数	100	100
FEC 前向传输速率	4Mbps	4.4Mbps
卫星下行链路调制方式	TDM-QPSK	TDM-QPSK

XM 中继器直接从 SDARS 卫星接收信号，而 Sirius 中继器则要经过一个 Ku 频段的 GEO 卫星作为中转来接收信号。

由于城市中的建筑物和农村中的树木极易对卫星信号造成阻挡，因此，这两个系统均采用了时分多址技术来克服短时的信号中断问题。卫星之间和陆地中继器之间的传输延迟可达 5s。卫星无线电接收机先将信号延迟一定的时间，然后选择合并这些信号，从而获得最大的 S/N。卫星信号的传输格式与 DBS-TV 中的信号形式类似：采用 TDM-QPSK 调制将多路信号整合为高速数字数据流，并采用外层 RS 编码和内层卷积编码的链接码形式进行差错控制。

卫星电视广播已成为卫星通信产业的主要组成部分。1999 年，DBS-TV 和卫星电视广播的收入已占到全球卫星通信产业总收入的一半以上。目前，大多数 DBS-TV 和卫星电视广播均采用数字传输。

到 2000 年年底，美国 Directv 和 Echostar 公司取得了巨大的成功。DBS-TV 系统采用小天线、低成本的接收系统，可提供数目众多的视频和音频信道，对用户而言极具吸引力。典型 DBS-TV 信号链路预算表明，当链路裕量设置为 4～8dB 时，美国大陆可得到 99.7%以上的信号可靠率。此外，采用卫星成形发射波束可使美国东南部这样的多雨区获得更高的晴空 C/N。

数字 DBS-TV 信号采用 20Mbps 的 QPSK 方式发射，占用大约 27MHz 的转发器带宽。这种信号的比特速率为 40Mbps，但实际数据速率通常为 23～27Mbps，其他比特用于差错控制和系统操作。DBS-TV 数字信号采用了大量的纠错和检错技术，主要表现为采用双层差控编码和交织相结合的形式。从带有误比特的比特流中恢复出质量较好的模拟信号有赖于以下几个步骤：首先，通过去交织将突发错误分散；其次，利用内层卷积编码纠正一些错误；最后，利用外层 RS 线性分组编码对剩余未纠正的误比特进行检错。对数字信号进行解码操作后，仍可能残留少量误比特，但这些误比特通常只会造成单个码的错误。

利用 DBS-TV 传输的比特流，也可用于为那些需要大量数据下载的互联网用户提供服务。随着针对当地新闻广播的点波束 DBS-TV 卫星的发展，它为使用 0.5m 碟形天线的上行链路提供了更高的天线增益。Directv 和 Dish Network 均可提供具有上行传输能力的互联网接入终端，不过若用户位于点波束覆盖区以外，就必须利用陆地电话链路和 PSTN 与互联网服务提供商（ISP）进行连接。

卫星无线广播始于 2001 年，主要包含三颗采用高椭圆轨道运行的 Sirius 卫星和两颗采用 GEO 运行的 XM 卫星。这些卫星的信号传输采用 S 频段，频率为 2.3GHz，主要面向美国汽车用户。在城区，通常会设置中继器来克服建筑物对信号的阻挡。

10.7　卫星导航与 GPS 定位

全球定位系统（GPS）的出现是导航和定位技术的一场革命。现在它是大部分船只和飞机的主要导航手段，并且广泛应用于搜索和其他用途。GPS 起源于 NAVSTAR，它是作为指挥导弹、船只、飞机寻找目标的军用导航系统发展起来的。GPS 卫星发射几种编码的 L 频段信号。20 世纪 80 年代中期，C/A 码的引入使得公众应用成为可能。高精度的安全 P 码使得授权用户（主要是军方）可得到 3m 的精度，这正是军方所需要的制导小型炸弹和巡航导弹的精度，而且这种精度同样适于大雾中自动着陆的飞机以及在恶劣天气下入港的船只。

GPS 的第一次商业应用是用于测量，但是当 20 世纪 90 年代几家公司开发了低价手持式 GPS 接收机后，GPS 就应用于一般的定位。

GPS 接收机典型的 30m 的精度使其获得了极大的成功。此外，还有一些其他的定位系统，例如 LORAN 导航系统（大范围收缩导航）同样可以直接读出位置，但其精度和可靠性不如 GPS。GPS 的成功是卫星在广播领域所能达成的极佳范例。由于 GPS 接收机是用从 4 颗 GPS 卫星的接收信号来定位本身的，因此，任意数目的 GPS 接收机均可以同时工作。

GPS 空间段由 24 颗位于海拔 20200km 的 MEO，且轨道倾角为 55°的卫星组成。这些卫星以 4 颗为一群称为星群，每个星群按纬度 60°间隔分布，轨道周期大约为半个恒星日（11h 58min），同一颗卫星每天两次出现在相同的位置。这些卫星携带基站需要的燃料，主要用于机动操作以保持卫星在基站轨道上，这与 GEO 卫星类似。在轨道上的 24 颗卫星确保了无论何时何地，用户均可以选择最近的 4 颗卫星来接收信号。实际上，在某些时间段内，超过 10 颗卫星可以被利用，而在任何时候，均有多于 4 颗卫星可用。代替的卫星在需要时会被发射，因此在任何时间，均有超过 24 颗 GPS 卫星可用。GPS 卫星的示例，如图 10.3 所示。

图 10.3　GPS 卫星的示例

该 GPS 卫星的发射质量为 1877kg，使用寿命为 10 年。2000 年有 30 颗 GPS 卫星在轨道上，其中一些是空闲的。由于 GPS 是美国防御系统整体的一部分，因此有更多空闲的 GPS 卫星随时准备发射。GPS 由位于 Colorado Springs 的 Falcon 空军基地的 GPS 主控站来操作。主控站和一系列位于全球的从控站时刻监视着所有的 GPS 卫星，并且决定它们的轨道。主控站及其他控制站会计算每颗卫星的星历数据、原子钟偏差以及大量的其他导航信息所需要的参数。然后这些数据通过安全的 S 频段链路传输给卫星，并更新正在使用的数据。全球有 5 个卫星监控站，分别位于夏威夷、Colorado Springs、大西洋的 Ascension 岛、印度洋的 Diego Garcia 岛、太平洋的 Kwajalein 岛。这些监控站利用精确的铯时钟标准来持续测量可用卫星的范围。这些测量每 1.5s 执行一次，并且用于提供导航信息的更新。

GPS 接收机的位置由三角测量得到，三角测量是一种简单的、精确的定位技术。在三角测量中，未知的位置由三个已知的位置测得：通过测量未知点与三个已知点之间的角度或距离，可以构建出三个方程。解这三个方程就可以得出未知点的经度、纬度和高度。发射机和接收机的距离是根据突发信号在两者之间的传输时间算出的，该时间乘以电波在空间的传播速度（光速 $c = 299792458$m/s）即可得到距离。在此过程中，利用原子钟进行时间度量，其精度优于其他任何参数，这也是 GPS 定位能够在 20000km 范围内达到 1m 误差的原因。为了达到 1m 的定位精度，必须使时钟精度为 3ns。在现代数字电路和处理技术下，这是可行的。

每颗卫星都携带有多个高精度的原子钟，它们在已知的精确时间发射时间序列。GPS 接收机在接收信号时，会与卫星的时钟保持同步，并测量与距离成比例的时间序列的比特延迟相关性。接收机确定了三颗卫星到其的距离后，还需要知道每颗卫星的位置。如果接收机已知卫星传输的初始时间序列，那么它就可以用卫星轨道信息来计算卫星位置。接收机从 4 颗卫星接收足够的数据就可进行精确的定位。之所以需要 4 颗卫星，是因为接收机内部没有足够准确的时钟。第 4 个距离度量能够确保接收机的时钟偏差得到纠正，并使接收机的时钟同步保持在 100ns 的精度范围内。

GPS 卫星用来传输两个不同频率的信号：L1 和 L2。L2 信号以 1.023Mbps 的 P 码调制，并且主要用于军方。伪随机编码以加密的 Y 码方式传输，用于限制授权用户的使用。

L1 序列载波以 1.023Mbps 的速率被 C/A 码的伪随机序列调制，并且该伪随机序列还通过积分调制进行携带。高比特速率的 P 码能够提供比 1.023Mbps 的 C/A 码更精确的度量。C/A 码比较粗略，而 P 码则比较精确。在采用安全的 Y 码的 GPS 中，C/A 码通常被作为一个获得高精度距离度量的中间步骤。然而，有时为了安全考虑，精确的 C/A 码会用一个选择可用性（SA）过程来降低其精确性。这种 SA 过程导致的 C/A 码变化会降低卫星传输的精度，从而影响位置计算的准确性。

GPS 提供两个可单独使用的服务，它们分别利用 P 码和 C/A 码进行精确定位。精确定位服务主要应用于军方，此时，P 码在传输前被加密成 Y 码，并需要在接收机中加装解密器件。以 L1 频率编码的 C/A 码为主要技术的接收机轨迹标准定位服务主要用于公众服务，P 码和 C/A 码由卫星所产生的占据相同频带的直接扩频信号码发射。C/A 码和 P 码均可以被公众使用，但是 P 码不能被无解密装置的接收机解密。

俄罗斯建立并运行了一个十分类似于 GPS 的导航系统，即 GLONASS。除了应用多址接入技术，它与 GPS 几乎相同。GLONASS 利用 FDMA 技术，使每颗卫星有不同的传输频率。GLONASS 卫星在 2~20kHz 的射频带宽内可以传输相同的 P 码和 C/A 码。100 颗卫星适合于 2MHz 的带宽。100 条信道的 FDMA 接收机比 CDMA 接收机要简单。相对于覆盖 GPS 信号的数字相关器，频率合成器能为每颗卫星提供独立的频率。

此外，欧盟也建立了一个名为 GALILEO 的导航系统。

10.8 无线电导航

在无线电导航出现之前，人们在陆地上利用指南针和地标来导航，而在海上利用太阳和星星来导航。由于不精确的定位和恶劣天气，沉船事件和陆地上的人们在野外迷路的情况时有发生（现在仍然如此）。GPS 接收机对飞行员、航海者和野外徒步旅行者来说，是极为适用的工具。

穿越云层的飞机的发明，特别是 20 世纪 30 年代制造的大量的轰炸机使得无线电导航变得尤为重要。在"一战"后至"二战"期间，军方认为利用轰炸机投放炸弹摧毁敌方的武器制造基地是赢得战争的关键。由于轰炸机、洲际弹道导弹、制导导弹等武器系统均需要精确寻找目标，因此精确导航始终是这些武器系统的重要性能。空投武器对目标寻找的精确性要求极大地推动了 GPS 的发展，但是现在 GPS 的主要用户还是普通民众。

联邦航线的民航客机利用 VOR（甚高频全向信标）进行导航。在 12.8km 宽度内的航线上，VOR 需要提供 4°以内的角度精度度量。然而，GPS 最终将取代 VOR 进行导航，它能使飞机直接从起飞地飞往目的地，实现更精确的航线规划。VOR 导航将作为 GPS 的备份。

GPS 能够提供一个比以往无线电辅助导航更为精确可靠的单一导航系统。它可以直接读出飞机的经纬度，使飞机能够在两地机场之间直接进行导航，而不需要借用航线导航。此外，差分 GPS 能代替 ILS（仪表着陆系统）对飞机在跑道降落时进行空中直接定位，并且可以直接与自动驾驶系统相连，实现自动着陆。轮船则可以利用差分 GPS 在恶劣的天气里安全进港。GPS 的前身是美国的子午仪系统，该系统原本用于海军船只的导航。子午仪系统的卫星位于地球的 LEO 上，当卫星发射信号时，系统利用多普勒频移搜索接收机来接收这些信号。由于 LEO 卫星以高速运转（约 7.5km/s），因此，当卫星以相对于接收机的速度出现在地平线以上时，接收到的信号会有一个明显的频率跳变。当卫星经过接收机时，多普勒频移降为零并且在离开之后变为负值。通过观察多普勒频移的变化，并结合已知的卫星轨道信息，只需要大约 10min 的时间就可以计算出接收机的位置。

20 世纪 40 年代，NDB（非定向信标）基本上被 VOR 代替。VOR 基于全频段的 VHF，其发射机产生旋转的 VHF 无线电波，并且传播连续的正弦波信号。这些信号的相位与旋转电波掠过"假想"北极的时间相关联。飞机上的 VOR 接收仪能够同步接收这些电信号，并根据接收时刻的电波相位和角度度量来确定飞机的方位。若飞机装备了两个 VOR 接收仪和一张地图，则飞机就可以进行定位。

许多 VOR 基站拥有距离度量设备（DME）。飞机的 DME 会向 VOR 基站发射一对脉冲信号，并测量这些脉冲信号的往返时间。通过计算这个往返时间，飞机就可以确定自己到 VOR 基站的距离。一旦获得了 VOR 提供的角度信息和 DME 提供的距离信息，飞机就可以利用一个单独的 VOR-DME 基站进行导航。

"二战"期间，飞机需要对敌军领土的目标进行精确导航，而当时并无 VOR 可以利用。于是，德军、英军和美军发明了双曲线导航器，这种导航器可以利用频率在 100kHz～2MHz 的 VHF 基带信号进行长距离导航。这种频率范围的信号可以沿着地面弯曲传播，从而实现远距离的导航。双曲线导航器由三个无线电发射仪发射频率相同或相近的无线电信号。早期的双曲线导航器利用无线电波的相位差进行定时，而之后的系统，例如 LORAN 系统则利用传输的脉冲信号进行定时。接收机通过比较两个发射仪发射的无线电信号的相位差或到达时间差，可以计算出接收机与这两个发射仪之间的距离差。当两个发射仪位于双曲线的焦点时，它们之间的距离等差线就会形成一条双曲线。通过引入第三个发射仪，可以得到另外两条双曲线，从而实现接收机的交叉定位，这就是双曲线导航器的基本原理。

LORAN 系统利用 100～500kHz 的 RF 传输脉冲信号，能够实现几百千米距离间仅几分之一千米的高精度定位。美国海岸警卫队在沿海地区建立了许多 LORAN 基站，给处于危险海域的轮船提供导航援助。现在，LORAN 系统已经平稳过渡到差分 GPS，海岸警卫队现在利用 GPS 来帮助位于河口或河道上的轮船进行导航。

在恶劣天气条件下，飞机着陆必须借助仪表着陆系统（ILS）。位于机场的 ILS 发射两个无线电信号，使飞机可以沿直线航线飞行。位于航线目的地的 VHF 发射仪定位器给位于地平线附近的飞机提供两个已调制的电信号，飞机驾驶舱的路径偏离指示器上的垂直指针会据此提供最短航线的横向定位。

同时，航线边缘的斜坡发射仪发射指向地面、倾角为3°的无线电波，CDI（航向偏差指示器）上的水平指针则显示飞机接近地面时的滑行斜面，其灵敏度可达±3m。飞行员需要保证CDI指针居中，以使飞机直线飞行并在航线末梢以斜行方式安全降落到距地面约15m的高度。

然而，子午仪系统没有足够的卫星提供连续的定位数据，这导致子午仪系统无法获得持续的精确定位信息。与子午仪系统类似，SARSAT系统被用于空难搜索和营救中，以寻找紧急定位发射仪（ELT）的信号。大部分飞机均装有ELT，在即将发生空难的紧急状态下，ELT会自动调整频率至121.5MHz。此时，装备有121.5MHz接收机的LEO卫星会捕获到该信号，并将其转发给地面的营救协作中心。ELT发出信号后，LEO卫星会迅速接近并回复多普勒频移信号给营救站。

在观察期间，需要分析多普勒频移来确定ELT的位置信息，但是精度仅仅为1～2km。此外，高达97%的ELT位置警报最终都被证实是错误的，这些错误可能源于发射仪的坠落、频率的误调等因素。这表明GPS、蜂窝电话或者卫星电话最终将取代SARSAT系统。

10.9 GPS定位原理

类似GPS的卫星导航系统的基本要求是必须有4颗卫星从已知位置发射合适的信号代码。其中，三颗卫星提供距离信息，第4颗则对接收机进行定时和纠错。一般的GPS结构如图10.4所示。

当GPS接收机对其到三个已知位置的卫星进行三次距离测量时，这三颗卫星就提供了距离信息。每个R_i可视为以GPS卫星为中心的球体半径，接收机就位于这三个球体的交点处。由于这些球体的半径很大，因此在实际应用中，可以将飞机视为接收机。通过利用三个球体定义一个交点的几何学原理，可以计算出接收机在接近地面的位置。在空中，这三个球体交叉的地方实际上还有另外一个交点，但是在计算过程中可以舍去。

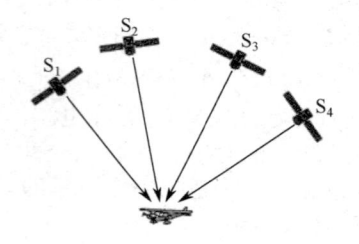

尽管GPS接收机的原理十分简单，即只需要得到三颗卫星的三个距离范围的准确测量值，但要实现测量精度的达标却是十分复杂的。这里先看看GPS接收机是如何获得这些距离的，然后来决定怎样测量。距离是通过计算卫星和接收机之间传输信号的延迟得出的，而这个延迟是基于太空中已知电磁波的速率。为了计算延迟，需要精确地知道信号从卫星发射的准确时间，并且接收机的时钟需要与卫星时钟保持同步。

图10.4 一般的GPS结构

GPS卫星配备了4个已经与GPS控制站校准的原子钟，这就是GPS时间，即每颗GPS卫星所遵循的时间标准，原子钟的精度高达10^{-11}s。然而，由于在大多数接收机中配置原子钟是十分昂贵的，因此，通常用精度为10^{-5}s或10^{-6}s的标准晶振代替原子钟。这会导致接收机时钟相对于卫星时钟存在一定的偏移，从而在测量延迟时引入由时钟偏移引起的误差。例如，假设接收机时钟相对于卫星时钟有10ms的误差，则所有的距离测量就会存在3000km的误差。显然，在做出精确的位置测量之前，必须采取措施纠正接收机时钟中的时钟误差。C/A码接收机可以在170ns内将它们的内部时钟与GPS时间同步。通过重复测量和综合处理，可以使定位误差小于50m。

对GPS的时钟误差的纠正很简单，仅仅需要利用第4颗卫星的时间度量。这里首先需要三个时间度量将接收机位置定义为三个未知参数x,y,z，当加上第4个时间度量时，就可以解出基本定位方程中的第4个未知数，即接收机时钟误差τ，此时在接收机位置计算中涉及的四个未知数是x,y,z和τ。

1）GPS中的定位

首先，需要确定GPS接收机和GPS卫星在以地心为原点的直角坐标系中的坐标。该坐标系称为ECEF坐标系。ECEF坐标系是WGS-84的一部分。WGS-84是一个国际通用的标准，用于描述地球的形状和参数。GPS接收机使用WGS-84来计算卫星轨道。在GPS卫星轨道坐标系中，Z轴指向地球南极，X轴和Y轴则位于赤道平面。其中，X轴穿过格林尼治子午线，Y轴则穿过90°东子午线。需要注意的是，ECEF 坐标系是随着地球旋转的。接收机的位置坐标表示为(U_x, U_y, U_z)，而 4 颗卫星的坐标为(X_i, Y_i, Z_i)，其中 i 表示卫星的编号，$i=1,2,3,4$。这里可能有超过 4 颗卫星的信号被接收机接收到，但在进行位置计算时，通常只选用信号最强的 4 颗卫星。到卫星 i 的测量距离称为伪距，简写为 PR_i。由于伪距是利用接收机内部时钟来进行时间度量的，因此会存在由接收机时钟偏移引起的误差。GPS 度量的几何图，如图 10.5 所示。

GPS 接收机位于 X 点，在这一点，半径为 R_1, R_2, R_3 的三个球体相交。球体的中心分别是三颗 GPS 卫星 S_1, S_2, S_3。若 R_1, R_2, R_3 已知，则 X 点的位置可被唯一确定。

PR_i 可由卫星（第 i 颗）与 GPS 接收机间的传播延迟 T_i 计算得出，假设 EM 波的传播速率为 c，有公式

$$PR_i = T_i c \tag{10.1}$$

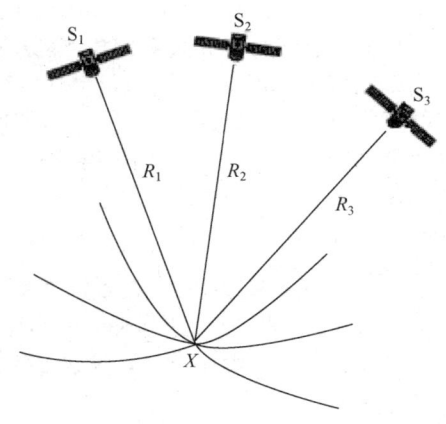

图 10.5　GPS 度量的几何图

直角坐标系中计算 A 和 B 两点之间的距离 R 的公式为

$$R^2 = (x_A - x_B)^2 + (y_A - y_B)^2 + (z_A - z_B)^2 \tag{10.2}$$

将伪距与延迟联系在一起的方程称为距离方程：

$$\begin{aligned}(X_1 - U_x)^2 + (Y_1 - U_y)^2 + (Z_1 - U_z)^2 &= (PR_1 - \tau_c)^2 \\ (X_2 - U_x)^2 + (Y_2 - U_y)^2 + (Z_2 - U_z)^2 &= (PR_2 - \tau_c)^2 \\ (X_3 - U_x)^2 + (Y_3 - U_y)^2 + (Z_3 - U_z)^2 &= (PR_3 - \tau_c)^2 \\ (X_4 - U_x)^2 + (Y_4 - U_y)^2 + (Z_4 - U_z)^2 &= (PR_4 - \tau_c)^2 \end{aligned} \tag{10.3}$$

式中，τ 为接收机时钟误差。

卫星传输定时信号（具有准确起始时间的长比特序列）的瞬间，它的位置可从与定时信号同时传输的星座数据中获得。每颗卫星发射含有其本身和相邻卫星星座数据的数据流。接收机则计算卫星相对于地心为原点的坐标(X_i, Y_i, Z_i)，并利用标准的解非线性数学方程的方法求解距离方程，以求出 4 个未知量：GPS 接收机相对于地心的位置坐标(U_x, U_y, U_z)和接收机时钟误差 τ。接收机的位置以地面为参考，且表示为经度、纬度和高度。一般利用 GPS 中 C/A 码的廉价接收机的精度为 30m，这称为 2DRMS 误差。DRMS 意为接收机测量位置与其真实位置之间距离误差的均方根。若测量误差在一般情况下呈高斯分布，则 68%的测量位置与真实位置的误差在 1DRMS 以内，95%的在 2DRMS 以内。GPS 在水平面或垂直面的测量精度一般也定义在 2DRMS。

实际上，68%或者 95%的测量误差表面不是呈圆形而是呈椭圆形，并且这些误差均受几种稀释精度因子（DOP）的影响。SA（选择可用性）策略和大气传播影响（对流层和电离层）均会导致 GPS 接收机的定时测量误差，进而产生定位误差。大气层和电离层引入了定时误差，且使 GPS 信号的传播速度偏离了假设的真空中的传播速度。若可以建立精确的已知位置的 GPS 基站，则这种误差可被大大减小。这些基站会观察 GPS 信号，并计算由 GPS 数据得出的当前定位误差。该信息会作为一系列纠正信息发射给所有的 GPS 用户，这一系统称为广域差分系统（WAAS）。

美国北部建立的由 24 个广域差分系统组成的网络给飞机提供了改进的位置测量精度。利用广域差分系统，C/A 码接收机可以获得几米的精度。在国家紧急状态下，广域差分系统可以关闭，使得敌人不能利用它来精确定位目标。广域差分系统同样具有整合的监视系统，以确保飞机使用的 GPS 信号不会产生能够导致错误读取的误差。若探测到卫星信号存在问题，则广域差分系统将在 5.6s 内对可能的错误发出警报。

类似地，已知位置的独立基站（如机场）能确定本地的 GPS 误差，并将这些信息传输给用户，从而使 C/A 码接收机可以获得更高的精度。这是一种形式的差分 GPS（DGPS）。更复杂的差分 GPS 则利用基站接收每颗 GPS 卫星的信号，并允许接收机对信号的相位进行比较。对于具备长时间积分能力和精确相位比较功能的接收机，差分 GPS 可以获得厘米级的精度。利用差分 GPS，接收机计算的是相对于基站的位置，而不是直接的坐标。差分 GPS 广泛应用于移动车辆的精确定位，例如飞机相对于跑道的定位或轮船相对于港口的定位。

2）GPS 时间

在定位计算过程中，接收机时钟误差 τ 可加到 GPS 接收机时钟时间中，以产生与 GPS 时间同步的时间度量。GPS 接收机所使用的晶体振荡器在几秒内非常稳定，但是它的频率会随着时间和温度的变化而发生偏移。温度变化会导致晶体振荡器中的单元石英晶体发生膨胀或收缩，从而使振荡器的频率产生变化。

晶体同样具有有限的寿命，这会使得其频率随时间变化。尽管变化很小，但足以在接收机时钟上产生误差。通过解算距离方程，可以计算出接收机时钟误差，并据此每隔 1~2s 对接收机时钟进行更新，以确保其与 GPS 时间保持同步。

每个 GPS 接收机都能通过标准 GPS 时间与其他任何地方的 GPS 接收机保持同步，这使得每个 GPS 接收机都拥有比其他任何传统时间标准更精确的"超级时钟"。在 GPS 接收机广泛使用之前，时间标准是由美国科技部（现为美国国家标准与技术研究院，即 NIST）发布的。这些信息通过短波（HF）频段进行传播，能够覆盖整个美国范围。然而，由于电离层反射导致的长距离 HF 信号传播会引发信号到达时间的不确定性延迟，相比之下，GPS 提供的时间标准一般会比 170ns 更精确。

每颗 GPS 卫星的时间标准由两个铯原子钟和两个铷原子钟组成。这些原子钟利用铯或铷分子的共振子作为频率参考，来锁定晶体振荡器的频率。GPS 卫星的主振荡器的频率为 10.23MHz，所有的编码速率、L1 和 L2 的 RF 频率均是由 10.23MHz 的倍数或分频得到的。地面站会随时更新原子钟的时间，以保持与 UTC（协调世界时）的时间误差在 1μs 以内。同时，每颗 GPS 卫星发射的导航信息中都包含了相对于 GPS 时间的误差。

10.10 GPS 接收机和编码

GPS 卫星利用伪随机序列（PN）编码来发射信号。所有卫星均以 L1 频率（1575.42MHz）发射 C/A 码，该 C/A 码以 BPSK 方式进行调制。L1 频率是主频 10.23MHz 的 154 倍。C/A 码的时钟频率为 1.023MHz，其编码序列长度为 1023 比特。伪随机序列的持续时间为 1ms。由于卫星在轨道上以高速运行（3.865km/s），其频率的真实值会比理论值低 0.005Hz（例如，在进行 GPS 测量时，必须考虑这种影响，因为时钟平台在高速运动时，时钟频率会发生变化）。

P 码则以 BPSK 方式在 L2 频率（1227.6MHz）上发射。同时，它也以 BPSK 方式在 L1 频率上，且通过相位积分的方式与 C/A 码的 BPSK 调制一起发射。GPS 卫星 L1 信号和 L2 信号的产生过程，如图 10.6 所示。

所有 GPS 卫星发射的 C/A 码和 P 码均能够覆盖 L1 和 L2 频率，这种系统称为 GPS 的直接序列扩频系统（DS-SS）。接收机利用每颗卫星上独有的 C/A 码来分离每个单独的 GPS 卫星信号。在任何时间点，至多有 12 个卫星信号能够被接收机接收。当接收机在尝试恢复第 12 个卫星信号时，其扩频接收机的编码增益需要足够强大，以抑制来自其他 11 个无用卫星信号的干扰。

GPS 卫星发射的 C/A 码均为 1023 比特的黄金编码，这种编码由两个 1023 比特的 m 序列以差分时间偏移相乘的方式组成，这两个 m 序列分别称为 G_1 和 G_2。m 序列是由移位寄存器和其反馈逻辑生成的一种最大长度的伪随机编码。具体来说，一个 n 位的移位寄存器可以生成一个长度为 2^n-1 的伪随机编码。在这个过程中，每个比特都由反馈项和移位寄存器的逻辑计算得出。伪随机序列 G_1 和 G_2 正是由 10 位的移位寄存器生成的，且长度均为 1023 比特。C/A 码的时钟频率为 1.023MHz，因此整个序列的持续时间为 1ms。C/A 码发生器，如图 10.7 所示。

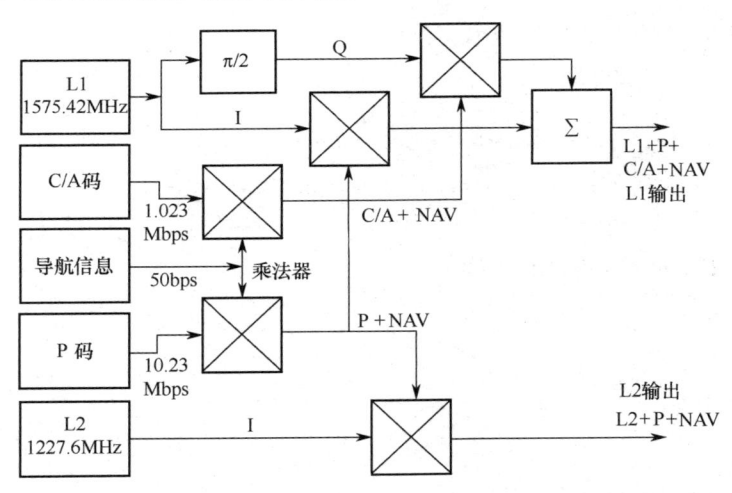

图 10.6　GPS 卫星 L1 信号和 L2 信号的产生过程

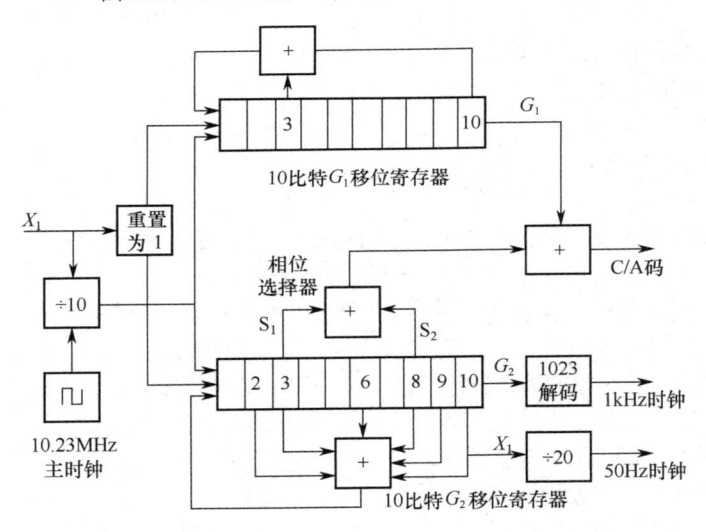

图 10.7　C/A 码发生器

特殊卫星的 C/A 码则由包含 GPS 卫星的身份识别码的一套运算法则算出，因此每颗卫星有一个独特的编码。身份识别码为 i 的卫星其 C/A 码序列为 $C_i(t)$：

$$C_i(t) = G_1(t)G_2(t+10iT_c) \tag{10.4}$$

式中，T_c 为 C/A 码的时钟周期。

卫星有从 1～64 的 64 个黄金序列。式（10.4）可以产生 100 个黄金序列，但不是所有的序列均有很低的相关性。实际上只有涉及 4 种情形的 37 个序列被用在 GPS 卫星上。要求序列具有低相关性是因为 GPS 接收机可同时接收 12 颗卫星的信号。

接收机的相关器在寻找一个序列时必须丢弃其他目前所有的序列。64 个 C/A 码并不均是零相关的，因此要在 100 个序列中选择一组 37 个最小相关性的序列。它们也必须有很小的自相关时间旁瓣。

由于编码以大约 3×10^8m/s 的速率传播，因此，时长为 1ms 的 C/A 码的范围波动为 300km。整个

C/A 码序列每 300km 重复一次，若接收机位于外太空，则只能得到模糊定位。若粗略地知道接收机的位置，则模糊性很容易解决，仅仅知道接收机靠近地面即可。当接收机第一次切换以快速解决模糊性时，用户可得到大概的定位。

C/A 码 GPS 接收机的简化框图，如图 10.8 所示。

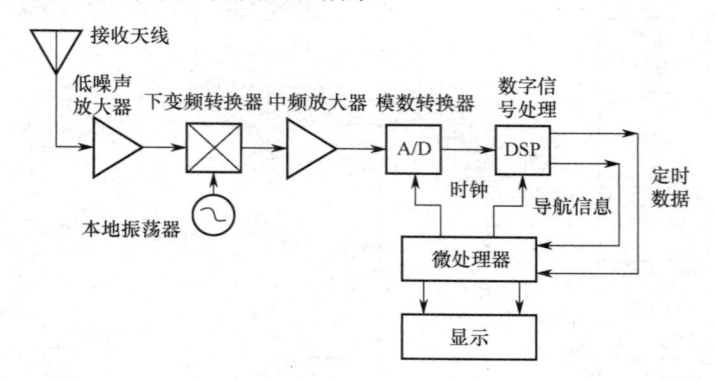

图 10.8　C/A 码 GPS 接收机的简化框图

该天线为带有低噪声放大器印刷电路板的典型循环极性罩天线。传统的超外差接收机用来产生 2MHz 带宽的 IF 信号，这些信号经过 I 和 Q 抽样技术进行抽样，并进行数字信号处理。接收机的数字部分包含 C/A 码发生器、相关器以及用于进行定时测量和计算接收机位置的微处理器。大多数 GPS 接收机使用的是 12 信道 IC 芯片。

10.11　卫星信号获取

GPS 接收机必须找到 4 颗卫星的独特 C/A 码的起始时间，这可通过在任何直接序列扩频系统中的 C/A 码和接收信号的相关处理得到。通常，接收机会自动选择信号最强的 4 颗卫星进行相关处理。若信号最强卫星的几何位置很差，换言之，卫星之间彼此太靠近或者伪随机序列几乎一样，则接收机会选择几颗信号较弱的卫星进行代替。若接收机是冷启动的，即接收机无任何当前的 GPS 卫星位置信息或其本身的位置信息时，它必须寻找 37 个可能的 C/A 码，直到与其中一个进行相关处理。一旦可以进行相关处理，接收机就可以读出数据流（导航信息），该数据流中包含邻近卫星的信息。一旦信号相关，接收机在寻找下一颗卫星时，就不再需要搜索其他 36 个可能的 C/A 码。搜索所有其他 36 个 1023 比特的 C/A 码会降低处理速度。在最坏的情况下，在获得相关之前，接收机需要搜索 36 个 C/A 码。然而，在 2000 年，由于所有可利用的卫星标号均在 13～45 之间，因此在成功相关之前，平均需要搜索 16 个 C/A 码。

直接序列扩频接收机通过将本地代码和从期望的卫星接收到的代码进行匹配来锁定给定的代码。当接收机开始进行锁定时，如果不知道卫星传输代码的起始时间，则就需要选择一个起始时间点，并从该点开始，将其本地产生的代码与接收到的代码进行 1023 比特的每比特之间的比较，直到全部锁定，或者接收机确定接收到的代码并非来自卫星信号的正确代码为止。

若本地产生的代码起始时间选择错误，则相关处理不能立即进行（这种情形在随机获取本地定时序列时，有 99.9%的概率会发生）。这时，本地代码会前移一位，并且再次尝试进行相关处理。这种处理过程会持续 1023 次，直到本地代码的所有可能起始时间均被尝试为止。若卫星的特殊 C/A 码不明确，则相关处理就不能进行，锁定也就不能完成。搜索 1023 比特的 C/A 码的所有位至少需要 1s，而在一般情况下，至少需要 15s 才能获得第一颗卫星的位置。许多接收机在搜索到给定的 C/A 码之前，会重复搜索过程，因此找到一个正确的 C/A 码可能要花费几分钟的时间。一旦找到 C/A 码，余下的卫星就可以在几秒内被找到，因为每颗卫星发射的导航信息中均包含了所有卫星的 ID 数据。

尽管锁定一颗卫星的 C/A 码平均只需要 20s，但在进行相关处理之前，接收机至少要找到一颗卫星的多普勒频移。接收机的带宽与 C/A 码的带宽相匹配。理论上，接收机的噪声带宽为 1.023MHz，且卫星的速率为 3.865km/s。当 GPS 卫星处于地平线时，接收机和卫星之间的角度为 76.1°，这导致对接收机产生的最大多普勒频移速率为 v_r = 928m/s。在忽略地球自转影响的情况下，L1 信号的最大多普勒频移为 v_r/λ = 4.872kHz。在进行定位测量之前，若卫星的仰角为 5°，则接收机所面临的多普勒频移范围将限制在±4kHz。在冷启动搜索卫星信号时，接收机需要以 1kHz 为间隔，在 –4kHz 到+4kHz 的范围内尝试 8 次多普勒频移的搜索。这将使第一颗卫星的获取时间增加到几分钟。码同步与多普勒跟踪矩阵示意图，如图 10.9 所示。

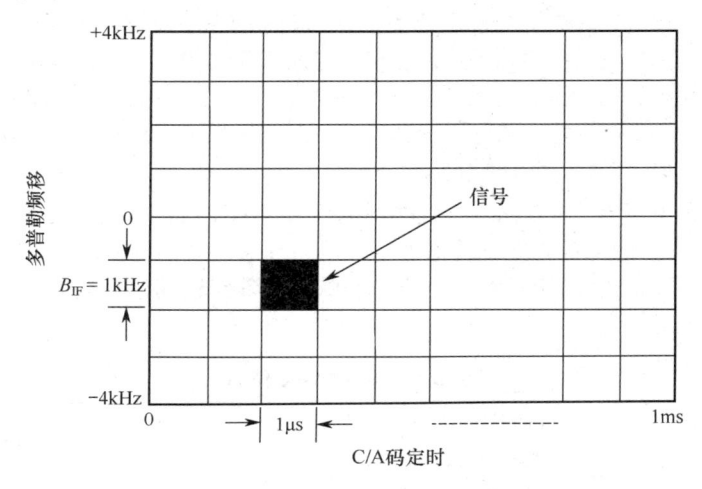

图 10.9 码同步与多普勒跟踪矩阵示意图

每个信号有 8 个可能的多普勒频移，且有 1023 个可能的代码位，为此必须搜索 8184 个可能的信号位。一旦某颗 GPS 卫星被获取，则其提供的导航信息就足够用来快速定位并获取其他相邻卫星的信息。由于接收机相对于卫星的位置未知，而 C/A 码已知，因此，接收机必须搜索多普勒频移以找到正确的信号。当 GPS 接收机关闭时，它会保留导航信息并继续运行其内部时钟。当再次开启接收机时，它会根据关闭前的导航信息来假设卫星位置，并计算哪颗卫星的位置最为明显，然后首先搜索那颗卫星，这将大大加快信号的获取和处理速度。若接收机在关闭时移动了很远的距离，则必须进行冷启动。

一些廉价的 GPS 接收机利用连续获取的信息，有时会对一颗卫星进行连续的定时测量。然而，大部分复杂的接收机则可以并行搜索卫星位置且进行并行相关处理。12 个并行相关器可以保证所有的卫星的定位信息均可以被获取，与串行获取方式相比，这种并行相关处理不仅缩短了启动时间，还提高了信号处理的精度。

第 5 颗卫星对接收机的重复定位可以通过对 GPS 定位测量进行完整性监控来实现。当接收到 5 个卫星信号时，存在 5 种不同的组合方式，即将其中 4 个伪距代入距离方程中求解，从而得到 5 个可能的定位结果。若结果存在差异，则可以排除其中的错误度量。如果有一个以上的定位结果与其他结果不一致，就需要对这些不一致的结果进行折中处理。特别地，用于特殊气象条件下飞机导航或者引导飞机着陆的 GPS 接收机，必须具备在接收机或者卫星信号出现监控失败、信号拥塞等异常情况下进行保护的能力。

第 i 颗卫星产生 P 码的方法类似于产生 C/A 码的方法。其公式为

$$P_i(t) = X_1(t) + X_2(t + iT_c) \tag{10.5}$$

式中，T_c 为 X_1 序列的周期。X_1 序列包含 15345000 比特数据，周期为 1.5s。X_2 序列比 X_1 序列长 37 比特。P 码周期为 266.4 天，但为了安全，每 7 天会变换一次。比较长的 P 码保证了距离度量的准确性。

由于 P 码是随机不重复的,因此很难被获取,这可确保未授权用户不能非法操作高精度的 GPS 接收机。C/A 码向授权用户提供 P 码的起始时间信息。该信息作为加密的移交字包含在导航信息中。若当前 P 码的反馈设置已知,并且知道解密的移交字,则接收机就可以利用本地的 X 码发生器得到正确的 P 码序列,于是可以快速获取 P 码,这也是 C/A 码即粗捕编码名称的由来。

10.12 GPS 导航信息

导航信息是 GPS 中 C/A 码的关键特性。导航信息中包含了大量优化卫星信号和定位计算所需要的信息。这些信息要经过 BPSK 调制的 C/A 码或 P 码以 50bps 的速率发射。一般情况下,20 个 C/A 码序列形成一个导航信息比特,而这些序列的相位会根据导航信息与 C/A 码或 P 码序列进行模 2 加运算后的 1 和 0 比特来相互转换。C/A 码或 P 码的相关器配备了一个 50bps 速率的 BPSK 调制器,用于解出导航信息。这种窄带导航信息的设计确保了调制器具有高的信噪比,从而保证了导航信息的低误码率。在卫星仰角为 10°时,相关器输出的信噪比大于 17dB。

完整的导航信息的长度为 1500 比特,以 30 帧/秒的速率发射,每帧包含 5 个副帧。部分信息可以在一帧内完整传输,但是所有数据传输需要 12.5min。最重要的基本信息在每帧中均会重复。副帧中包含卫星时钟数据、卫星及其相邻卫星的星历以及许多纠错信息。副帧的详细信息,如表 10.4 所示。

表 10.4 副帧的详细信息

帧头	遥测信息:卫星状态、移交字
副帧 1	卫星时钟数据,数据传输时间
副帧 2 和 3	卫星星历
副帧 4	25 号及以上卫星星历,电离层数据模型
副帧 5	1~24 号卫星星历及其状态数据

接收机的定位计算依赖在产生伪距的那一刻的精确卫星定位信息。若伪距的精度为 2.4m,则对卫星位置的精度要求将更高,同时要求其轨道计算更加精确。相比较而言,通信卫星的轨道计算的精度就不需要那么高。GPS 使用的是 WGS-84 定义的地球半径标准、开普勒常数以及地球旋转速率。EM 波的传播速率来自国际天文学联合会的标准数据。WGS-84 还包含了用于精确定位卫星轨道的引力场参数的细节描述。所有的参数和纠错信息均存储在 GPS 接收机中,以用于定位计算。

10.13 GPS 信号电平

GPS 接收机的天线是全向的,其增益较低。相对于定向天线,假设最坏情况下的增益为 $G = 0$dB。实际上,天线在许多方向上的增益会高于 0dB,但在有些方向上会降至 0dB。全向天线可接收来自环境的噪声辐射,其温度为 273K。低噪声放大器的温度则可以低至 25K,系统噪声温度的典型值仍然为 273K。典型的 GPS 天线包括循环极性罩天线和四方螺旋阵列天线,这种形状的天线可以使得从 10°仰角到地面的噪声减为最小。低噪声放大器直接置于天线后方或下方,这样可以避免由天线电缆损耗所引起的噪声温度的增加。

GPS 卫星有一个螺旋阵列天线,该天线为面向地面的接收机或者 10W 发射机提供增益,使得 EIRP 值的范围为 19~27dBW。C/A 码是通过卫星的直接序列扩频信号发射的,其射频带宽上的载噪比可以低于 0dB。这是典型的直接序列扩频信号。扩频信号的低载噪比在经过相关处理后,会转换为编码序列的高信噪比,这将增加处理后的载噪比增益。理论上,直接序列扩频信号的增益等于扩频序列的比特速率与芯片速率之比,但在实际应用中,由于相关处理的不完全性,所得增益一般略小于该值。在 1.023Mbps 的 C/A 码传输速率和 1ms 的相关处理时间的条件下,理论增益为 30.1dB。P 码的相关处理增益为 40.1dB。

GPS 接收机可以同时从 10 颗以上的卫星接收信号。在扩频传输中，卫星的 RF 信号与接收机接收的干扰噪声信号相加得到 I。假设有 10 颗明确的 GPS 卫星，当接收机解压第 10 颗卫星的信号时，其余 9 颗卫星的信号将作为随机干扰噪声。同时，假设接收机接收的所有卫星信号强度相等。这些干扰卫星发射的信号将被处理为噪声信号，而与所需要接收的卫星信号相比，它们具有低相关性。由于噪声与所需要的信号不相关，且为了有效区分信号和噪声，GPS 卫星使用了黄金编码。

9 颗 GPS 卫星同时产生干扰是一种最坏的情况。实际上，可见的卫星数目为 4~10 颗。信号强度会随着卫星的仰角和接收机天线阵列的朝向而变化。在实际情况中，最坏的情况是低仰角的卫星信号较弱，可能会被高仰角且信号较强的卫星信号所掩盖。GPS 接收机会自动搜索并锁定最强的信号进行处理，但是若天空被部分遮挡，接收机则只能选用较弱的信号。

L1 和 L2 载波的下行链路信号功率预算（假设接收机的天线增益为 0dB），如表 10.5 所示。

表 10.5 L1 和 L2 载波的下行链路信号功率预算（假设接收机的天线增益为 0dB）

	L1 载波		L2 载波
码	C/A 码	P 码	P 码
EIRP（dBW）	26.8	23.8	19.7
路径损耗（dB）	−186.8	−186.8	−185.7
接收天线增益（dB）	0	0	0
P_r（dBW）	−160	−163	−166

来自 9 个 C/A 码扩频干扰信号的能量，已经由从每颗卫星接收到的功率和给出：

$$I = 9 \times 10^{-16} \text{W}$$

热噪声功率在噪声温度为 273K、带宽为 2MHz 条件下为 kTB_n，其中

$$N = 7.59 \times 10^{-15} \text{W}$$

噪声和干扰功率必须以瓦为单位，而不是以分贝为单位：

$$N + I = 8.49 \times 10^{-15} \text{W}$$

在这种情形下，C/A 码的最差载噪比为

$$C/(N+I) = -19.3 \text{dB} \tag{10.6}$$

对两个 P 码信号进行类似分析后所产生的 $C/(N+I)$ 值，如表 10.6 所示。

表 10.6 对两个 P 码信号进行类似分析后所产生的 $C/(N+I)$ 值

	L1 载波		L2 载波
码	C/A 码	P 码	P 码
T_s（dBK）	24.4	24.4	24.4
B_n（dBHz）	63	73	73
N（dB）	−141.2	−131.2	−131.2（热噪声）
I（dBW）	−150.5	−153	−156（9 颗卫星）
$N+I$（dBW）	−140.7	−131.1	−131.2
P_r（dB）	−160	−160.3	−166
$C/(N+I)$（dB）	−19.3	−31.9	−34.8
G_p（dB）	30.1	40.1	40.1
S/N（dB）	10.7	8.2	5.3

计算 $C/(N+I)$ 时,热噪声是主要的影响因素。在由 9 颗卫星引起的最坏干扰情况下,当所有接收机均以最大功率运行时,干扰功率比热噪声功率要低 9.3dB。在 9 颗卫星信号均产生干扰的情况下,接收机的信噪比要低 0.7dB。更真实的一种情况是,其中 4 颗卫星处于最大的接收功率,而其余卫星则处于低电平。由于 4 个卫星星座轨道中通常有一个是明确的,这有助于提高定位测量的精度。因此,在几乎所有时间内,当其他卫星的 CDMA 信号产生干扰时,期望的载噪比会有低于 0.7dB 的衰减。

利用表 10.6 中的值以及信号的相关处理中无损耗的每种码的理论增益值,可以计算出相关器输出的 C/A 码的 S/N 为 10.7dB,而 L1 载波中 P 码的 S/N 为 8.2dB。早期的 GPS 卫星转发器传输的信号的 EIRP 要比表 10.6 中的值高 3dB。此外,增益超过 0dB 的接收天线同样可增加信噪比,因此 C/A 码的信噪比要比确定的 10.7dB 高 6dB。

导航信息的比特速率为 50bps,每比特分布在 20 个 C/A 码相关周期内,C/A 码相关器的输出信号经过一个 50Hz 的滤波器,通过对相关器中 20 个脉冲信号进行积分,可以得到一个 50bps 的 BPSK 消息比特。理论上,BPSK 消息信号的 S/N 比相关器输出的 S/N 高 13dB,具体为 23.3dB。然而,相关处理和滤波处理并不完美,并且必须预留几 dB 的裕量。此外,在大多数情况下,BPSK 消息信号的 S/N 均高于 20dB,以保证能探测到导航信息中的错误。

10.14 定时精度

定位处理需要得到编码序列到达接收机的精确时间。C/A 码的相关器会输出 1μs 的脉冲信号,并且这个脉冲信号每 1ms 重复一次。单脉冲信号的测量精度由下式给出:

$$\delta t \approx \frac{1}{B_n \sqrt{S/N}} \tag{10.7}$$

式中,δt 为定时误差的均方根,B_n 为 RF 信道的噪声带宽,S/N 为噪声带宽 B_n 中信号与噪声的功率比(不以 dB 为单位)。

相关器输出的 S/N 为

$$S/N = C/N + G_p - 损耗$$

式中,G_p 为相关器的处理增益。

商用 C/A 码 GPS 接收机的精度已经超出 GPS 设计者最初预计的精度。军事战略家开始关注利用高精度的 C/A 码 GPS 接收机来定位美国的武器目标。为应对这一潜在威胁,美国国防部(DOD)提出了选择可用性(SA)策略,该策略通过人为改变 GPS 卫星的一些参数来降低 C/A 码接收机的精度。

10.15 GPS 接收机操作

一个 C/A 码 GPS 接收机必须可以对来自至少 4 颗卫星的信号进行相关处理,包括计算时间延迟、读出导航信息、计算 GPS 卫星轨道,并从伪距中计算出位置。准确定位的关键在于精确测量每颗可见卫星发射的黄金编码序列到达时间的定时精度。所有 GPS 接收机均利用微处理器来完成所需要的计算和控制数据的显示。此外,不同接收机可能采用不同的方法,具体取决于其应用场景。关于微处理器的具体任务,这里不进行详细讨论——假设准确的定时信息可得,那么微处理器可以完成它的任务,即读出导航信息。

大多数 C/A 码 GPS 接收机使用含有 12 个并行相关器的 IC 芯片集。这使得接收机可同时处理来自多达 12 颗卫星的信号,并保持所有信号的同步。相比之下,一些简单的接收机仅使用一个相关器,以较低的精度处理来自 4 颗卫星的信号。在接收机的前端,接收到的 GPS 信号被转换为合适的中频(IF)信号,然后经过处理以恢复 C/A 码。在许多较新的 GPS 接收机上,大部分或全部的信号处理均是用

DSP 技术以数字化的方式实现的。

GPS 接收机使用的信号处理技术可以是模拟的或者是数字的。这里讨论的大部分 GPS 接收机是利用数字信号处理技术来实现的，分析将从 IF 接收机的输出端接收到的卫星信号开始。

GPS 接收机中的 IF 信号并非直接由 12 颗可见卫星的信号简单组成，而是每颗卫星的信号在卫星上经过 BPSK 调制后，再传输到地面。由于卫星和地球之间的相对运动，接收到的信号还会受到多普勒频移的影响。从可见的 N 颗卫星上得到的 IF 信号如下：

$$s(t) = \sum_{i=1}^{N} \{A_i G_i(t) D_i(t) \sin[(\omega_i + \omega_d)t - \varphi_i(l_i) + \varphi_i]\} \tag{10.8}$$

式中，A_i 为接收到的信号的幅度，$G_i(t)$ 为黄金编码调制，$D_i(t)$ 为导航信息调制，ω_i 为接收到的载波的 IF 信号，ω_d 为接收到的信号的多普勒频移，$\varphi_i(l_i)$ 为沿路径的相位偏移，φ_i 为传输信号的相位角。

在 GPS 的 C/A 码接收机中，有效测量的关键在于接收机端能否产生一个与从卫星 i 上接收到的信号完全一样的本地信号，但这个本地信号不包含传输信号上调制的导航数据。接收机端生成了正确的信号后，该信号应具有与卫星 i 相同的 C/A 码，而 C/A 码应具有合适的初始延迟，且已应用了正确的多普勒频移。接下来，本地信号与接收到的包含从其他可见 GPS 卫星得到的信号的混合信号进行相乘，然后输出结果在 C/A 码上以 1ms 的长度进行积分。根据导航数据比特的持续期，这个积分结果会在 20ms 内保持恒定输出。当本地信号与来自 4 颗可见 GPS 卫星的接收信号都实现准确匹配时，能够保证本地接收机芯片时钟和 C/A 码产生器准确无误地与接收信号同步。当这个条件满足时，每个 C/A 码序列的起始时间，以及相应的芯片时钟转换，就会提供高精度的时间设备，使得 GPS 时间延迟测量成为可能。

为了解调 BPSK 信号，需要一个本地载波发生器，它将接收到的载波信号的相位锁定，以便恢复数据信号。此外，恢复数据信号还需要一个比特时钟，以锁定接收到的信号的比特速率。

目标信号往往淹没在接收机噪声和 CDMA 干扰中，为了从噪声中提取出信号，必须将接收到的信号（包含噪声）与 C/A 码序列相乘，以进行信号的解扩。由于 1023 比特的 C/A 码序列每 1ms 重复一次，因此，经过相关处理后，信号的标称带宽被压缩至 1kHz。然而，在多普勒频移下，IF 信号可能会发生偏移，最大可能偏移至原始频率附近的 4kHz 范围内。此时，接收机就必须以 1kHz 为间隔，在可能的频率范围内进行多次搜索，通常需要搜索 8 次多普勒频率，直到发现信号为止。这一过程是通过本地载波发生器以 1kHz 为步长调整频率，并进行信号获取来实现的。

非连贯码锁定循环以及导航信息的恢复示意图，如图 10.10 所示。

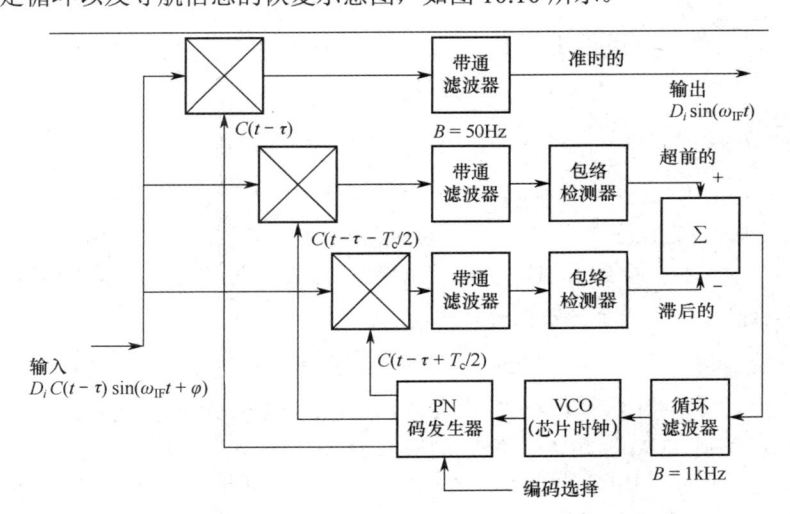

图 10.10 非连贯码锁定循环以及导航信息的恢复示意图

非连贯的循环时钟延迟功能是使接收机的 VCO（压控振荡器）频率与接收信号的 C/A 编码速率相匹配，并使接收芯片正确排列。GPS 卫星根据主时钟产生信号，即特殊卫星的所有 GPS 信号在芯片、编码及 RF 频率的相位上是连贯的。循环时钟延迟利用了 GPS C/A 码信号的连贯性质，将 VCO 作为 C/A 码信号和芯片时钟的参考。图 10.10 中的 PN 码发生器必须正确设置编码，并且其起始时间相对于循环时钟也必须准确无误。当接收机中的 IF C/A 码能正确产生，并且频率和定时均准确无误时，它就可以精确地将接收到的 C/A 码与输入的循环时钟延迟进行匹配。

循环时钟延迟有三种途径：同步、超前（半个芯片周期前）、滞后（半个芯片周期后）。由于循环时钟延迟主要用于控制芯片时钟，因此，它产生的准时输出时钟信号可用来驱动 C/A 码发生器。C/A 码芯片速率由 VCO 产生。经过多次尝试，最终找到了上述描述中正确的序列和时间设置。循环时钟延迟的超前或滞后会产生控制 VCO 相位的输出信号，从而使其能正确恢复导航信息。

用于解调 $C(t)$ 信号的本地载波必须进行多普勒频移调整，以与接收信号的多普勒偏移相匹配，并且在正确的起始时间对 C/A 码序列进行正确的调制。在接收机第一次开启时，正确的多普勒频移、编码序列、起始时间均是未知的。由于信号通常被噪声淹没，因此，直接分析接收的信号不能得到正确的参数。为此，接收机必须能够搜索所有可能的多普勒频移、编码序列、起始时间，直到相关器输出的结果表明已经找到了卫星信号。一旦一颗 GPS 卫星的信号被找到，导航信息中所含的信息就可以被接收机用来寻找其他可见的卫星。若接收机关闭后再开启，则微处理器的内存将调出关闭前存储的卫星配置信息，从而可以利用这些信息来快速获取期望信号的参数。

编码数为 M 的卫星信号经过多普勒纠正后，其 IF 信号上的 C/A 码相关器会输出一个特定的信号为

$$x(t) = A_m R(\tau_m - \tau) D_m(t) \sin[\omega_m(t) - \varphi_m(l_m) + \varphi_m] + n(t) \quad (10.9)$$

式中，$R(\tau_m - \tau)$ 为编码数为 M 的自相关函数，$n(t)$ 为所有其他编码的互相关输出。

相关峰值的 $\tau_m - \tau$ 是提供卫星伪距的期望度量。相关器的输出为基带的解扩信号，该信号与 50bps 的导航信息一起被调制。当相关处理对 C/A 码进行移位时，对导航信息的解调处理将变得直接。为了改善信噪比并确保导航信息的正确恢复，可以将这个信号通过一个窄带带通滤波器，而 IF 信号则通过一个称为科斯塔环的特殊锁相环来恢复，该环能够补偿接收信号的任意相位。

解扩的 IF 信号由导航信息 $D_m(t)$ 进行 BPSK 调制：

$$y(t) = A_m R(\tau_m - \tau) D_m(t) \sin[\omega_m(t) - \varphi_m(l_m) + \varphi_m] + n(t) \quad (10.10)$$

由于 IF 信号无幅度变化，因此 $A_m = 1$。于是，

$$y'(t) = R(\tau_m - \tau) D_m(t) \sin[\omega_m(t) - \varphi'_m] + n(t) \quad (10.11)$$

BPSK 解调器的参考载波由科斯塔环的输出提供，解调的信号为

$$z(t) = R(\tau_m - \tau) D_m(t) + n'(t) \quad (10.12)$$

假设 $z(t)$ 的相关峰值能通过门限，而 $n'(t)$ 不能通过，则就能正确地恢复导航信息 $D_m(t)$。若接收机端一切正常，则 $y'(t)$ 的 S/N 至少为 17dB，也就无比特误差。即使导航信息中偶然出现了一个比特误差，该误差也将在 30s 后接收到下一个导航信息时被消除。

一个常用于低速 BPSK 信号（如 50bps 的 GPS 导航信息）解调器的科斯塔环，如图 10.11 所示。

该环包含由 VCO 驱动的 I 信道和 Q 信道。VCO 的频率由 I 信道和 Q 信道检波器的输出共同决定，而这些检波器则负责控制 VCO 的相位，确保 I 信道的相位与输入信号保持一致。在理想情况下，I 信道的输出是一个无符号干扰（ISI）的波形，这个波形可以经过整形和抽样处理，从而恢复出导航信息比特。

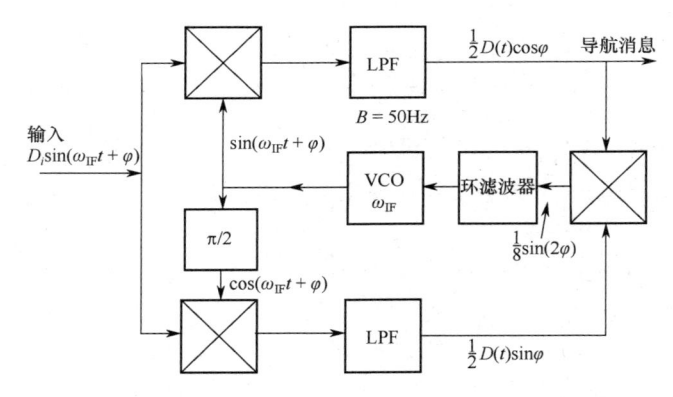

图 10.11　一个常用于低速 BPSK 信号（如 50bps 的 GPS 导航信息）解调器的科斯塔环

10.16　GPS 的 C/A 码精度

GPS 接收机计算定位误差的主要来源包括：卫星时钟误差和星历误差、选择可用性（SA）、电离层延迟（超前）、对流层延迟、接收机噪声和多径干扰。

C/A 码测量的距离误差(单位为 m)，如表 10.7 所示。

表 10.7　C/A 码测量的距离误差（单位为 m）

卫星时钟误差	3.5
星历误差	4.3
选择可用性（SA）	32
电离层延迟（超前）	6.4
对流层延迟	2
接收机噪声	2.4
多径干扰	3
均方根范围误差为 33.4m，有 SA 情况下	
均方根范围误差为 9.5m，无 SA 情况下	

表 10.7 中给出了一般的距离误差。值得注意的是，其中的 2.4m 的误差是由接收机噪声引起的。在 10.14 节中的最差接收信号强度情况下，该值计算为 4.2m。电离层和对流层导致的范围误差可以通过接收两个不同载波频率的相同信号来消除。该技术应用于高精度的 P 码接收机。P 码信号经过相位积分后，由 L1 载波和 L2 载波发射。P 码接收机利用特定的运算法则计算电离层和对流层导致的信号传播延迟，并从计算的范围中消除这些误差。C/A 码接收机使用标准对流层和电离层模型，并假设在给定的仰角下延迟是恒定的。然而，由于大气密度和电离层自由电子浓度发生变化，实际延迟可能会偏离标准值，从而导致伪距计算出现误差。有些方案通过发射来自 GPS 卫星上第 3 颗和第 4 颗 L 频率的 C/A 码，以提高 C/A 码接收机的精度。

表 10.7 中的距离误差值是针对一个卫星到地球的路径，以及基于接收机时钟定时度量计算得到的伪距而言的。然而，伪距测量是确定位置的基础，而 GPS 接收机输出的位置存在 4 个路径误差，这些误差因卫星在空中的几何分布和接收机接收到的信号强度不同而可能有所不同。接收机位置用 (x, y, z) 坐标表示，x, y, z 的误差取决于卫星的仰角、几何分布以及其他误差预算的参数。由于这些误差在不同方向上可能存在差异，因此定义了几个稀释精度因子（DOP）来量化这种影响。具体来说，将基本位置测量误差乘以某个 DOP，可以得到由该特定 DOP 效应引起的更大误差。

对大多数 GPS 用户来说，水平稀释精度因子（HDOP）是最重要的 DOP 之一。它会导致在地平面上 x、y 方向产生米级的误差。典型的 HDOP 值为 1.5，这通常是 DOP 中最小的。对于 C/A 码接收机，其水平测量误差在 SA 关闭时，一般为 14.3m（以 1DRMS 计算），而在 SA 开启时，误差增大到 50m（同样以 1DRMS 计算）。在实际应用中，GPS 使用 2DRMS 来评估定位精度的数量级。当 SA 关闭时，GPS 提供的 2DRMS 精度为 28.6m。这意味着，在 95%的度量情况下，GPS 接收机的真实位置与其测量位置之间的偏差不会超过 28.6m。

GPS 中有许多 DOP，其中最重要的是水平稀释精度因子（HDOP）、垂直稀释精度因子（VDOP）、几何稀释精度因子（GDOP）。其他的还包括位置稀释精度因子（PDOP）和时间稀释精度因子（TDOP）。一般来说，VDOP 和 GDOP 可能会降低 GPS 定位的精度。较大的 VDOP 通常发生在用于定位测量的卫星在空中分布较为接近的情况下。在最坏的情况下，若所有卫星均位于地平面附近，则将无法得到垂直方向上的精确度量。当接收机移动时，至少有一颗卫星与接收机的距离发生变化，否则接收机无法检测到其位置的变化。若所有的卫星均位于地平面附近，而且接收机在垂直方向上未发生距离改变，则垂直精度就会非常差。同样，若卫星成串地位于接收机头顶上方，则 HDOP 就会很大。

VDOP 对于飞机的定位测量至关重要，特别是飞机离地面的高度是其着陆时的一个关键因素。C/A 码接收机受 VDOP 的影响很大，因此在为飞机提供自动着陆所需要的垂直精度方面存在显著限制。除非工作在差分 GPS（DGPS）模式下，否则 C/A 码的 GPS 接收机通常无法提供足够的垂直精度。

通过为成串的 4 颗 GPS 卫星安排合适的轨道位置，可降低 DOP 变大的可能性。然而，如果接收机的视野在天空中受到约束，例如被建筑物遮挡，那么几何位置的计算将不会很理想，GDOP 也会变大，这通常也会导致其他 DOP 的增大。相较于飞机和船只，汽车的视野通常较窄。当天空被遮挡时，C/A 码接收机可能会利用三颗卫星来进行二维测量（x 和 y）。

10.17 差分 GPS

差分 GPS（DGPS）技术可用于提高 GPS 测量精度，该技术旨在增强基本 GPS 定位测量的准确性并消除 SA 的影响。在差分 GPS 中，通常需要一个位于已知位置的固定的 GPS 接收机。在最简单的差分 GPS 中，这个接收机利用 GPS 中的 C/A 码持续计算其位置，并将计算得到的(x, y, z)坐标与已知的基站位置进行比较。然后，基站将(x, y, z)坐标的差值通过无线电遥测系统发射给需要提高精度的 GPS 接收机。在 SA 影响下的 C/A 码接收机的定位精度可以从 100m 提高到 10m，但这种技术仅在两个基站非常接近且都使用相同的 4 颗卫星进行位置计算时效果最佳。

在更复杂的差分 GPS 中，已知位置的监控站会测量每颗可见卫星的伪距误差，并将误差值发射给那个地区的用户，这使得其他 GPS 用户能够选择欲观测的卫星，从而扩大了差分 GPS 的操作范围。当接收机位于参考基站 10km 距离内时，C/A 码的测量精度可达到 5m，而在 500km 范围内，其精度可以精确到 10m。

更精确的差分 GPS 利用 GPS 多个发射信号的相对相位来提高定时测量的精度。假设已经计算出了卫星与接收机之间的 L1 载波周期数，并且在这段时间内 GPS 卫星的位置是固定的，以便在两个独立的位置进行相位比较计算。L1 载波的波长为 0.19043m，当卫星与接收机的相对位置移动 0.01m 时，将会导致接收到的波形相位角度变化 18.9°。若卫星与接收机之间的周期数已知，并且部分周期以 20°的相位分辨率进行精确度量，则到卫星的精度可达到 0.01m。理论上，通过比较几颗卫星与接收机之间 L1 载波的相位角度，可以探测到接收机厘米级的移动，这称为差分相位测量或者运动差分 GPS。

要想计算卫星与接收机之间 L1 载波的周期数明显很困难。然而，可以在两个不同的位置对多个 GPS 信号进行相位测量和到达时间比较，并求解两个位置间的相对运动。若其中一个接收机是固定的基站，则就可以利用相对固定的位置信息对第二个 GPS 接收机进行精确定位。

该技术在大地测量中很有价值，例如，若参考基站位于一个已知的点，如一块地的一个角落，则相对于那个点的这块地的边界位置可以度量。同样的技术可以用于定位相对于机场跑道的飞机位置，以便可以建立精确的到达路径。

DGPS 相位比较测量中的困难在于 L1 载波具有每 0.19043m 就重复的周期，且每个周期与下一个周期一样，这将导致距离模糊。为此必须进行与其他信号的波长和编码序列的相关性分析。10.23MHz 的 L1 载波发射的 P 码在空中的波形周期长度为 29.326m，为 154 个 L1 载波的周期长度。通过比较 L1 载波特定周期的到达时间与 P 码的起始时间，可以在 29.326m 的 P 码周期内解决载波波形的模糊性问题。同样，29m 的 P 码的模糊性也可以通过 C/A 码芯片和编码序列长度来解决。1.023MHz 的 C/A 码芯片长度为 293.255m，而 C/A 码序列的长度为 293.255km。当此方法应用于所有相关的波形时，接收机即使发生微小的移动也可以被探测到，并且可以消除超过 293km 的模糊性。利用相位比较 DGPS 技术，飞机飞行路径的精度误差可以控制在每 10km 只有 2cm 的范围内。

运动差分 GPS 的原理相对简单，由于卫星是运动的，因此可以通过相对的时间度量来解决模糊性问题，以达到厘米级的定位精度。即使不了解 P 码的具体内容，也同样可以利用 P 码进行实时差分度量，关键在于仅需要知道编码比特的到达时间比。由于 SA 未应用于 P 码，因此，利用 P 码进行的差分度量不受 SA 的影响。

在美国联邦航空管理局（FAA）为北美航线飞机建立的广域增强系统（WAAS）中，设有 24 个 WAAS 基站，它们持续监控 GPS 中所有可见卫星的位置，并将其用于计算 C/A 码的伪距。同时，WAAS 基站利用 P 码传输，以得到每颗可见卫星伪距的精确差分度量。由于 WAAS 基站的位置数据可由以前的测量数据精确给出，因此，WAAS 基站可以计算出每颗可见卫星的伪距误差。24 个 WAAS 基站将其数据传输给与 GEO 卫星有上行连接的中心基站。该中心基站负责确认数据的有效性，并将其与其他所有相关信息整合在一起，然后通过卫星将伪距纠错数据发射给每个 GPS 用户。此外，中心基站同样可以判断数据是否有错，并发射告警信号给飞机，让飞机不要使用 GPS 或某颗卫星，这也是最初利用 GPS 进行飞机导航时 FAA 的基本策略。若飞机仅仅依靠 GPS 信息来判断其位置，则 GPS 信息就必须有很高的可靠性。

WAAS 卫星发射的信号与 GPS 卫星发射的 L1 信号有着类似的格式。一个装有相应软件的便携式 GPS 接收机，可以解密 WAAS 卫星发射的伪距误差，由此明显地提高了定位精度。接收 WAAS 卫星信号不需要改变接收机的硬件。由于 GEO 卫星发射同样格式的信号，因此，也可以作为定位测量的 GPS 卫星使用。在评估 WAAS 的 DGPS 精度时，伪距误差比 C/A 码定位误差结果更重要。

最终，机场将建立以差分 GPS 为基础的局域增强系统（Local Area Augmentation System，LAAS），以代替或升级现有的 ILS（仪表着陆系统）。高级 LAAS 差分 GPS 证实在三个方向均可以达到优于 1m 的精度，并且数据更新足够快，足以控制客机。DGPS 数据与飞机自动驾驶系统相结合，可以使飞机在不可能的条件下实现自动着陆。20 世纪 90 年代初期，波音 737 和波音 757 已经利用 DGPS 进行自动着陆。

GPS 盲着陆系统最适合于夜晚执行投递任务的飞机，尤其是货机，因为它们比客机受到的限制要小。当机场因可见度低的天气而关闭时，夜间投递就会受到延迟。通常而言，一个优秀的自动着陆系统在着陆方面往往能表现得比一名熟练的飞行员更出色，因此，自动着陆系统将成为常规的着陆方式，那时天气将不再是影响飞机到达或离开的主要因素。

10.18　本章小结

本章首先概述了本章涉及的基本背景，然后分别介绍了 C 频段和 ku 频段家用卫星电视、数字 DBS 电视、DBS-TV 系统设计和链路预算，以及卫星无线广播等；其次，论述了卫星导航与 GPS 定位、无线电导航、GPS 定位原理、GPS 接收机和编码、卫星信号获取、GPS 导航信息、GPS 信号电平以及定时精度等；最后分别论述了 GPS 接收机操作、GPS 的 C/A 码精度，以及差分 GPS。

习　题

01. 已知地球半径为 6378.14km，一个恒星日为 23h 56min 4.1s，以及 GPS 卫星的轨道周长为标准恒星日的一半，计算 GPS 卫星的精确高度。

02. 计算 GPS 卫星的 L1 频率信号的最大多普勒频移，其中卫星的海拔高度为 20200km，仰角为 10°。提示：当观测者在卫星轨道在地球表面的投影线上时，会出现最大多普勒频移。此外，需要计算卫星的速度以及相对于观测者的速度分量。

03. 在地球北极，一个携带 GPS 接收机的观测者，在某一时刻，与 4 颗 GPS 卫星的距离相同，并且 GPS 接收机对每颗 GPS 卫星的 C/A 码信号的时间延迟测量为 0.17097528s。这 4 颗卫星的坐标分别为(0, −13280.5, 23002.5)，(0, 13280.5, 23002.5)，(−13280.5, 0, 23002.5)，(13280.5, 0, 23002.5)，单位为 km。假设地球北极的半径为 6378km，观测者的坐标为(0, 0, 6378)。试计算接收机时钟误差。其中真空的光速为 2.99792458×10^8m/s。

04. 在进行 GPS 精确定位时，需要知道光速的准确值。在大多数情况下，采用光速为 3×10^8m/s 的假设。求解习题 03，并使用光速 $c = 3 \times 10^8$m/s 代替习题 03 中的光速，重新计算时钟误差。这样得到的时钟误差是多少？使用 3×10^8m/s 的光速得到的距离误差是多少？讨论使用近似值时的时钟误差和距离误差的相应定位误差。

05. 在地球北极，有一个 C/A 码接收机，其坐标为$(0, 0, z_p)$。利用 4 颗 GPS 卫星来确定地球北极的半径，某个时刻得到的测量数据如下：

4 颗 GPS 卫星的坐标分别为(0, −13280.5, −23002.5)，(0, 13280.5, −23002.5)，(13280.5, 0, −23002.5) 和(0, 0, −26561)。

每颗卫星对应的 C/A 码序列时间延迟为 0.12102731s，0.12102731s，0.12102731s 和 0.11738995s。

计算 GPS 接收机的时钟误差，并计算地球北极的半径。已知：真空中的光速为 $c = 2.99792458 \times 10^8$m/s，结果精确到米。需要解出时钟误差和 z_p 两个未知数。提示：首先利用 $z_p = 6378$km 的近似值来计算两个未知数方程。这样就得到两个不等的时钟误差，反复取 z_p 的近似值，最终可得到准确的时钟误差和地球北极的半径。

第 11 章 卫星通信网

11.1 概述

任何一个卫星通信系统均要组成一定的信息网络（IN）结构，以便多个地球站按一定的连接方式通过卫星进行通信。根据卫星通信系统使用目的和要求的不同，可以组成各种不同的卫星通信网。例如，国际卫星通信网、国内卫星通信网、海事卫星通信网等。对于大量分散、稀路由、低速的数字卫星通信系统，还可组成 VSAT 卫星通信网。根据业务性质、容量和特点的不同，组成的网络结构也将有所不同。本章主要介绍 VSAT 卫星通信网的基本概念与原理。

11.2 卫星通信的网络结构

由多个地球站构成的通信网络，可以归纳为两种主要结构，即星形网络和网形网络，如图 11.1 所示。

在星形网络中，各远端地球站均是直接与中心站进行联系的，且各远端地球站之间不能经卫星直接进行通信。必要时，它们必须经过中心站转发才能实现连接和通信。无论是远端地球站与中心站进行通信，还是通过中心站转发的各地球站之间的通信，均必须经过卫星转发器。根据经过卫星转发器的次数，通信结构又分为单跳结构和双跳结构。

在单跳结构中，各远端地球站可经过单跳线路与中心站直接进行语音和数据的通信。然而，在双跳结构中，各远端地球站之间一般均是通过中心站进行间接通信的。由于双跳结构中一条通信线路需要经过两跳的延迟，因此这种网络结构对于要求实时性的语音业务来说是不适用的，而只适于记录数据业务。

在网形网络中，任何两个远端地球站之间都是单跳结构，它们可以直接进行通信，但是必须利用一个中心站控制与管理网络内各地球站的活动，并按需分配信道。显然，单跳星形网络是最简单的网络结构，而网形网络则是复杂的网络结构，它具有全连接特性，并能按需分配信道。

卫星通信的单跳与双跳相结合的混合网络，如图 11.2 所示。

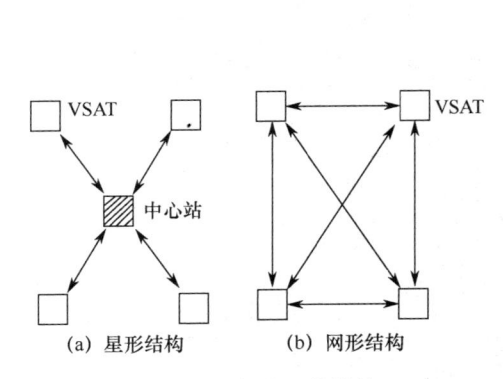

图 11.1 卫星通信的网络结构

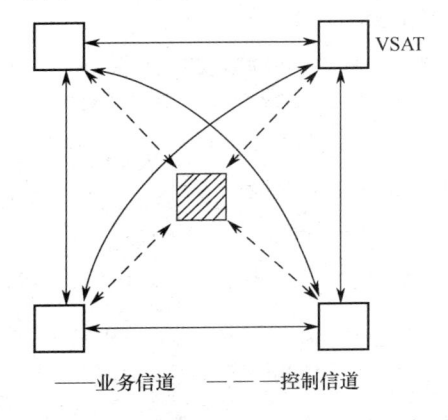

图 11.2 卫星通信的单跳与双跳相结合的混合网络

在图 11.2 中，网络的信道分配、监控管理等任务由中心站负责。尽管通信过程不由中心站进行直接连接，但中心站仍然能够为中心站与各远端地球站之间提供语音和数据业务，同时能为各远端地球站两两之间提供语音和数据业务。从网络结构的角度来看，业务信道是网形网络，而控制信道是星形网络，因此这种网络结构具有很大的吸引力。

以上介绍了卫星通信系统的一般网络结构，下面结合电话传输来介绍卫星通信网与地面通信网之间的连接问题。

由于卫星通信网与地面通信网之间的连接涉及数据传输规程与接口等方面的问题，因此，部分内容将放在 VSAT 卫星通信网一节中进行讨论。

11.3 卫星通信网与地面通信网的连接

一个卫星通信系统，当考虑它与地面通信网的连接时，地球站的作用犹如一个地面中继站。由于电波传播和电磁干扰等原因，一般大、中型地球站都设置在远离城市的郊区，而卫星通信的用户和公用网中心都是集中在城市的市区。因此，卫星通信线路必须通过地面线路与长途通信网及市话网连接，才能构成完整的通信网。在通信过程中，地面通信网内一个用户的电话信号要经过当地市话网、长途电话网的交换机以及传输设备接至地球站，才能经卫星转发到其他城市的地球站，再经地面线路进入公用网，最后到达另一用户，这样才算完成了信息的传输。

1）地面中继线路

如第 2 章所述，卫星通信的特点之一是可以进行多路通信。不论采用何种传输手段作为地面中继线路，它都应该是大容量的，且与地球站的容量相匹配。目前用得较多的是微波线路、电缆线路以及光纤线路。下面对其中的两种线路进行介绍。

（1）微波线路

目前微波线路用得比较普遍，其工作频率为 2~13GHz。由于工作频率低于 10GHz 时受气候的影响较小，而高于 10GHz 时因降雨引起的吸收衰减较大，可能会影响正常通信，且还要避免与其他地面微波通信系统的相互干扰，因此，频率最好不要使用 4~6GHz。在一般情况下，以选用 2GHz、7~8GHz 为宜。若在降雨较少的地区，且两地距离较近（≤30km），也可选用 10~13GHz。

（2）电缆线路

可以作为长途通信的电缆主要有对称电缆和同轴电缆。

① 对称电缆。它的特点是频带较窄、容量较小，这种线路一般采用双缆四线制单边带传输方式。它可以传输 120 路信号，且收、发信号使用相同的频带，均为 12~252kHz。为了克服线路衰减的影响，通常每隔 13km 要设置一个增音站。

② 同轴电缆。同轴电缆具有路际串音小、频带较宽、容量较大等优点。通常作为地面中继的小同轴电缆系统，能够支持 300 路信号的传输，其传输频带为 60~130kHz，如图 11.3 所示。

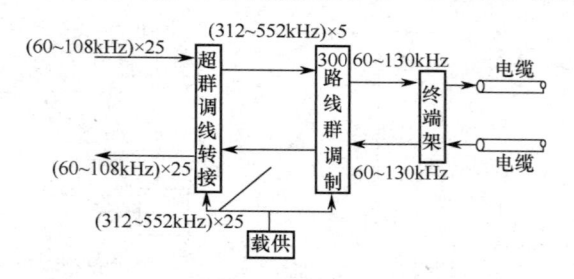

图 11.3 小同轴电缆系统

小同轴电缆的容量也可扩大到 960 路，这时传输频带为 60~4028kHz，但必须缩短增音站之间的距离和增加增音站的数目。中同轴电缆也可作为地面中继线路使用，而且特别适于传输电话信号。通过适当选择增音站之间的距离，中同轴电缆可以传输 1800 路或 4380 路的电话信号。然而，同轴电缆的最大缺点是中继距离短（一般为 1.5～2.5km），这导致维修工作较为不便和造价较高。

2）地面中继方式

地球站与长途交换中心之间的中继方式可以是各种各样的，具体采用哪一种，取决于地球站和中继线路及长途交换网的工作方式。目前，绝大多数地球站采用的是 FDM、SCPC、TDMA 和 IDR 方式。通常，地面中继线路也分为模拟线路和数字线路。考虑今后的发展，下面以地面中继线路与 TDMA 方式的地球站连接为主进行讨论。

（1）地球站按 TDMA 方式工作，地面中继线路采用模拟线路

TDMA 方式已在一些国内和国际卫星通信系统中使用。这种工作方式分为两类：① 数字语音插空的（TDMA/DSI）；② 非数字语音插空的（TDMA/DNI）。

在实际使用中，DSI 设备和 DNI 设备均以 240 路为一个单元。在与地面模拟线路连接时，可以用 FDM 多路设备和 PCM 通路设备连接，如图 11.4(a)所示，也可以用复用转换器在 60 路超群接口直接转换和连接，如图 11.4(b)所示。

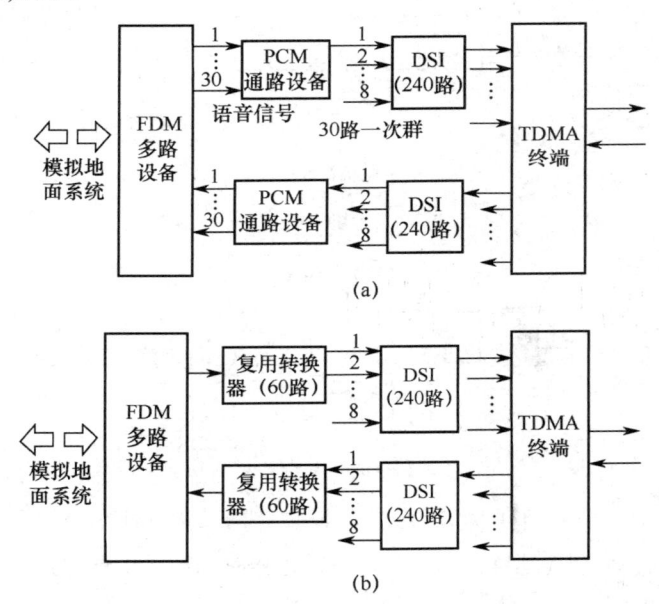

图 11.4 TDMA 地球站与地面模拟线路的连接

（2）地球站按 TDMA 方式工作，地面中继线路采用数字线路

目前这种方式虽然用得较少，但随着通信网数字化程度的不断提高，未来将会用得愈来愈多。卫星线路和地面线路均数字化以后，地球站与长途交换中心之间的中继将会变得比较简单，数字设备可以直接在一次群接口连接，如图 11.5 所示。

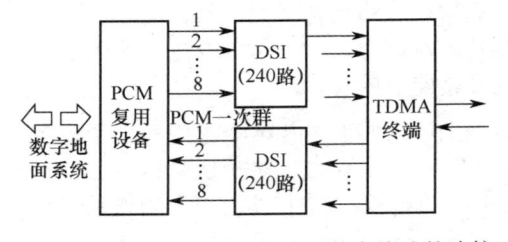

图 11.5 TDMA 地球站与地面数字线路的连接

应该指出，尽管各地球站所发信号的帧定时与基准站的帧定时是同步的，但是在这种连接方式中，这种同步与地面线路的帧同步是不相关的。为此，当地面线路与 TDMA 卫星线路直接进行连接时，必须解决好 TDMA 卫星线路与地面数字线路之间的同步问题。TDMA 地球站与地面数字线路连接中的同步方法，如图 11.6 所示。

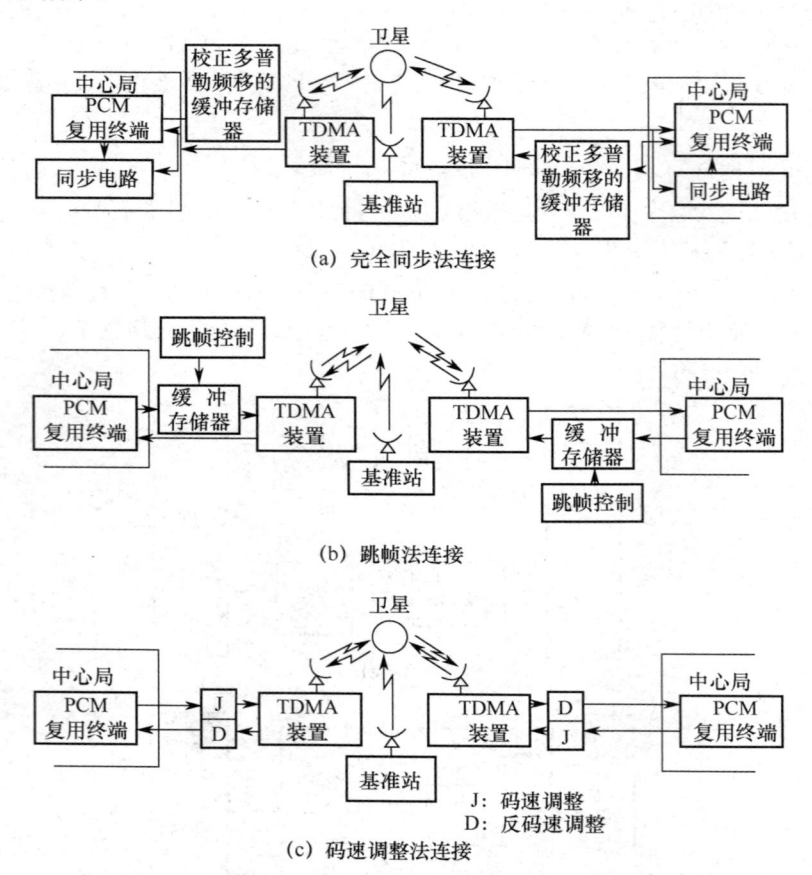

图 11.6　TDMA 地球站与地面数字线路连接中的同步方法

上面分别介绍了几种典型的地球站与地面通信网连接时的地面中继方式。实际上，只用单一的地面中继方式的情况是很少的。由于许多地球站都是 FDM、SCPC、TDMA 和 IDR 等多种方式同时使用，而且地面通信网中模拟通信与数字通信方式也还要并存一段时间，因此，地面中继方式也往往不止有一种。根据地球站与地面通信网的实际情况，可能会将两种或多种连接方式组合使用。

3）电视信号传输中的地面中继情况

目前，由于通过卫星传输的电视信号仍均是模拟信号，因此，地球站与长途交换中心或电视广播中心之间的地面中继线路也均是模拟线路。当长途交换中心与电视广播中心相距较近时，可以采用同轴电缆。如果两者相距甚远，则同轴电缆损耗太大，此时最好采用微波线路或光纤线路连接。如果需要在某些场合利用卫星进行电视实况广播，一般是将电视信号从现场送到电视广播中心，再经长途交换中心送到地球站，最后由地球站向卫星发射。

在电视信号的传输过程中，由于地球站内对图像信号采用视频转接，对语音信号采用音频转接，因此，对传输质量的监视是十分方便的。在长途交换中心，一般也是采用视频和音频转接的方式。此外，如果长途交换中心与电视广播中心之间利用微波线路进行转接，那么还可以采用中频转换方式。

11.4 VSAT 卫星通信网

1）VSAT 卫星通信网的基本概念

所谓极小孔径终端（Very Small Aperture Terminal，VSAT）卫星通信网，是指利用大量小口径天线的小型地球站（小站）与一个大型地球站协调工作构成的卫星通信网。通常，可以通过它进行单向或双向数据、语音、图像及其他业务的通信。它是 20 世纪 80 年代发展起来的一种卫星通信网。它的出现是卫星通信采用一系列先进技术的结果。例如，大规模/超大规模集成电路；高增益、低旁瓣小型天线；微机软件；数字信号处理；分组通信；扩频、纠错编码；高效、灵活的网络控制与管理技术等。

由于 VSAT 卫星通信网有许多优点，因此，它出现后不久，便受到了广大用户的普遍重视，发展非常迅速。现在它已成为现代卫星通信的一个重要发展方面。VSAT 卫星通信网主要有以下 4 种优点。

（1）地球站设备简单、体积小、质量轻、造价低、安装与操作简便。一般来说，VSAT 小站由 0.3～2m 的天线、2W 左右的发射机以及体积不大的终端构成。它可以直接安装在用户所在的楼顶上、楼内或汽车上等。由于它可以直接与用户终端接口连接，因此，不再需要地面线路作为引接设备。

（2）组网灵活方便。网络部件模块化，便于调整网络结构，容易适应用户业务量的变化。

（3）通信质量好，可靠性高，适于多种数据业务通信，且易于向综合业务数据网过渡。

（4）直接面向用户，特别适于用户分散、稀路由和业务量较小的专用通信网。

VSAT 卫星通信网可以采用星形网络、网形网络或混合网络。目前，多数还是采用星形网络。

VSAT 卫星通信网主要使用 C 频段或 Ku 频段。使用 C 频段的优点是电波传播条件好，特别是受降雨的影响较小，路径可靠性较高。此外，由于可以利用地面微波通信的成熟技术，因此系统造价也较低。但是，由于 C 频段与地面微波通信使用的频段相同，因此需要考虑这两种系统之间的相互干扰问题。由于功率通量密度不能太大，这不仅限制了天线尺寸的小型化进程，也给大城市中选址带来了困难，尤其是在干扰功率谱密度较高的区域。因此，使用 C 频段时，通常采用扩频技术，以降低功率谱密度，从而减小天线尺寸。相比之下，如果使用 Ku 频段，则有以下一些优点。

（1）不存在与地面微波通信线路的相互干扰。

（2）允许功率通量密度高，且天线尺寸可以进一步减小。如果天线尺寸相同，则 Ku 频段的天线增益可增加 6～10dB。

（3）可以传输更高的数据速率。

尽管 Ku 频段的传播损耗较大，特别是受降雨的影响较大，但在进行卫星线路设计时通常会留有一定的裕量，以确保其可用率仍然较高。在多雨地区和卫星波束覆盖的边缘地区，使用口径稍大一些的天线，可以获得必要的裕量。目前，多数 VSAT 卫星通信网均工作在 Ku 频段。然而，在我国，由于受空间段资源的限制，VSAT 卫星通信网基本上还是工作在 C 频段。

自 20 世纪 80 年代中期开发出 VSAT 卫星通信网以来，国际上已有许多公司相继推出了多种系列的 VSAT 产品，它们各有不同的特点。像其他卫星通信系统一样，VSAT 小站也可按其性质、用途或其他特征进行分类。

VSAT 小站按安装方式可以分为固定式、可搬移式、背负式、机载式和船载式等。

VSAT 小站按业务类型可以分为小数据站、小通信站和小型电视单收站。不过，目前许多公司推出的产品都兼有多种功能。例如，美国休斯公司的 PES 以数据传输为主，同时兼容 16kbps 的声码语音传输，而 TES 则以 32kbps 的 ADPCM 语音传输为主，同时也兼容数据传输和图像传输。

VSAT 小站按天线口径尺寸可以分为 0.6m、1.2m、1.5m、1.8m 和 2.5m 等。

根据调制方式、传输速率、天线口径尺寸以及应用场景等综合特点，VSAT 小站又可分为如下几种。

VSAT（非扩频）：它的特点是高速、双向交互传输，采用非扩频的 PSK 调制和自适应带宽控制等。

VSAT（扩频）：它的特点是工作在 C 频段，采用直接序列扩频技术。例如，美国赤道公司的 C-100 和 C-200 就属于这一类。其中，C-100 用于一点对多点的单向数据传输、而 C-200 不仅能提供双向数据传输，还能支持低业务量的数字电话线路。

USAT（特小口径终端）是一种便携式终端。它是目前用于双向数据传输的最小地球站。它原来是设计安装在车上使用的，因此也被称为移动式 VSAT。它采用了混合扩频调制等新技术。

TSAT 的最大特点是不需要中心站就可以构成网络，其传输速率高达 1.544Mbps 或 2.048Mbps，适于构建成本低廉的综合业务网。它的工作频段为 C/Ku 频段。TSAT 的灵活性优于地面的 T1 网络，且网络监视与控制能力很强。在调制解调器方面，TSAT 采用了包括软件判决在内的先进技术。它最多可容纳 16 个载波，每个载波有 8 个双向通路。多址方式为 TDMA，信道分配采用 DAMA 方式。此外，还有其他一些公司推出了 TSAT 产品，它们采用 FDMA 方式，提供星形网络的点对点 T1 链路。

TVSAT：它主要用于广播文娱活动和商业电视（BTV）节目，也可提供图像传输和高速数据业务。

为了便于了解和比较，上述 5 种 VSAT 的主要特点，如表 11.1 所示。

表 11.1 5 种 VSAT 的主要特点

类型	VSAT（非扩频）	VSAT（扩频）	USAT	TSAT	TVSAT
天线直径（m）	1.2～1.8	0.6～1.2	0.3～0.5	1.2～1.5	1.8～2.4
频段	Ku	C	Ku	C/Ku	C/Ku
外向信息速率（kbps）	56～512	6.6～32	56	56～1544	—
内向信息速率（kbps）	16～128	1.2～9.6	2.4	56～1544	—
多址（内向）	ALOHA S-ALOHA R-ALOHA DA-TDMA	CDMA	CDMA	TDMA/FDMA	—
多址（外向）	TDM	CDMA	CDMA	TDMA/FDMA	PA
调制	BPSK/QPSK	DS	FH/DS	QPSK	FM
连接方式	无中心站/有中心站	有中心站	有中心站	无中心站	有中心站
通信规程	SDLC，X.25 ASYNC，BSC	SDLC，X.25	专用		

除了上述 5 种基本的 VSAT 卫星通信网，还有一些具有其他特点的 VSAT 卫星通信网，例如 LCET 网等。LCET 站与现行 SCPC 站的区别是其采用了 2CPC 技术，每个载波可以提供 2 路模拟语音链路，或者传输 9.6kbps 的数据，同时也可作为 TVRO（电视接收站）。小站可以通过交换局（PBX）或直接与用户终端连接。LCET 站采用了 SCPC 系统的成熟技术，如窄带调频、音节压扩、话控载波以及信道按需分配等。LCET 站工作在 C 频段，并配备了 3m 的天线。由 LCET 站组成的网络，其性价比相较于普通的 SCPC 网络要稍高一些。

2）VSAT 卫星通信网的组成及其工作原理

典型的 VSAT 卫星通信网由中心站、卫星转发器和许多远端的 VSAT 小站组成。考虑目前采用星形网络的系统较多，下面主要结合这种 VSAT 卫星通信网进行讨论介绍。

（1）中心站

它是 VSAT 卫星通信网的核心，与普通地球站一样，它配备了大型天线，其中 Ku 频段的天线尺寸为 3.5～8m。C 频段的天线尺寸为 7～13m。中心站由高功率放大器、低噪声放大器、上/下变频器、调制解调器以及数据接口设备等组成。中心站通常与计算机配置在一起，也可以通过地面线路与主机连接。

中心站发射机的高功率放大器输出功率的大小，取决于通信体制、工作频段、数据速率、卫星转发器特性、发射的载波数以及远端接收地面站的 G/T 值等多种因素，输出功率一般为数十瓦到数百瓦。

此外，中心站还设有网络监控与管理中心，用于实现对全网运行状态的监控管理，如监控小站及中心站本身的工作状况、信道质量、信道分配、数据统计和计费等。由于中心站关系到整个 VSAT 卫星通信网的运行，因此，它通常配有备用设备。为了便于重新组合和扩展，中心站一般都采用模块结构，设备之间通过高速局域网进行互连。

（2）卫星转发器

它也称空间段，目前主要使用 C 频段或 Ku 频段转发器。它的组成及工作原理与一般卫星转发器基本一样，只是具体参数有所不同而已。

（3）小站

小站由小口径天线、室外单元和室内单元三大部分组成。室外单元和室内单元通过同轴电缆连接。VSAT 小站既可以采用常用的正馈天线，也可以采用增益高、旁瓣小的偏馈天线。不过，正馈天线尺寸大，偏馈天线尺寸小。室外单元包括 GaAsFET 固态功率放大器、低噪声 FET 放大器、上/下变频器及其监控电路等组件，这些组件被精心组装在一起，作为一个整体部件配置在天线馈源附近。室内单元包括调制解调器、编译码器和数据接口等设备。室外单元和室内单元全部采用固态化部件，结构紧凑且易于安装调试与维护，同时也便于直接与数据终端连接。

3）VSAT 卫星通信网的工作原理

以星形网络为例来介绍 VSAT 卫星通信网的工作原理。由于中心站发射的 EIRP 较高，且其接收系统的 G/T 值较大，因此，网络内所有的小站均可直接与中心站通信。对于小站，由于它们的天线口径和 G/T 值较小，EIRP 较低，故若需要在小站之间进行通信，就必须经过中心站的转发，以双跳方式进行工作。

在星形 VSAT 卫星通信网中进行多址连接时，可以采用多种不同的多址协议，其工作原理也有所不同。这里主要结合随机接入时分多址（RA/TDMA）方式，来介绍 VSAT 卫星通信网的工作原理。在 VSAT 卫星通信网中，任何一个 VSAT 小站入网传输数据时，一般是以分组方式进行传输和交换的。具体来说，数据报文在发射以前，会被先划分成若干数据段，并加入同步码、地址码、控制码、起始标志以及终止标志等，这样便构成了通常所说的分组数据，即数据包。当数据包到达接收端时，接收机会按原来"打包"时的顺序，将其重新组装起来，以恢复成原来的数据报文。

在 VSAT 卫星通信网中，数据的传输方向通常是明确的：由中心站通过卫星向远端小站发射的数据，称为外向传输，由各远端小站向中心站发射的数据，称为内向传输。

（1）外向传输

由中心站向各远端小站的外向传输，通常采用时分复用或统计时分复用方式。首先，中心站会将待发射的数据进行分组，并构成 TDM 帧，然后以广播的方式向网络内的所有小站发射这些 TDM 帧。网络内的小站收到 TDM 帧后，它们会根据地址码来筛选属于自己的数据。根据特定的寻址方案，一个报文可以只发给一个指定的小站，也可以发给一群指定的小站，或者发给网络内的所有小站。为了确保各小站能够可靠地同步，数据分组中的同步码需要具有足够的特性，以确保在比特误码率未经纠错处理达到 10^{-3} 时，VSAT 小站仍然能够可靠地实现同步。此外，中心站还应向网络内的所有地面终端提供 TDM 帧的起始信息。VSAT 卫星通信网的外向传输的 TDM 帧结构，如图 11.7 所示。当中心站不发射分组数据时，它会仅发射同步码组，以维持整个网络的同步状态。

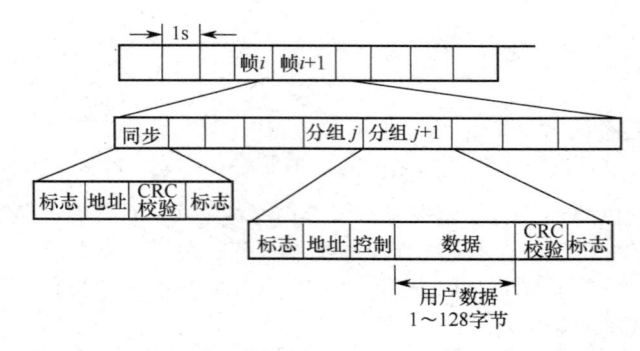

图 11.7　VSAT 卫星通信网的外向传输的 TDM 帧结构

（2）内向传输

在 RA/TDMA VSAT 卫星通信网中，各小站用户终端一般采用随机突发的方式发射数据。根据卫星信道共享的多址协议，网络能够同时容纳多个小站进行通信。当远端小站通过具有一定延迟的卫星信道向中心站传输分组数据时，由于 VSAT 小站受 EIRP 和 G/T 值的限制，一般收不到自己所发的数据信号。因此，小站不能采用自发自收的方法监视本站数据传输的情况。如果是争用信道，则必须采用肯定应答（ACK）方式。也就是说，中心站成功地接收到小站的分组数据后，需要通过 TDM 信道回传一个 ACK 信号，以确认已成功地收到了小站所发的分组数据。相反地，如果分组数据发生碰撞或信道产生误码，导致小站收不到 ACK 信号，则小站需要重新发射这一分组数据。

RA/TDMA 是一种争用信道，例如 S-ALOHA 方式就属于这一种。各小站可以利用争用协议，共享卫星信道。根据 S-ALOHA 方式的工作原理与协议规定，各小站只能在指定的时隙内发射分组数据，且不能超越时隙的界限。换句话说，虽然分组数据的长度可以改变，但其最大长度不得超过一个时隙的长度。在一帧内，时隙的数目和每个时隙的长短，都可以利用软件程序根据实际应用情况进行灵活设定。VSAT 卫星通信网的内向传输 TDM 帧结构，如图 11.8 所示。

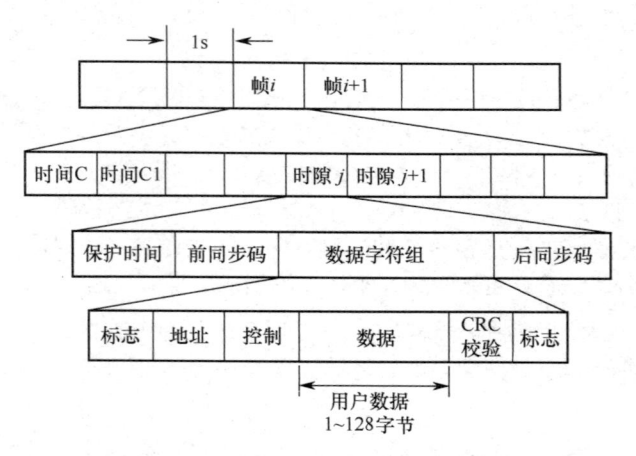

图 11.8　VSAT 卫星通信网的内向传输 TDM 帧结构

在 VSAT 卫星通信网内，所有共享 RA/TDMA 信道的小站所发射的分组数据必须有统一的定时，并与帧和时隙的起始时间保持同步，而这统一的定时信息是从中心站所发射的 TDM 帧中的同步码中提取的。

前同步码由比特定时、载波恢复、前向纠错（FEC）以及其他开销组成。

根据 VSAT 卫星通信网的卫星信道共享协议，网络内可以同时容纳多个小站。能够容纳的最多站数取决于小站的数据速率。从 VSAT 卫星通信网的工作原理可见，它与一般的卫星通信网不同，即在链路两端的设备不同，执行的功能不同，内向传输和外向传输的业务量不同，且内向传输和外向传输的信号电平也有相当大的差别。显然，VSAT 卫星通信网是一个非对称网络。

（3）VSAT 卫星通信网交换

在 VSAT 卫星通信网中，各地球站通信终端的连接是唯一的，无备份路由，全部交换功能只能通过中心站内的交换设备完成。为了提高信道利用率和增强可靠性，对于突发性数据，最好采用分组交换方式。特别是对于外向链路，采用分组传输可以更方便地对每次经卫星转发的数据进行差错控制和流量控制，即使是成批数据业务，也应采用分组的数据格式。显然，来自各 VSAT 小站的分组数据到达中心站后，应继续采用分组的数据格式并通过分组交换进行处理。也就是说，中心站的交换设备会汇集来自各 VSAT 小站、中心站以及地面通信网的分组数据，同时又按照分组数据的目的地址，将其转发给外向链路、中心站和地面通信网。采用分组交换不仅提高了卫星信道的利用率，还减轻了用户设备的负担。

对于实时性要求很高的语音业务（包括声码话数据），若分组交换的延迟和卫星信道的延迟过大，则应采用线路交换方式。对于要求同时传输语音和数据的综合业务网，网络内的中心站应对这两种业务分别设置交换设备并提供各自的接口。当然，在中心站内部，这两种交换机之间也可能进行数据交换，如图 11.9 所示。

线路交换机设有中心站用户声码话接口，用于输入内向链路的声码话数据，并输出外向链路的同步时分复用（STDM）声码话数据。分组交换机则设有中心站用户的数据接口，用于输入内向链路的数据，并输出外向链路的异步时分复用（ATDM）数据。显然，VSAT 卫星通信网的交换机的特点是数据速率低，大多数为 2.4kbps，但是接入的线路数却可能达到数百条以上，同时，交换机的输入内向链路与输出外向链路在数目与速率方面也是不对称的。

4）VSAT 数据通信网的多址协议

1. 卫星通信网的特点与多址协议

关于卫星通信的多址技术已研究多年，应该指出，过去的研究主要是针对语音通信提出的，并且这些研究均是围绕如何使少量地球站共享高速卫星信道而设计的，主要目标是最大化信道容量。这时，信道共享效率和设备的无延迟特性至关重要，因此允许使用较复杂的设备来实现。根据上述特点和要求，卫星通信网主要采用 FDMA 和 TDMA 方式。至于信道分配技术，可以采用固定分配方式或按需分配方式。实验证明，对于大量成批的语音数据传输，以上两种多址方式是有效的解决方案。然而，对于交互型或询问/应答型数据传输业务，情况则有所不同，需要根据它们的特点来选择合适的卫星通信网多址协议。其特点主要是：

① 随机地且断续地使用卫星信道，数据通信的峰值传输速率和平均传输速率的比值很大。

② 卫星通信网要容纳从低速到高速等多种速率的业务。

③ 可以进行分组数据传输。

④ 利用卫星信道的广播性质进行数据传输的卫星通信网，一般都拥有大量的小型地球站。

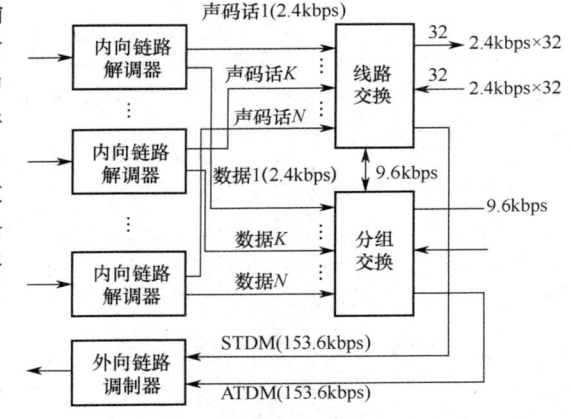

图 11.9　VSAT 卫星通信网中心站的交换设备

从上述特点可以看出，用于数据传输的卫星通信网，如果仍然采用电话业务通信网使用的预分配 FDMA 和 TDMA 方式，其信道利用率将会很低。即使采用按需分配方式，若发射数据的时间远小于申请和分配信道的时间，其信道利用率也不会有较大提高。显然，这几种分配方式是不适宜的。为此，研究适合卫星通信网的多址协议是十分必要的。

所谓多址协议，就是大量分散的远端小站通过共享卫星信道进行可靠的多址通信所遵循的规则。

由于这种数据通信网不同于一般通用的卫星通信网,因此,选择多址协议时,需要确保系统性能稳定。可以说,多址协议的选择是发展 VSAT 卫星通信网所面临的重要技术问题。

选择多址协议时应考虑的主要原则如下:

① 应有较高的卫星信道共享效率,即吞吐量要高。

② 应有较短的延迟,其中包括平均延迟和峰值延迟。

③ 在卫星信道出现拥塞的情况下,应具有稳定性。

④ 应有能承受信道误码和设备故障的能力。

⑤ 建立和恢复时间短。

⑥ 易于组网,且设备造价低。

目前,按数据报文入网的类型,可供使用的卫星信道的多址协议有很多种,大致有如下分类:

① 固定分配多址协议。

② 争用/随机多址协议。

③ 预约可控多址协议。

应该指出,除本书介绍的多址协议,还有一些多址协议正在研究之中,请读者自行参考有关文献资料。这里只是介绍几种 VSAT 卫星通信网在目前可能使用的多址协议,以便读者理解和分析比较。

2. 固定分配多址协议

(1) 非时隙固定分配方式

① SCPC/FDMA 方式。这种方式对于电话传输系统是非常有效的。但是对突发性数据传输来说,则效率很低。这是因为所需要的突发速率与终端的平均数据速率差别太大。应该指出的是,具有突发性数据传输特性的系统容量,通常用归一化平均终端速率(平均终端速率/信道速率)来表示。

② CDMA 方式。它是在发射端利用扩频技术将数据信号的带宽扩展到比信息带宽大得多的频带上。在接收端,通过与已知的扩频码进行相关处理来恢复数据信号,从而抑制同一频带内其他站的干扰。固定分配的 CDMA 方式的特点是频带利用率低,主要用在对提高抗干扰性具有重要意义的场合。这种多址方式,若不用 FEC,可能达到的典型容量约为 0.1。使用 FEC 后,容量有可能提高到 $0.2 \sim 0.3$。

(2) 分时隙固定分配方式

TDMA 方式是这种多址协议中的典型代表,已广泛应用于以大、中型地球站为基础的卫星通信系统。在 TDMA 方式中,由于不存在信道的动态分配问题,系统容量对同类型业务模型而言,主要取决于平均终端速率与站数 N 的比值。同时,开销是随着站数 N 的增大而增加的。因此,这种系统仅适于有少数中、大容量 VSAT 站的卫星通信网。这种系统的容量较大,可达 $0.6 \sim 0.8$(典型值)。但是,当站数 N 较大时,由于帧时间、传输时间以及延迟会随着站数 N 的增大而迅速增加,且低效率的服务会使排队延迟增大,因此,这种方式的延迟特性较差。

3. 争用/随机多址协议

自 ALOHA 方式被提出以来,随机多址协议受到了人们极大的关注。随机多址协议的特点是:网络内的各个用户可以随时选用信道。

卫星通信网之所以需要争用协议,是因为采用不固定分配方式引入的开销会随着支持的终端数的增大线性地增加。对大量具有低平均终端速率的突发性用户来说,无论传输的是数据报文还是控制信息,采用固定分配方式都是不适宜的。为此,必须允许所有用户自由地访问和使用信道。

然而,当两个或更多的用户终端同时使用信道时,分组数据便有可能发生碰撞。当然,如果能保持信道负载较低，便可以使用户分组数据的碰撞概率较小。对于遭受碰撞的报文，需要通过"碰撞分辨算法"解决，最后使其成功地重发该遭受碰撞的分组数据。随机多址系统的一般形式，如图 11.10 所示。

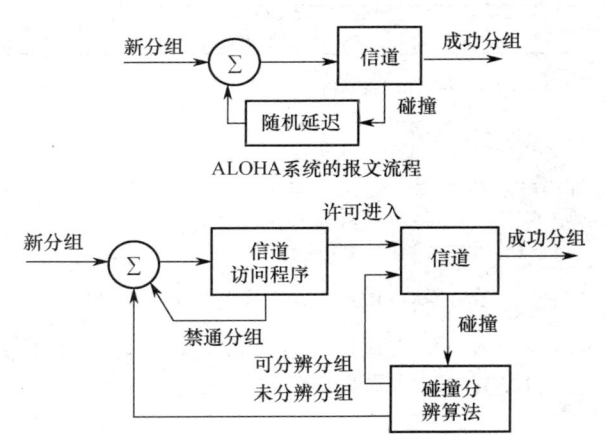

图 11.10 随机多址系统的一般形式

1）非时隙争用/随机多址协议

为了使多址系统设备更加简单且容易实现，通常不采用分时隙系统。对于非时隙系统，协议通常可分为异步和自同步两类。例如，ALOHA、SREJ-ALOHA、RA/CDMA 等均属于异步协议，而达到碰撞分辨等算法所基于的多址协议，则属于自同步协议。这里主要介绍异步协议。

（1）ALOHA

这种方式的基本类型是 P-ALOHA 方式，而 ALOHA 方式的特点是允许用户自由地使用信道。只要终端产生了报文，便立即通过信道发射。若发生碰撞，则碰撞的报文在经过一段随机延迟后再进行重发。在星形 VSAT 卫星通信网中，小站成功发射一个分组数据后，接收端要返回一个肯定应答（ACK）信号，否则小站要重发这一分组数据。在分组数据重发前，小站至少要等待 0.5～0.6s。然而，需要注意的是，ALOHA 信道的稳定性与总的平均重发延迟是密切相关的。通常，在中等负载条件下，由于卫星通信系统已有 0.5～0.6s 的传播延迟，因此只允许有较短的 0.1～0.2s 的附加延迟。

ALOHA 方式的吞吐量较低，且随着报文分布的不同而有所变化。具体而言，当使用固定长度报文时，其吞吐量约为 0.184，而当报文长度为指数分布时，其吞吐量约为 0.13。ALOHA 方式设备简单、运行可靠、延迟短，且适于可变长度报文传输的特点。显然，尽管它还有不少缺点，但在 VSAT 卫星通信网中仍然得到了广泛的应用。

（2）SREJ-ALOHA

这是一种较好的非时隙随机多址方式。由于它既有 ALOHA 系统不用定时同步和适于可变长度报文传输这两方面的优点，又克服了 ALOHA 吞吐量低的缺点。因此，它是目前适于可变长度报文非同步操作系统中容量最高的多址方式之一。如前所述，该方式的分组数据发射过程和 ALOHA 一样，不过每个分组数据要再细分为一定数量的小分组数据。这些小分组数据也都有自己的报头和前同步码，如图 11.11(a)所示。

在图 11.11 中，小分组数据的报头和前同步码可以被独立检测。在实际的非同步信道中，分组数据的碰撞大多数是部分碰撞，未碰撞的部分仍然可以被接收。因此，若采用选择重发的方式，只需要重发那些受到碰撞的小分组数据即可，而不必重发整个分组数据，如图 11.11(b)所示。这样，其最大吞吐量与 S-ALOHA 相当，约为 0.368。考虑小分组数据内部也还有报头和前同步码等开销，实际的最大吞吐量只能达到 0.2～0.3。

图 11.11　SREJ-ALOHA 方式的报文格式及其重发策略

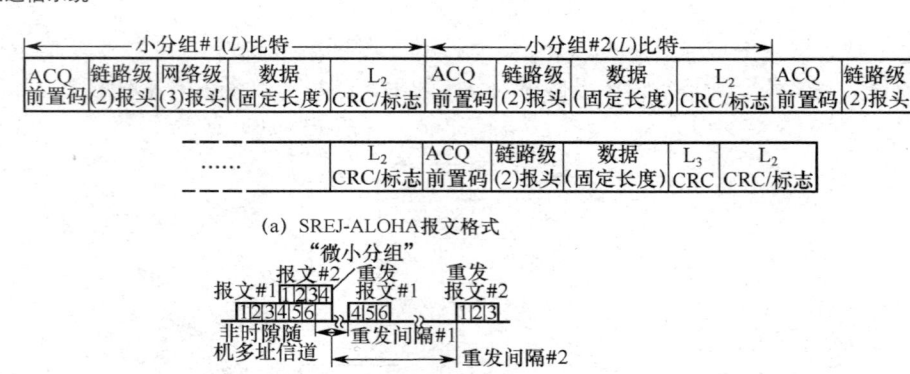

SREJ-ALOHA 与 ALOHA 方式相比，要增加一些开销和复杂设备。若要减少小分组数据的开销，则需要很好地解决捕捉前置码的突发调制解调器问题。

（3）RA/CDMA

如果将扩频调制与 FEC 用于 ALOHA 多址协议，便可以改善异步 ALOHA 方式的性能。特别是当使用 FEC 时，其容量有可能提高到 0.2～0.3。虽然其设备复杂性要比 SREJ-ALOHA 大一些，但由于 RA/CDMA 在容量方面有较大的竞争性，因此，仍然引起了人们极大的重视。

在 RA/CDMA 系统中，同样存在不稳定的问题。为了解决这一问题，也需要合理选择重发策略。

除上述几种争用/随机多址协议，还有一些新提出的多址协议，这里不再赘述。

2）时隙争用/随机多址协议

（1）S-ALOHA

S-ALOHA 是典型的时隙争用多址协议，特别适合于固定长度的报文传输。尽管在实际应用中，由于划分时隙大大增加了设备的复杂性，但它仍然得到了广泛的应用。理论计算得出其最大吞吐量为 0.368。

（2）冲突分解算法（CRA）多址协议

它是采用冲突分解算法的多址协议，特别适合传输固定长度的报文。它是基于一种使碰撞的分组依次重发，或者说是基于有规则的重发程序和新报文入网规则的算法。它与 S-ALOHA 不同，不采用随机延迟和自由入网的方式。采用这种冲突分解算法的多址协议的容量一般可达到 0.43～0.49。正是由于它有这样一些优点，且性能优于 S-ALOHA，因此，这种多址协议也受到了人们广泛的关注，并仍在进一步研究和发展之中。

4．预约/可控多址协议

当前，以 TDMA 为基础的按需分配（DAMA）方式在数据卫星通信系统中受到了极大的关注。所谓 DAMA，就是根据用户通信的需要将卫星信道动态地分配给各个用户。既然要动态地分配信道，就必须对它加以控制。此外，地面用户终端对时隙的需要和占用，必须提前进行预约申请。为此，在 DAMA 方式中，多址协议应包含两个方面的内容，即两层信道和多址：一层是预约申请信息的信道和多址，另一层则是关于用户实际数据报文的信道和多址。从协议的角度来看，DAMA 方式通过对短的申请分组在卫星信道上预约一段时间，以确保长的数据报文分组能够无碰撞地传输，从而通过预约控制解决多址分组数据的碰撞问题。一旦预约申请成功，便可使分组数据无碰撞地到达接收端。

DAMA/TDMA 方式对于长报文是一种可行的多址协议，但是对于短报文，DAMA 方式的容量并不比随机时分多址方式优越。

5. VSAT 卫星通信网多址协议的比较

上面列举了一些多址协议。如何评价它们在 VSAT 卫星通信网中的性能，需要结合 VSAT 卫星通信网的业务性质和业务模型来进行讨论。

作为 VSAT 卫星通信网，它可以提供单一的业务，也可以提供数据、语音和图像等综合业务。但是从典型用户的要求而言，对于不同的要求，VSAT 卫星通信网的工作参数将是不同的。例如，数据收集和询问/应答两种类型的 VSAT 卫星通信网，虽然它们均可采用星形网络，但是这两种网络的参数却是非常不同的。

为了便于了解上述 VSAT 卫星通信网参数的差别，VSAT 卫星通信网典型用户的要求，如表 11.2 所示。

表 11.2 VSAT 卫星通信网典型用户的要求

	询问/应答	数据收集
（1）网络拓扑	星形	星形
（2）用户终端数	250～5000	250～5000
（3）网络覆盖范围	国家任何地点	国家任何地点
（4）业务量要求 （每个地点）	按需传输 0.5～6KB/事务处理 20 次事务处理/h	分批传输 9.6MB/日 （或更多事务处理）
（5）典型数据速率 中心站方向 远端地球站方向	2.4、4.8、9.6、19.2 56kbps 要求满足（1）、（3）、（6）项要求	2.4、4.8、9.6、19.2 56kbps 要求满足（1）、（3）、（6）项要求
（6）高峰时间的响应时间	最大 6s	2h
（7）用户接口	信用卡阅读器交互型终端 RS-232 或 V.35	轮询终端 RS-232 或 V.35
（8）误比特率（BER）	10^{-7}	10^{-7}
（9）传输系统可用性	99.5%	99.5%

对这些要求的分析表明，想用一种 VSAT 卫星通信网同时满足两种应用是很困难的。从表 11.2 可见，采用 RA/TDMA 方式的 VSAT 卫星通信网比较适于询问/应答，而采用 SCPC 方式的 VSAT 卫星通信网则比较适于数据收集。

从业务性质方面而言，要根据不同的事务处理要求选用不同的复用和多址方式。

交互型事务处理是小规模数据传输，这种业务的特点是所传的数据长度很短，具有突发性，响应时间短，只有 2～5s。计算机间的数据交换、文档编辑等都属于这种业务。

询问/应答事务处理也具有突发性，但所传的数据长短可能有相当大的变化，而且询问/应答的数据规模往往也是不同的。一般询问信息很短，而应答信息较长，可能从几行到几页报告，或者是一个表格。根据应用场合的不同，所需要的响应时间也有很大差别，可能是几秒到几小时。这类业务在商业管理信息系统、仓库管理和旅行预订客房等场合均会用到。

叙述/记录事务处理是以文件字符格式进行的数据传输，例如电传、转报、文字处理等。它的处理格式很像普通信件，数据格式均含有源地址、目的地址、正文、传输结束等字段，所需要的时间可能从几秒到几分钟。

批数据事务处理是指用户间以字符或二进制格式进行交换的大量数据通信，例如传真、图像数据和计算机数据的传输等。图像数据和计算机数据性质上的差别还会影响终端设备的收发方式。例如，高速传真虽要求宽带设备，但可以不用精确的差错控制协议进行传输，而计算机数据则必须有精确的差错控制协议。批数据事务处理的特点是数据量较大，传输时间较长。

从上述讨论可见，为了比较和评价 VSAT 卫星通信网和多址协议的性能，首先应明确 VSAT 卫星通信网的业务性质和业务模型。现结合交互型事务处理进行一些介绍和讨论。

1）VSAT 卫星通信网的业务模型

对于交互型事务处理，VSAT 站产生的报文一般是短的，可变长度的，且平均数据速率低于多址信道速率（内向传输速率）。通常，VSAT 站的业务模型大致可用如下两个参数表示：新报文产生的平均数据速率（字符/秒）和报文长度分布参数。

几种 VSAT 卫星通信网通信的平均数据速率与报文长度的关系，如图 11.12 所示。

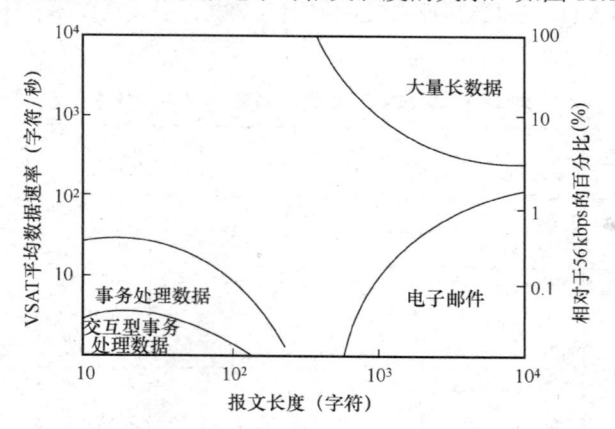

图 11.12 几种 VSAT 卫星通信网通信的平均数据速率与报文长度的关系

在图 11.12 中，交互型事务处理处于坐标原点附近，平均数据速率较低，报文长度较短。不难理解，图 11.12 中的报文长度分布参数是以平均值表示的。对于具体的特定应用，需要确定精确的报文长度分布，才能给出精确的估算。通常假设报文长度分布是按具有一定平均长度和最大长度的截尾指数分布的。

2）性能比较的指标

在进行网络设计时，要根据 VSAT 站入网的多址协议的性能来确定究竟选用哪一种协议。为此，了解其性能比较的指标是十分必要的。

（1）延迟、吞吐量 S 及共享信道的 VSAT 站数目 N

从用户角度来看，VSAT 站入网多址协议的一个关键性能指标是延迟要短。这一延迟可用平均延迟和延迟分布来描述，其中延迟分布又可用峰值延迟来表示（以延迟分布为 95% 时的数值来表示）。

从系统运行角度来看，用户关心的是共享信道的 VSAT 站数目 N。由于它和吞吐量有直接关系，所以一般多用平均延迟与吞吐量来表征多址协议的性能。

（2）稳定性

在采用争用多址协议的 VSAT 卫星通信网中，无论是传输数据报文，还是传输预约申请信息，均存在一个潜在的不稳定问题。例如 ALOHA 方式，业务量较小时，吞吐量是随业务量的增加而增大的。然而，随着碰撞的概率逐渐加大，业务量大到一定程度后，再增加业务量，吞吐量反而下降。若信道长时间处于拥塞状态，则无法正常通信，这就是所谓的信道"不稳定"现象。这样，应该将"容量"理解为在稳定运行的条件下，采用一定的多址协议可能达到的最大吞吐量。

（3）信道总业务量 G

信道总业务量是在不同信道负载条件下对所有业务量的归一化测度，其中包括碰撞业务量和附加开销业务量。随机多址协议的总业务量 G 与吞吐量 S 的差值表示因碰撞造成的重发业务量的大小。对于预约多址协议，这一差值则表示预约业务开销的大小。

对于可变长度报文的情况，还需要进一步讨论不同多址协议条件下，平均延迟与报文长度变化的关系。对于多址协议性能的比较，可以采用解析的方法，也可以采用计算机模拟（仿真）的方法。为了便于了解多址协议的性能，此处给出了 VSAT 卫星通信网几种多址协议的参数比较，如表 11.3 所示，并给出了部分特性曲线，如图 11.13 所示。

表 11.3　VSAT 卫星通信网几种多址协议的参数比较

信道参数		卫星信道数据速率：56kbps（采用 1/2 FEC 编码、编码后数据速率为 112kbps） 单跳传播延迟 0.27s ACK 延迟 0.54s（不考虑因信道差错造成的重发） 调制解调器捕捉前置码 4、8、16 字符
信源参数 （业务模型）		每个 VSAT 站均支持交互型终端 250 报文/h 每次事务处理包括 1 个 VSAT-主机询问和 1 个 VSAT-主机应答 VSAT-主机询问报文分布为截尾指数分布 均值 L = 100 字符，截尾长度为 256 字符（不含开销） VSAT-主机应答报文长度为 VSAT-主机询问报文长度的 4~40 倍 L = 256×n 字符（n = 4~10）
多址协议参数	ALOHA	链路级开销：L_2 = 6 字符 网络级开销：L_3 = 8 字符 每个报文有一个可变长度分组数据 最大分组数据长度 = 数据长度 + L_2 + L_3 + 前同步码 　　　　　　　　　= 270 字符+前同步码 最小分组数据长度 = 14 字符 + 前同步码
	S-ALOHA	L_2 = 6 字符，L_3 = 8 字符 每个报文有一个固定长度分组数据 分组数据长度 = 256 字符 + L_2 + L_3 + 前同步码 + 保护时间（4 字符）
	SREJ-ALOHA	每个小分组：L_2 = 7 字符 每个报文：　L_3 = 8 字符 每个报文包含多个固定长度小分组，小分组数据长度对报文长度最佳化： L = 50 字符，S = 40 字符 L = 100 字符，S = 50 字符 L = 150 字符，S = 60 字符 分组数据长度 = 数据长度 + 保护时间 + L_2 + L_3-前同步码 　　　　　　 = 275 字符（固定）
	TDMA/DAMA （S-ALOHA 信道申请）	每个预约申请分组：L_2 = 6 字符，L_3 = 8 字符 固定长度 TDMA 预约申请分组：22 字符 + 前同步码 = 26 字符 预约时隙：预约申请分组 + 保护时间 = 30 字符 预约时隙：发短报文≤16 字符 分配时隙：发长报文≤16 字符 数据报文时隙：数据长度 + L_2 + L_3 + 前同步码 + 保护时间 = 279 字符 分配延迟 0.67s

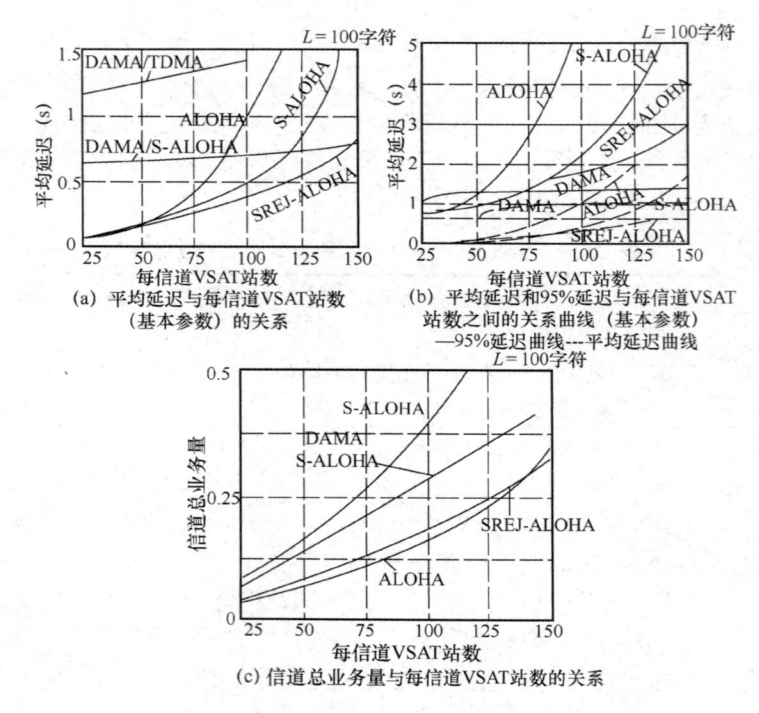

图 11.13　几种多址协议的特性曲线

6. VSAT 卫星通信网的数据传输规程

计算机通信网是由一系列计算机及其用户终端、具有信息处理与交换功能的节点，以及连接这些节点的传输链路组成的。用户通过终端访问网络，其数据信息通过具有交换功能的节点在网络中传输。一般来说，数据信息可能是从一个起始终端送至某个目的终端，也可能是先将信息送至某个具有计算资源的计算机终端，然后将计算结果返回原终端。从网络功能来看，计算机通信网可以分为两个子网，即资源子网（也称用户子网）和通信子网，如图 11.14 所示。

用户子网给用户提供访问网络的功能，它包括主机、终端控制器及用户终端。通信子网则是通过链路建立相互通信的节点集合，其网络中的节点具有两方面的作用：① 提供通信子网与用户子网的接口，并负责信息的接收、发射和传输状态的监视；② 对其他节点来说，它又是一个存储转发的节点，具备交换功能，能够转发来自其他节点的信息。

这里所说的 VSAT 卫星通信网，实际上是一个通信子网，它可能是全国公用通信网的补充与延伸，也可能是大量路由用户的专用通信网。由于它必须与大量用户终端和计算机等组成的用户子网一起构成完整的资源共享网络，因此，VSAT 卫星通信网内的小站和中心站便是这个通信子网与用户子网的结合。在 VSAT 卫星通信网内，为了确保正常的数据通信，必须根据业务类型、复用/多址方式、所用的交换设备、用户终端和计算机，制定一定的数据传输规程，并解决好与用户终端及计算机的接口问题。这是因为：① 通信双方交换的数据信息必须能彼此理解，需要有统一的编码方法和分组数据格式；② 要有一致的操作步骤，例如交互型通信的操作协调；③ 需要规定在异常情况下（如误码、分组数据间的碰撞等）的处理方法。同时，由于终端设备种类繁多，接口关系和操作方式多种多样，因此需要在用户终端与信道终端之间规定统一的标准。只要用户遵循这些标准，数据就可在信道中正确有效地传输。此外，网络管理等也都需要制定相关的标准和协议。

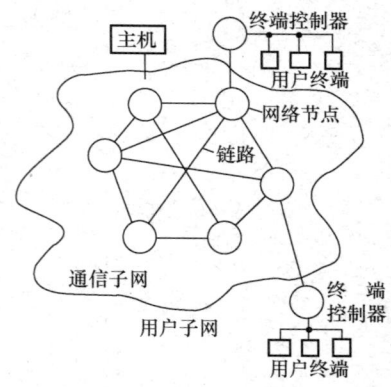

图 11.14　计算机通信网的组成

若 VSAT 卫星通信网还可与其他通信网互连，则应该注意外部通信网也应有自己的数据传输规程。当两个网络的数据传输规程不同时，就要在网络接合部接入网间连接器（也称网关），以实现数据传输规程的转换。VSAT 卫星通信网与其他网络或终端互连的示意图，如图 11.15 所示。

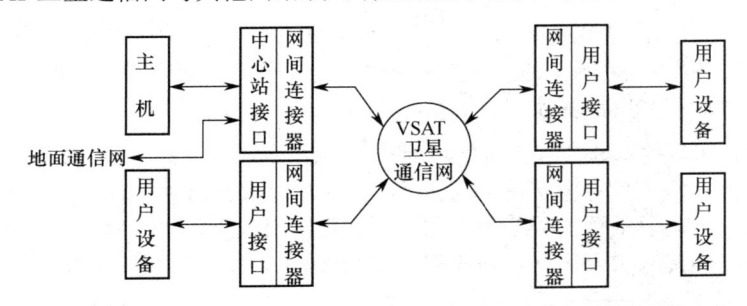

图 11.15 VSAT 卫星通信网与其他网络或终端互连的示意图

为了解决计算机通信网的数据传输问题，1974 年国际上提出了网络体系和分层的概念。在此基础上，国际标准化组织（ISO）又提出了开放系统互连（OSI）参考模型。该模型将计算机通信网中的计算机终端和通信设备的功能加以归纳整理，并进行了分层管理。采用分层通信协议后，既减少了网络的复杂性，又便于管理。当然，不同的网络将有不同的分层结构和功能。

OSI 参考模型的分层结构将计算机通信网分成了七层，它们分别是应用层、表示层、会话层、传输层、网络层、链路层和物理层，其大致功能如表 11.4 所示。

表 11.4 OSI 七层模型各层的主要功能

应用层（第七层）	面向应用的功能，管理功能
表示层（第六层）	定格式，编译码和表示
会话层（第五层）	会话控制和同步，初始化，分布处理恢复
传输层（第四层）	端-端数据传输控制，网络资源的最佳利用
网络层（第三层）	在相邻节点间转发分组直到目的站
链路层（第二层）	在相邻系统间可靠地传输数据块（误码检测与恢复）
物理层（第一层）	数据电路控制，比特传输

计算机通信网的分层、接口与协议的示意图，如图 11.16 所示。

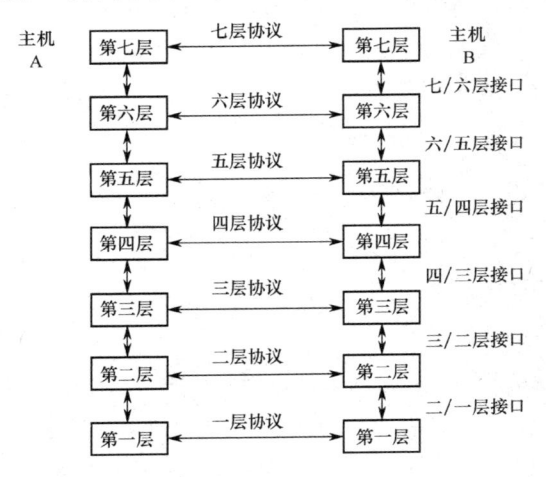

图 11.16 计算机通信网的分层、接口与协议的示意图

具体而言，在 VSAT 卫星通信网内，地球站的收发信机、调制解调器以及卫星信道等均属于通信链路部分，用以实现物理层的连接。VSAT 站的接口和中心站的交换设备则具有数据存储、转发、处理

和交换的功能，从而实现物理层、链路层和网络层的功能划分。其中，物理层完成数据的发射和接收；链路层完成 FEC、数据流控制和 ARQ 系统的功能，以保证数据帧的正确传输；网络层则完成分组数据的转发和网络中的监控管理。

应该指出，由于 VSAT 卫星通信网内是无备份路由的，因此，普通网络层的路由选择和拥塞控制已无必要。实际上，VSAT 卫星通信网内的交换功能已可简单地归纳为对分组数据目的地址的识别，这一功能完全可以包含在链路层数据帧的地址段内。

基于上述讨论，可以将 VSAT 卫星通信网中从小站至中心站的分组数据产生、接口处理、用户协议的应用、网络协议（多址入网协议）的执行，以及 VSAT 小站和中心站之间的连接等要素综合在一起，给出分组数据从用户设备经 VSAT 卫星通信网到其他用户设备的流程，以便全面了解 VSAT 卫星通信网中数据的产生和传输的大致过程。VSAT 卫星通信网数据传输规程示意图，如图 11.17 所示。

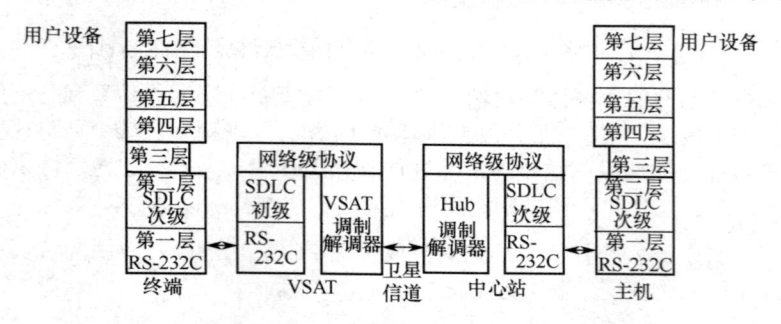

图 11.17　VSAT 卫星通信网数据传输规程示意图

同时，还给出了按上述分层结构模型所产生的数据帧结构，如图 11.18 所示，其中，数据的单位为比特。

起始标志位	链路地址	链路控制	格式识别	逻辑信道识别	数据包发射序号	数据包接收序号	更多数据	用户信息数据	循环冗余校验	终止标志位
8	8	8	4	12	7	7	1	≤1024	16	8

图 11.18　数据帧结构

在该数据帧结构中：

起始标志位为第二层产生，例如，用 01111110 表示分组数据的开始；

链路地址为第二层产生；

循环冗余校验为第二层产生；

终止标志位为第二层产生；

链路控制为第二层产生；

格式识别为第二层产生；

逻辑信道识别为第三层产生；

数据包发射序号为第四层产生；

数据包接收序号为第四层产生，它是对数据进行确认的方法，如未收到此确认序号，则应重发；

更多数据为第四层产生，例如，置"1"表示用户需要准备接收更多的数据；置"0"表示用户不会再接收更多的数据；

用户信息数据为第七层产生，如果数据更长，则在第四层加以分割。

上面仅非常简单地介绍了 VSAT 卫星通信网中数据传输规程的一般问题。在实际进行网络设计或组网时，关于数据传输规程还有许多细节需要进行研究，并且应在所采用的地面传输标准的基础上，结合卫星传输的延迟、复用和多址等特点，对规程进行某些必要的修改。

5）VSAT 卫星通信网的网络管理

为了保证 VSAT 卫星通信网正常、可靠地运行，必须对网络的运行进行监视、测试、维护与控制，这些都属于网络管理的内容。网络管理系统是 VSAT 卫星通信网的核心，其可靠性至关重要，直接关系到整个网络能否成功运行。显然，应对网络管理系统给予高度的重视。VSAT 卫星通信网的性质不同，其网络管理系统也有所不同。对于单一用户的专用网，用一个管理设备进行监控即可；而对于公用网，一般要分为两级管理，高一级管理整个网络，低一级则管理属于用户的部分网络。

通常，VSAT 卫星通信网的各种网络管理功能分布在网络的各个结构单元中。中心站有一个较大的处理机，用以处理网络的数据和承担全部非实时的网络管理工作。实时的网络管理功能则分布在网络的其他处理设备内，其中包括小站、中心站的其他处理设备和中心站的网络管理计算机。为了保证网络管理系统的高度可靠，通常要求有备份的硬件和软件。

网络管理系统的功能包括行政管理、网络运行管理和规划管理三个方面。行政管理包括网络结构管理、计费管理、设备管理和安全管理等。网络运行管理包括数据收集、归档、记录报告的产生、操作接口提供、网络监控、网络资源使用管理和故障监视与报警等功能。规划管理主要为规划人员提供足够的信息和数据，协助他们做出最佳的设计。

为此，编者参考了相关的 TDM/TDMA 系统资料，下面将详细地介绍网络管理系统的主要功能。

（1）网络结构管理

操作员通过操作台加入和删除远端小站、加入和删除网络接口、增减内向卫星信道和外向卫星信道，其中包括分配给小站的信道，并且改变网络的硬件和软件，用以增加 VSAT 卫星通信网的功能。

（2）网络控制

操作员可以启动或关闭某一小站或用户终端接口，并能使用户终端接口进行复位或重新启动。

（3）数据库管理

网络结构信息通常存储在相关的数据库中。具体来说，网络部件和端口配置等详细信息，以及网络运行中过去和当前的数据，均以数据库的形式保存在中心站的主机中。其数据库包括：

① 确定全网定时单元的系统数据库。

② 确定网络各处理单元硬件配置的硬件数据库。

③ 关于网络内通信接续的数据库。

④ 关于 TDMA 时隙分配的多址数据库。

（4）外向加载

网络管理中心能开启小站引导程序。

（5）状态监视与控制

网络管理中心定期采集有关网络状态的工作数据，并将这些数据记录到数据库中。操作员通过访问数据库，可以监视网络的工作状态，并实现故障的报警和设备的切换。

（6）异常事件报告和登记

当网络的有关部件发生异常时，能及时向网络管理中心报告，经分析后将有关信息登记于数据库中，以便及时地进行处理。

（7）安全管理

安全管理主要是保密管理，特别是密钥管理，它既涉及密钥设备的维修，又能防止未授权用户使用网络资源和管理设备,并使已被放弃的网络部分失效和禁用某些危害网络运行的部件。

(8) 给操作员提供良好的人机接口,实现包括命令、响应、告警显示等功能。

为了完成网络结构管理与网络控制功能,当网络结构管理与网络控制系统采用多台处理机时,要求中心站的管理计算机与其他处理设备之间要相互协同工作。在中心站内,各处理机之间以一定的局域网(如以太网)进行互连,以实现数据传输。中心站与 VSAT 小站之间构成了一个星形网络,用以解决它们之间的数据传输问题。

上面已讨论了有关 VSAT 卫星通信网的几个问题。下面将介绍如何评价其性能。

众所周知,根据传输业务的不同,评价通信质量的指标也是不同的。对于数据传输和其他数字业务,通常用误码率来表示其质量。对于卫星通信网,还应考虑它的网络性能,通常用网络响应时间和可用率来表征。在进行卫星通信网设计时,应该同时满足这两项指标的要求。

所谓网络响应时间是指交互型用户所经历的网络延迟,也就是从 VSAT 小站终端发射一份报文到中心站,直至收到中心站的应答信号所经历的时间(不包括网络接口和用户设备之间本地报文的变换时间)。网络响应时间可以用它的平均值或峰值来表示。交互型事务处理网络响应时间的平均值为 1~3s,峰值为 3~5s。考虑卫星信道的传输延迟,网络响应时间的下限约为 0.6s。

VSAT 卫星通信网的可用率是指网络响应时间处于某一规定时间内的时间百分比,这一指标在评估时应考虑信道的中断率和设备故障率。从发展趋势来看,今后将主要使用 Ku 频段的 VSAT 卫星通信网。由于 Ku 频段的降雨衰减中断率一般会超过设备故障率,所以可用率可直接用 Ku 频段的降雨衰减中断率来表示。当降雨衰减值超过系统设计裕量时,VSAT 卫星通信网便不能提供有效的通信了。目前,在 Ku 频段,当采用 1.2~1.8m 天线时,可能达到的可用率的典型值为 99.5%~99.9%。

当然,如其他工程系统一样,评价卫星通信网时也应包括经济性能方面的指标要求,即系统的初始投资、系统建成后的运行费用和经济效益等。在进行卫星通信网设计时,要考虑如何以最低的总费用达到所要求的通信质量和网络性能。

11.5 低轨道卫星移动通信网

1) 概述

卫星通信的重要特点之一是覆盖范围广,可以向世界各地提供各种通信业务。这是其他任何通信手段都无法比拟的。特别是近 20 年,由于通信业务的需求不断增长,卫星通信技术因此得到了飞速的发展。仅以国际通信卫星为例,从 IS-I 到 IS-II,卫星的使用寿命已从 1.5 年延长到了 14 年;质量从 68kg 增大到了 3.72t;太阳能电池的功率从 45W 增大到了 2.2kW;转发器的数目从 2 个增加到了 48 个;有效载荷的质量从 13kg 增大到了 600kg;等效通信容量能同时传输 3 路电视信号。所有这些均表明:发展大型卫星,极大地推动了直播电视、高清晰度电视、大容量数字电话和 VSAT 卫星通信网等的发展,对通信及电视广播的现代化产生了极为深远的影响。

然而,大型卫星的发射和入轨需要依赖大型的运载工具。随着卫星和运载工具的增大,制造成本越来越高,制造周期和发射周期也越来越长,一旦发生故障,将造成巨大的损失。为此,近年来又提出了发展轻小型卫星的主张,受到了人们的广泛重视。

研制轻小型卫星具有周期短、成本低、效益高的特点,不需要大型运载工具,还可做到一箭多星。从区域卫星通信的应用情况来看,轻小型卫星更是适用的,并且已经出现了减轻通信卫星质量的趋势。例如,IS-VII 卫星的发射质量已比 IS-VI 卫星的发射质量减轻了 1/3。美国的贝尔公司还制订了发展静止轨道轻小型卫星的计划。发展轻小型卫星的其他途径是利用低轨道卫星。由于卫星在低轨道运行时,其传播衰减和延迟均比较小,因此传输质量比较容易得到保证,且造价更低。目前,一些国家已经发射了不少低轨道卫星,不过它们多数用于军事通信,例如 Glomr、Macsat、Mailstar

等。当然，如果只用一颗低轨道卫星，它是不能进行远距离实时通信的，只适于传真、电子邮件和一些不要求立即应答的通信业务。显然，如果要解决远距离乃至全球范围内的实时通信问题，唯一的办法就是利用多颗低轨道卫星进行组网。目前，已经提出了一些发展低轨道卫星移动通信网的计划。例如，美国 MOTOROLA 公司的 Iridium（铱星）系统、美国等多国集团 LQSS 公司的 Globalstar 系统等。

美国 MOTOROLA 公司提出的 Iridium 系统，是一个由 7 个圆形低轨道平面内的 77 颗（实际可能为 66 颗）卫星组成的数字化全球个人通信系统。这是将地面蜂窝移动通信技术与空间技术相结合的系统，也是新一代低轨道卫星移动通信网。用户可以用手持无线电话机与全球各地的任意一个移动用户或固定用户进行通信。该系统的每颗卫星质量为 386.2kg，使用寿命为 5 年。77 颗卫星分布在 7 个轨道平面内，每个轨道平面内分布有 11 颗卫星。卫星间的最大距离为 4600km，轨道高度为 765km。每颗卫星上有 6 个 L 频段阵列天线，每个阵列天线尺寸为 51cm×178cm，可形成 6 个波束。此外，在卫星的底部还另有一个喇叭天线以形成中心波束。因此，每颗卫星上便形成了 37 个 L 频段的点波束，每个点波束可覆盖地球上直径约为 689km 的地区。这样，便在地面形成了 37 个蜂窝状小区。37 个点波束可覆盖直径约为 4077km 的地区。在卫星与地面通信时，星上的 EIRP 为 11.4~31.2dBW，G/T 值为 -19.2~5.1dBK。当卫星间的通信信息在相邻轨道间传输时，EIRP 为 39.5dBW，同一轨道内南北向传输时，EIRP 为 36.9dBW，G/T 值为 4~6.2dBK。该系统每条电话线路占用 8kHz 频带，支持 4.8kbps 的声码话通信，同时也可传输 2.4kbps 的数据。卫星与移动用户间的通信使用 L 频段，而卫星间的通信使用 Ka 频段。

还有一种低轨道卫星移动通信网是 Globalstar 系统，它与 Iridium 系统稍有不同。下面简要地介绍该系统的基本设计思想、组成、运行方式及其技术特点。

2）Globalstar 低轨道卫星移动通信网

（1）Globalstar 的特点

从利用低轨道卫星这一点而言，Globalstar 系统与 Iridium 系统基本上一样，它也是利用低轨道卫星组成一个连续覆盖全球的通信系统，也可向世界各地提供语音、数据或传真等通信业务。然而，它所采用的系统结构和技术与 Iridium 系统是不同的。Globalstar 系统是根据地面蜂窝移动通信系统或其他移动通信系统的延伸而提出的。它可以与多个独立的公用网或专用网同时运行，也支持网络间互连。实际上，它类似于一种无绳电话通信系统，不过，它的服务范围不受限。因此，同一手持机可以在办公室使用，也可以在车上、飞机上使用，还可面向正在漫游的用户。Globalstar 系统采用了高技术、低成本和高可靠性的系统设计，总投资要比 Iridium 系统低许多。为了说明这一点，Globalstar 和其他几个系统的比较情况，如表 11.5 所示。

表 11.5 Globalstar 和其他几个系统的比较情况

提供者	技术	市场面向	系统成本（亿美元）	市场规模（百万用户）	通话费用（美元/min）
MOTOROLA	低轨道、星际链路、手持机	主要面向世界各地的旅行者	34	6	3
TRW	低轨道、星际链路、手持机	通用移动通信	12	2	1
AMSC	静止轨道、高功率、车载台	运输车队、车辆	4	2	1.8
Globalstar	低轨道、简单卫星、手持机	地面蜂窝移动通信系统的延伸	7~8	9	0.3

（2）Globalstar 系统构成的网络

Globalstar 系统由空间段（卫星星群）、关口地球站（G）、网控关口设备（NCG）和网控中心（NCC）组成，如图 11.19 所示。

系统的空间段由配置在 8 个轨道平面内的 48 颗卫星组成。每个轨道平面内分布有 6 颗卫星，轨道高度为 1389km，轨道周期为 2h。

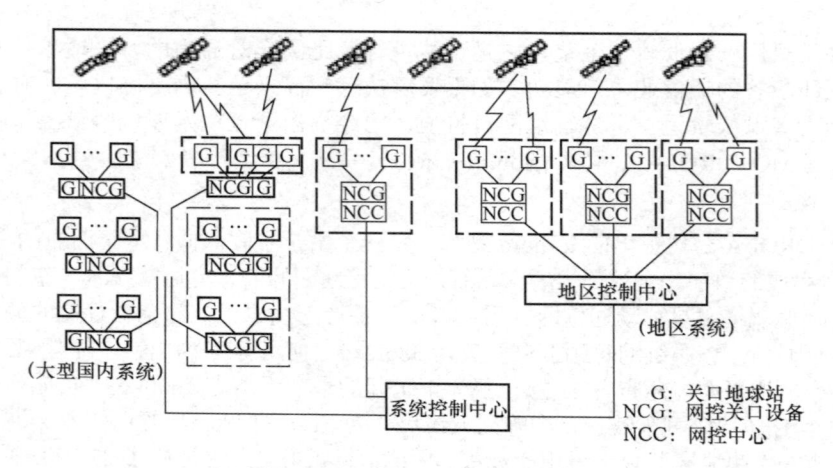

图 11.19 Globalstar 系统的组成

每个服务区域由 3～4 颗卫星覆盖，确保用户可以随时接入系统。由于卫星是移动的，因此，每颗卫星只可与用户保持 10～12min 的连接与通信；然后通过软切换的办法，转到其他的卫星，这样可使用户无间断的感觉。同一颗卫星离开本地区上空后，再去为别的地区服务。

Globalstar 系统的关口地球站一方面与网控中心互连，另一方面与公共交换电话网互连，作为地面系统的接口。因此，移动用户可以通过卫星与最靠近的关口地球站互连，并顺利接入地面系统。关口地球站的设备组成，如图 11.20 所示。

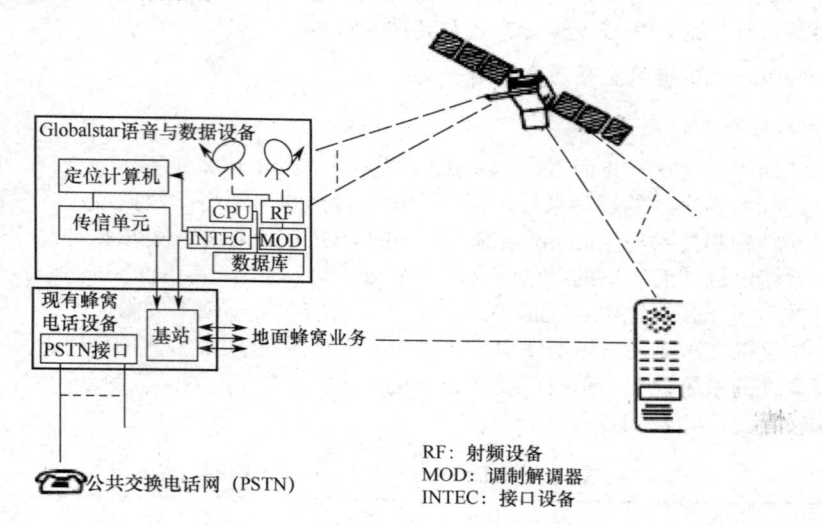

图 11.20 关口地球站的设备组成

关口地球站是经网控关口设备与网控中心互连的，一个网控中心可能与一个或几个网控关口设备连接。网控中心通过这些网控关口设备与所有的数据库通信，用以完成数据库的管理、系统软件装载管理、计费、呼叫路由选择与接入的管理和系统控制的管理。网控中心还具有完成保持卫星星群位置所需要的遥测指令功能。该系统要完成全球范围内的通信，会涉及许多国家，除了 LQSS 公司所在地有网控中心，其他每个有关的国家也均有自己的网控中心和网控关口设备，用以控制和管理其国内的用户。

Globalstar 系统的用户，可以选用单模移动终端，也可以选用双模移动终端。它们的区别在于：单模移动终端只限于 Globalstar 系统内使用，双模移动终端既可以在 Globalstar 系统内使用，又可以在地面蜂窝网络等移动通信系统内使用。目前，可供使用的终端有用于语音和数据的手持机或车载台、传信机、定位系统用的终端。预计将来用得最多的是双模移动终端，它可以将 Globalstar 系统加到地面蜂窝网络中,或者将 Globalstar 系统加到个人通信网(PCN)中。

(3) Globalstar 系统的网络运行

Globalstar 系统可向用户提供的业务:

① 移动电话和数据业务,包括语音、传真和自动应答等业务。这些业务使用的是个人号码,且有保密和防伪功能。

② 寻呼和传信业务。

③ 无线电定位业务。

由于 Globalstar 系统成本低,因而城市、农村均可使用,并且可以延伸到现有的移动通信系统中。此外,该系统还可通过一个电话线路接口提供多种业务,并与多个网络实现接口连接。

Globalstar 系统分为两种系统:系统 A 和系统 B。这两种系统的运行特点、卫星设计和系统容量相同,只是频率配置不同,如图 11.21 所示。

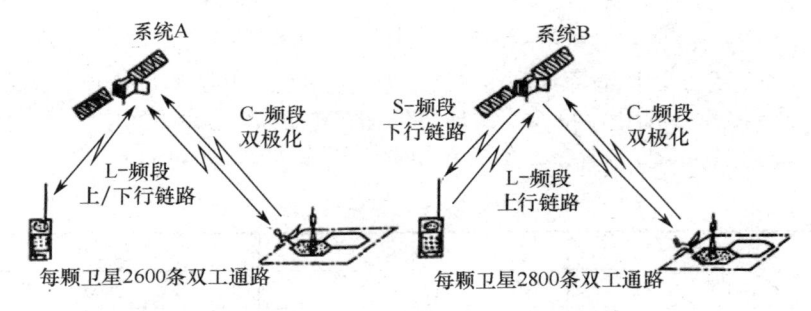

图 11.21 系统 A 和系统 B 的示意图

系统 A:卫星至用户的上/下行链路和无线电定位均采用 L 频段(1610~1626.5MHz)。卫星的下行链路采用 C 频段中的 5199.5~5126MHz,而上行链路采用 C 频段中的 6525~6541.5MHz。

系统 A 采用时分双工—频分多址—码分多址的方式,其频谱利用方案,如图 11.22 所示。其中,RHCP 表示右旋圆极化,LHCP 表示左旋圆极化。

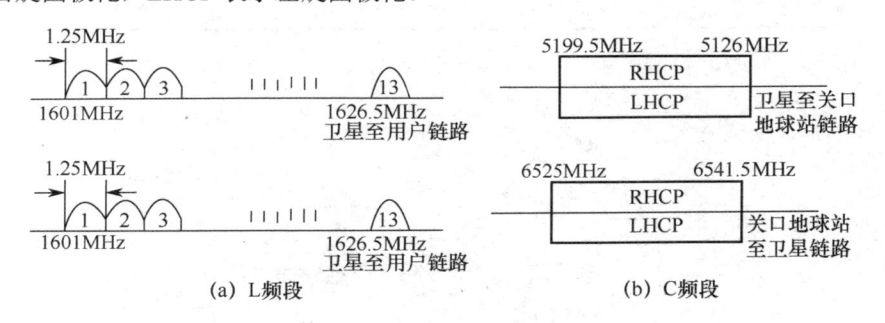

(a) L 频段   (b) C 频段

图 11.22 系统 A 的频谱利用方案

L 频段被划分成了 13 个 1.25MHz 的子频带。由于这些子频带相互靠近,为了减少邻近干扰,该系统采用了 CDMA 技术。同时,还采用了时分双工(TDD)和波束跳接技术。TDD 帧时间为 60ms,被分成 6 个时隙,其中 3 个时隙用于发射,3 个时隙用于接收,每个时隙均为 10ms。

由于星上装有 6 个波束天线,因此,在某个特定的时隙,可通过两个波束(如波束 1 和 4,或波束 2 和 5,如图 11.22 所示,为系统 A 的频谱利用方案的一部分)同时完成发射和接收。L 频段的频谱在上行链路和下行链路上通过 TDD 技术被重复利用了 2 次。由于采用了波束跳接技术,频谱在同一颗卫星上被重复利用了 3 次,再加上全网有 48 颗卫星,因此,频谱总共被重复利用了 2×3×48 = 288 次。显然,Globalstar 系统相当充分地利用了 L 频段的频谱资源。在 C 频段,通过双极化传输使收发频谱被重复利用了 2 次。整个系统的通信容量为每颗卫星 2600 条双工通路,这样便大大地简化了设备,降低了成本。

系统 B:用户至卫星的上行链路采用 L 频段(1610～1626.5MHz),下行链路采用 S 频段(2483.5～2500MHz)。系统 B 的频谱利用方案,如图 11.23 所示。

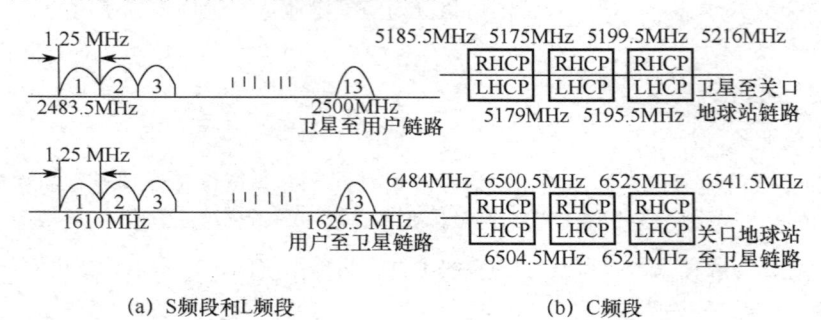

(a) S频段和L频段　　　　(b) C频段

图 11.23　系统 B 的频谱利用方案

在系统 B 的频谱利用方案中,该系统利用多波束天线在 S 频段和 L 频段使频谱被重复利用了 6 次,并且通过 48 颗卫星又被重复利用了 48 次。此外,在系统 B 的频谱利用方案中,用户终端采用 S 频段和 L 频段双频段设备才能完成收发任务。系统 A 和系统 B 的比较,如表 11.6 所示。

表 11.6　系统 A 和系统 B 的比较

项　目	系统 A	系统 B
每颗卫星的容量(通路数)	2600	2800
48 颗卫星的总容量(通路数)	124800	134400
所需要的 L 频段带宽(MHz)	16.5	16.5
L 频段的频谱效率(通路数/MHz)	7564	8145
所需要的 C 频段带宽(MHz)	2×16.5	2×57.5
是否需要 TDD 同步	是	否
是否需要双频段设备	否	是

Globalstar 系统的网络运行示意图,如图 11.24 所示。

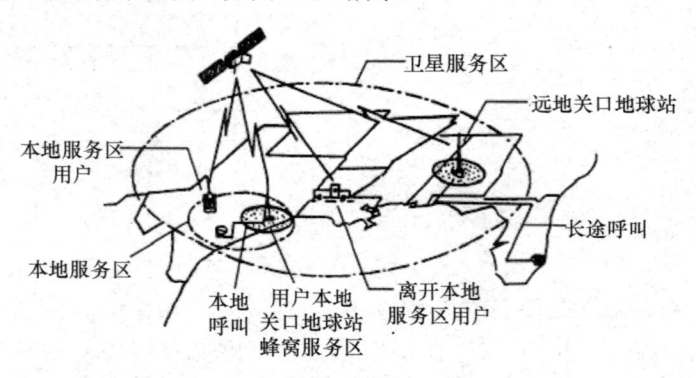

图 11.24　Globalstar 系统的网络运行示意图

移动用户可通过卫星与距离最近的关口地球站互连,并接入公共交换电话网(PSTN)。该用户除可通过本地关口地球站与本地用户通话,还可以越区通过远地关口地球站拨打长途电话。

由于 Globalstar 系统采用了 CDMA 技术,从而保证了空间段的软切换技术得以实施,实现了切换过程中的"先通后断",确保了通信的平稳和可靠。

11.6　本章小结

本章首先简述了卫星通信网的基本结构和类型，包括国际卫星通信网、国内卫星通信网、海事卫星通信网。接着，简述了卫星通信网和地面通信网的连接方式及其特点。随后，以较大的篇幅重点论述了 VSAT 卫星通信网的基本概念、不同类型 VSAT 卫星通信网的组成及其工作原理，并对 VSAT 卫星通信网的多址协议进行了比较。同时，还对 VSAT 卫星通信网的数据传输规程和网络管理进行了必要的说明。最后，对 Globalstar 低轨道卫星移动通信网的结构特点进行了简要的介绍。

习　题

01．卫星通信地球站与地面数字电话通信网互连时应考虑哪些问题？为什么？
02．卫星通信网与一般的卫星数字电话网相比有哪些不同的特点？为什么？
03．参考有关文献资料，试比较以下适于 VSAT 卫星通信网的多址协议的特点与性能：ALOHA、S-ALOHA、SREJ-ALOHA。
04．试说明如何评价 VSAT 卫星通信网的通信质量与网络性能。
05．试论述 VSAT 卫星通信网与地面通信网（如光纤网）互连时所用网间连接器（也称网关）的作用是什么？
06．VSAT 卫星通信网的网络管理系统的主要功能是什么？它与传输用户数据的通信网的关系如何？网络管理系统的管理与控制信息是如何传递的？
07．参考有关文献资料，试比较 Iridium 与 Globalstar 低轨道卫星移动通信网的异同点。

第 12 章　卫星通信未来的发展

12.1　概述

1964 年，美国成立了国际卫星通信组织 Intelsat，并于次年发射了第一颗商用通信卫星（Early Bird）。近 60 年来，卫星通信技术及其应用蓬勃地发展，并取得了巨大的成功。

卫星通信除了在军事领域中发挥着关键性的作用，现已经成了人们生活中不可或缺的一部分：它可以为人们提供丰富多彩的电视广播和语音广播，为地面蜂窝网络尚未部署的偏远地区、海上和空中提供必要的通信，为发生自然灾害的地区提供宝贵的应急通信，为欠发达或人口密度低的地区提供互联网接入等。

卫星通信与地面通信方式相比，主要具有以下特点：

（1）覆盖范围广：对地静止轨道（GEO）卫星距离地面 35786km，只需要三颗 GEO 卫星就能覆盖不包含两极的全球所有地区；

（2）通信容量大：卫星通信频率资源丰富，能提供宽带卫星通信服务，并可方便地向更高频段扩展；

（3）快速向市场提供服务：建立地面通信设施迅速，开展新的通信业务和应用周期短；

（4）灵活性高：卫星通信系统的建立不受地理条件的限制，无论是大城市还是偏远山区或是海岛均可建立卫星通信，且通信距离与成本无关；

（5）灾难容忍性强：在自然灾害中，如地震、台风发生时仍能提供稳定的通信；

（6）通信链路传输延迟大：信号在 GEO 卫星与地面之间往返传输的时间约为 0.25s，这会使如语音通话等对时间敏感度高的应用受到通信延迟的影响；

（7）通信链路传输衰减大：通信链路传输距离远，造成信号衰减较大，且高频段（如 Ku/Ka 频段）易受雨、雪等不利天气的影响；

（8）在信号视距传输中，采用高频段信号进行通信时，其传输易受障碍物的影响。

然而，长期以来卫星通信一直作为地面固定、无线或移动通信系统的一种补充通信方式。例如，早期的卫星通信只是用在海运领域，这是由于地面通信网受限于覆盖范围和技术水平，无法在海上提供服务。

卫星通信系统要想在与地面通信系统的竞争中发挥出更重要的作用，还需要克服自身通信特性上的一些不足。例如，对于网络层存在的传输延迟长、丢包率高及链路干扰等问题，需要采用新的算法和协议对网络层进行优化，从而使卫星通信适于个人移动通信和宽带互联网接入；在物理层，由于卫星通信的视距传输特性，限制了部分地区特别是繁华市区的用户接入卫星通信网，此时需要采用新的通信网络架构来推进卫星通信网和地面通信网的融合。

同时，信息通信技术的发展也促使人们从未来互联网发展的角度来重新定义卫星通信的作用。未来互联网一定是全球"任何地方、任何时间"无处不在的，能为社会在紧急情况下提供必要的帮助，而且是稳定可靠的。地面蜂窝网络受限于自身的局域覆盖属性，不能有效地满足这些需求。

显然，未来互联网需要构建和融合两个基本通信网络：由地面蜂窝网络组成的局域网和由卫星通信网组成的全局网络。在这种新的通信网络架构下，卫星通信将充分发挥其全球通信无缝覆盖的优势，逐步居于主导地位，而不仅仅是地面移动通信的辅助方式。

卫星通信技术的迅速发展和通信商业市场需求的不断增长，极大地促进了卫星通信业务和通信模式的创新发展。

本章将简要介绍卫星通信的几种新技术及其频谱资源使用情况，综述星地融合通信与宽带卫星通信的现状，并对卫星通信的发展趋势进行展望。

12.2 卫星通信新技术

1）多波束天线

天线技术是卫星通信的关键技术之一。卫星通信链路的传输距离通常很远，这造成了信号很大的衰减，例如，GEO 卫星的 C 频段信号（3.4～4.2GHz）的链路衰减通常在 200dB 左右。

为保证稳定可靠的通信，需要地面站采用高增益天线和高灵敏度接收机，为此天线的尺寸和成本将成为限制卫星通信发展的因素。

早期采用极小孔径终端（Very Small Aperture Terminal，VSAT）技术来缓解这一问题，天线系统由一个大型中心站与大量的小口径天线终端共同构成一个星形网络，利用中心站天线 G/T 值（天线增益与噪声温度比）高的优势来弥补因天线口径小、增益低导致链路裕量不足的缺点。

然而，VSAT 天线系统的灵活性不足，并且无法利用频率复用技术来提高频谱效率，因此卫星通信天线的发展转向了多波束天线。

多波束天线从 2000 年开始迅速发展，由于它能够实现高增益的点波束覆盖，又能在广域覆盖范围中实现频率复用，因此在卫星通信系统中得到广泛应用。

多波束天线与数字波束成形不同，它使用大量的点波束实现广域范围的覆盖，可用带宽被分为很多个子频段，从而在大量空间独立的点波束之间实现每个子频段的复用，这与地面蜂窝网络相似，显著地提高了频谱资源利用率和卫星通信容量。

在卫星通信系统中，多波束天线面临的主要挑战是相邻波束间的干扰。相关文献已介绍了几种在多波束天线的卫星通信系统中利用频谱分配技术减少干扰影响的实例。

多波束天线技术提高了转发器的功率使用效率和频谱资源利用率，它是发展大容量卫星通信系统和增强卫星通信市场竞争力的关键技术。目前，多波束天线技术已经广泛应用于移动卫星通信业务（如 Inmarsat、Thuraya、ACeS、Iridium 等）、区域性直播卫星（如 DTV-4S、DTV-7S、Echostar-10、Echostar-14 等）、个人通信卫星（如 ViaSat-1、Jupiter-1、Anik-F 等）和军事通信卫星（如 WGS、MUOS 等）。

2）星上处理

传统的通信卫星特别是 GEO 卫星采用的是简单的弯管式转发器。近年来，用户对高数据速率传输和无缝覆盖的交互式多媒体服务的需求快速增长，促进了宽带卫星通信中卫星的迅速发展，使得采用先进的星上处理（Onboard Processing，OBP）、星上交换技术与现有的综合业务数据网（ISDN）和因特网的融合变得非常有必要，这极大地推动了 OBP 的发展。

OBP 可分为再生式和非再生式两种处理方式。再生式 OBP 是指卫星先对接收的信号进行基带解调与解码，获取所传输的数据流，随后对数据流进行交换和重新合路，最后将这些数据流编码调制为新的数字调制信号。非再生式 OBP 则是指卫星对接收到的信号直接进行相应的信号处理，不需要进行解调与解码。

OBP 最重要的作用在于支持星上交换，再生式 OBP 可在星上获得各路信号所传输的数据流，从而能支持任何方式的交换，如 ATM 交换、IP 交换或电路交换等。如果在星上实现了 IP 交换，则卫星通信网与地面通信网的融合将变得非常简单和方便，从而兴起了星上 IP 交换研究与应用的热潮。许多原计划采用 ATM 交换的卫星通信系统均改用了 IP 交换，例如 Spaceway、Astrolink、SkyBridge 等。

同时，OBP 的使用增强了点波束天线的信号功率和方向性，从而减小了用户终端的尺寸并降低了其灵敏度要求，使得用户能够使用小型且经济的终端进行通信，并可实现高数据速率业务（如多媒体视频传输）。此外，由于 OBP 降低了卫星通信系统对发射功率的要求，因此，这将减小卫星转发器非线性特性造成的不利影响，并降低了相邻信道的干扰。

12.3 卫星频谱资源

目前卫星通信发展的主要限制因素是频谱资源无法满足日益增长的新业务需求，这造成了频谱拥塞和卫星干扰越来越严重的问题。同时，卫星通信系统与地面通信系统之间对频谱资源的竞争也越来越激烈。

2015 年 11 月，在日内瓦召开的世界无线电通信大会（World Radiocommunication Conference 2015，WRC-15）决定，对于 C、Ku 或 Ka 频段的固定卫星业务、移动卫星业务和广播卫星业务中，还没有完成全球统一的频段会被纳入新的 WRC-19 的议题，且会从中选择合适的频谱分配给 IMT/5G 使用。

2016 年 2 月，在北京召开的国际电信联盟无线通信部门 5D 工作组（ITU-R-WP5D）会议，重点讨论了 5G 通信系统与卫星通信系统的频谱资源共存与分配问题。在 5G 通信系统候选的 6GHz 以下频谱中，3400～3600MHz 和 4800～4990MHz 频段与目前的固定卫星业务之间存在一定的干扰问题。未来的地面通信系统与卫星通信系统在高频段的频谱资源竞争将会更加激烈。

为了适应日益增长的带宽和数据速率的需求，卫星通信系统需要从目前广泛采用的 C/Ku 频段（各自拥有 500MHz 的带宽）向频率更高的 Ka 频段（拥有 2.5GHz 的带宽）、Q/V 频段（各自拥有 10GHz 的带宽）甚至更高的频段扩展。

在卫星通信频谱资源的扩展使用中，Ka 频段得到了较为广泛的应用。目前，国际电信联盟（International Telecommunication Union，ITU）将 Ka 频段的频谱使用划分为三个频段：17.3～17.7GHz、17.7～19.7GHz 和 27.5～29.5GHz，详细的分配情况如表 12.1 所示。

表 12.1 ITU-R Ka 频段频谱分配表（2012 年）

频段	ITU-R 1 区	ITU-R 2 区	ITU-R 3 区
17.3～17.7GHz	FSS（固定卫星业务） BSS（广播卫星业务） 无线电定位	FSS（固定卫星业务） BSS（广播卫星业务） 无线电定位	FSS（固定卫星业务） BSS（广播卫星业务） 无线电定位
17.7～19.7GHz	FSS（固定卫星业务） BSS（广播卫星业务，上限到 18.1GHz） FS（固定业务）	FSS（固定卫星业务） FS（固定业务）	FSS（固定卫星业务） BSS（广播卫星业务，上限到 18.1GHz） FS（固定业务）
27.5～29.5GHz	FSS（固定卫星业务） FS（固定业务） MS（移动业务）	FSS（固定卫星业务） FS（固定业务） MS（移动业务）	FSS（固定卫星业务） FS（固定业务） MS（移动业务）

与 Ku 频段或其他较低的频段相比，卫星通信中使用 Ka 频段具有一些显著优势。Ka 频段不仅有更多的可用带宽，而且与同类尺寸的低频段天线相比，Ka 频段天线具有更高的增益。

Ka 频段的缺点是容易受到不利天气的影响，由于严重的衰减会导致通信质量大幅度下降。因此，需要设计合适的地面通信系统和可靠的空中传输链路。通过调整通信系统参数，如采用自适应编码调制（Adaptive Coding Modulation，ACM）可以减轻降雨衰减对通信造成的影响。

有关科研人员对 40～60GHz 的极高频（Extremely High Frequency，EHF）频段展开了研究，旨在探索该频段在卫星通信中的潜在应用。频谱资源向更高频段的频谱扩展推动了宽带卫星通信的快速发展，高通量卫星（High Throughput Satellite，HTS）系统应运而生。

HTS 系统结合了频率复用技术和点波束天线技术，并采用了高阶调制技术，使用超宽带转发器，从而实现了前所未有的带宽和吞吐量，这将大幅度降低单位比特数据的传输成本。

尽管频谱资源在不断地向更高频段扩展，但有限的频谱资源始终是限制卫星通信发展的关键性因素。可以预见，随着越来越多的业务在 Ka 频段广泛使用，频谱拥堵将使未来 Ka 频段的业务发展变得十分困难。

HTS 系统提供的高性能服务已经受到 Ka 频段频谱稀缺的影响。因此，在卫星通信系统设计中，卫星通信网络的频谱管理与规划将起到重要的作用。为了进一步提高卫星频谱资源的利用率，一些研究者开始设计基于卫星 Ka 频段分配的认知无线系统，该系统允许在干扰可接收的条件下以共享方式使用频谱资源。

12.4 卫星通信的近期发展

卫星通信的迅速发展得益于通信技术、信号处理技术、通信设备制造水平的提高和通信商业需求的不断增长。现阶段的卫星通信系统正在尝试异构网络的共存，以提供多样化的接入服务。未来的卫星通信将不再只是地面通信系统的补充，而是与地面通信系统和宽带因特网的紧密融合。星地融合通信和宽带卫星通信将是近期发展的热点。

1）星地融合通信

地面通信系统无法实现真正的"无缝覆盖"，在人口密度较低的农村地区通常没有足够的蜂窝网，在海上和航空领域，更是无法通过地面通信网来实现通信。卫星通信获得成功的关键是它的广域覆盖和能够快速向市场提供新业务。在市场相对较小的海上和航空领域，卫星通信将长期保持优势地位，但是对于市场庞大的陆地领域，此时将依赖星地融合通信。卫星通信新技术的发展，如多波束天线和 OBP 等技术正在使星地融合通信成为现实。

长期以来，由于地面蜂窝移动通信能够提供可靠且价格合理的服务，而卫星通信所需要的视距传输在市区难以保证，因此激烈的市场竞争和自身通信特性的限制导致移动卫星通信业务普及率很低。

在 21 世纪初，为了克服上述问题并推动卫星通信进入主流市场，卫星通信运营商成功获得了电信管理部门在全球多个地区的授权，并组建星地融合通信网络。他们通过增加地面部分来扩展卫星通信网，实现了真正无所不在的卫星通信服务，从而彻底变革了移动卫星通信领域。

美国联邦通信委员会（Federal Communications Commission，FCC）和欧洲委员会（European Commission，EC）已经授权卫星通信运营商在其卫星通信网中增加地面辅助基站（Ancillary Terrestrial Component，ATC）。星地融合通信网络将综合利用地面蜂窝移动通信（具备频率复用和非视距传输的特性）和卫星通信（具备广域覆盖范围的特性）的各自优势。例如，可以利用卫星通信网的抗毁性和地面 6G 网络的高效性，为自然或人为灾害提供应急通信服务。典型的星地融合通信系统如图 12.1 所示。

星地融合通信系统的主要优点是弥补移动卫星通信的覆盖盲区、增加卫星通信容量、实现无处不在的数字通信。从通信技术的发展趋势来看，未来的 6G 通信将是一个多层次的异构网络体系，包括地面蜂窝网络（2G/3G、4G、5G）、陆地局域网（Local Area Networks，LAN）、地面广播网络和卫星通信网。星地融合通信系统的关键是卫星通信系统和地面通信系统与其他通信系统之间的协作，从而使得系统获得最佳的使用效率和提供卓越的用户体验。

同时，星地融合通信系统也面临着一些挑战：

（1）无缝切换：通信网络融合的基本需求就是在卫星通信网和地面通信网之间实现无缝切换。设计一个可靠的切换机制必须考虑卫星通信网和地面通信网在发射功率和传输延迟之间的差异。有关文献提出了一种自适应切换算法，该算法通过估计卫星通信网和地面通信网接收的信号强度降低到预设门限以下的概率，来实现无缝切换。

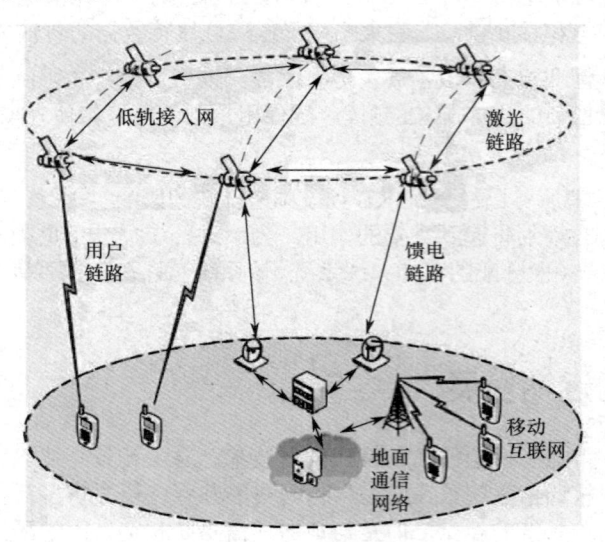

图 12.1 典型的星地融合通信系统

（2）通信兼容：为了确保同一设备能在卫星通信网和地面通信网中通用，满足兼容性要求，需要重新设计空中接口和两者的物理层，从而保证用户终端具有相同的使用频率和基带芯片。

（3）干扰：众所周知，干扰是星地融合通信系统面临的主要问题之一。显然，在系统内部或卫星通信网与地面通信网之间都可能存在干扰。其中，最严重的干扰是地面用户使用相同的上行频率向卫星传输信号。为了应对这一问题，星地融合通信运营商需要在空管基站和卫星网关中同时采用干扰消除技术。此外，提高卫星部分和地面部分的频率复用效率，也是有效降低星地网络之间干扰的重要方法。

2）宽带卫星通信

对互联网接入而言，卫星通信通常被视为在传统接入网络无法提供服务时的一种补充通信方式。近年来，随着通信行业对高数据速率传输业务和宽带多媒体技术应用需求的空前增长，以及卫星通信技术的快速发展，如多波束天线、星上处理等，尤其是新的 TCP 版本和改进的 TCP 加速机制的引入，显著地提高了基于卫星通信链路的 TCP 性能，使得宽带卫星通信成为现实。

随着宽带卫星通信系统和空间组网技术的发展，互联网逐渐从地面通信网扩展到空间网络，卫星通信也逐步进入互联网应用的新时代。空间网络以 GEO 卫星或低轨道卫星等空间平台为载体，通过一体化的互联网架构，支持实时采集、传输和处理大数据，为用户提供更大范围和更高质量的互联网服务。

Google 公司于 2014 年宣布投资 10 亿美元发射 180 颗低轨道卫星，以提供互联网业务。后来，OneWeb 公司启动了全球最大的卫星互联网计划，计划发射 648 颗卫星，建立一个覆盖全球的低轨道卫星通信网，后续还将发射 2400 颗卫星，旨在为全球用户提供宽带互联网接入服务。

目前，正在应用的典型宽带卫星通信系统之一是国际海事卫星公司的 Global Xpress。它运行在 Ka 频段，由三颗 GEO 卫星组成，每颗卫星提供 89 个 Ka 频段的点波束。

从 2013 年 12 月发射第一颗卫星 Inmarsat-5 F1 到 2015 年 8 月发射第三颗卫星 Inmarsat-5 F3 以来，Global Xpress 的三颗卫星提供了全球超过 99%覆盖地区的高速移动宽带卫星通信业务。Global Xpress 在容量、用户终端成本和通话费用等方面有了显著的改善。该系统使用的为 Ka 频段（2.5GHz 的可用频谱资源），其带宽是 Ku 频段的 5 倍。前向链路采用了 TDMA 接入技术，回传链路则采用了自适应调制和编码技术，同时采用了功率控制和分集技术等来弥补衰减造成的影响，提高了信道利用率。

尽管卫星通信技术和宽带网络的发展水平已经有了显著的提升，但宽带卫星通信的普及程度还相对比较薄弱。

由于卫星通信具有广泛的覆盖范围，尤其是在低密度或中等密度人口的地区和需要快速提供通信服务的场景。可以预见，卫星通信系统将扩展高质量的电信网络，实现无处不在的宽带网络接入，在全球宽带卫星通信服务中发挥重要的作用。

同时，目前全球范围内正在兴起并获得迅猛发展的天基网络技术、星链技术，是未来卫星通信发展的重要战略方向。这些技术有望引起卫星通信系统发生颠覆性变革。

12.5 本章小结

卫星通信技术发展的关键在于高效的功率利用、宽带调制技术、传输链路的自适应编码和调制技术、完善的突发性业务接入技术、资源预留算法、强大的星上处理能力、先进的网络融合技术和低成本的移动终端。这些因素共同确保了卫星通信系统与地面蜂窝系统的融合，为用户提供了稳定可靠的宽带卫星通信服务，同时实现了卫星轨道和频谱资源的有效利用。

卫星通信在未来信息通信系统中将发挥关键作用，其无缝覆盖和大容量的优势将产生巨大的经济价值和社会效益，发展前景非常具有吸引力。

然而，卫星通信也面临着重大的挑战。例如，卫星轨道和频谱资源正越来越紧缺、卫星干扰越来越频繁、通信系统融合中的高效切换技术和频谱分配策略需要进一步完善、宽带卫星通信中的带宽管理和服务质量控制等问题。此外，卫星通信系统也需要重新考虑如何增强交互性、动态性、情景感知能力和提升融合效率等方面的问题。

习　题

01. 试述卫星通信未来有哪些特点？
02. 试述卫星通信未来有哪些关键技术？
03. 试述你对卫星通信未来发展有哪些看法和设想？
04. 试述你对我国卫星通信的发展和卫星通信系统的建设有何建议？

参 考 文 献

[1] 普拉特，波斯蒂安，阿林纳特. 卫星通信[M]. 2版. 甘良才，译. 北京：电子工业出版社，2007.
[2] 甘良才，杨桂文，茹国宝. 卫星通信系统[M]. 武汉：武汉大学出版社，2002.
[3] 沃拉尔. 5G与卫星通信融合之道：标准化与创新[M]. 何英，译. 北京：国防工业出版社，2022.
[4] 汪春霆. 天地一体化信息网络架构与技术[M]. 北京：人民邮电出版社，2021.
[5] 德科勒，吉埃姆贝尼，波利佐斯，等. 面向未来卫星系统的网络与协议架构[M]. 雒江涛，冉泳屹，译. 北京：科学出版社，2021.
[6] 申志伟，张尼，王翔，等. 卫星互联网——构建天地一体化网络新时代[M]. 北京：电子工业出版社，2021.
[7] 许光斌. 6G技术发展及演进[M]. 北京：人民邮电出版社，2021.
[8] 钟旭东，任保全，李洪钧，等. 空间信息网络无线资源管理与优化[M]. 北京：人民邮电出版社，2021.
[9] 刘豪，俞盈帆，张曼倩，等. 卫星互联网：助力新基建的硬科技[M]. 北京：人民邮电出版社，2021.
[10] 童文，朱佩英. 6G无线通信新征程：跨越人联、物联，迈向万物智联[M]. 北京：机械工业出版社，2021.
[11] 卡普兰，赫加蒂. GPS/GNSS原理与应用[M]. 3版. 寇艳红，沈军，译. 北京：电子工业出版社，2021.
[12] 彭木根，刘喜庆，闫实，等. 6G移动通信系统：理论与技术[M]. 北京：人民邮电出版社，2022.
[13] [美]BRAUN T M. Satellite communications payload and system [M]. WILEY, Hoboken, 2021.
[14] 赵文策，张平，高家智，等. 人造地球卫星轨道理论及应用[M]. 北京：机械工业出版社，2021.
[15] 杨明川，丁睿，郭庆，等. 卫星移动信道传播特性分析与建模[M]. 北京：人民邮电出版社，2020.
[16] 巩应奎，薛瑞. 天空地一体化自组织网络导航技术及应用[M]. 北京：人民邮电出版社，2020.
[17] 王映民，孙韶辉. 5G移动通信系统设计与标准详解[M]. 北京：人民邮电出版社，2020.
[18] 杨长风，陈谷仓，郑恒，等. 北斗卫星导航系统智能运行维护理论与实践[M]. 北京：中国宇航出版社，2020.
[19] 北京米波通信技术有限公司. 现代商用卫星通信系统[M]. 北京：电子工业出版社，2019.
[20] 张传福，赵立英，张宇，等. 5G移动通信系统及关键技术[M]. 北京：电子工业出版社，2018.
[21] 伊波利托. 卫星通信系统工程[M]. 2版. 顾有林，译. 北京：国防工业出版社，2021.
[22] 赫金. 通信系统[M]. 4版. 宋铁成，徐平平，徐智勇，等译. 北京：电子工业出版社，2018.
[23] FAISAL H. Earth science satellite applications: current and future prospects[J]. IEEE Journal of Selected Topics in Applied Earth Observations & Remote Sensing, 2015, 8(2):937-937.
[24] 李向阳，慈元卓，程绍驰，等. 国外卫星导航军事应用[M]. 北京：国防工业出版社，2015.
[25] 闵士权. 卫星通信系统工程设计与应用[M]. 北京：电子工业出版社，2015.
[26] 郭金运，孔巧丽，常晓涛，等. 低轨卫星精密定轨理论与方法[M]. 北京：测绘出版社，2014.
[27] 周志成. 通信卫星工程[M]. 北京：中国宇航出版社，2014.
[28] PELTON J N, MADRY S, CAMACHO-L S. Handbook of satellite applications[J]. Springer Publishing Company, Incorporated, 2013.
[29] 赵志勇，毛忠阳，刘锡国，等. 军事卫星通信与侦察[M]. 北京：电子工业出版社，2013.
[30] [美]MOHAMMED F M. Contemporary communication systems[M]. 北京：电子工业出版社，2013.
[31] 伊波利托. 卫星通信系统工程[M]. 孙宝升，译. 北京：国防工业出版社，2012.
[32] 福特. 业余卫星通信手册[M]. 陈荣标，王龙，张宏伟，等译. 北京：人民邮电出版社，2012.
[33] 罗迪. 卫星通信[M]. 4版. 郑宝玉，译. 北京：机械工业出版社，2011.
[34] 王汝传，饶元，郑彦，等. 卫星通信网路由技术及其模拟[M]. 北京：人民邮电出版社，2010.
[35] 郭庆，王振永，顾学迈. 卫星通信系统[M]. 北京：电子工业出版社，2010.
[36] 安吉洛. 太空先锋：卫星[M]. 龙志超，王欢，译. 上海：上海科学技术文献出版社，2009.

[37] 康绍莉, 缪德山, 索士强, 等. 面向6G的空天地一体化系统设计和关键技术[J]. 信息通信技术与政策, 2022, 48(9): 18-26.

[38] 宋政育, 郝媛媛, 孙昕. 低轨卫星协作边缘计算任务迁移和资源分配算法[J]. 电子学报, 2022, 50(3): 567-573.

[39] 王承祥, 黄杰, 王海明, 等. 面向6G的无线通信信道特性分析与建模[J]. 物联网学报, 2020, 4(1): 19-32.

[40] DING D, GAO Z, CHENG N, et al. Feasibility of LTE-Based GEO satellite mobile communication systems to support VoIP for handheld terminals[J]. Chinese Journal of Electronics, 2019, 28(4): 829-834.

[41] 韦亮, 宋高俊, 田亮. 基于部分信道信息的卫星移动链路ACM方法[J]. 电子学报, 2018, 46(9): 2063-2067.

[42] 周平, 殷波, 邱雪松, 等. 面向服务可靠性的云资源调度方法[J]. 电子学报, 2019, 47(5): 1036-1043.

[43] 王星宇, 李勇军, 赵尚弘, 等. 基于IEEE802.11的星间链路最短接入时延退避算法[J]. 电子学报, 2018, 46(12): 2936-2941.

[44] TRONIN A. Satelltie remote sensing in seismology: a review[J]. Remote Sensing, 2010, 2(1): 124-150.

[45] SRIVASTAVA V K, MISHRA P. Sun outage prediction modeling for earth orbiting satellites[J]. Aerospace Systems, 2022: 545-552.

[46] HABIB T M. Artificial intelligence for spacecraft guidance, navigation, and control: a state-of-the-art[J]. Aerospace Systems, 2022: 503-521.

[47] EFIMOV A G, KAMENEV A G, KORNEEV S A, et al. Design principles of airborne multibeam receiving APAA satellite communication systems[J]. Russian Microelectronics, 2021, 50(7): 562-565.

[48] MEHTA P L, KUMAR A, MOHAMMAD B, et al. A technological and business perspective on connected drones for 6G and beyond mobile wireless communications[J]. Wireless Personal Communications, 2022, 127(3): 2605-2624.

[49] PERIOLA A, FENG W Y. Future communication satellites: low cost reduction of technology obsolescence[J]. Aerospace Systems, 2021(262): 301-314.

[50] 杨运年. VSAT卫星通信网[M]. 北京: 人民邮电出版社, 1998.

附录 术语和缩写词汇编

16-QAM	16 Quadrature Amplitude Modulation	十六进制正交振幅调制
ACK	Acknowledge character	确认信号（ACK）
ADPCM	Adaptive Differential Pulse Code Modulation	自适应差分脉冲编码调制
AGC	Automatic Generation Control	自动增益控制
AM	Amplitude Modulation	幅度调制
AOCS	Attitude and Orbit Control System	姿态和轨道控制子系统
ARQ	Automatic Repeat-reQuest	自动重发请求
ASIC	Application Specific Integrated Circuit	专用集成电路
ATM	Asynchronous Transfer Mode	异步传输模式
BER	Bit Error Ratio	比特误码率
BPSK	Binary Phase Shift Keying	二相相移键控
BSC	Binary Synchronous Control	二进制同步控制
BSS	Broadcasting Satellite Service	广播卫星业务
BTR	Bit Timing Recovery	比特定时恢复
C/A	Coarse Acquisition code	粗捕获码
C/N	Carrier-to-Noise ratio	载噪比
CATV	Community Antenna TeleVision	有线电视
CBTR	Carrier-and-Bit Timing Recovery	载波与位同步恢复
CCITT	International Telegraph and Telephone Consultative Committee	国际电报电话咨询委员会
CDI	Course Deviation Indicator	航向偏差指示器
CDMA	Code Division Multiple Access	码分多址
CPFSK	Continuous Phase Frequency Shift Keying	连续相位频移键控
CR	Carrier Recovery	载波恢复
CRC	Cyclic Redundancy Check	循环冗余校验
CSC	Common Signaling Channel	公共信令信道
DA	Demand Assignment	按需分配多址
DA	Destination Address	目标地址
DAMA	Demand Assigned Multiple Access	按需分配多址接入
DSB	Double SideBand signal	双边带信号
DBS	Direct Broadcasting Satellite service	直播业务
DBS-TV	Direct Broadcasting Satellite service-TV	直播卫星电视
DGPS	Difference Global Positioning System	差分 GPS
DOP	Dilution Of Precision	精度因子
DPCM	Differential Pulse Code Modulation	差分脉冲编码调制
DS-SS	Direct Sequence-Spread Spectrum	直接序列扩频
DTH	Direct-To-Home	直接到户
EIRP	Effective Isotropic Radiated Power	有效全向辐射功率
ELT	Emergency Locator Transmitter	紧急定位发射仪

(续表)

EM	Electro Magnetic	电磁
EODL	Equipment Of Design Life	设备的设计寿命
EOF	End Of Frame	帧结束标志
EOML	End Of Maneuvering Life	设备的使用寿命
EU	European Union	欧盟
FA	Fixed Access	固定多址
FAW	Frame Alignment Word	帧同步字
FCC	Federal Communications Commission	美国联邦通信委员会
FDMA	Frequency Division Multiple Access	频分多址
FEC	Forward Error Correction	前向纠错编码
FEP	Front End Processor	前端处理器
FETA	microwave Field Effect Transistor Amplifier	微波场效应晶体管放大器
FFSK	Fast Frequency Shift Keying	快速频移键控
FH-SS	Frequency Hopping-Spread Spectrum	跳频扩频
FM	Frequency Modulation	频率调制
FSK	Frequency Shift Keying	频移键控
FSS	Fixed Satellite Service	固定卫星服务
GDOP	Geometric Dilution Of Precision	几何稀释精度因子
GEO	GEosynchronous Orbit	对地静止轨道
GIS	Geographic Information System	地理信息系统
GLONASS	Global Navigation Satellite System	格洛纳斯卫星导航系统
GPS	Global Positioning System	全球定位系统
GTO	Geostationary Transfer Orbit	地球同步转移轨道
HBE	Hub Baseband Equipment	中心站基带设备
HDLC	High-level Data Link Control	高级数据链路控制
HDOP	Horizontal Dilution Of Precision	水平稀释精度因子
HDTV	High Definition TeleVision	高清晰度电视
HPA	High Power Amplifier	高功率放大器
HPC	High Power Converter	高功率变换器
IDU	InDoor Unit	室内单元
IF	Intermediate Frequency	中频
IFL	Inter Facility Link	设备间链路
ILS	Instrument Landing System	仪表着陆系统
IM	Inter Modulation	交调
LMS	Land Mobile Service	陆地移动服务
IP	Internet Protocol	网际互连协议
ISI	Inter Symbol Interference	符号间干扰
OSI	Open System Interconnect	开放系统互联模型
ISP	Internet Service Provider	互联网服务提供商
ISS	International Space Station	国际空间站
ITU	International Telecommunication Union	国际电信联盟
ITU-R	ITU-Radio communication sector	国际电信联盟无线电通信组
KLY	KLYstron	速调管

（续表）

LAAS	Local Area Augmentation System	局域增强系统
LEO	Low Earth Orbit	低高度地球轨道
LMDS	Local Multipoint Distribution Services	陆地多点分布业务
LNA	Low Noise Amplifier	低噪声放大器
LNC	Low Noise frequency Converter	低噪声变换器
MCDDD	Multi-Carrier Demodulation, Demultiplexing and Decoding	多载波解调、去复用和解码
MEO	Middle Earth Orbit	中高度地球轨道
MF-TDMA	Multi-Frequency Time Division Multiple Access	多频时分多址接入
MMIC	Monolithic Microwave Integrated Circuit	单片微波集成电路
MPEG-2	Moving Picture Experts Group 2	视频和音频有损压缩标准之一
MSAT	Moving very Small Aperture Terminal	移动式极小口径卫星终端站
MSK	Minimum Shift Keying	最小移位键控
MSS	Mobile Satellite Service	移动卫星业务
MTBF	Mean Time Between Failures	平均故障间隔时间
NAK	Negative AcKnowledge	否认信号
NASA	National Aeronautics and Space Administration	美国国家航空航天局
NDB	Non Directional Beacon	非定向信标
NGSO	Non-GeoStationary Orbit	非对地静止轨道
NPSD	Noise Power Spectral Density	噪声功率谱密度
OBP	On-Board Processing	星上处理
ODU	Outdoor Device Unit	室外设备单元
OQPSK	Offset Quadrature Phase Shift Keying	偏移的 QPSK
PA	Pre-allocated multiple Access	预分配多址
PBX	Private Branch eXchange	交换局
PCE	Processing and Control Equipment	处理与控制设备
PN	Pseudo-Noise sequence	伪噪声序列
PSD	Power Spectral Density	功率谱密度
PSK	Phase-Shift Keying	相移键控
PSTN	Public Switched Telephone Network	公共交换电话网
QPSK	Quadrature Phase Shift Keying	正交相移键控
RA	Random multiple Access	随机多址
RA/TDMA	Random Access/Time Division Multiple Access	随机接入时分多址
RF	Radio Frequency	射频
RLV	Restrained Life Viewer	可重复使用运载器
RRC	Root Rising Cosine	根升余弦
S/N	Signal-Noice rate	信噪比
SA	Selective Availability	选择可用性
SAM	Sample Attenuation Model	简单衰减模型
SC	Satellite Channel	卫星信道
SCPC	Single Channel Per Carrier	单信道单载波
SDLC	Synchronous Data Link Control	同步数据链路控制
SOF	Start Of Frame	帧起始
SQPSK	Staggered Quadrature Phase-Shift Keying	交错的 QPSK

（续表）

SS	Spread Spectrum	扩频
SSPA	Solid State Power Amplifier	固态功率放大器
STDM	Synchronization Time-Division Multiplexing	同步时分复用
STS	Space Transportation System	太空运输系统
TDD	Time Division Duplexing	时分双工
TDM	Time Division Multiplexing	时分复用
TDMA	Time Division Multiple Access	时分多址
TDMA/DNI	Time Division Multiple Access/Digital NonInterpolation	非数字语音插空的时分多址
TDMA/DSI	Time Division Multiple Access/Digital Speech Interpolation	数字语音插空的时分多址
TTC&M	Tracking, Telemetry, Control, and Monitoring	遥测、跟踪、指挥和监控
TTY	Terminal TYpe	终端类型
TWT	Traveling Wave Tube	行波管
TWTA	Traveling Wave Tube Amplifier	行波管放大器
UC	Up Converter	上变频器
UHF	Ultra High Frequency	超高频
UPC	Uplink Power Control	上行链路功率控制
UTC	Universal Time Constant	通用时间常量
UW	Unique Word	独特字
VBP	Digital Base band Processor	基带处理器
VCO	Voltage Controlled Oscillator	压控振荡器
VDOP	Vertical Dilution Of Precision	垂直稀释精度因子
VHF	Very High Frequency	甚高频
VOR	Very high frequency Omni directional Range	甚高频航空无线电导航系统
VOR-DME	VHF Omni Range-UHF Distance Measuring Equipment	甚高频全域超高频测距设备
VOW	Voice Order Wire	语音联络线
VSAT	Very Small Aperture Terminal	极小孔径终端
WAAS	Wide Area Augmentation System	广域差分系统
WBFM	Wide Band Frequency Modulation	宽带调频
WLL	Wireless Local Loop	无线本地环路